HEYNE BÜCHER
SACHBUCH

JOACHIM BUBLATH

# 100x Knoff hoff

DIE INTERESSANTESTEN EXPERIMENTE, TRICKS UND KUNSTSTÜCKE

Wilhelm Heyne Verlag
München

HEYNE SACHBUCH
19/543

Autor und Verlag möchten ausdrücklich darauf hinweisen, daß nicht alle in diesem Buch vorgestlellten »Kunststücke« zur Nachahmung empfohlen sind und daß Autor und Verlag keine Haftung übernehmen können.

Die beigelegten Folien beziehen sich auf Experimente in den Kapiteln 15 (Folie mit Knoff-hoff-Schriftzug) und 89 (Folie mit Linienraster).

*Umwelthinweis:*
Dieses Buch wurde auf chlor- und säurefreiem Papier gedruckt.

2. Auflage

Ungekürzte Taschenbuchausgabe im Wilhelm Heyne Verlag GmbH & Co.KG, München

Printed in Germany 1998
Umschlagillustration: The Image Bank/Michael Tcherevkoff, München
Umschlaggestaltung: Atelier Adolf Bachmann, Reischach, unter Verwendung des Originalumschlages von Art & Design Norbert Härtl, München
Grafik: Wolfgang Struwe, Johannes Fleischer
Gesamtherstellung: RMO-Druck, München

ISBN 3-453-12321-2

# Inhalt

# 1

# *Illusionen mit Glasscheiben*

## *Das Kunststück:*

Jeder von uns sieht offenbar einmal „Gespenster". Das wird als so selbstverständlich vorausgesetzt, daß dieser Ausdruck häufig in unserer Umgangssprache benutzt wird. Vielleicht haben auch Fensterscheiben bei diesem „Gespenstersehen" ihre Rolle gespielt, denn unter bestimmten Bedingungen tauchen in ihnen „Gespenster" auch wirklich auf. Wenn man es geschickt arrangiert, kann man sogar gegen diese Gespenster kämpfen. Oder es ist möglich, sich von einer Kreissäge zerteilen zu lassen, ohne daß wirklich etwas passiert. Diese Szenen sehen eindrucksvoll aus und werden deshalb auch von Zauberern benutzt. Aber welche Rolle spielen dabei die Glasscheiben?

## *Das knoff-hoff:*

Die Scheibe hilft, zwei Bilder zu überlagern. Die eine Szene spielt sich hinter der Glascheibe ab, z. B. das Fechten oder die liegende Versuchsperson; der andere Teil der Aktion – der fechtende Geist oder die laufende Kreissäge – jeweils vor der Glasscheibe. Bei entsprechender Beleuchtung und dunklem Hintergrund kann ein außenstehender Betrachter beide Szenen gleichzeitig sehen und sich der Illusion hingeben, die die Kombination der beiden Aktionen vermittelt. Die Glasscheibe spiegelt einen Teil der vor ihr ablaufenden Szene, läßt aber gleichzeitig auch die Durchsicht auf das dahinter ablaufende Geschehen zu. Die jeweiligen Beleuchtungen der beiden Szenen müssen nur so aufeinander abgestimmt sein, daß die Überlagerung der reflektierten mit der durchscheinenden Szene realistisch erscheint. Erst dann „zersägt“ die Kreissäge das Opfer.

## *Tricks und Tips:*

Mit diesem Wissen kann man eine Karriere als Zeichenkünstler beginnen. Allerdings beschränkt sich diese Fertigkeit auf das Kopieren großer Werke. Damit das gelingt, muß man eine entsprechend große Glasscheibe zwischen die Zeichnung, die man kopieren will und das Zeichenblatt bringen. Die Zeichnung – hier ein Papagei – wird von der Glasscheibe gespiegelt. In der Durchsicht kann man deshalb die Zeichnung auf das Blatt „projiziert“ sehen und muß die Konturen nur noch mit einem Stift nachfahren.

Auch ist es mit dem „Glasscheibentrick“ möglich, eine Kerze im Wasser „brennen“ zu lassen. Dazu wird wiederum eine kleine Glasscheibe geschickt plaziert. Vor der Scheibe steht ein Glas mit Wasser, dahinter die Kerze. Von vorne in einem bestimmten Winkel betrachtet, überlagern sich die beiden Bilder so, daß man die Illusion hat, daß die Kerze in einem Glas voller Wasser brennt.

# 2

# Das intelligent geschnürte Paket

## Das Kunststück:

Vor einem Jahrzehnt hatten noch viele Menschen Erfahrungen mit geschnürten Paketen oder Päckchen. Heute kann man dies viel schneller mit Klebestreifen erledigen. Aber, wenn man vielleicht wieder einmal in die Verlegenheit kommen sollte, ein Geschenkpaket zu schnüren, hilft vielleicht ein kleines Experiment, um dabei alles richtig zu machen. Soll zum Beispiel die Schnur das Paket sehr eng umschnüren oder ist es besser, alles etwas lockerer zu machen? In dem Kunststück nehmen wir zwei Pakete, die gleich schwer sind. Das eine ist eng umschnürt, beim anderen liegt die Schnur lockerer an. Das ist deutlich beim Anheben zu sehen. Wählt man das Gewicht der beiden Pakete geschickt aus, so passiert etwas Er-

staunliches. Hebt man die gleich schweren Pakete an, so reißt plötzlich die enganliegende Schnur. Die locker geknüpfte Paketschnur hält das Gewicht jedoch mühelos aus.

## *Das knoff-hoff:*

Offenbar hat das Zerreißen der Schnur nicht allein im Gewicht der Pakete seine Ursache, denn beide sind ja gleich schwer. Vielmehr spielt die Verteilung der Kräfte in den Schnüren eine große Rolle. Um auf komplizierte Kräfteaufspaltungen verzichten zu können, haben wir Federwaagen eingesetzt, die die auf sie wirkende Kräfte anzeigen. Anstelle von Schnüren sind unsere Pakete mit diesen Federwaagen „geschnürt". Es zeigt sich, daß bei der „lockeren" Schnürung die das obere Dreieck bildenden „Schnüre"

weitaus weniger belastet werden, als beim eng geschnürten Paket. Die Federwaagen sind entsprechend weniger stark ausgelenkt. Die Zugkräfte, die bei einem enggeschnürten Paket in den oberen Schnüren wirken, sind hier dagegen um etwa ein Drittel

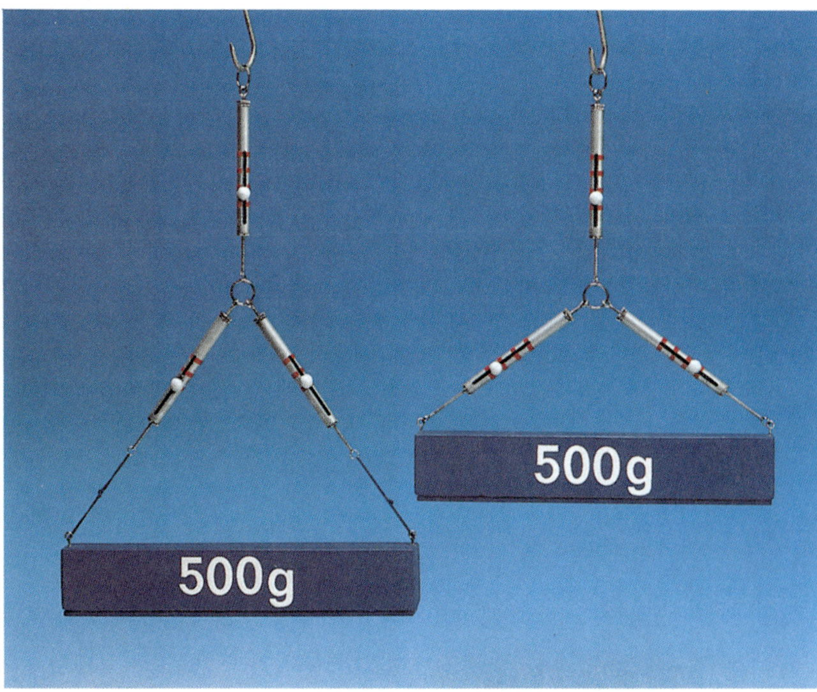

höher als beim locker geschnürten Paket.
Nun haben wir die Festigkeit der Paketschnur gerade so gewählt, daß sie bei dieser Belastung zerreißt. Daß die Pakete das gleiche Gewicht besitzen, sehen Sie übrigens an den senkrecht nach obenführenden Federwaagen. Selbstverständlich kann man sich diese Situation auch mit dem Vektordiagramm der Kräfte plausibel machen.

## *Tricks und Tips:*

Die intelligente Verteilung der Kräfte kann zu einigen Vorteilen im täglichen Leben führen. Und manchmal kommt es zu überraschenden Erkenntnissen. Verblüffen läßt sich so mancher, wenn er einmal sein eigenes Gewicht hochziehen soll. Dazu wird ein Seil an einem Korb befestigt und über eine Laufrolle gelegt. Wiegt die Person 70 kg, so werden die entsprechenden Gewichte in den Korb gelegt und jetzt sollen diese 70 kg am Seil hochgezogen werden. Das gelingt oft nur trainierten Personen, die meisten haben bei diesem Kunststück ihre Schwierigkeiten. Verblüffen lassen sich aber die leicht frustrierten Kandidaten, wenn das Experiment etwas abgewandelt wird. Dazu steigt die Versuchsperson selbst in den Tragekorb und zieht sich an dem Seil nach oben. Und dieses Mal schafft es jeder, sein Gewicht hochzuziehen. An einem Modell läßt sich diese Situation klären. Wieder helfen dazwischen geschaltete Federwaagen, die auftretenden Kräfte in dem Seil sichtbar zu machen. Wenn man an dem über die Rolle gelegten Seil zieht, so muß man genauso

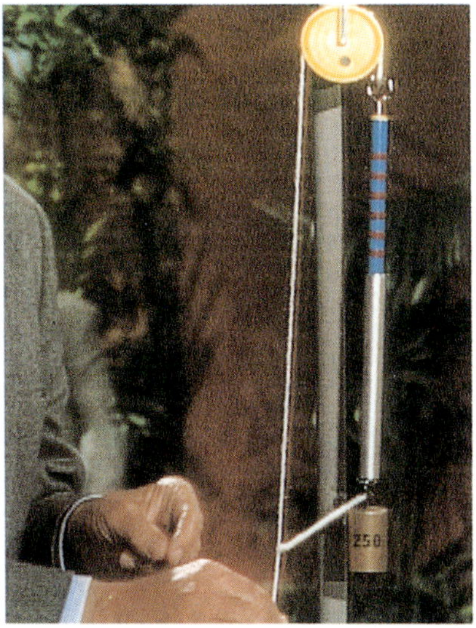


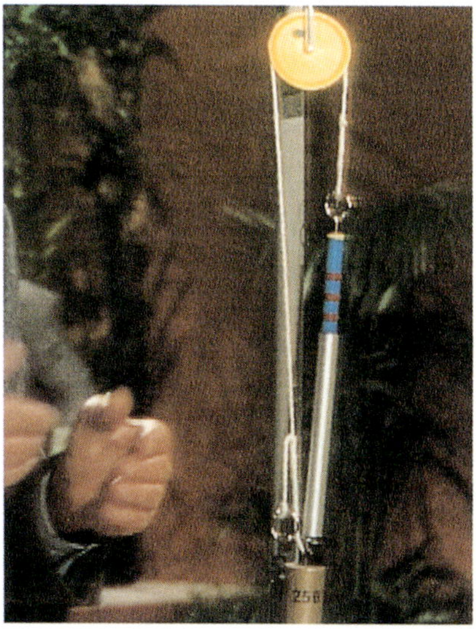

viel Kraft aufwenden, wie der Gewichtskraft des Korbes entspricht. Dahinter steckt das Prinzip: Kraft gleich Gegenkraft. Will man das Gewicht im Korb heben, so muß diese aufgewendete Kraft sogar etwas größer sein. Steht man jedoch im Korb und versucht sich aus dieser Lage hochzuziehen, so verändert sich die Kräfteaufteilung. Die aufzuwendende Gegenkraft halbiert sich, weil sich jetzt auch die Gewichtskraft halbiert. Man muß bei einen Gewicht von 70 kg nur noch 35 kg hochheben – und das gelingt fast jedem. Diese Situation ist am Modell durch den Faden verwirklicht, der das Seil direkt mit dem Gewicht verknüpft. Der jetzt halbierte Anschlag der Federwaage bestätigt die Überlegung.

# 3

## *Die Folgen einer Drehung*

### Das Kunststück:

Zwar wird gesagt, daß auch kleine Dinge die Welt verändern können, aber so recht daran glauben mag eigentlich keiner. Vielleicht hilft ja dieses Kunststück, diesen Glauben zu bestärken. Notwendig dazu ist nur ein Papierstreifen, den man an den Enden zusammenklebt. Bevor das getan wird, verdreht man den Streifen einmal. Jetzt wird der verdrehte Streifen entlang seiner Mitte entzwei geschnitten. Zur Überraschung entstehen nicht zwei Ringe, sondern ein großes in sich geschlossenes Band. Beginnt man nun dieses Band wieder-

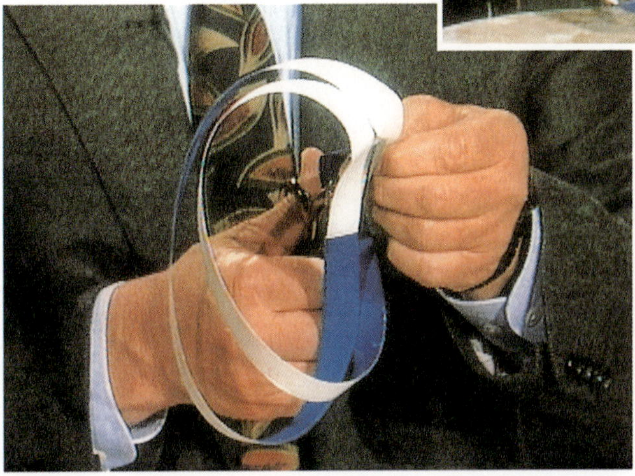

um entlang der Mittellinie zu zerschneiden, so entstehen aus dem Ring zwei ineinander hängende Ringe. Es ist schon erstaunlich, was eine einzige Drehung verursachen kann.

## *Das knoff-hoff:*

Dieser Ring mit der Verdrehung wurde von dem deutschen Wissenschaftler Möbius 1858 beschrieben. Seitdem heißt es nach ihm „Möbiusband". Er hatte selbstverständlich bei seinen Arbeiten nicht den Spaß beim Zerschneiden im Sinn, sondern beschäftigte sich mit diesem Gebilde mathematisch. Und tatsächlich besitzt das Möbiusband auch im unzerschnittenen Zustand erstaunliche Eigenschaften: Einen in sich nicht verdrehten Papierring kann man leicht mit zwei unterschiedlichen Farben bemalen, z. B. außen blau und innen rot. Versucht man das beim Möbiusband, so gibt es dabei Schwierigkeiten. Wird der Farbpinsel an einem Punkt angesetzt, so kommt man nach dem Abfahren des Bandes wieder an den Ausgangspunkt zurück. Ohne abzusetzen hat man damit das Band vollständig bemalt, aber nur mit einer Farbe. Beim nicht verdrehten Papierring würde

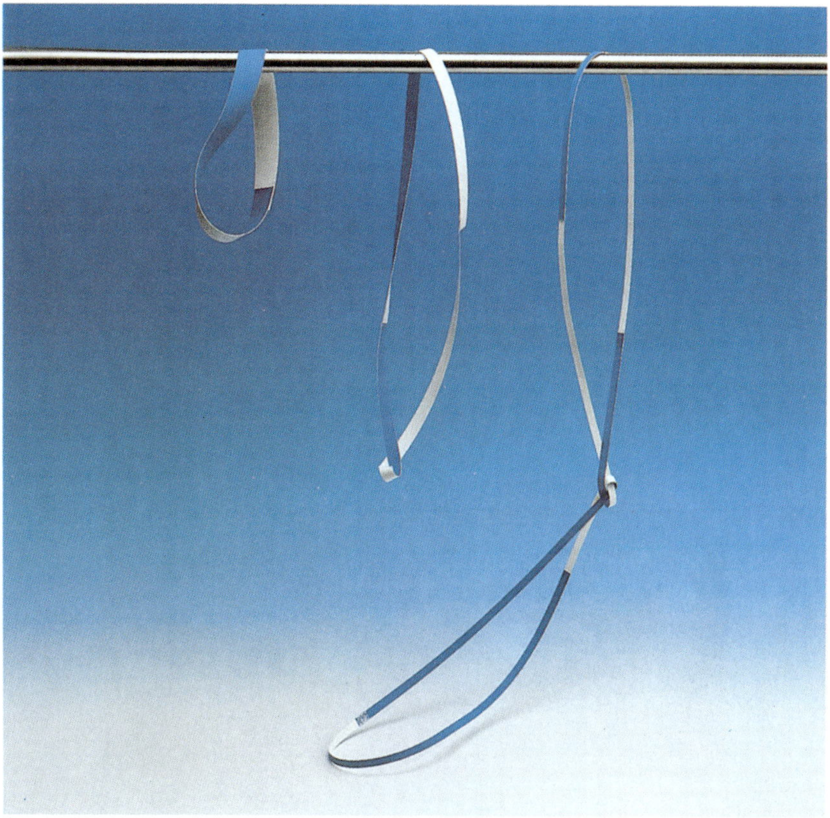

man das ja erst mit der einen Seite tun, dann absetzen, die andere Farbe wählen und dann mit ihr die zweite Seite bemalen. Das Möbiusband jedoch besteht offenbar nur aus einer in sich geschlossenen Fläche.
Und auch der Rand zeigt seltsame Eigenschaften. Beim einfachen Papierring gibt es zwei getrennte Ränder. Fährt man jedoch am Rand des Möbiusbandes entlang, so gelangt man wieder an den Ausgangspunkt zurück, ohne vorher absetzen zu müssen. Und so ist es möglich, irgendwo auf dem Band zu starten und jeden Punkt berühren zu können, ohne auf eine andere Seite wechseln zu müssen.

## *Tricks und Tips:*

Übrigens, das einmal verdrehte Band findet auch in der Technik seine Anwendung. Läßt man ein Förderband einmal in sich verdreht laufen, so nutzt es sich auf der ganzen Fläche gleichmäßig ab. Anders als bei einem unverdrehten Band, das ja immer nur auf einer Seite das Material trägt. Durch diese Verdrehung gewinnt auch das Endlos-Tonband an Länge. Ist es nur ringförmig, so besitzt es nur die Abspullänge, die seinem Durchmesser entspricht. Verdreht man das Band, so verdoppelt sich die Abspiellänge, vorausgesetzt es ist auf beiden Seiten beschichtet.

Mit einer kleinen Verdrehung mehr ist es sogar möglich, einen Knoten „zu schneiden". Dazu werden die Enden eines Papierstreifens 1½mal verdreht und dann verklebt. Schneidet man dann entlang der Mittellinie des geschlossenen Bandes, so zerfällt der Ring schließlich zu einem größeren Ring, der jedoch einen Knoten enthält. Deutlich sichtbar wird dieser Knoten, wenn man ihn langsam zusammenzieht.

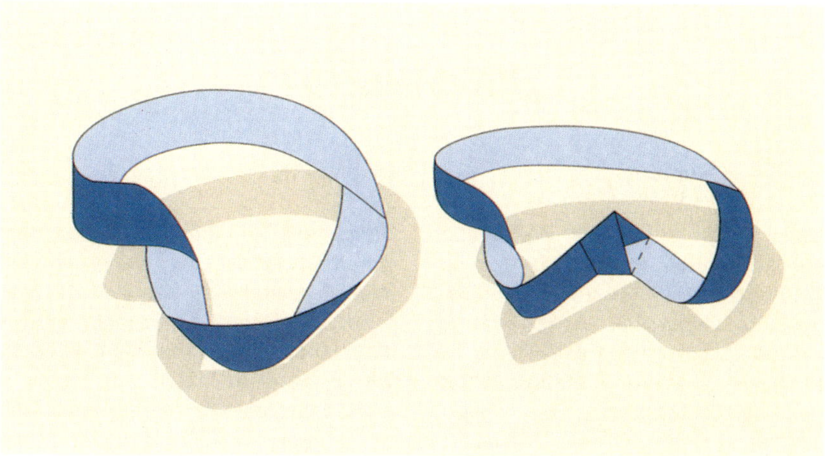

# 4

# Warum die Großen stärker schwitzen

## Das Kunststück:

Viele Dinge in unserer Welt haben – oberflächlich betrachtet – einen wenig spektakulären Verlauf und sind deshalb langweilig. Aber auch in scheinbar sofort überschaubaren Situationen stecken oft Überraschungen. Betrachtet man z. B. einen großen und einen kleinen Würfel, so entsteht auf den ersten Blick der Eindruck, daß es zwischen dem kleinen und dem großen Würfel, außer der Kantenlänge, keinen dramatischen Unterschied gibt. Aber, mit den unterschiedlichen Kantenlängen verbunden, verändert sich, wenn man so will, im Verborgenen noch etwas anderes: das Verhältnis zwischen dem Volumen und der Oberfläche. Der eine Würfel besitzt eine Kantenlänge von 5 cm, der andere die doppelte Länge, also 10 cm. Faltet man den kleineren Würfel zu einer Fläche auf, so sieht man, daß seine Oberfläche 4 mal in die des großen Würfels hineinpaßt. Sein Volumen jedoch paßt 8 mal in das des großen Würfels. Das ist mit den Einzelwürfeln, die man in den großen unterbringen kann, leicht zu sehen. Mit der Verdoppelung der Kantenlänge wachsen also Volumen und Oberfläche der Würfel sehr unterschiedlich an.

## *Das knoff-hoff:*

Eigentlich ist das nicht so überraschend, wenn man sich in Erinnerung ruft, wie Volumen und Oberfläche ausgerechnet werden. Die Kantenlänge **a** geht bei dem Würfel-Volumen mit der 3. Potenz ein und zwar mit $V = a^3$, die Fläche nur mit $a^2$ und das mal 6 genommen. Verdoppelt sich die Kantenlänge, so schlägt sich das beim Volumen mit $2^3 = 8$ nieder bei der Fläche aber nur mit $2^2 = 4$.

Wichtig für uns ist, daß sich das Verhältnis zwischen Oberfläche und Volumen mit wachsender Kantenlänge verkleinert. Das ist durch einen Vergleich von zwei Würfeln, wie es die untenstehende Tabelle zeigt, leicht zu bestätigen. Diese Rechnungen zeigen, daß sich das Verhältnis zwischen Oberfläche und Volumen des Würfels stark verkleinert, wenn man das Volumen vergrößert.

In der Mathematik ist das eine nüchterne Erkenntnis, sie gilt auch für andere Körperformen. Aber dieses Ergebnis spielt in der Natur eine große Rolle. Die Lebewesen entwickeln sich nach den Gegebenheiten in der Natur;

| *Würfel 1:* | | *Würfel 2:* | |
|---|---|---|---|
| Kantenlänge | 5 cm | Kantenlänge | 10 cm |
| Oberfläche | 150 $cm^2$ | Oberfläche | 600 $cm^2$ |
| Volumen | 125 $cm^3$ | Volumen | 1000 $cm^3$ |
| Oberfläche zu Volumen = 1,2 | | Oberfläche zu Volumen = 0,6 | |

die Organismen passen sich an. Zu beobachten ist, daß Vertreter einer Tierart in den nördlichen kälteren Gebieten größer gewachsen sind als ihre Artgenossen in den wärmeren südlichen Gefilden. Und das hat wiederum seine Ursache in dem Verhältnis zwischen Oberfläche und Volumen. Eine Schnee-Eule z. B. ist weitaus größer als die ihr verwandte Schleiereule. Nach unseren Rechnungen besitzt ein großes Volumen eine verhältnismäßig kleine Oberfläche. Über die Oberfläche wird aber die Wärme eines Organismus abgestrahlt. Ist die Oberfläche groß, so ist diese Wärmeabstrahlung stärker als bei einer kleinen Oberfläche. Die Wärme wird im Körper eines Organismus erzeugt, z. B. in der Leber oder den Muskeln. Je größer diese Teile sind, um so mehr Wärme können sie erzeugen. Bei einem großen Organismus ist die dazugehörige Oberfläche verhältnismäßig klein, deshalb kann sich hier die Wärme besser im Körper halten. Die Schnee-Eule, die in den nördlichen und kalten Breiten wohnt, hat deshalb einen Vorteil zum Überleben. Ihr großes Volumen besitzt eine dazu relativ kleine Oberfläche, über die nur wenig Wärme abgestrahlt wird. Anders die Schleiereule. Sie lebt in südlichen Gefilden. Hier gibt es eher mit der zu großen Wärme ein Problem. Der Körper muß gekühlt werden, und dabei hilft eine große Oberfläche. Die Schleiereule ist ja auch klein, zu ihrem kleinen Körpervolumen gehört – wie die Rechnungen gezeigt haben – eine relativ große Oberfläche, und die hilft ja beim Kühlen. Die Schleiereule ist dadurch gut an ihren Lebensraum angepaßt. Diese Beobachtungen kann man noch bei vielen Lebewesen machen.

Wenn man in der Tierzucht die Natur zum eigenen Vorteil umfunktioniert, muß man auch die daraus möglicherweise entstehenden Nachteile ausgleichen. So müssen junge Ferkel unter Wärmelampen aufgezogen werden. Sie haben zu Beginn ihres Lebens ein kleines Volumen und deshalb eine im Verhältnis dazu große Oberfläche, die viel Wärme abstrahlt und die Ferkel auskühlt. Frischlinge in der Natur kennen dieses Problem nicht. Sie kommen relativ groß zur Welt und besitzen deshalb nur eine verhältnismäßig kleine Oberfläche, die eine allzu große Wärmeabstrahlung verhindert. Überdies sind sie auch behaart, und das schützt zusätzlich vor der Auskühlung.

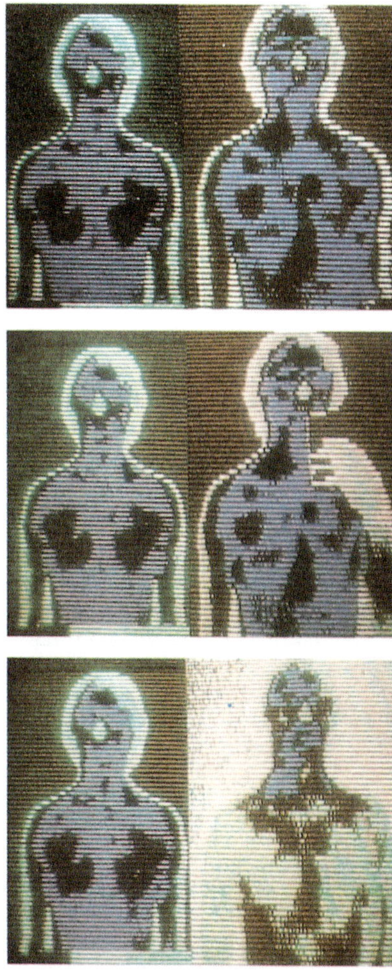

## *Tricks und Tips:*

Unser Körper ist so eingerichtet, daß er übermäßiges Auskühlen oder Erwärmen aktiv ausgleichen kann. Der Organismus will immer eine Kerntempertur von 37 °C halten. Wird diese Temperatur überstiegen, so wird das Abkühlprogramm des Körpers in Gang gesetzt. Um die überschüssige Wärme abzuführen, erweitern sich die Adern, mehr Blut gelangt in die Oberflächenbereiche, Schwitzen unterstützt das Abkühlen. Eine wichtige Frage ist, ob man den Körper bei dieser Prozedur unterstützen kann. Wie wäre es, z. B. etwas zur Abkühlung zu trinken? Soll es dann aber etwas Warmes oder Kaltes sein? Ein Test mit Hilfe einer Infrarot-Kamera gibt darauf eine Antwort. Im ersten Bild ist eine Person im IR-Bild einmal im normalen Temperaturgleichgewicht und daneben nach einem Lauf etwas überhitzt zu sehen. Warme Bereiche sind dunkel dargestellt, helle kalt. Im Test trinkt die Person kaltes Wasser. Die IR-Kamera zeigt keine Veränderung. Dann wird dasselbe mit einem warmen Getränk ausprobiert. Und tatsächlich, nach kurzer Zeit hat sich der Körper abgekühlt. Offenbar hat das warme Getränk dem Körper weiteres Überhitzen signalisiert. Der Körper hat verstärkt sein Kühlsystem in Gang gesetzt, und mit diesem Trick hat sich der Körper des Läufers weitaus schneller abgekühlt. Im Sommer ist es also ratsam, bei Überhitzung ein warmes Getränk zu wählen. Die Umkehrung, daß man im Winter zur Aufwärmung etwas Kaltes trinkt, funktioniert allerdings nicht.

# 5

## Fallen ist nicht gleich Fallen

### Das Kunststück:

Theorien, die nicht am Experiment – in der Realität, der Natur also – überprüft werden, sehen auf dem Papier zwar gut aus, können aber zu vollkommen falschen Vorhersagen führen! Viele Überraschungen haben darin ja auch ihre Ursache: Man glaubt, etwas laufe so und so ab, und in der Wirklichkeit ist dann alles ganz anders. Dieses Kunststück ist ein gutes Beispiel dafür. Ein Glaszylinder wird mit Wasser und einer Handvoll Steinen gefüllt und dann verschlossen. Dreht man den Glaszylinder um, so fallen die Steine im Wasser nach unten. Und jetzt kommt die Überraschung: Hält man den Glaszylinder senkrecht, dann fallen die Steine langsamer, als wenn man die Röhre schräg hält. Eigentlich unglaublich, denn man könnte der Meinung sein, daß beim schrägen Herunterrutschen die Steine eher abgebremst werden als beim freien Fall durch das Wasser.

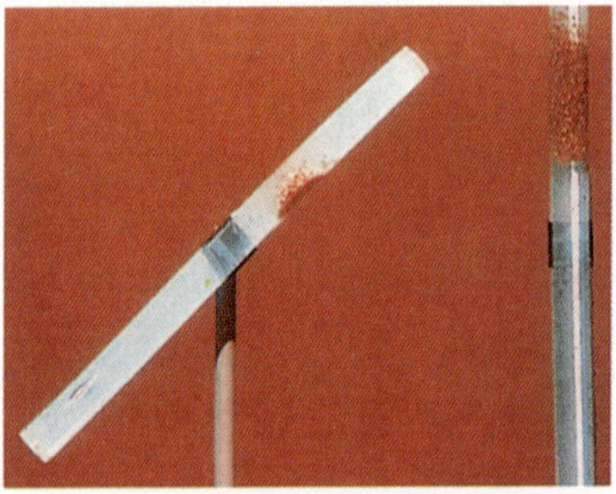

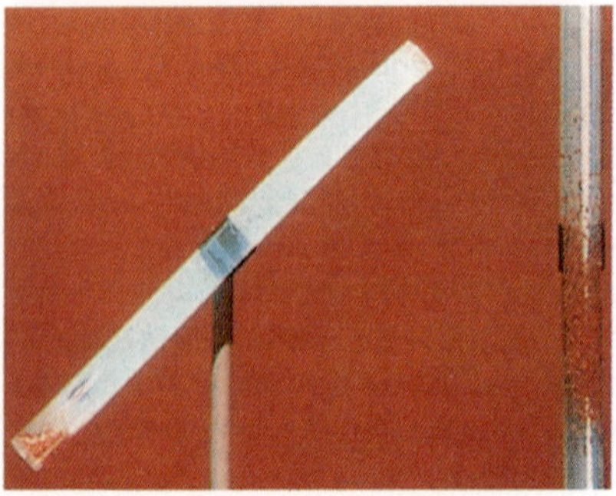

### Das knoff-hoff:

Offenbar spielt das Fallen der Steine im geschlossenen Verband eine Rolle. Steht der Glaszylinder senkrecht, so fallen die Steine mehr oder weniger einzeln durch das Wasser. Jeder Stein muß sich durch die Flüssigkeit kämpfen, bildet dabei Wirbel – verliert also Energie – und kommt dann schließlich unten an. Steht der Glaszylinder schräg, so ist zu beobachten, daß die Steinchen als Gesamtheit nach unten gleiten, und das weitaus schneller als in der senkrechten Stellung der Glasröhre. Der Energieverlust im Wasser ist für diesen Steinverband geringer, er bildet zudem eine strömungstechnisch optimale Flügel- oder Tropfenform. Zudem gleitet diese Steinchen-Ansammlung auf einem dünnen Wasserfilm dicht über der Glasröhre nach unten. Offenbar ein weiterer Vorteil für die Geschwindigkeit.

## Tricks und Tips:

Auch bei Erdrutschen macht der Wasserfilm das herabgleitende Material schneller. Bei einigen Erdrutschen gleitet das Geröll auf einer dünnen Wasserschicht zu Tal. Dabei ist die Unterlage aus Ton wichtig. Ton läßt das Wasser nicht durch, es sammelt sich und bildet diesen das Gleiten unterstützenden Wasserfilm. Vor allem in Japan mit seinen steilen, aus lockerem Material bestehenden Hügeln rutschen so jedes Jahr während der Re-

genzeit riesige Bergflanken zu Tal. Aber auch abrutschendes Geröll wird schneller, wenn sich das Wasser darunter sammelt. Es bildet sich eine dünne Wasserschicht, und darauf gewinnt die Gesteinslawine ihre Geschwindigkeit. Um dieses verheerende Erdrutschen zu kontrollieren, ist man in Japan auf die Idee gekommen, die Bildung des Wasserfilms zu verhindern. Der Vulkan Sakurajima stößt ständig Asche und Gesteinsbrocken aus. Das Material sammelt sich im oberen Bereich des Berges. Vor allem während der Regenzeit rutscht überzähliges Material nach unten. Um diese Erdrutsche abzubremsen, führen Kanäle in das Tal, die das Material nach unten leiten. In die Kanäle sind Gitterroste eingebaut. Donnert das

Gestein darüber, so fließt das Wasser durch das Gitter schnell ab, und tatsächlich kommt die Lawine dadurch zum Stehen. Diese Situation hat man zunächst mit Modellen im Labor getestet, ehe man die Gitter im großen Maßstab realisiert hat.

Aber auch Luft kann „Kissen“ bilden, so daß herabfallendes Material schneller wird. Wenn Schneelawinen zu Tal donnern, dann sind bei ihnen auch unterschiedliche Geschwindigkeiten zu beobachten. Fällt der pulvrige Schnee senkrecht einen steilen Abhang nach unten, so ist die Schneemasse relativ langsam. An Geschwindigkeit gewinnt diese Staublawine jedoch, wenn sie auf einen schräg nach unten verlaufenden Abhang trifft und dann auf ihm nach unten rutscht. Hier entsteht ein Luftpolster, auf dem die Schneemasse gleitet und das sie

schneller macht. Eine vergleichbare Situation wie in unserer Glasröhre mit den senkrecht nach unten fallenden Steinchen und dem schräg nach unten rutschenden Steinverband. Auch diese Wirkung des Luftpolsters kann man im Labor demonstrieren. Dazu läßt man auf einer Rutsche trockenen Sand nach unten gleiten. In die Schräge sind Düsen eingebaut, durch die man Luft pressen kann. Gleitet unter diesen neuen Bedingungen der Sand nach unten, so ist er plötzlich viel schneller, weil er jetzt auf dem Luftpolster nach unten gleitet.

An der Küste ist oft zu beobachten, wie Vögel dicht über die Wasseroberfläche schweben. Das können sie

Hunderte von Metern machen, ohne einen einzigen Flügelschlag. Auch hier bildet sich zwischen den Flügeln und der sich dicht darunter befindlichen Wasseroberfläche ein Luftpolster aus, das dieses energiesparende Fliegen ermöglicht. Nachempfinden kann man diesen Effekt, indem man versucht, ein Blatt Papier über den Tisch zu schieben. Das Papier gleitet nicht besonders gut über die Tischplatte. Schiebt man es jedoch mit einem kurzen Stoß an, dann gleitet es elegant eine längere Strecke über den Tisch. Auch hier bildet sich zwischen Papier und Unterlage ein dünnes Luftpolster aus, das das Blatt mit weniger Energieverlusten gleiten läßt. Bestätigt wird diese Erklärung durch ein Experiment mit einem Flugzeugflügel. Im

Modell wird der Flügel mit einem Ventilator angeblasen. Er hebt sich wie erwartet. Hält man jetzt eine Pappe unter den Flügel, so steigt der Flügel noch weiter nach oben. Eine Demonstration dafür, daß beim Fliegen auch der Druck von unten eine Rolle spielt.

Diesen „ground-effect" kennen auch die Flugzeugbauer. So wurde vor kurzem ein Flugzeug entwickelt, das extrem niedrig über die Wasseroberfläche fliegt, um den energiesparenden Effekt auszunutzen. Sensoren helfen dabei, Unebenheiten automatisch auszuweichen. Bei einem großen Hindernis kann man diese effektive Art des Fliegens jedoch nicht mehr beibehalten.

# 6

# *Wie es schnell bergab geht*

## *Das Kunststück:*

Jeder hat sich irgendein Ziel gesteckt, die Frage ist nur, auf welchem Wege er es erreicht. In dem Studiomodell führen alle drei Bahnen nach unten bis auf den Boden, aber sie sind höchst unterschiedlich geformt und vor allem die Wege sind unterschiedlich lang. Werden die drei Autos, die alle gleiche Eigenschaften besitzen, gestartet, so ist auf den ersten Blick nur schwer zu entscheiden, welches zuerst unten ankommt oder ob sie alle zum selben Zeitpunkt durch das Ziel rollen? Alle Autos starten in derselben Höhe und erreichen nach dem Wettrennen dasselbe Niveau. Nachdem ja die Energie erhalten bleibt – das ist ja ein grundlegendes Konzept in der Physik – müssen am Endpunkt die drei Autos die gleiche Geschwindigkeit haben. Aber kommen sie deshalb auch zur selben Zeit an? Zur Überraschung durchrollen die Autos in völlig verschiedenen Abständen die Ziellinie, und ausgerechnet das Auto, das den kürzesten Weg zurückzulegen hatte, erreicht den Boden zuletzt.

## *Das knoff-hoff:*

Hier zeigt sich, daß der kürzeste Weg nicht immer der schnellste ist. Um das Ergebnis eines solchen Wettrennens vorhersagen zu können, muß man sich die Form der Bahnen genau ansehen. Die hintere von ihnen führt immer mit dem gleichen Gefälle nach unten, während die beiden vorderen sehr steile Abschnitte besitzen und sogar für ein kurzes Stück bergauf führen. Entscheidend für den Zeitpunkt des Ankommens ist offenbar, daß gleich zu Beginn der Bahn dem Auto ein steil nach unten führender Abschnitt angeboten wird. Hier erfährt das Auto sofort eine starke Beschleunigung, die es auf Geschwindigkeit bringt. Diesen Vorteil kann es bis in das Ziel retten, obwohl der von ihm zurückgelegte Weg der längste von den 3 Bahnen ist. Auf der kontinuierlich nach unten verlaufenden hinteren Bahn kommt das Auto erst langsam auf Geschwindigkeit und rollt dadurch als letztes durchs Ziel.

Am Endpunkt der Bahnen besitzen selbstverständlich alle Autos die gleiche Geschwindigkeit. Das verlangt die Erhaltung der Energie in der Natur. Durch die gleiche Starthöhe besitzen alle drei Wagen dieselbe „potentielle Energie". Beim Herunterollen verlieren die Autos an Höhe – also an „potentieller Energie", die jedoch nicht verlorengeht, sondern in „kinetische Energie" umgesetzt wird, in einen Zuwachs an Geschwindigkeit. Am Boden ist die potentielle Energie vollständig in kinetische Energie umgewandelt, und weil den drei gleichen Autos derselbe Anfangsbetrag zur Verfügung stand, ist ihre Geschwindigkeit am Ziel identisch. Das am Anfang so schnelle Auto auf der Bahn mit dem zunächst starken Gefälle verliert z. B. im weiteren Verlauf der Bahn wieder an Geschwindigkeit, während das Auto auf der Ebene erst langsam zum Rollen kommt, dann aber stetig an Geschwindigkeit gewinnt und schließlich mit der gleichen Geschwindigkeit wie sein Konkurrent durch das Ziel rollt. Allein der Zeitpunkt ihres Eintreffens ist unterschiedlich.

## Tricks und Tips:

Wenn etwas herunterrollt, so kann es dabei auch noch zu anderen ungewöhnlichen Abläufen kommen. Auf dieser Schräge rollt eine Hantel aus Metall auf der verbindenden Achse nach unten. Langsam und gemächlich gewinnt sie an Geschwindigkeit. Kaum berühren jedoch die Räder den Boden, so wird das Gefährt schlagartig schnell und schießt regelrecht nach vorne. Dahinter steckt kein verborgener Antrieb, sondern die unter-

schiedlichen Durchmesser der aufliegenden Teile sind dafür entscheidend. Das Verbindungsrohr besitzt einen relativ kleinen Durchmesser. Beim Herunterrollen wird bei ihm mit einer Umdrehung nur ein kurzes Stück Weg auf der Schräge zurückgelegt. Die großen Räder machen diese Umdrehung mit, legen aber dabei – wegen ihres größeren Umfangs einen weitaus längeren Weg zurück. Auf der Schräge wirkt sich das jedoch nicht aus, weil sie ja keinen Kontakt mit der Unterlage haben. Erst am Boden kann sich dieser Vorteil entfalten.

# 7

# Die wundersame Welt der Kräfte

## Das Kunststück:

Vieles hängt vom Standpunkt eines Betrachters ab, wenn etwas beurteilt werden soll. Wir auf der Erde erfahren eine Welt, in der vor allem die Schwerkraft – die Anziehungskraft der Erde – eine große Rolle spielt. Aber auf unserer Erde wirken noch andere Kräfte, die in bestimmten Situationen plötzlich sehr präsent sind. Bei diesem Kunststück rollen wir einen Ball auf dem Boden hin und her. Der Ball legt den Weg nicht auf einer geraden Linie zurück, sondern zeigt immer eine Krümmung seiner Bahnkurve. Ebenso ist es mit einem Wasserstrahl in dieser verrückten Welt. Er schießt nicht geradlinig auf die gegenüberliegende Wand, sondern erreicht sein Ziel auf einem reichlich krummen Weg. Was ist das Besondere an dieser Welt?

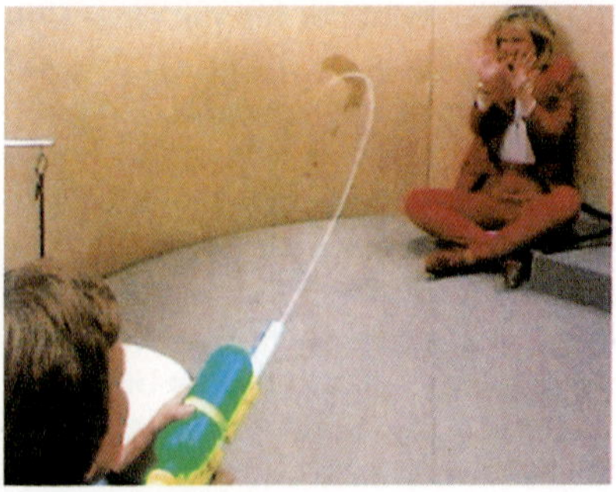

## Das knoff-hoff:

Dem außenstehenden Beobachter zeigt sich, daß diese Kunststücke auf einer sich drehenden Scheibe durchgeführt werden. Die Drehung dieser Scheibe läßt Kräfte auf alle Körper wirken. Neben der Zentrifugalkraft, die alles nach außen schleudert, wirkt auch die Corioliskraft. Diese Kraft ist es, die die Bahn der sich bewegenden

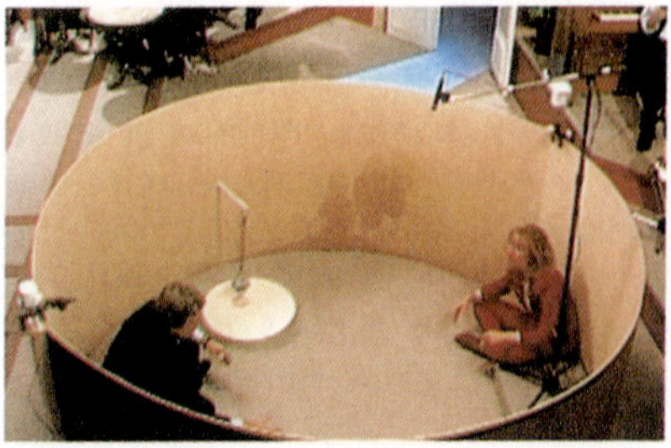

Körper so krumm werden läßt. Sie ist abhängig von der Drehgeschwindigkeit der Scheibe und der Geschwindigkeit der sich bewegenden Körper. Je größer die Geschwindigkeiten sind, um so stärker wird diese Kraft. Jemand der in solch einer Welt aufgewachsen ist, nimmt die Abweichungen von einer Wurfbahn als selbstverständlich hin; für uns ist das in dieser Intensität eine neue Erfahrung, obwohl wir im Großen den Einfluß der Corioliskraft auch beobachten können. Wir leben ja auf einem Planeten, der sich rasant schnell um seine eigene Achse dreht. Am Äquator beträgt diese Geschwindigkeit 1600 km pro Stunde. Wenn sich etwas auf der Erdkugel bewegt, so müßte sich ja auch dabei die Corioliskraft bemerkbar machen. In den meisten Fällen ist ihr Einfluß jedoch sehr schwach, weil die entsprechenden Geschwindigkeiten nicht erreicht werden. Aber es gibt Systeme, die sich nach diesem ständigen, wenn auch kleinen Einfluß der Corioliskraft ausgerichtet haben, zum Beispiel Luftbewegungen in der Atmosphäre. Nach einer vereinfachten Vorstellung entstehen ja konstante Winde durch das Aufsteigen von heißer Luft am Äquator – dort steht die Sonne senkrecht und erhitzt die Erdoberfläche am intensivsten – die Luft treibt nach Norden und Süden, kühlt in den höheren Schichten ab, sinkt nach unten und wird wieder zum Äquator gezogen. Nach diesem Schema müßte die Luftströmung direkt senkrecht aus dem Norden und Süden kommend den Äquator treffen. Aber in der Realität besitzen diese äquatorialen Winde eine andere Richtung. Sie werden abgelenkt. Von Norden kommt dieser Wind aus nordöstlicher Richtung – der Nord-Ost-Passat – aus dem Süden tritt die Luftströmung als Süd-Ost-Passat auf.

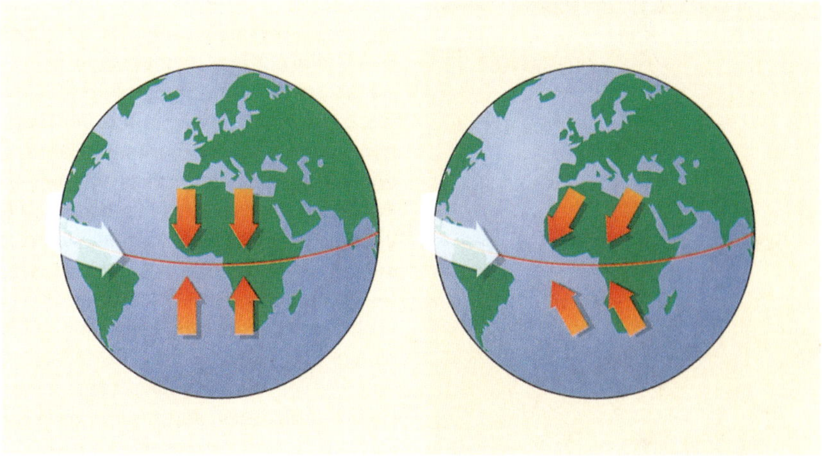

Außerdem werden auch riesige Luftwirbel, die als Hurrikane bestimmte Gebiete unserer Erde überziehen, durch die Corioliskraft in bestimmte Drehrichtungen versetzt. Auf der Nordhalbkugel ist die Drehung dieser Luftmassen entgegen dem Uhrzeigersinn gerichtet, auf der Südhalbkugel

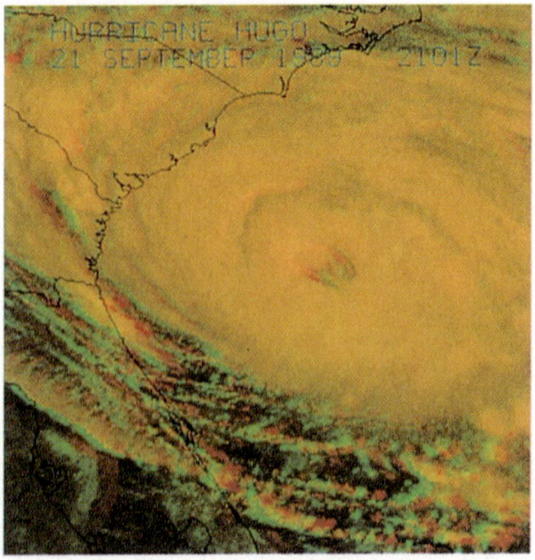


dreht sich ein Hurrikan mit dem Uhrzeigersinn. Warum die Drehrichtung sich auf den beiden Erdhalbkugeln ändert, liegt an der Richtung des Geschwindigkeitsvektors der Rotation, die sich beim Überschreiten des Äquators ändert.

Mit dieser unterschiedlichen Situation – je nachdem, ob die Bewegung auf der Nord- oder auf der Südhalbkugel stattfindet – haben sich schon Generationen von Naturwissenschaftlern beschäftigt und vor allem ein Problem immer wieder heftig diskutiert, das Badewannenproblem. Wenn man das Wasser aus der Badewanne fließen läßt, so müßte nach der Theorie auf der Nordhalbkugel der entstehende Abflußwirbel gegen den Uhrzeigersinn gerichtet sein. Auf der Südhalbkugel dagegen ist er umgekehrt orientiert. Am Äquator jedoch wirkt die Corioliskraft nur radial, unterstützt nur die Zentrifugalkraft – demnach sollte hier beim Abfluß des Badewassers kein Wirbel auftreten. Im Fernsehzeitalter kann man ja beinahe beliebig Satellitenschaltungen zur Süd- oder Nordhalbkugel und zum Äquator herstellen. Die Beobachtungen, die wir dabei gemacht haben, zeigen, daß die Drehrichtung des Wirbels in der Badewanne vom Zufall abhängt. Sehr stark macht sich der Einfluß der Form der Badewanne bemerkbar. Ebenso: wie lange das eingefüllte Wasser in Ruhe war, auf welche Art der Stöpsel gezogen wird usw. So zeigen sich auf den verschiedenen Halbkugeln im Mittel genauso viele Rechts- wie Linksdrehungen. Und das erscheint auch einsichtig, denn die Corioliskraft macht hier nur wenige Promille der Schwerkraft aus, so daß die anderen Parameter hier die dominierende Rolle spielen. Allerdings wird in verschiedenen Lehrbüchern immer wieder dieses Beispiel als eindeutiger Befund zitiert – wir haben da aber ganz andere Erfahrungen gemacht.

## Tricks und Tips:

Die Corioliskraft zeigt in speziellen Fällen ihre erstaunliche Wirkung. Die Voraussetzung für ihr Auftreten ist ja eine Drehbewegung und in Verbindung damit eine Eigenbewegung eines Körpers. Um ihre Wirkung zu demonstrieren, kann man auf einer Scheibe einen Schlauch befestigen. Er läuft über die Drehachse der Schei-

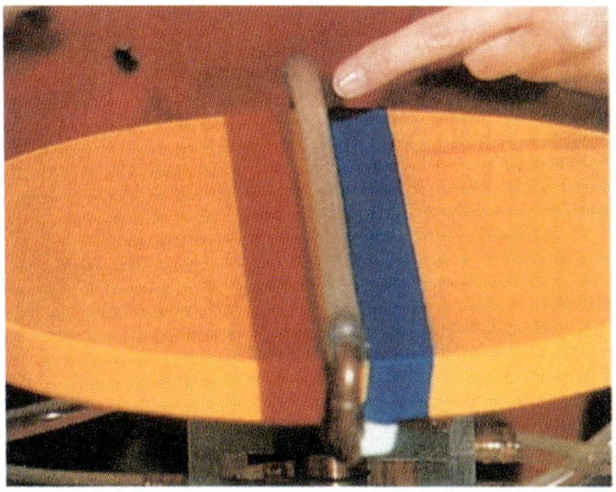

be. Setzt man die Scheibe in Bewegung und läßt jetzt durch den Schlauch eine Flüssigkeit strömen, so wird der Schlauch durch die dabei auftretende Corioliskraft in eine Richtung ausgelenkt. Kehrt man die Strömungsrichtung der Flüssigkeit um, so erfolgt die Auslenkung in die andere Richtung.

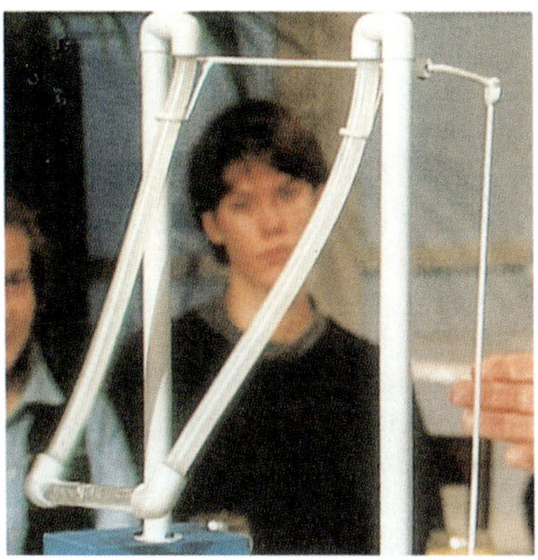

Eine ähnliche Beobachtung kann man bei einer Schaukel machen, die aus einem Schlauch konstruiert wurde. Durch den Schlauch kann wiederum eine Flüssigkeit fließen. Im Ruhezustand schaukelt die Schaukel – wie erwartet – gleichmäßig hin und her. Beginnt die Flüssigkeit jedoch zu fließen, so beginnt die ungewöhnliche Schaukel zu schlingern. Auch hier wirkt die Corioliskraft. Die Schaukelbewegung kann als Drehbewegung aufgefaßt werden, mit der verknüpft die Geschwindigkeit der Flüssigkeitsteilchen einen Beitrag zur Corioliskraft leistet.

Dieses Verhalten wird in der modernen Meßtechnik ausgenutzt. In der Lebensmitteltechnik ist es äußerst wichtig, genaue Dosierungen für ein Produkt zu gewährleisten. Da werden ja Kuchen, Suppen oder andere Nahrungsmittel in Riesenmengen hergestellt. Um den Zufluß der Zutaten kontrollieren zu können, wird die Corioliskraft ausgenutzt. Die Röhren werden in definierte Schwingungen gebracht. Fließt durch das Röhrensy-

stem eine Flüssigkeit – als Zutat für eine Suppe zum Beispiel – so verändert sich durch die Corioliskraft die Auslenkung der Röhre. Ein Sensor registriert das, und so läßt sich über die Fließgeschwindigkeit und den Röhrendurchmesser die Menge berechnen. Ein solches System arbeitet äußerst genau und zuverlässig.

# 8

## Nichts hält ewig

### Das Kunststück:

In unserer Welt verändert sich ständig etwas, und vieles bleibt unseren Augen verborgen. Aber mit Phantasie und dem entsprechenden technischen Geschick kann man viele erstaunliche Abläufe sichtbar machen – so auch das „Verschwinden" von Luft. Für dieses Kunststück wird etwas Stahlwolle (oder Eisenfäden) ins Glas gelegt, dann schüttet man noch etwas Säure und Kochsalzlösung hinzu und verschließt das Glas, indem man eine Luftballonhaut darüber zieht und sorgfältig luftdicht verklebt. Nach einigen Stunden ist die Gummihaut stark nach innen gezogen, und die Stahlwolle hat sich verfärbt.

### Das knoff-hoff:

Vielleicht ahnen Sie schon, was passiert ist. Das Eisen im Glas ist einfach verrostet. Die Salzlösung hat diesen Vorgang beschleunigt. Beim Verrosten bindet das Eisen den Sauerstoff der Luft und wandelt sich in Eisenoxid um. Der Sauerstoff ist so in einer weitaus kompakteren Form gebunden. Er fehlt selbstverständlich in der Luft, die sich im Glas befindet. Die durch die Gummihaut abgeschlossene Luftmenge kann nicht mehr den gleichen Druck ausüben wie vorher, sie wird jetzt von der umgebenden Luft zusammengepreßt. Deshalb beult sich die Gummihaut auch ein. Gut zu sehen ist dadurch auch, wie hoch der Sauerstoffanteil in der Luft ist, er beträgt etwa ⅕ des Volumens.

## Tricks und Tips:

Was hier ein spaßiges Kunststück ist, bringt viele zur Verzweiflung. Weil das Eisenoxid, der Rost, andere mechanische Eigenschaften besitzt als das Eisen, ist er höchst unerwünscht. Rost bröckelt und kann als Werkstoff nicht verwendet werden. Um den Rost zu verhindern, werden Eisenteile mit Farbe überstrichen. Die Hoffnung ist, daß der Sauerstoff aus der Luft das Eisen durch diese Lackschicht nicht so leicht angreifen kann. Aber oft genug wird diese Lackschicht – für unsere Augen unsichtbar – verletzt, und das Verrosten findet unter dem glänzenden Lack selbst statt, wenn von außen noch nichts zu sehen ist. Käufer eines Gebrauchtwagens können davon ein Lied singen. Mit einem einfachen Trick läßt sich ein solches „verdecktes" Rosten erkennen. Rost besitzt durch die Verbindung des Eisens mit dem Sauerstoff auch andere magnetische Eigenschaften. Er reagiert weitaus schwächer auf magnetische Kräfte. Das hat einen Erfinder auf die Idee gebracht, einen Magneten mit einer Federwaage zu versehen. Tastet er damit die Lackschicht ab, so kann er unter dem Lack befindliche Rostbereiche dadurch aufspüren. An diesen Stellen reagiert der Magnet schwächer als in den intakten Bereichen.

Wenn der Sauerstoff mit dem Eisen chemisch reagiert und Rost bildet, werden ja Elektronen transportiert. Der Sauerstoff entreißt dem Eisen Elektronen und verbindet sich mit ihm. Unter dem Mikroskop kann man

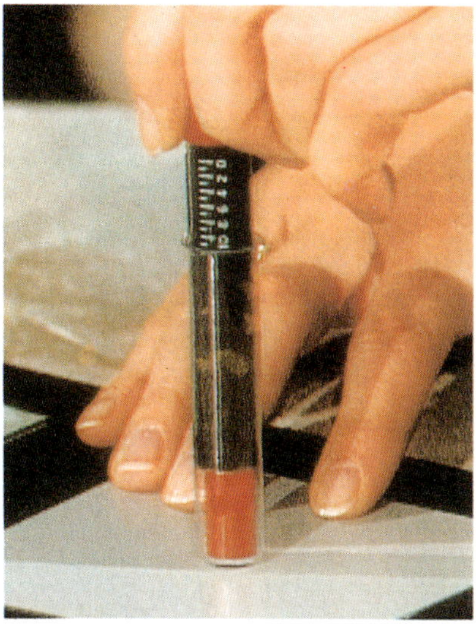

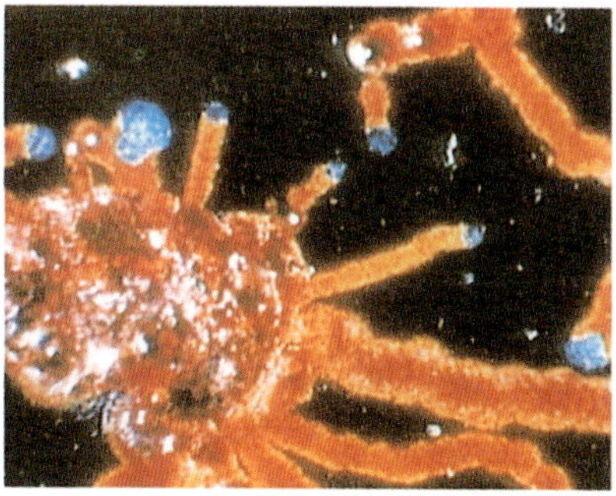

kleine Kanäle beobachten, in denen das passiert. Am Kopf der Kanäle befinden sich kleine Blasen, hier blau sichtbar. Das ist eine wässerige Lösung, die das Eisen unter dem Lack zum Rosten bringt.

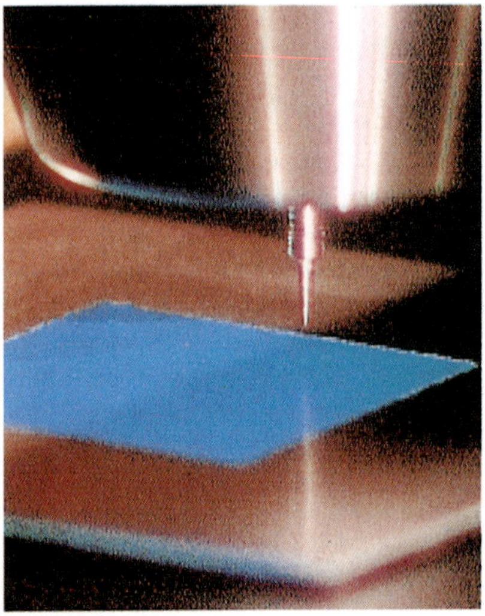

Weil bei der Oxidation Elektronen bewegt werden, kommt es auch zu elektrischen Spannungsschwankungen,

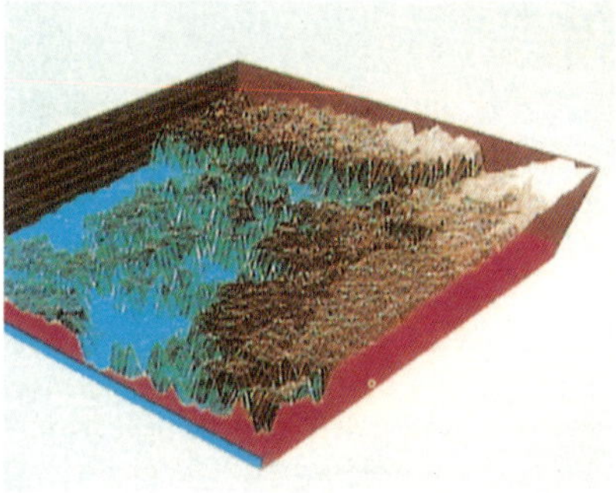

und die kann man messen. Dazu wird eine Nadel, die an ein Meßgerät angeschlossen ist, über eine lackierte Eisenfläche geführt. Von außen ist kein Hinweis auf Rost zu erkennen. Dort, wo auf dem Computerbild Vertiefungen zu sehen sind, hat das Eisen zu rosten begonnen. Ein modernes Verfahren, um den Rost aufzuspüren.

# 9

## *Ungewöhnliches mit Kerzen*

### *Das Kunststück:*

Eine Flamme benötigt Sauerstoff, sonst verlischt sie. Ein bekannter Kniff ist es, mit einer brennenden Kerze z. B. Kohlendioxid in einem Weinkeller aufzuspüren. Beim Gären entsteht dieses Gas, es ist schwerer als Luft und sinkt auf den Kellerboden. Die für uns atembare Luft mit ihrem Sauerstoff wird vom Kohlendioxid verdrängt, und das ist gefährlich. Ein Winzer wird deshalb seinen Weinkeller mit einer brennenden Kerze testen, bevor er nach unten steigt. Verlöscht die Flamme in einer bestimmten Höhe, dann weiß er, daß hier der Sauerstoff fehlt. Aber diese so tief verwurzelte Erfahrung kann man erschüttern. Dazu werden eine kurze und eine lange Kerze in ein Glasgefäß gestellt. Sie werden angezündet und das Gefäß mit einer Scheibe verschlossen. Klar ist, daß der Sauerstoffvorrat in dem Gefäß nur begrenzt ist und die Kerzen nach einiger Zeit verlöschen werden. Aber welche Kerze wird das zuerst tun? Kohlendioxid – das Verbrennungsprodukt der Kerze – ist ja schwerer als Luft. Es wird nach unten sinken und mit der Zeit immer mehr werden, die untere Kerze erreichen und sie dann verlöschen lassen. So plausibel diese Vorhersage auch klin-

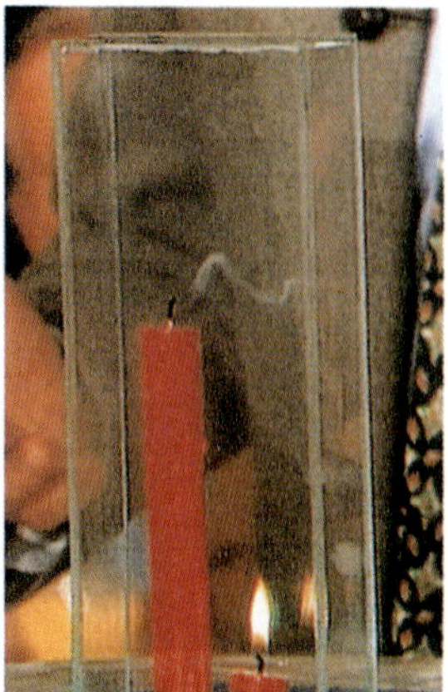

gen mag – in Wirklichkeit verlischt jedoch erst die obere Kerze, und dann folgt die untere.

## Das knoff-hoff:

Es ist immer noch richtig, daß Kohlendioxid schwerer als Luft ist und nach unten sinken würde. Die Verbrennungsgase, die ja durch die Reaktion des Sauerstoffs mit dem kohlenstoffhaltigen Wachs zum größten Teil Kohlendioxid enthalten, sind jedoch nicht kalt, sondern entstehen in Dochtnähe und werden durch die freiwerdende Wärme heftig nach oben getrieben. Der Deckel bremst sie ab und die Schichtung beginnt – verursacht durch die Wärmebewegung von oben nach unten. Deshalb verlischt erst die obere Kerzenflamme und dann die untere. Die Bewegung der Verbrennungsgase ist deutlich in der Schlierenaufnahme zu sehen. Die Erfahrung der Winzer mit dem Kohlendioxid wird durch dieses Kunststück nicht etwa hinfällig, sondern nur durch eine Variante erweitert.

## Tricks und Tips:

Wie sich Verbrennungsgase verhalten, ist eine Frage, die Weltraumfahrer interessiert. Wenn sie in der Schwerelosigkeit schweben, erleben sie dabei eine völlig andere Welt als unter dem Einfluß der Schwerkraft. Kann eine Kerze in der Schwerelosigkeit überhaupt brennen? Ein Raumschiff zu mieten ist teuer, aber, wie sich Gase in der Schwerelosigkeit verhalten, ist relativ einfach für jeden zu beobachten. Dazu wird eine Kerze in ein Becherglas gestellt und fallenge-

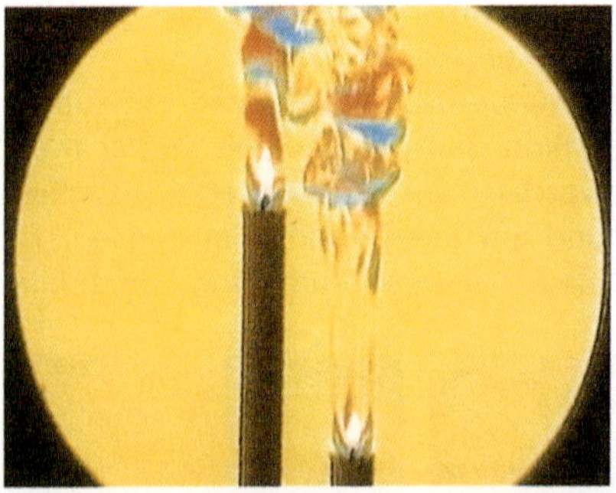

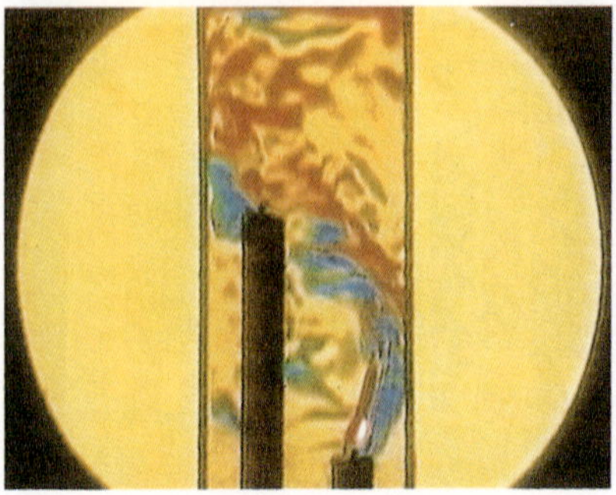

lassen. Eine weiche Unterlage verhindert dabei Scherben. Zur Überraschung geht die Flamme aus, obwohl sie durch das Becherglas vor dem Zugwind geschützt ist.

Weil beim freien Fall die Wirkung der Schwerkraft aufgehoben ist, können die heißen, verbrannten Gase nicht mehr vom Docht nach oben steigen, denn in der Schwerelosigkeit gibt es ja keinen Unterschied mehr zwischen leicht und schwer. Die Wärmekonvektion – durch die die heißen Abgase nach oben getrieben werden und frische, kältere Luft von unten an den Docht gelangt und damit die Verbrennung aufrecht erhält – kann nicht mehr ablaufen. Deshalb erstickt die Flamme. Sie wird zunächst rund und verlischt. Übrigens, ernsthaft werden

solche Versuche im Bremer Fallturm gemacht, dessen Höhe eine weitaus längere Fallzeit erlaubt als das Experiment vom Küchentisch. So einfach ist die Schwerelosigkeit auf der Erde – für kurze Augenblicke jedenfalls – zu simulieren.
Welche Rolle die verschiedenen heißen Gase in der Nähe einer Kerzenflamme spielen, zeigt auch das folgende Kunststück. Auf eine Schallplatte wird am äußeren Rand eine Kerze geklebt. Dann zündet man sie an und setzt eine Käseglocke über die Schallplatte mit der brennenden Kerze. Beginnt sich jetzt die Schallplatte zu drehen, so neigt sich die Flamme plötzlich nach innen zur Drehachse.
Die Luft unter der Käseglocke ist kälter und damit dichter als die heißen Verbrennungsgase. Deshalb wird sie durch die Zentrifugalkraft stärker nach außen gedrückt als die heißen Gase, die die Kerzenflamme umgeben. Es baut sich ein Dichtegefälle am Rand der Käseglocke auf, eine Strömung entsteht und reißt die Kerzenflamme zur Drehachse.

# 10

## *Wie sich etwas im Licht bewegt*

### *Das Kunststück:*

Viele kennen die „Lichtmühlen", in denen sich ein Kreuz in einer Glaskugel dreht, wenn es von Licht bestrahlt wird. Die leichten Plättchen an den Enden des Kreuzes sind auf der einen Seite metallisch glänzend und auf der anderen Seite tiefschwarz. Trifft Licht auf die Lichtmühle, so beginnt sich das Kreuz in Richtung der Metallseite zu drehen. Das ist vielleicht für einige eine kleine Überraschung. Größer wird allerdings das Erstaunen, wenn man die Lichtmühle unter Wasser bringt. Die Drehung wird langsamer, hört nach einiger Zeit auf, aber plötzlich beginnt sich das Kreuz in die umgekehrte Richtung zu drehen. Das bringt selbst erfahrene Experimentatoren ins Grübeln.

### *Das knoff-hoff:*

Warum sich das Kreuz in der Glaskugel dreht, liegt nicht etwa an dem „Lichtdruck" an den auftreffenden Lichtteilchen – wie viele meinen, sondern an den sich bewegenden Gasteilchen in der Glaskugel. Diese Kugel ist nicht ganz vollständig evakuiert, es befindet sich noch ein Restgas darin. Trifft Licht auf die Plättchen, so erwärmt sich die schwarze Seite stärker als die blanke, denn schwarz erscheint ja deshalb so, weil es das Licht vollständig absorbiert. Die so aufgenommene Energie wird in Wärme umgewandelt. Die blanke Seite reflektiert das Licht und bleibt deshalb kalt.

Die restlichen Gasmoleküle in der Nähe der schwarzen Seite bewegen

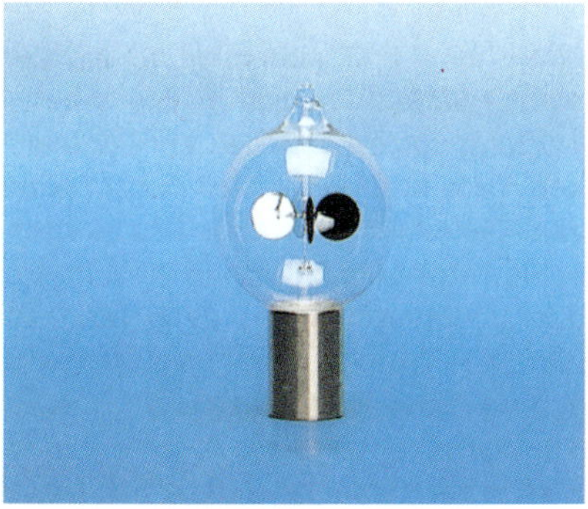

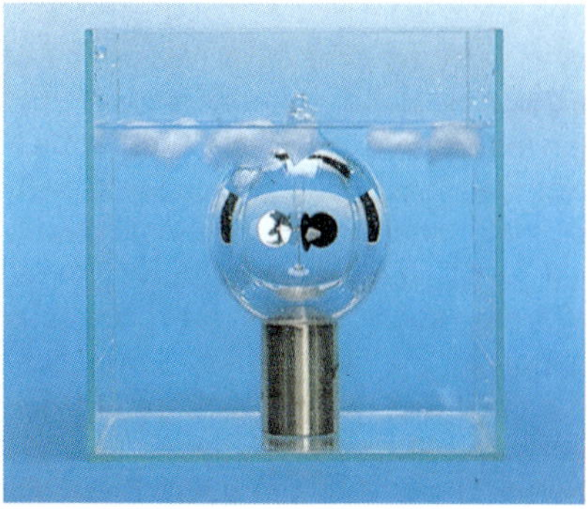

sich durch die Wärme heftiger als die auf der blanken Seite. Durch den ständigen Aufprall dieser Moleküle wird das Kreuz nach vorne getrieben, und zwar in Richtung der blanken Seite. Teilweise evakuiert werden muß die Glaskugel, um diesen kleinen Unterschied im Trommelfeuer der Gasteilchen in eine sichtbare Drehbewegung des Kreuzes umsetzen zu können. Unter normalem Luftdruck wird sich das Kreuz nicht von der Stelle rühren.

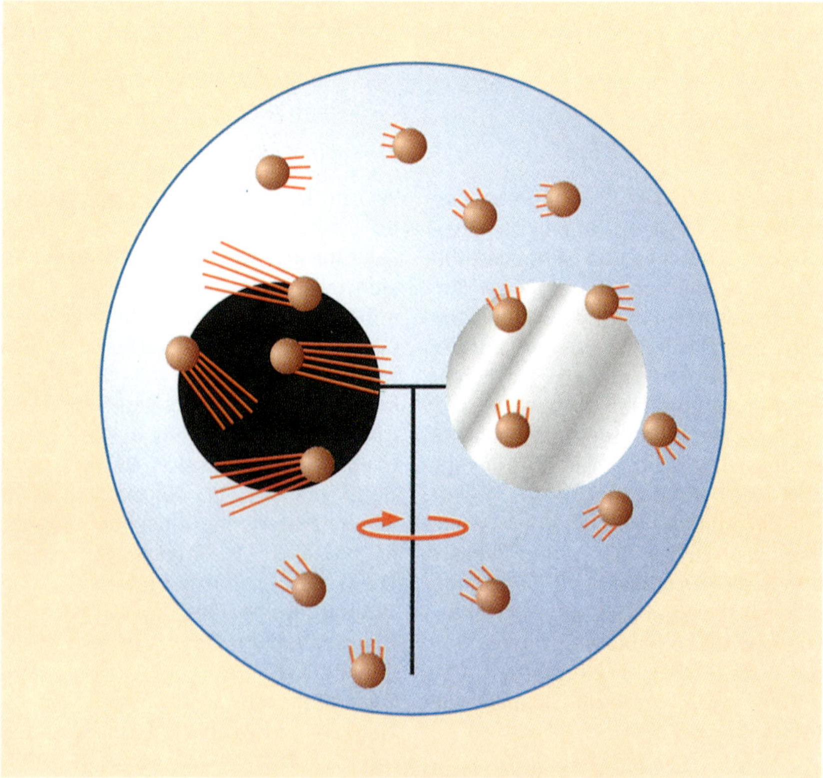

Was passiert aber unter Wasser? Die schwarze Seite absorbiert zwar das auftreffende Licht außerordentlich gut und erwärmt sich dadurch sehr schnell, aber ebenso schnell strahlt sie als „schwarzer Körper" diese Wärme auch wieder ab. Weitaus schneller als die blanke Seite. Und damit ist klar, warum sich unter Wasser die Lichtmühle genau anders herum dreht. Die schwarze Seite der Plättchen kühlt schneller ab als die blanke Seite. In diesem Fall ist die Bewegung der Gasteilchen auf der blanken Seite heftiger als auf der schwarzen. Der jetzt auftretende Druckunterschied stößt die Plättchen in Richtung der schwarzen Seite, denn jetzt ist hier das „Trommelfeuer" der Moleküle schwächer. Besser gelingt dieses Kunststück, wenn die Lichtmühle in Eiswasser getaucht wird.

## *Tricks und Tips:*

Unter Wasser funktionieren viele Abläufe anders als in der uns vertrauten luftigen Umgebung. Ein Rasensprenger z. B. dreht sich mühelos, während er das Wasser versprüht. Das gelingt ohne zusätzlichen Antrieb. Allein das ausströmende Wasser treibt das S-förmig gebogene Rohr nach vorne. Dabei stoßen sich die Wasserteilchen an der Biegung des Rohres ab und geben dadurch dem Rohr einen Impuls in die entgegengesetzte Richtung. Plaziert man den Rasensprenger unter Wasser, so funktioniert dieser Antrieb immer noch. Allerdings muß man den

Druck des ausströmenden Wassers erhöhen, um den größer gewordenen Widerstand der Umgebung überwinden zu können. Was passiert aber, wenn man den versenkten Rasensprenger statt Wasser ausstoßen Wasser ansaugen läßt? Auch hier treffen ja Wasserteilchen auf das gebogene Rohr und müßten es – wie bei der Lichtmühle die Gasteilchen – nach vorne treiben. Auch das kann man ausprobieren. Mit einem Farbstoff wird die Wasserbewegung sichtbar gemacht. Aber obwohl der Rasensprenger das Wasser der Umgebung heftig ansaugt, bleibt das S-förmig gebogene Rohr unbeeindruckt stehen. Zwar treffen die angesaugten Wasserteilchen auf die Biegung des Rohres, aber sie werden aus allen Richtungen angesaugt. Die Einzelimpulse, die mit dieser Bewegung verbunden sind, mitteln sich einfach aus. Wird das Wasser jedoch ausgestoßen, so geschieht das in eine bevorzugte Richtung. Der Gesamtimpuls, der dadurch auf das Rohr weitergegeben wird, mittelt sich deshalb nicht

aus, sondern bündelt sich zu einem Stoß, der das Rohr nach vorne treibt. Übrigens kann man diesen Effekt deutlich machen, wenn man versucht, eine Kerze „auszusaugen“, anstatt auszublasen. Beim „Aussaugen“ gelingt es kaum, die Flamme zum Flakkern zu bringen. Die Luftteilchen werden aus allen Richtungen herangezogen und mitteln dabei ihre Wirkung beim Aufeinandertreffen aus. Anders verhält es sich, wenn man die Kerze ausbläst. Der gerichtete Luftstoß

treibt die Flamme und die brennbaren Gase vom Docht weg und läßt die Kerze erlöschen.

Wie wirkungsvoll ein gerichteter Gasstoß sein kann, zeigt ein Kunststück mit Maiskörnern. Popcorn wird so hergestellt, daß spezielle Maiskörner in einer Pfanne erhitzt werden. Das besondere an den Maiskörnern ist, daß sie eine harte Schale besitzen. Bei Neuzüchtungen findet man das allerdings nicht immer. Beim Erhitzen wandelt sich die Flüssigkeit im Maiskorn in Dampf um. Der Druck erhöht sich, bis die Schale des Maiskorns gesprengt wird. An dieser Stelle entweicht der Dampf und wie bei einer Rakete strömt das heiße Gemisch in die eine Richtung und das Maiskorn fliegt in die andere. Das schaffen die Dampfteilchen, indem sie sich vom Maiskorn abstoßen. Das so lange unter Druck gehaltene Maiskorn quillt aus der Schale und fertig ist das Popcorn.

# 11

# Auch Birnen haben ihre Geheimnisse

## Das Kunststück:

Gemeint sind hier nicht die Birnen von einem Obstbaum, sondern elektrische Glühbirnen. Der Glühfaden ist ja das große Problem bei den Glühlampen. Ohne den Glaskolben und nur in Luft betrieben ist er sehr empfindlich. Schickt man durch eine solch offenliegende Wendel, die aus Wolfram besteht, einen elektrischen Strom, so beginnt sie zwar zu leuchten, aber nur für kurze Zeit. Die Glühwendel zerreißt an der Luft, und das liegt hauptsächlich daran, daß das Wolfram mit dem Luftsauerstoff reagiert, oxidiert. Das entstehende Oxid ist bröckelig und zerfällt. In einem zweiten Versuch kann man die Wendel unter einer Stickstoffatmosphäre glühen lassen, und da hält sie es weitaus länger aus. Erst nach langer Zeit und aufwendigen Experimenten hat man das richtige Material und die geeignete Gasatmosphäre für die Glühwendel gefunden. Heute wird Wolfram benutzt und in die Glühlampen als Edelgas Krypton gefüllt, damit das Wolfram nicht oxidiert. Übrigens, solche Versuche dürfen – wenn überhaupt – nur mit Batterien als Stromquellen betrieben werden, und das mit äußerster Vorsicht!

Was passiert aber, wenn man die offene Glühwendel zur Kühlung ins Wasser taucht und dann einen elek-

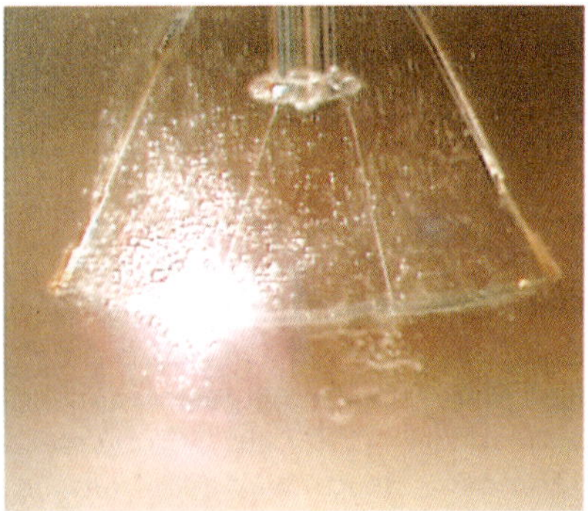

trischen Strom durch sie schickt? Die Wendel arbeitet dabei wie ein Tauchsieder, und man bekommt sie sogar zum Glühen. Dann aber zerreißt sie an einer Stelle. Hat dort die Kühlung nicht ausgereicht?

## *Das knoff-hoff:*

Wenn man sich in einer Momentaufnahme die Stelle anschaut, an der die Wendel später zerreißt, sieht man dort eine Dampfblase. Die Wendel wird durch den elektrischen Strom erhitzt. An einigen Stellen entstehen durch die hohe Temperatur Wasserdampfblasen. Diese Blasen führen die Wärme weniger schnell ab als das Wasser, es entsteht an dieser Stelle ein Hitzestau, und der läßt die Glühwendel zerreißen.

## *Tricks und Tips:*

Durch die geeignete Gasatmosphäre kann man die Glühwendel noch besser schützen. Ihre Lebensdauer ist begrenzt, aber sie läßt sich mit einem Trick erweitern. Wenn die Wolframwendel erhitzt wird, so dampfen immer einige Teilchen ab. Die Wolframteilchen schlagen sich am Inneren des kühlen Glases nieder, und die Wendel wird immer dünner. Füllt man jedoch den Glaskolben mit einem speziellen Gas, hier Brom, so verschwindet plötzlich die Schwarzfärbung. Die Bromteilchen verbinden sich nämlich mit dem abgelösten Wolfram am kühlen Rand zu Bromid und gelangen durch die Gasströmung wieder auf die heiße Wendel. Hier scheidet das Wolfram ab. Die Verluste der Wendel werden also immer wieder ausgeglichen, so daß sich die Lebensdauer dieser Art von Glühlampe stark erhöht. Die Temperaturverteilung in einer solchen Lampe ist in der Grafik dargestellt. Diese Lampe heißt übrigens Halogenlampe, weil Brom chemisch gesehen zur Gruppe der Halogene gehört.

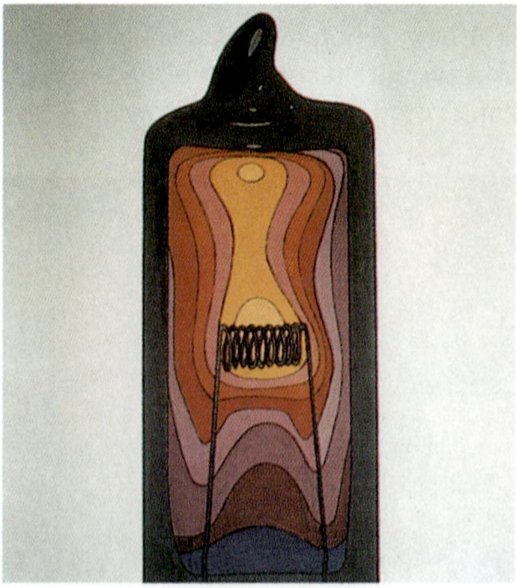

# 12

# Was einen Spiegel unbrauchbar macht

## Das Kunststück:

Jeder von uns hat sich schon über einen „beschlagenen Spiegel" geärgert. Wenn durch Duschen Wasserdampf das Badezimmer vernebelt, so bekommt auch der Spiegel seinen Teil ab. Er ist genauso wie die Wände in der Regel kälter als seine Umgebung, und deshalb schlägt sich der Dampf nieder. Der Dampf kondensiert, und es bilden sich auf der Spiegelfläche kleine Wassertröpfchen. Erfinder haben sich um Lösungen dieses Problems bemüht. So kann man z. B. den Spiegel von der Rückseite aus mit einem elektrischen Heizdraht erwärmen. Das Ergebnis: Der Dampf schlägt sich in diesem Bereich nicht nieder. Aber es gibt noch eine andere Lösung für dieses Problem. Der Spiegel wird mit mikroskopisch kleinen Teilchen beschichtet. Das stört seine optischen Eigenschaften nicht, er ist immer noch als Spiegel zu gebrauchen, aber es verhindert die Trübung des Spiegels durch den Wasserdampf. Der Wasserdampf kondensiert zwar immer noch auf dem Spiegel – er ist genauso feucht wie ohne Beschichtungsmittel – aber man kann dennoch ungestört sein Spiegelbild betrachten.

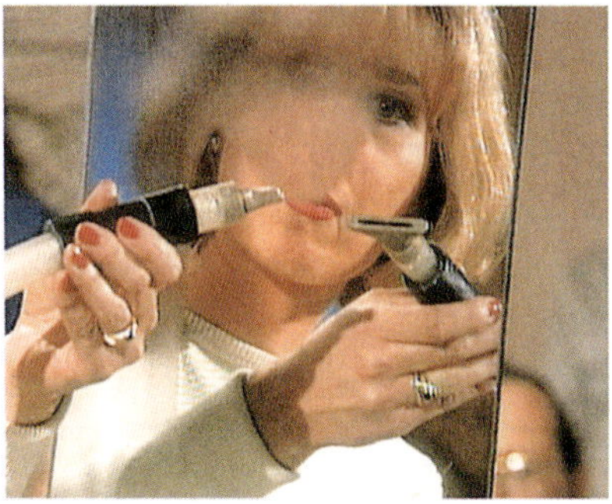

## *Das knoff-hoff:*

Ein „beschlagener“ Spiegel enthüllt sein Geheimnis, wenn man ihn unter einem Mikroskop betrachtet. Er ist von einer Schicht winziger Tröpfchen bedeckt.

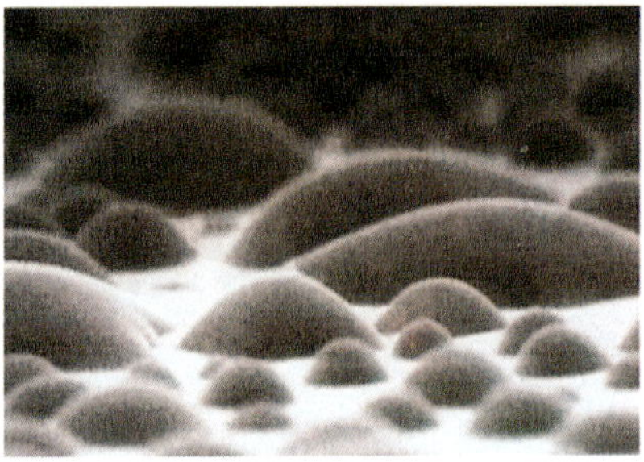

Was die optischen Qualitäten des Spiegels verändert, ist gerade die Tröpfchenform des niedergeschlagenen Wassers. Durch sie werden die ankommenden Lichtstrahlen, die ja von der Spiegelfläche zurückgeworfen werden, in ihrem Verlauf verändert – sie werden kreuz und quer gestreut. Für ein gutes Spiegelbild jedoch müssen die Strahlen ihren Weg zurückfinden, ohne von störenden Unebenheiten auf der Spiegelfläche durcheinandergewirbelt zu werden.

Die kleinen Wassertröpfchen wirken wie winzige Linsen, die den Weg der Lichtstrahlen verändern. Wenn man auf einen Spiegel aber eine hauchdünne Schicht eines Kieselsäureesters (das ist eine chemische Verbindung, in der Siliziumdioxid mit tensidartigen Molekülen verknüpft ist) aufbringt, so bildet sich plötzlich keine Tröpfchenform mehr aus. Diese Schicht ist nur einige Moleküllagen dick und für das sichtbare Licht durchlässig. An den Enden der Moleküle befinden sich freie Bindungsarme, die das Wasser regelrecht auseinanderziehen. Wasser besitzt ja eine Oberflächenspannung, d. h. die Wasserteilchen klammern sich kräftig aneinander und bilden deshalb Tropfen. Die aufgetragene Moleküllage wirkt diesen Kräften entgegen. Sie wirkt wie ein Spülmittel. Das Wasser bedeckt jetzt nur als gleichmäßig dünne Schicht die Spiegeloberfläche. Dadurch werden die optischen Qualitäten des Spiegels kaum gestört, und man kann auch im dichtesten Dampfbad immer sein Spiegelbild betrachten.

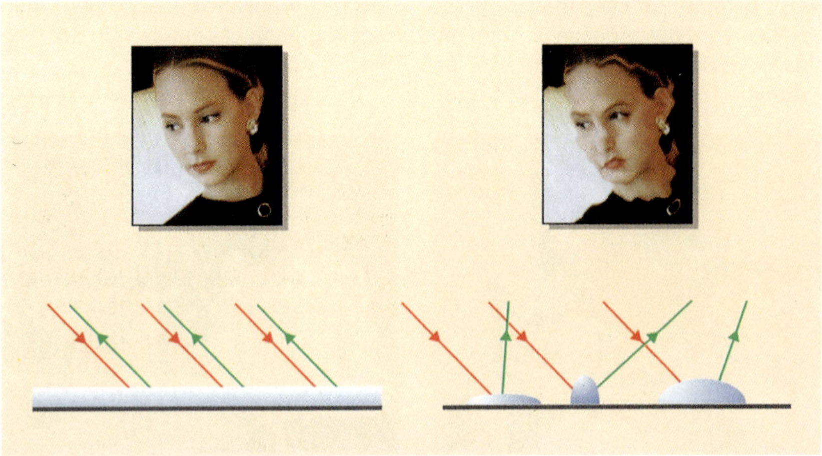

## *Tricks und Tips:*

Die optischen Eigenschaften von solchen Tropfen oder kleinen Kugeln stören zwar bei einem beschlagenen Spiegel, sie lassen sich aber auch für einige technische Analysen vorteilhaft einsetzen. Wenn man aus geringerem Abstand einen Fernsehschirm betrachtet, sind die einzelnen Bildpunkte zu erkennen, aus denen sich das Bild zusammensetzt. Normalerweise ist die Entfernung des Betrachters so gewählt, daß die Bildpunkte ineinanderfließen und sich dem Auge ein homogenes Bild anbietet. Aber manchmal ist es notwendig, die Fernsehbilder mit einem geringen Augenabstand zu betrachten. Zum Beispiel, wenn man mit der entsprechenden Fernsehbrille den „Cyberspace" erleben will. In dieser Brille befinden sich zwei kleine Monitore, die vom Computer erzeugte Bilder zeigen. Dadurch wird der Eindruck erweckt, man bewege sich in diesem „virtuellen" Raum. Der kleine Abstand zu den Augen läßt aber auf den Bildschirmen auch die Bildpunkte erkennen. Um die Illusion perfekter zu machen, wird deshalb eine Folie benutzt, auf der sich kleine Ausbeulungen befinden. Diese Erhebungen in der Folie wirken wie kleine Linsen, die die Bildpunkte ineinanderfließen lassen, das Bild also unscharf machen. Ein homogenes Bild entsteht.

In eine andere spezielle Folie sind winzige Glaskugeln eingebaut, die sie strahlend erscheinen lassen. In diesem Beispiel zeigt die Folie, abhängig vom Betrachtungswinkel, schwarze Streifen. Hält man sie direkt in Richtung der Lichtquelle, so erscheint sie

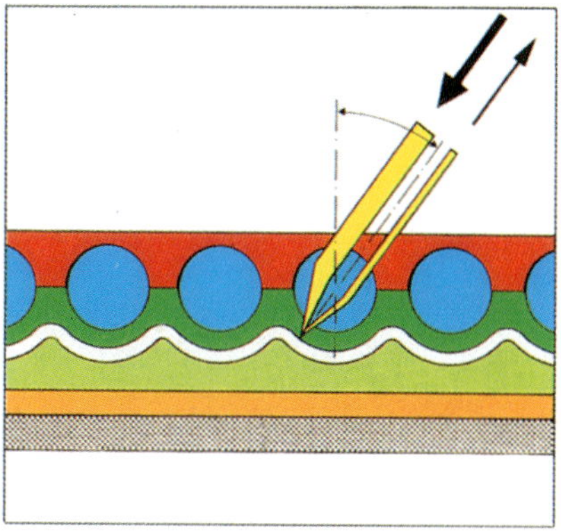

plötzlich vollständig weiß. Das Geheimnis dieser Folie liegt in den kleinen Glaskügelchen, die einen dunklen Untergrund besitzen. Trifft Licht auf die Kugel, so wirkt sie wie eine Linse. Die Lichtstrahlen werden gebrochen und an der Rückseite reflektiert. Durch die Lichtbrechung bündelt sich das Licht, so daß es jetzt konzentriert in Richtung der Lichtquelle zurückgeworfen wird. Die schwarze Folie erscheint deshalb in dieser Richtung hell und nahezu weiß.

Verblüffend ist, wenn man schwarze Buchstaben mit einem solchen Folienstück bedeckt. Der schwarze Streifen fügt sich in die Buchstaben ein. Strahlt man jetzt aber mit einer hellen Lichtquelle auf die Buchstaben, so wird durch die Wirkung der Glaskugeln das Licht zurückgeworfen. Der eingefügte Streifen erscheint plötzlich weiß. So kann man aus einem E ein F machen, wenn das Schild mit Licht bestrahlt wird.

# 13

## *Das launische Ei*

### *Das Kunststück:*

Wenn Sie ein rohes und ein gleich großes gekochtes Ei auf einer Schräge herabrollen lassen – welches Ei wird zuerst unten ankommen? Das rohe oder das gekochte? Wenn Sie das Kunststück ausprobieren, dann werden Sie sehen, daß das rohe Ei offenbar das schnellere ist. Erstaunlich ist das schon, denn wer kennt nicht den alten Hausfrauentrick, ein rohes von einem gekochten Ei zu unterscheiden? Dabei werden beide Eier mit den Fingern auf dem Tisch gedreht – das gekochte dreht sich viel schneller als das rohe. Warum also sollte nicht auch das gekochte Ei die Schräge schneller herunterrollen?

### *Das knoff-hoff:*

Beim Hausfrauentrick rotiert das gekochte Ei deshalb schneller und länger, weil es mehr an Rotationsenergie aufnehmen kann als das rohe Ei. Durch das Kochen sind die Teilchen des Hühnereies fest verklebt – alle Masseteilchen drehen sich, und entsprechend lange rotiert das Ei um die eigene Achse.

Anders beim rohen Ei: Der äußere Rand des flüssigen Eies macht zwar die Drehung mit, das Innere bleibt jedoch träge stehen: Weniger Masseteilchen können also in Rotation versetzt werden – entsprechend kurz ist die Drehung. Langsam ist sie außer-

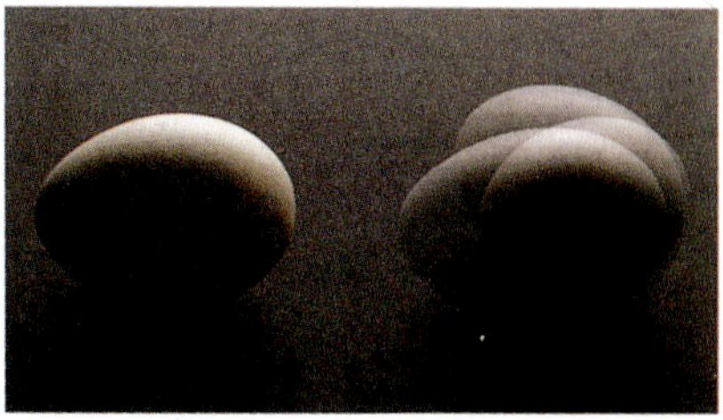

dem noch, denn es entstehen in der Eiflüssigkeit zwischen dem ruhenden und rotierenden Teil Reibungsflächen. Dazu wird ein Teil der hineingesteckten Energie genutzt.

Der unterschiedliche Aufbau des rohen und des gekochten Eies ist die Ursache für das überraschende Ergebnis beim Herabrollen der beiden Eier. Den Eiern steht dieselbe Anfangsenergie zur Verfügung – denn sie starten beide aus der gleichen Höhe. Weil im gekochten Ei die Teilchen fest miteinander verklebt sind, muß jedes dieser Teilchen beim Abrollen die volle Drehung mitmachen, und das kostet einen Teil der Energie. Zum Vorwärtsbewegen bleibt deshalb weniger Energie übrig. Das ist durch den kurzen grünen Pfeil in der rechten Zeichnung deutlich gemacht.

Beim rohen Ei dreht sich nur der äußere Teil der Flüssigkeit mit. Der innere Anteil gleitet fast ohne Rotation nach unten. Sehr viel von der Anfangsenergie kann also zur Vorwärtsbewegung benutzt werden – deshalb ist das rohe Ei schneller.

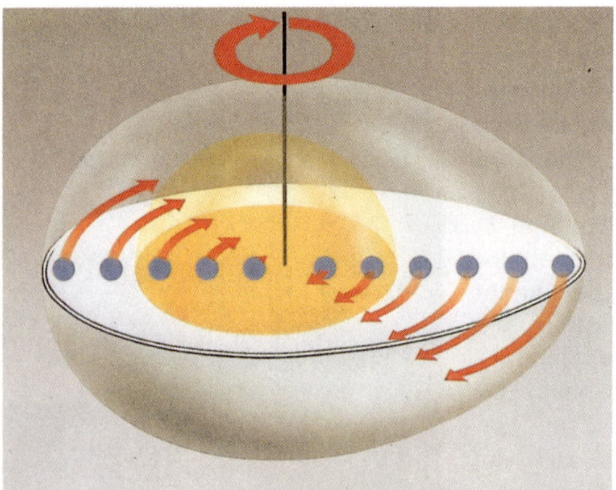

*Drehung des gekochten Eies. Alle Teilchen drehen sich mit.*

*Beim rohen Ei dreht sich nur der äußere Randbezirk mit. Das Innere bleibt träge in Ruhestellung. Die Grenzflächen reiben sich aneinander – kleine Wirbel entstehen, die der Rotation Energie entziehen.*

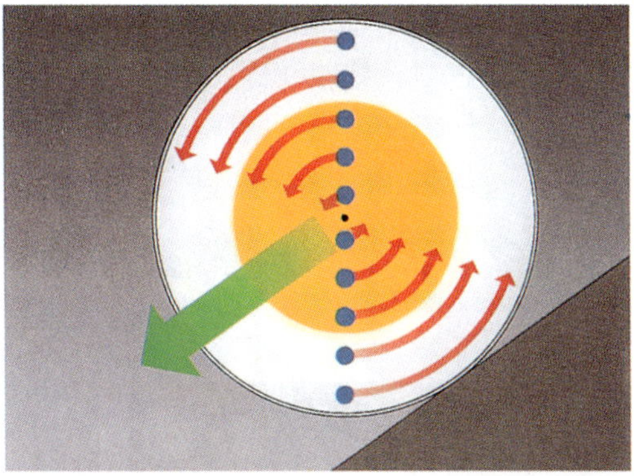

*Beim gekochten Ei macht jedes Teilchen die Drehung mit.*

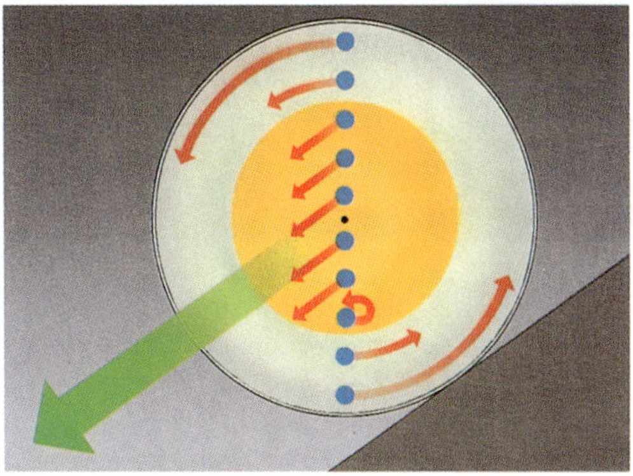

*Das Innere des rohen Eies gleitet ohne Drehung nach unten. Nur der äußere Randbezirk muß die volle Umdrehung mitmachen und benötigt dazu Energie.*

## Tricks und Tips:

Wenn Sie das Kunststück ausprobieren, werden Sie bemerken, daß manchmal das rohe und das gekochte Ei gleich schnell sind – und es kann sogar passieren, daß das gekochte Ei schneller ist. Nun ist das keine Katastrophe und kein Argument gegen das Kunststück; denn einmal sind die Eier ja nicht gleich schwer oder rund. Zum anderen sind rohe Eier nicht besonders flüssig. Die gallertartige Substanz hat einen ganz guten Zusammenhalt, so daß manchmal auch das Innere des rohen Eies zum Rotieren kommt. Gut ist es deshalb, wenn Sie das rohe Ei vor dem Kunststück heftig schütteln – dadurch lösen sich Verbindungen des Eies mit seiner Schale. Ausprobieren kann man dieses Kunststück auch mit zwei gleich schweren und gleich geformten Büchsen. Der Inhalt der einen Büchse muß fest sein – z. B. Schmelzkäse oder Corned Beef –, die zweite Dose kann Suppe oder andere flüssige Substanzen enthalten. Die Erfahrung lehrt, daß die Ergebnisse physikalischer Überlegungen in der Realität nur mit einer bestimmten Wahrscheinlichkeit bestätigt werden. Dazu benötigt man Geduld.

# 14

## Die Flamme auf Wanderschaft

### Das Kunststück:

Eine Flamme wandert geheimnisvoll über ein Tuch – ohne daß der Stoff verbrennt. Dazu lassen Sie ein Halstuch von hilfreichen Händen aufspannen und hantieren selbst mit zwei Gasfeuerzeugen. Das Tuch soll nicht zu eng gewebt sein. Ein Feuerzeug halten Sie unter das Tuch und öffnen es, damit das Gas ausströmen kann. Mit dem anderen Feuerzeug suchen Sie sich über dem Tuch den ungefähren Ort des verdeckten Gasfeuerzeugs und zünden es. Eine Flamme scheint auf dem Tuch zu schweben, die Sie hin und her wandern lassen können, wenn Sie das untere Feuerzeug dementsprechend bewegen. Erstaunlich ist, daß dabei das Gewebe des Tuches nicht verbrennt. Dieses Kunststück können Sie auch zu einem dramatischen Zaubertrick ausbauen, wenn Sie das Gasfeuerzeug unbemerkt unter das Tuch bringen und die Flamme mit den üblichen Magiersprüchen wandern lassen.

### Das knoff-hoff:

Verständlich wird dieses Kunststück, wenn man es mit einem dünnen Drahtnetz durchführt. Das Gas aus einem Brenner strömt durch die feinen Maschen und kann über dem Netz gezündet werden. Die Flamme dringt jedoch nicht von oben durch den Maschendraht zum Gasbrenner vor – offenbar wird die Zündtemperatur des Gases unter dem Draht nicht erreicht. Das liegt an der guten Wärmeleitfähigkeit des Metalls, aus dem der Maschendraht besteht. Die Wärme der

Flamme über dem Maschendraht wird von dem Metall sehr schnell abgeleitet, so daß die Flamme nicht „durchschlägt". Auch bei dem Kunststück mit dem Tuch wird die Wärme schnell verteilt. Der Stoff verbrennt deshalb nicht.

## *Tricks und Tips:*

Mit diesem Trick hat man früher auch im Bergbau gearbeitet. In den Stollen unter Tage konzentrieren sich oft explosive Gase. Eine offene Flamme als Lichtquelle ist deshalb sehr gefährlich. Der Maschendraht, über die Flamme gestülpt, hilft, das Problem zu lösen. Diese Grubenlampen erzeugen – trotz des Metallgitters, genügend Licht und verhindern die mögliche Katastrophe. Denn entzündbare Gase können zwar durch das Drahtnetz nach innen zur Flamme gelangen und lassen sie dadurch etwas stärker brennen, andererseits kann die Flamme die große Gaswolke außerhalb des Drahtgitters nicht entzünden. Ihre Hitze verteilt sich im Drahtnetz sehr schnell, so daß – wie bei unserem Kunststück – außen die Zündtemperatur nicht erreicht wird.
Mit der Wärmeleitung kann man einige Überraschungen erleben. Wenn Sie Metall und Holz anfassen, so haben Sie den Eindruck, daß das Holz wärmer ist als das Metall – obwohl bei beiden Materialien ein Thermometer die gleiche Temperatur anzeigt. Im Winter kann es Ihnen sogar passieren, daß bei sehr tiefen Temperaturen die Finger am Metall festfrieren – am Holz jedoch nicht. Auch das liegt an der unterschiedlichen Wärmeleitfähigkeit der verschiedenen Materialien. Metall ist ein guter Wärmeleiter – es zieht also sehr schnell die Wärme aus dem berührenden Finger – deshalb haben wir das Empfinden, daß Metall kalt ist. Holz dagegen leitet die Wärme schlecht. Die Wärme „fließt" nicht zum Holz, sie wird wegen der guten Isoliereigenschaften sogar gestaut – das Holz empfinden wir als wärmer – obwohl es die gleiche Temperatur wie das Metall besitzt.
Metalle besitzen unterschiedliche Wärmeleiteigenschaften. In dem Experiment liegen Streichhölzer auf Streifen aus verschiedenen Metallen, die von der Mitte aus erhitzt werden. Kupfer leitet die Wärme am schnellsten – über 10mal besser als Stahl z. B. Deshalb entzündet sich das Streichholz auf dem Kupferstreifen zuerst.

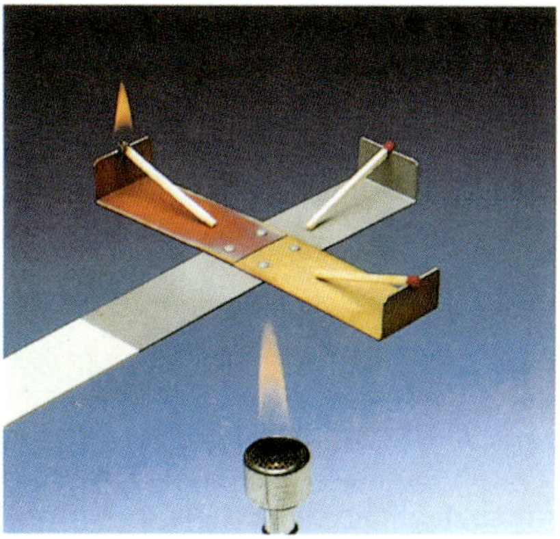

Wasser ist – gegenüber Luft – ein 30mal besserer Wärmeleiter. Spätestens merken Sie das, wenn Sie versuchen, mit einem nassen Lappen einen heißen Topf vom Herd zu holen. Die erfahrene Hausfrau weiß, daß ein trockener Lappen besser vor Verbrennungen schützt.
Wie gierig das Wasser die Wärme „aufsaugt", zeigt das folgende Kunststück. In einem Papierbehälter wird Wasser gekocht, ohne daß der ungewöhnliche „Kochtopf" verbrennt. Offenbar wird die Wärme sofort vom Wasser aufgenommen – das Papier bleibt weit unter seiner Zündtempera-

tur. Im Wasser hat ein Kreislauf begonnen. Das warme Wasser steigt nach oben und das kältere fällt nach unten. Die Wärme kann so rasch abgeführt werden. Beginnt das Wasser zu kochen, so wird die Wärme dazu benutzt, Wasser in Dampf zu verwandeln. Die Temperatur des Wassers bleibt deshalb konstant bei 100 °C – weit unter der Zündtemperatur des Papiers. Erst wenn das Wasser verdunstet ist, steigt die Temperatur, und der Papierbehälter beginnt zu brennen.

Wie schlecht jedoch Wasser die Wärme ohne den Kreislauf der warmen und kalten Schichten leitet, zeigt das

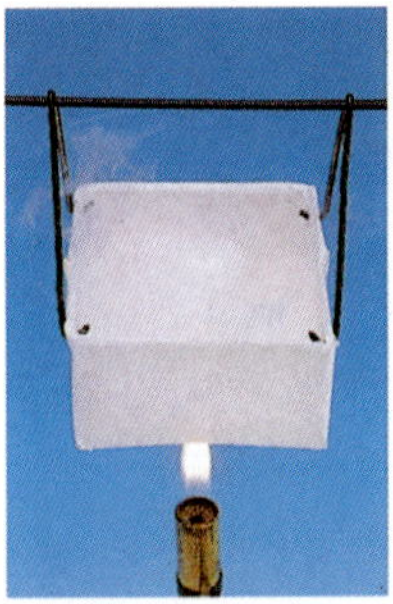

Kunststück mit dem Reagenzglas. Im oberen Bereich kocht das Wasser – unten befinden sich Eisstücke. Normalerweise schwimmt Eis auf dem Wasser. Aber hier haben wir in das Eis Stahlkugeln eingefroren, deren Gewicht das Eis am Boden hält. Eine Temperaturdifferenz von 100 °C wird so auf einer sehr kurzen Strecke sichtbar.

Die Erklärung: Der Wärmekreislauf baut sich durch diese „verkehrten" Verhältnisse nur im oberen Bereich des Wassers auf. Ohne diesen Kreislauf entpuppt sich das Wasser als schlechter Wärmeleiter.

Wasser ist zwar als Wärmeleiter 30mal besser als Luft, gegenüber Kupfer z. B. ist es jedoch etwa 700mal schlechter. Diese Eigenschaft der Metalle können Sie zu einem Kunststück ausnutzen. Dazu brauchen Sie einen alten Handschuh und eine Geldmünze. Eine glühende Zigarette brennt sich leicht durch den Stoff des Handschuhs – das ist kein Kunststück. Schieben Sie jedoch ein 5-DM-Stück zwischen Stoff und Hand, so gibt es mit der glühenden Zigarette nicht einmal einen Brandflecken. Das Metall leitet die Wärme blitzschnell weg – der Stoff erreicht nicht seine Verbrennungstemperatur. Damit ist ein Tip für die besorgte Hausfrau verbunden: Aluminiumfolie unter die kostbare Tischdecke gelegt, verhindert Brandflecke durch Zigarettenasche.

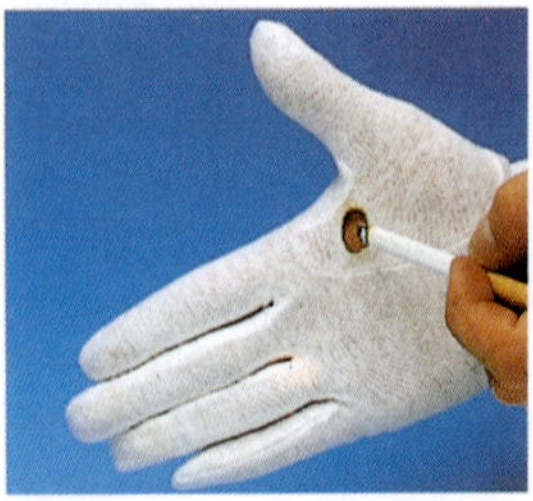

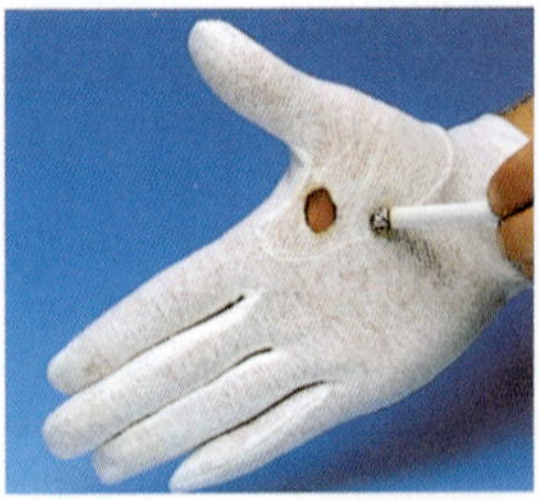

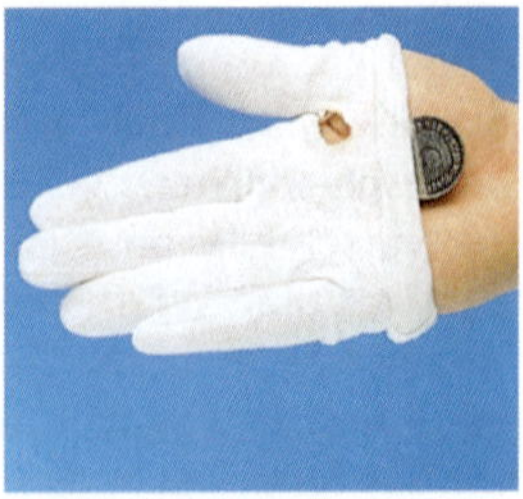

# 15

## Das getäuschte Auge

### Das Kunststück:

Das Gewirr aus Strichen auf der nächsten Seite ergibt für uns keinen Sinn. Aus diesem zufälligen Gemisch läßt sich keine vertraute Form herauslesen. Wird jedoch die beiliegende Folie langsam über diesen Irrgarten geschoben, ist plötzlich ein Schriftzug zu erkennen! Stoppt die Bewegung, so versinkt der Schriftzug wieder im Wirrwarr der Striche. Wird die Folie weitergezogen, so hebt sich die Schrift wiederum vom Untergrund ab. Warum taucht der Schriftzug so plötzlich aus dem Nichts auf, um dann wieder zu verschwinden?

### Das knoff-hoff:

Beim Erkennen der uns umgebenden Welt spielt die Bewegung eine große Rolle. Das ist von der Natur sinnvoll eingerichtet, denn in unserer Entwicklungsgeschichte bedeutete Bewegung häufig Gefahr oder machte uns auf eine Beute aufmerksam. Ein Beispiel für diese Besonderheit unserer Sensoren liefern die Lichtpunkte in der Grafik auf den Seiten 59 und 60. Zunächst ist aus ihnen nichts Besonderes herauszulesen. Erst wenn man die einzelnen Abbildungen ausschneidet und sie wie ein „Daumenkino" bewegt, erkennt man, daß es sich um Basketballspieler handelt. Erstaunlich dabei ist, daß außer der Bewegung nichts Neues an Informationen hinzugekommen ist – ein Beweis für die Bedeutung der Bewegung beim Betrachten der uns umgebenden Welt.

Dieses Experiment wurde ursprünglich mit Versuchspersonen gemacht, die schwarze Kleidung trugen, an der Glühlampen befestigt waren. In der Dunkelheit nahm eine Kamera nur diese Lichtpunkte auf. Ließ man den Film laufen, so konnten die Spieler leicht als solche identifiziert werden. Stoppte man den Film, so fiel die Information in sich zusammen und reduzierte sich auf sinnlos angeordnete Lichtpunkte. Begann der Film vom Standbild an wieder zu laufen, waren die Spieler wiederum zu erkennen.

Diesem Effekt unterliegen auch wir bei dem Kunststück mit der Folie. Wird sie bewegt, so bewegen sich damit auch die auf ihr angebrachten Striche, die einen Schriftzug bilden, und zwar alle gleichzeitig und gleich schnell. Darauf reagiert offensichtlich unser Auge-Gehirn-System. Die Striche werden einander zugeordnet, und deshalb hebt sich der Schriftzug vom verwirrenden Hintergrund ab und wird erkennbar. Stoppt die Bewegung, so verliert sich alles wieder im Hintergrund.

Für Tiere scheint das Bewegungsse-

1

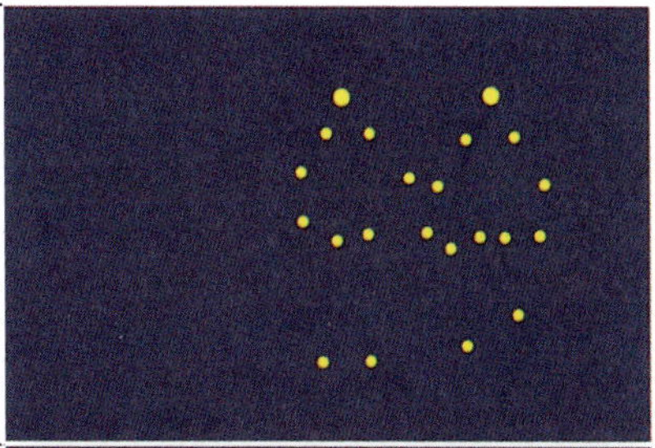

2

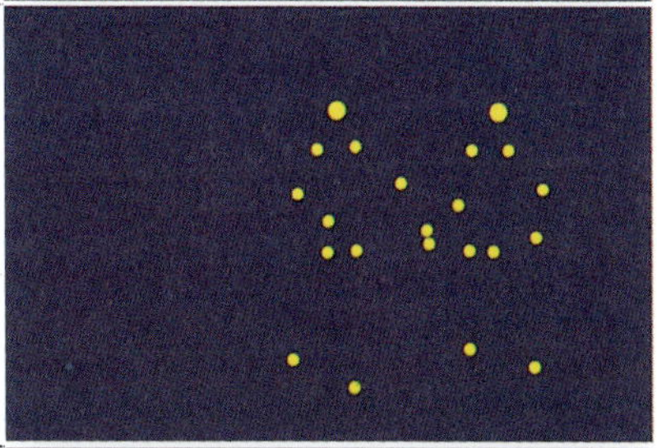

3

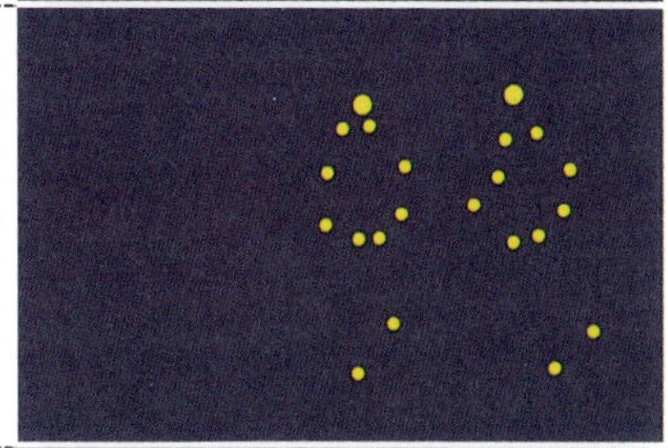

4

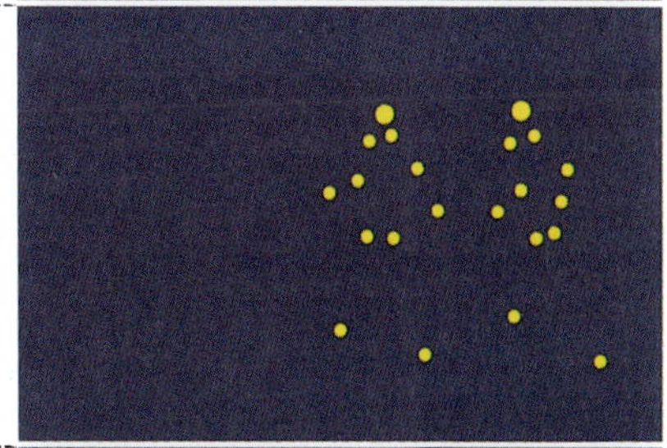

5

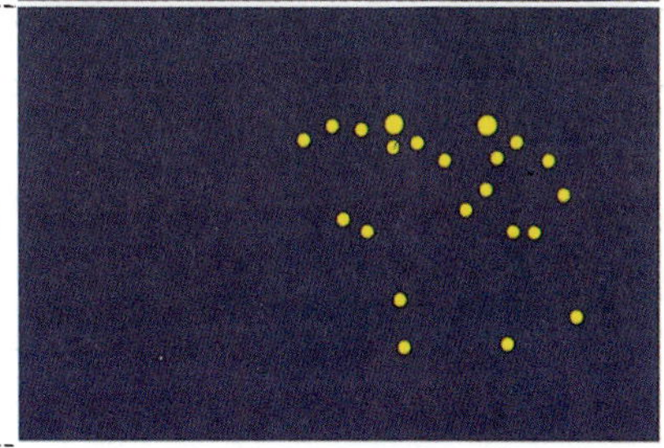

6

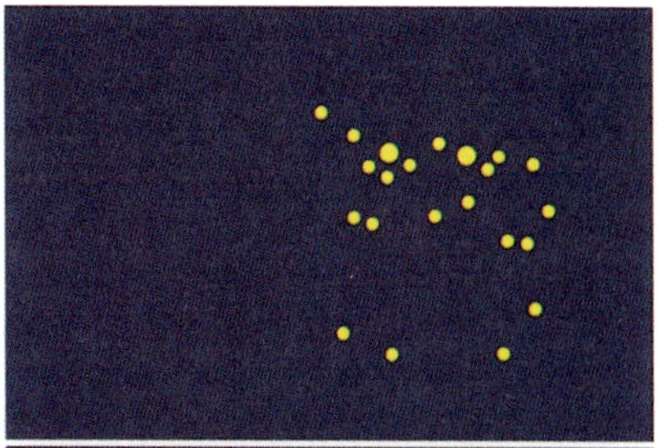

7

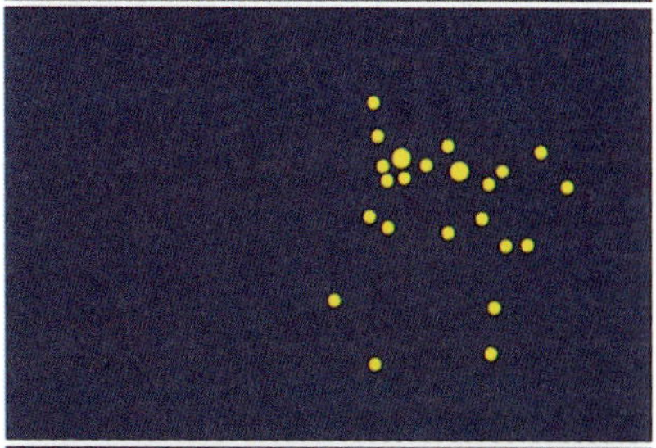

8

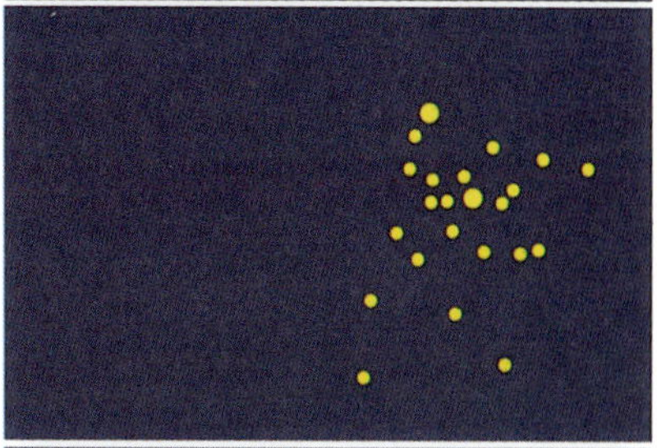

9

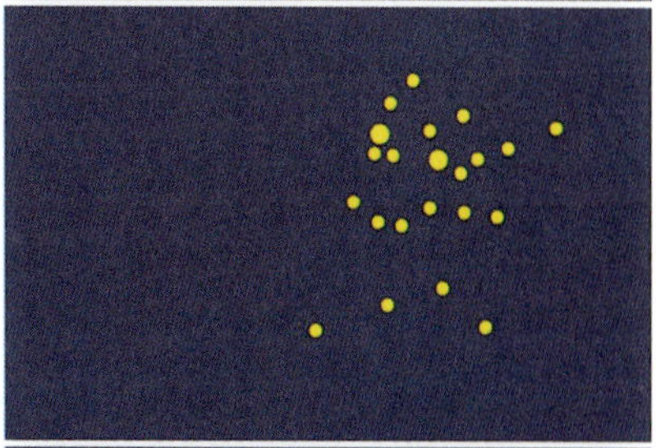

10

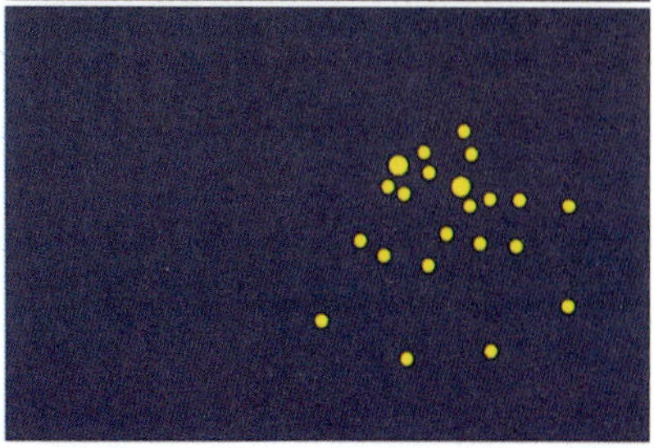

11

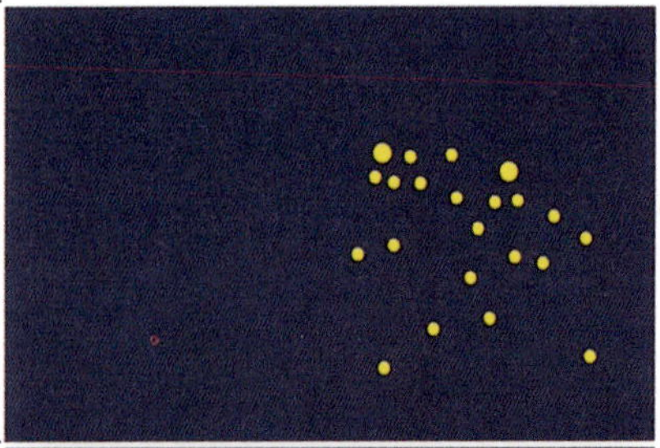

12

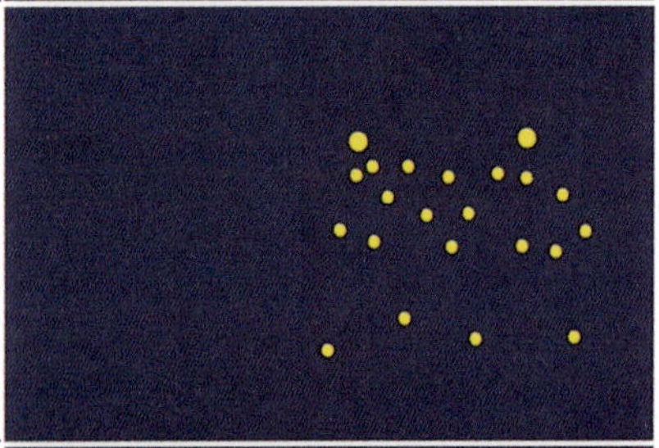

13

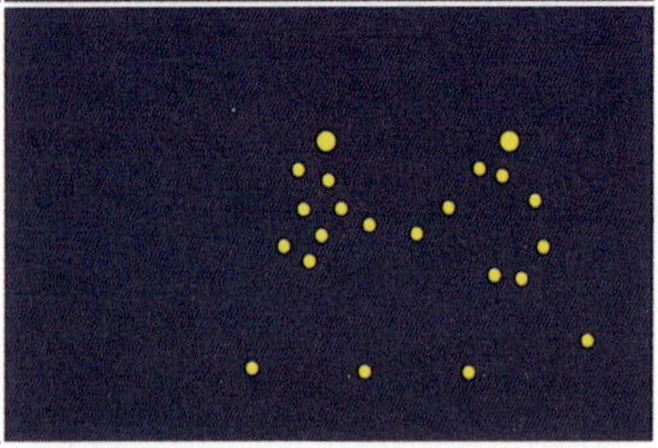

14

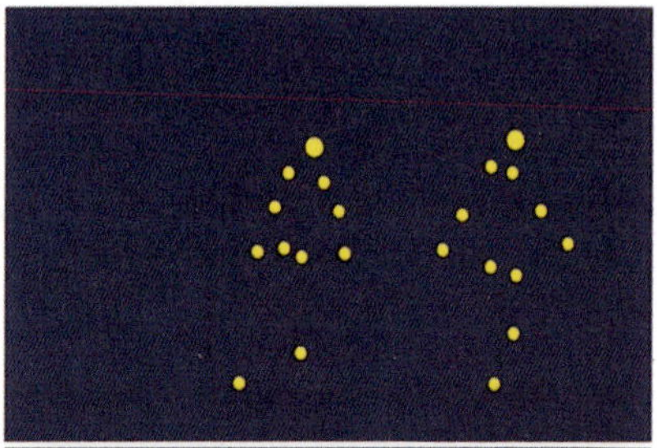

15

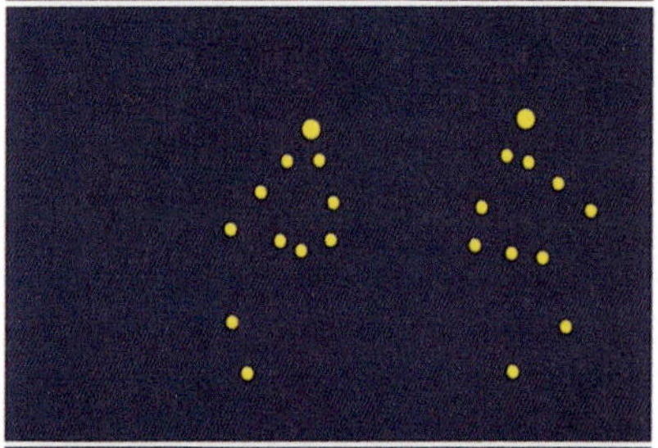

16

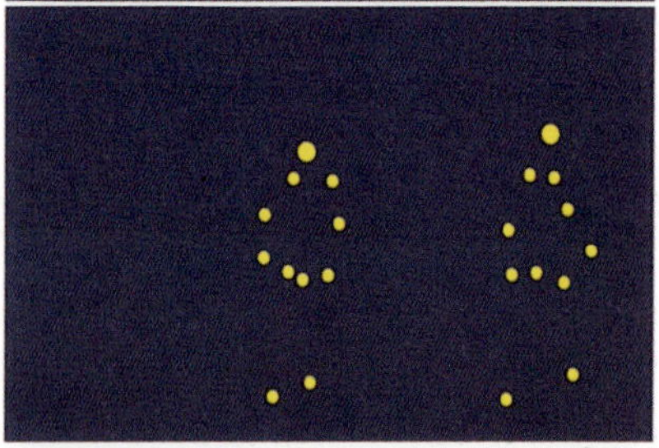

*Die Seiten 59 und 60 fotokopieren, die Kästchen ausschneiden und in der Reihenfolge der Numerierung zusammenlegen; dann wie ein „Daumenkino" bewegen.*

hen von noch größerer Bedeutung zu sein als für uns. Ein Wurm, der sich bewegt, ist für einen Vogel leichter zu erkennen als ein ruhender. Ein Frosch kann seine Beute nur fangen, wenn diese sich bewegt. Ein Raubtier schleicht sich sehr langsam und vorsichtig an seine Beute heran, um vom Opfer nicht bemerkt zu werden. Und wenn wir eine Fliege fangen wollen, sollten wir genauso vorgehen. Bewegt man die zum Fang geöffnete Hand langsam auf die Fliege zu, so nimmt sie diese Bewegung nicht als Bedrohung wahr. Auf heftige Bewegungen reagiert das Auge-Gehirn-System der Fliege hingegen sofort. Allerdings spielen hier noch andere Sensoren eine Rolle, die die Fliege zur Flucht veranlassen, feine Härchen zum Beispiel, die die ausgelösten Luftdruckschwankungen registrieren.

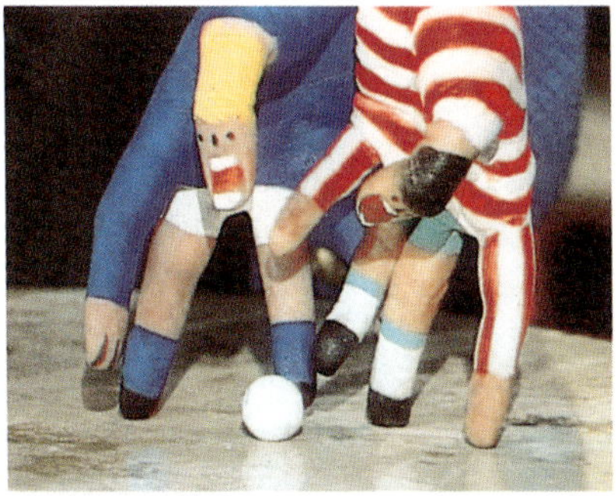

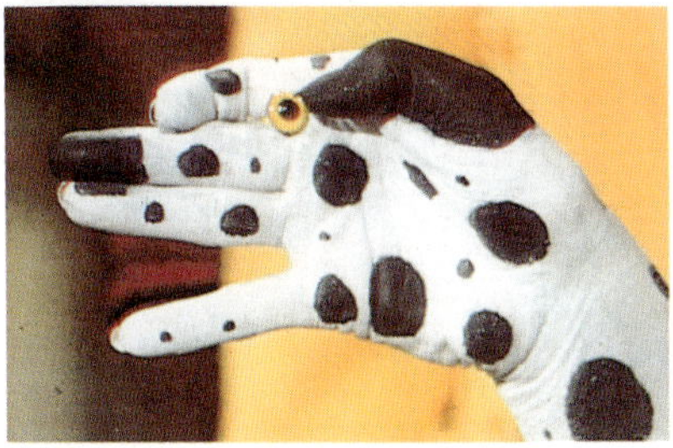

## Tricks und Tips:

All diese Beispiele zeigen, daß unser Auge-Gehirn-System mehr ist als eine schlichte Kamera. Bewegungen des betrachteten Objektes geben äußerst wichtige Informationen zu erkennen. Das zeigen auch die nebenstehenden Kunstfiguren. Dabei wurden Hände so bemalt, daß sie wie Fußballspieler, Giraffen oder Hunde aussehen. Zwar kann man diese Figuren auch jetzt schon – im Ruhezustand – erkennen. In voller Pracht zu sehen – und damit auch voll zu erkennen – sind sie aber erst, wenn typische Bewegungen der Figur diese Illusion unterstützen.

Bewegungen können uns aber auch täuschen. Die Grafik auf Seite 62 zeigt Ellipsen und Kreise. Schneidet man diese Seite aus und klebt sie (oder eine Fotokopie) zentriert auf eine drehbare Scheibe, so scheint es, als ob sich die Rundungen während der Drehung immer stärker deformieren würden. Hält man die Scheibe an, so erscheinen jedoch wieder die perfekten geometrischen Figuren. Eine Warnung, daß man nicht immer seinen Augen trauen kann!

# 16

## Der Luftballon, der nicht platzt

### Das Kunststück:

Ein Luftballon wird aufgeblasen und mit einem Stück durchsichtigen Klebefilm (z. B. Tesafilm) beklebt. Dieses Stückchen Klebefilm ist nach festem Andrücken kaum zu bemerken. In unserem Foto haben wir die Größe des Klebefilms allerdings übertrieben. Eine lange, spitze Nadel kann jetzt an dieser Stelle in den Luftballon gestochen werden – ohne daß dieser zerplatzt. Zieht man die Nadel zurück, so entweicht aus dem kleinen Loch Luft – zur Vorführung ist es deshalb nach dem Kunststück effektvoller, den Ballon durch Einstechen an einer anderen Stelle zum Zerplatzen zu bringen. Bei etwas Übung können Sie auch noch einen an der Gegenseite angebrachten Klebestreifen durchbohren, so daß die lange Nadel den Luftballon vollständig durchdringt – ohne daß er zerplatzt.

### Das knoff-hoff:

Wenn Sie ohne den aufgebrachten Klebefilm in den Luftballon stechen, so bildet sich an dieser Stelle sofort ein Riß, der sich schnell über den ganzen Luftballon ausbreitet. Je stärker der Luftballon aufgeblasen ist, um so

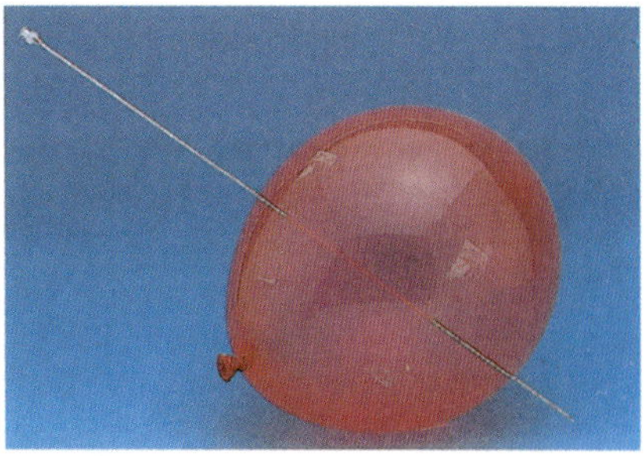

schneller geht das. Diese Risse können Sie bei genauer Untersuchung eines zerplatzten Luftballons entdekken.

Wenn der Luftballon zu stark aufgeblasen ist oder wenn der Klebestreifen nicht richtig haftet, sehen Sie beim Einstechen, wie sich unter dem Klebeband langsam die Risse bilden. Laufen Sie über die Begrenzung des Klebestreifens hinaus, hatten Sie mit diesem Kunststück Pech.

Risse spielen nicht nur bei Luftballons eine Rolle.

Gummi besteht aus langen Molekülketten, die während des Aufblasens gestreckt werden. Die Fotos aus der Zeitlupenaufnahme zeigen, wie sich nach einem Nadelstich der Riß schnell fortpflanzt. Der Luftballon wurde mit Mehl gefüllt, so daß die ursprüngliche Form des Luftballons noch zu erkennen ist. Das Mehl „steht" in der Luft – so schnell zieht sich die Luftballonhülle zusammen.

## Tricks und Tips:

Hilfreich bei dem Trick ist es, den Luftballon nicht zu stark aufzublasen. Die Nadel sollte sehr gut angespitzt sein. Eventuell muß man eine Stricknadel nachfeilen. Außerdem sollten Sie die Nadel ölen, so daß sie besser durch das Loch gleitet. Wollen Sie den Luftballon im ganzen Durchmesser durchstechen, so ist es beim Halten hilfreich, den zweiten Streifen zwischen den gespreizten Fingern zu plazieren und diese Stelle dadurch zu markieren. Auch wenn der Luftballon nicht ganz durchsichtig ist, treffen Sie so elegant den zweiten Klebestreifen.

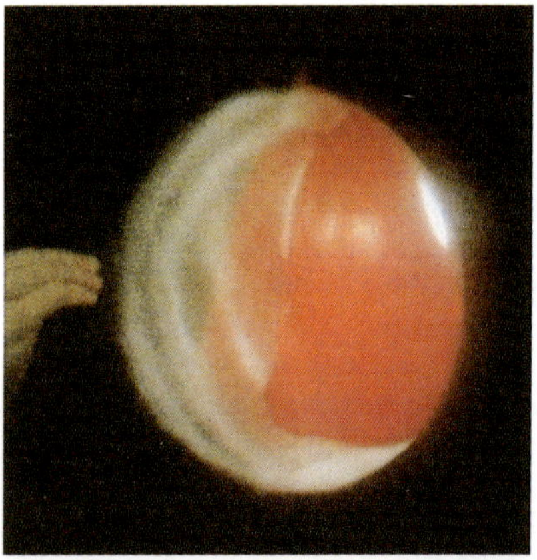

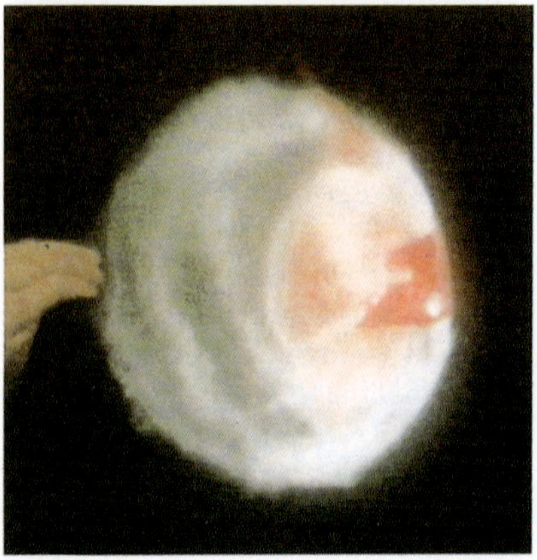

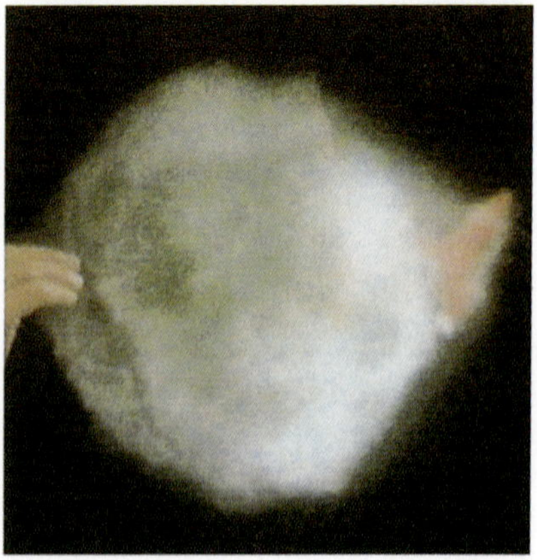

# 17

# Geheimnisse aus Indien

## Das Kunststück:

Vielen bereitet es offenbar ein prikkelndes Gefühl, wenn sie ihren Mitmenschen übernatürliche Fähigkeiten zuschreiben können. Vor allem Vorführungen aus dem Fernen Osten erfreuen sich großer Beliebtheit. Offenbar gilt: Je exotischer die Heimat des Künstlers, um so unkritischer werden seine Vorführungen betrachtet. Nun gibt es immer wieder Modeströmungen, die mehr oder weniger große Gruppen in der Gesellschaft erfassen und die ihren persönlichen Guru als

den unantastbaren Heilsbringer auf das Podest ihrer Bewunderung heben. Indien scheint ein Land zu sein, dessen Magier mit ihren Kunststücken eine große Anhängerschaft zu fesseln wissen. Verbunden mit diesem Knowhow der Zauberkunst ist oft eine Heilslehre, deren weltanschauliche Untermauerung die bewundernde Menge an den entsprechenden Verkünder bindet. Uns sollen hier nicht die komplexen Ursachen interessieren, die zur Bildung einer solchen Gurugemeinde führen, sondern allein die eindrucksvollen Schaustellungen, mit denen der Meister seine Anhänger beeindruckt. Beliebt ist der Trick, sich mit einer Nadel die Zunge zu durchstechen. Das sieht eindrucksvoll aus und läßt jeden von uns innerlich zusammenzucken. Aber steckt dahinter wirklich eine übernatürliche Fähigkeit?

## Das knoff-hoff:

Vorgeführt wird bei uns dieses Kunststück nicht von einem echten Guru, sondern von Sri Premanand, der bei einem Guru in die Lehre gegangen ist und dann einige Zeit lang im Dienste der indischen Regierung seine Landsleute über diese Tricks aufgeklärt hat. Denn in Indien sind solche selbst-

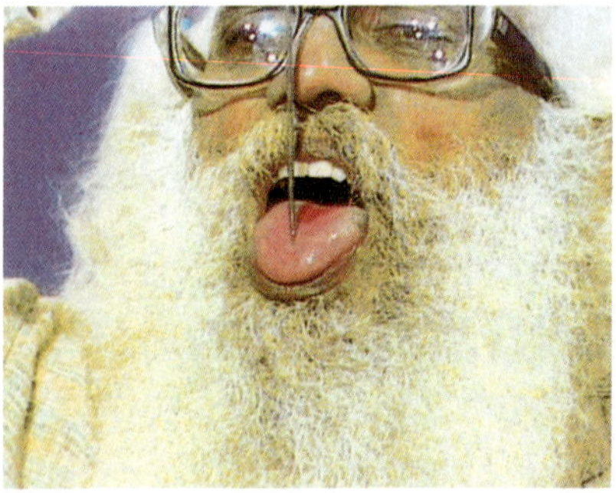

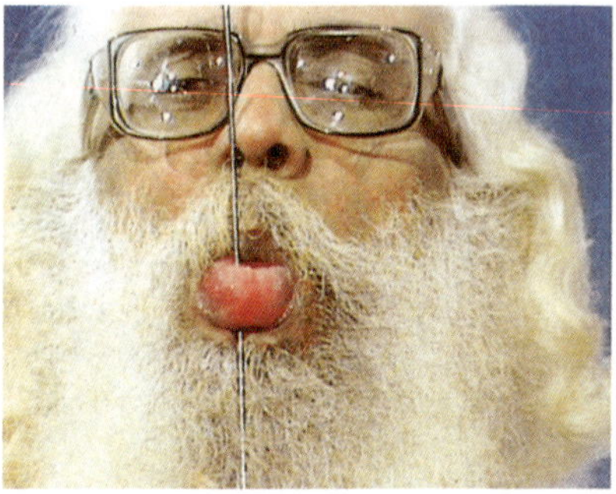

ernannten Gurus auch deshalb ein Problem, weil sie mit einfachen Zaubereien die Landbevölkerung beeindrucken und ihr dann das Geld aus der Tasche ziehen. Eine Möglichkeit, sich trickreich die Zunge zu durchbohren, besteht darin, daß man dazu eine Nadel mit einer Ausbuchtung benutzt. Dieser wichtige Teil wird bei der Vorführung des Kunststücks mit der einen Hand abgedeckt, so daß man ungesehen die Zunge in die seitliche Öffnung der Nadel hineinschieben kann. Das Ergebnis sieht dann so aus wie auf dem Foto. Die Nadel scheint geradlinig durch die Zunge zu laufen, der Zuschauer hat den Eindruck, als ob sie die Zunge durchbohren würde. Weil die Ausbuchtung der Nadel relativ eng ist, überdeckt das umliegende, wulstige Zungengewebe diese Stelle und macht sie dadurch unsichtbar.

Prinzipiell ist es auch möglich, die Zunge – ohne großen Schaden – wirklich zu durchbohren. Dazu sucht sich der erfahrene Magier eine Stelle aus, die mit nur wenigen Nervensträngen und Blutgefäßen durchsetzt ist. Diese wenig ästhetische Vorführung ist in Indien häufig zu sehen. Ebenso versuchen sich die Magier an dem Durchbohren der Wange. Auch hier gelingt es relativ einfach, an besonderen Stellen die Haut und die Muskel mit einer Nadel zu durchdringen – ohne sich dabei ernsthafte Verletzungen zuzufügen. Vor einem Versuch sei hier dennoch ausdrücklich gewarnt. Einige Künstler steigern den Trick mit der Zunge – sie schneiden sich ein Stück davon ab und fügen es wieder an. Eine Möglichkeit, dieses „Wunder“ zu vollbringen, ist, ein Stück Tierzunge in der Mundhöhle zu

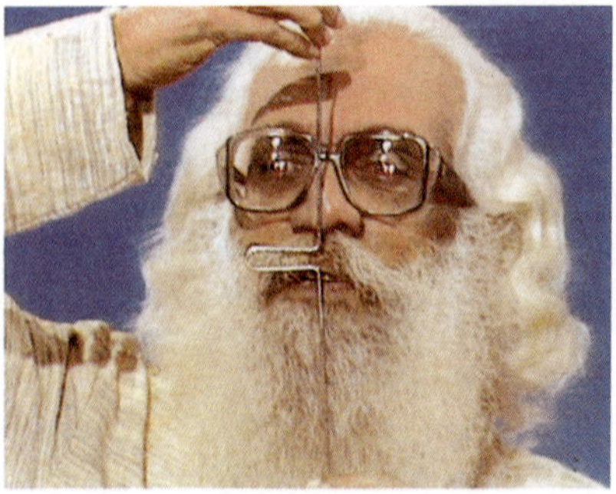

verbergen und von dieser „Zunge" einen Teil abzuschneiden. Nach kurzer Meditation, die dazu benutzt wird, die restliche Tierzunge aus dem Mund zu bringen, gibt es dann keine Probleme mehr, die unverletzte, eigene vorzuweisen. Zauberkünstler in Europa haben diesen Trick für ihre Shows etwas abgewandelt. Sie benutzen statt der Tierzunge eine Kunststoffimitation. Auch stellen sie dieses Kunststück nicht mit dem Ernst ihrer indischen Kollegen vor – sie müssen ja keine „gläubige Gemeinde" zufriedenstellen.

## *Tricks und Tips:*

Viele indische „Wunder" lassen sich auf ähnliche Weise enträtseln. Auch sie nutzen physikalische und physiologische Gegebenheiten aus. So ist es möglich, sich an seiner Haut aufzuhängen. Unsere Haut ist relativ strapazierfähig. Leicht demonstrieren kann man das mit einem Faden, der

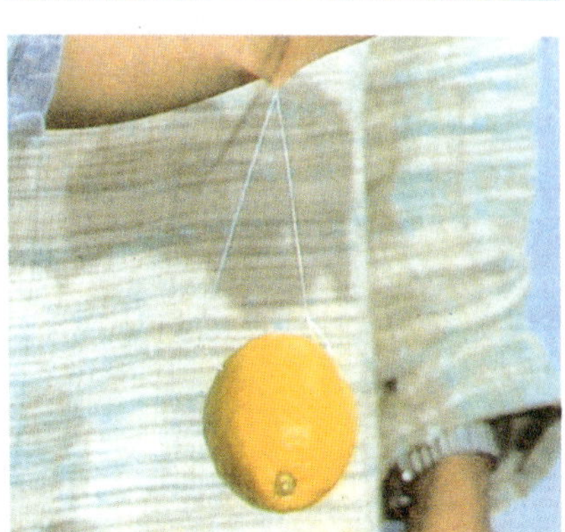

mit Hilfe einer Nadel vorsichtig durch die oberste Hautschicht gezogen wird. Zur eindrucksvollen Vorführung dieser Festigkeit der Haut kann man eine Zitrone an diesen Faden hängen. Fakire schätzen ab, wie viele solcher „Aufhängungen“ sie benötigen, um den gesamten Körper von der Decke herabhängen zu können. Das wird dann als übernatürliche Leistung gefeiert. Altbekannt ist das Liegen auf einem Nagelbrett. Die Zahl der spitzen Nägel ist jedoch so gewählt, daß sie – zusammengenommen – gerade eine so große Fläche bilden, daß das Gewicht des Körpers die Nägel nicht in die Haut eindringen läßt. Ein Trick, ermöglicht durch die Beachtung der Druckverteilung.

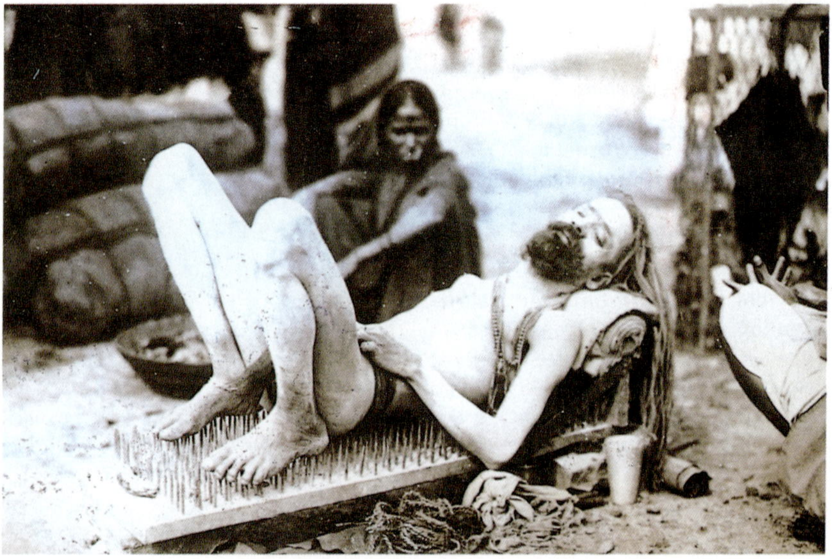

# 18

## Auch Eckiges rollt

### Das Kunststück:

Es ist möglich, auf viereckigen Rädern zu fahren. Räder, die Eiform besitzen, rollen offenbar gut, und sogar vieleckige oder ganz unregelmäßig geformte Räder können ein Fahrzeug tragen. Warum haben die Menschen nicht schon immer diese Räder benutzt? Sie sind viel leichter als die kreisrunden Räder herzustellen – oder steckt hinter den Rädern ein bestimmtes Knoff-hoff?

### Das knoff-hoff:

Viereckige Räder rollen selbstverständlich nicht auf einer geraden Straße. Die Japanerin auf dem Bild unten links wird mit ihrem Fahrrad ganz schön durchgeschüttelt. Bei diesen seltsamen Rädern muß man die „Straße" der Radform anpassen. Wenn die Räder quadratisch sind – also jede Seite des Vierecks die gleiche Länge besitzt – gibt es tatsächlich eine „Straßenform", bei der die Räder rollen. Diese Bögen sind so angelegt, daß in jedem Abrollpunkt der Mittelpunkt des Quadrates in gleicher Höhe bleibt. Legt man durch den Mittelpunkt die Achse, kann man wie auf einer Straße fahren. Die einzelnen Halbbögen entsprechen der Kurvenform einer durchhängenden Schnur. Zum Schienenbau muß nur das Untere zu oberst gekehrt werden. Der Weg über den Bogen ist genauso lang wie die Seite des Quadrates. Beim Start befindet sich eine Ecke des Quadrates am Anfang der Kurve. Nach dem Abrollen über eine Seitenlänge liegt die folgende Ecke genau am Anfang des neuen Bogens – dieser Vorgang wiederholt sich bis zum Ende der Schiene. Auch die eiförmigen Räder des seltsamen Rollers sind sorgfältig berechnet! Sie benötigen zum eleganten Rollen keine besonders geformte Straße. Bei enggestellten Achsen „eiert" der Roller zunächst so wie man es erwartet. Die Achsenstellung ist aber veränderbar.

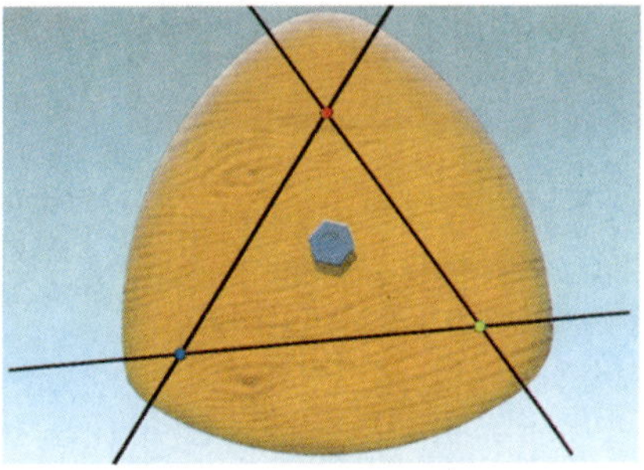

Zunächst werden drei Geraden gezeichnet.

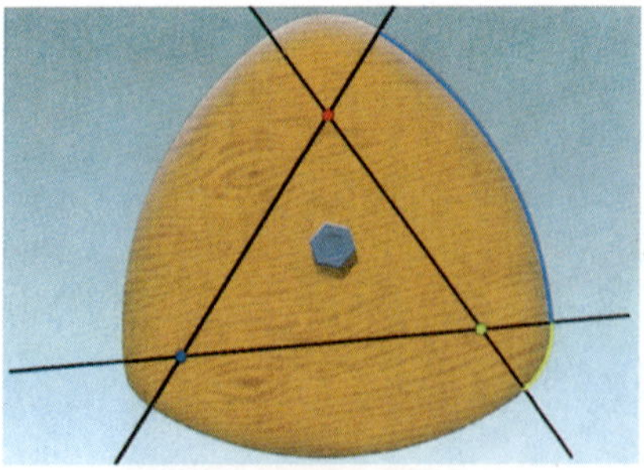

Der Zirkel wird in den gelben Punkt gestochen, und der gelbe Kreisbogen gezogen.

Werden sie schräg nach außen gestellt, so existiert eine bestimmte Stellung, bei der der Achsenmittelpunkt immer in gleicher Höhe bleibt – und das bei ebener Straße!

Es gibt unregelmäßige Räder, die zwar rollen, aber bei denen Probleme mit der Achse auftreten. Sie sind so konstruiert, daß immer der Abstand des oberen Randes zur Straßenoberfläche gleich ist. Diese Räder kann man wie folgt bauen: Zunächst zeichnet man drei Geraden, die sich schneiden. Dann schlägt man mit einem Zirkel Bögen – wie in der Grafik angegeben. Bei jedem Segment müssen der Mittelpunkt und der Radius so gewechselt werden, daß die Kurven nahtlos anschließen. Z. B. sticht man den Zirkel in den blauen Punkt und schlägt den oberen (blauen) Bogen. Dann sticht man den Zirkel in den gelben Punkt und zieht den gelben Bogen, der sich direkt an den blauen anschließt, usw. Mit dieser Methode erhält man eine Figur, die an jedem Randpunkt denselben Durchmesser besitzt. Bei diesen Voraussetzungen rollt ein Brett – auf den oberen Rand der Räder gelegt – waagrecht über eine Strecke. Die Achse hingegen holpert über diese Strek-

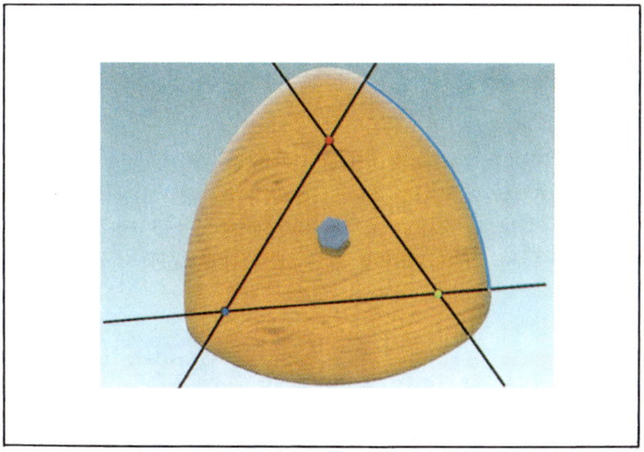

***Dann schlägt man mit dem Zirkel vom blauen Punkt aus den blauen Bogen.***

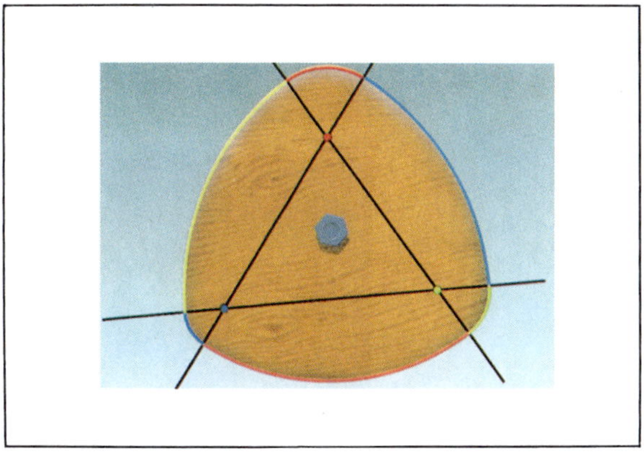

***Die restlichen Bögen werden wie die vorhergehenden gezogen. Damit besitzt das „Rad" für jeden Randpunkt denselben Durchmesser.***

ke, d. h. sie verändert ständig ihre Höhe zur Straßenoberfläche. Die Räder sind ja auch nach geometrischen Bedingungen gebaut, die immer den gleichen Abstand des jeweiligen oberen Punktes von der Straße garantieren. Auch mit den siebeneckigen englischen 50-Pence-Münzen kann man glatt rollen – zwar nicht auf den Achsen, aber auf dem oberen Rand. Auch hier liegen die geometrischen Bedingungen so, daß in jeder Position der Abstand zwischen dem oberen Radrand und der Auflagefläche gleich ist.

## *Tricks und Tips:*

Räder müssen nicht immer vollständig sein. Das beweist ein japanisches Fahrrad. Es besitzt nur ein halbes Vorderrad – das überdies noch einmal in

der Hälfte getrennt ist. Warum man damit dennoch fahren kann, liegt an der Zahnradkombination, die an der Achse angebracht ist. Sie steuert die Radviertel jeweils so, daß immer eines die Last des Fahrers trägt. Vom Fahren kann man bei diesem Fahrrad kaum sprechen – es „stelzt" vielmehr den Weg auf den Radvierteln entlang. Ein Modell mit Halbrädern ist zwar weniger gewagt, aber auch hier muß die Synchronisation beim Abfangen der Last funktionieren.

Räder kann man auch rund lassen – und sie dennoch verbessern. Bei diesem Rad sind auf seiner Oberfläche unter einem Winkel von 45° zur Radachse Rollen angebracht. Steuert man mit diesen Rädern um die Kurve, so zeigen sich erstaunliche Eigenschaften. Es ist möglich, direkt von der Seite in eine Parklücke einzuparken. Mit diesem Trick erlauben die Räder die Bewegung in alle Richtungen. Dreht sich das Rad, so wandert die Kontaktfläche einer Rolle von außen nach innen und wird dann nahtlos von der nächsten Rolle aufgenommen. Diese Idee existiert schon seit 1949, sie ist aber heute zu neuen Ehren gekommen. Vor allen Dingen in der Robotertechnik hat man mit diesen Rädern die Möglichkeit, auf eng begrenzten Flächen Rollbewegungen durchzuführen.

Ein rundes Rad trifft nicht immer auf eine ebene Straße. Was macht das Rad, wenn es auf einem welligen Untergrund rollen muß? Auf Wüstenstrecken gibt es häufig solche „Waschbrett"-Pisten. Erfahrene Wüstenfüchse können auch diese Unannehmlichkeiten meistern. Sie fahren mit einer bestimmten Geschwindigkeit und scheinen über der welligen Piste zu schweben. Andere Geschwindigkeiten reißen den Fahrer jedoch aus seinen Träumen. Fährt das Auto sehr langsam (ca. 25 km/h), so durchrollen die Räder jede Bodenwelle. Typisch für

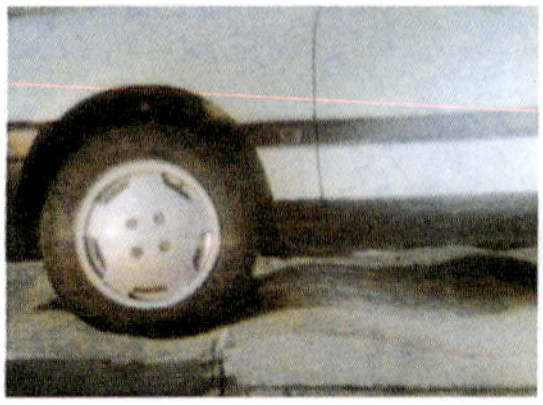

*Bei 25 km/h durchrollen die Räder die Bodenwelle.*

*Bei 50 km/h prallen die Räder auf die Bodenwellen.*

*Bei 80 km/h „springen" die Räder von Wellenberg zu Wellenberg.*

den Abstand von 2 Wellentälern sind etwa 60–90 cm. Erhöht man die Geschwindigkeit auf etwa 50 km/h, so beginnt das Auto zu rattern. Die Reifen prallen jetzt auf die ansteigenden Bodenwellen und werden nach oben geschleudert. Die Lenkung ist kaum noch zu kontrollieren. Bei 80 km/h passiert das Erstaunliche. Das Fahrgefühl ist jetzt mit dem auf einer leicht holprigen Straße vergleichbar, gemessen an der vorherigen Erfahrung jedoch geradezu perfekt. Bei dieser Geschwindigkeit springt das Rad gerade von Wellenberg zu Wellenberg – ohne – wie vorher – auf den ansteigenden Teil zu prallen. Diese Geschwindigkeit wählen die geschickten Fahrer.

Genauere Untersuchungen darüber sind für die Forschungszentren der Automobilfirmen wichtig, weil sich durch die Ratterfahrten auf den Pisten oft Schrauben lösen. Auf künstlich aufgebauten Versuchsstrecken wird das Schwingverhalten der einzelnen Autotypen getestet und danach die Fahrzeugkonstruktion abgeändert.

Diese Wellen sind auf fast allen unbefestigten Straßen anzutreffen. Schuld daran sind die schweren Lastwagen. Ein Radstoß durch eine Unebenheit führt beim Auftreffen zu einer Verschiebung des Straßenbelages und zu einem neuen Schlagloch. Der Abstand zwischen diesen Löchern wird z. B. vom Gewicht, der Geschwindigkeit, dem Untergrund und den Schwingungseigenschaften des Lastwagens bestimmt. Je härter der Untergrund, desto kürzer der Abstand der Wellentäler.

Um größere Hindernisse überwinden zu können, hat dieser Erfinder das „Tausendfüßlerprinzip" d. h. – unabhängig voneinander gelagerte Achsen – benutzt.

# 19

## *Der unglaubliche Fall*

### *Das Kunststück:*

Bei diesem Kunststück spielt eine Klappleiter eine wichtige Rolle. Sie wird nicht aufrecht gestellt, sondern hingelegt. Dann klappt man die Leiter auf und stützt den oberen Teil mit einer Latte ab. Auf dem Ende der hochgestellten Sprossenseite liegt eine Bowling-Kugel, vor ihr ist ein Eimer befestigt. Wenn jetzt die Stütze weggenommen wird und die Leiter nach unten fällt, landet die Kugel immer in dem vor ihr befestigten Eimer. Das ist verblüffend, denn wir wissen ja, daß alle Körper gleich schnell fallen. Warum aber bewegt sich hier die Leiter mit dem Eimer schneller nach unten als die aufgelegte Bowling-Kugel?
Für ein weiteres Experiment kann man diesen Aufbau auch mit Holzlatten und Scharnieren im Kleinen nachbauen und einen Becher und Tischtennisball benutzen. Auch hier bleibt der Ball beim Fallen zurück und wird vom Becher aufgefangen. Das am Ende befestigte Gefäß bewegt sich schneller nach unten als die Kugel – obwohl sie beide doch derselben Schwerkraft ausgesetzt sind. Unterliegt etwa dieses Kunststück nicht mehr den Naturgesetzen?

### *Das knoff-hoff:*

Selbstverständlich gilt auch hier, daß in einem Gravitationsfeld alle Körper gleich schnell fallen. Bei unserem Kunststück treten jedoch noch andere Kräfte als die Schwerkraft auf. Beim Fallen dreht sich der obere Teil der Leiter im Auflagepunkt. Er ist auf unserem Foto mit einem weißen Pfeil gekennzeichnet. Der Schwerpunkt – das ist der Punkt, in dem man sich die Masse der Leiter konzentriert denken kann und an dem die Schwerkraft ansetzt – befindet sich relativ dicht an dem Drehpunkt, im Bereich des schwarzen Kastens, der die Leiter auch noch zusätzlich beschwert. An dieser Stelle greift die Schwerkraft an, die die Leiter nach unten zieht.

Dieselbe Kraft wirkt auch auf die Kugel und den Eimer. Wenn nun der Schwerpunkt – der schwarze Kasten – nach unten fällt, so würde sich zunächst auch das Ende der Leiter mit derselben Geschwindigkeit nach unten bewegen. Aber das hieße ja, daß das Ende der Leiter viel später auf dem Boden aufschlagen würde, weil es ja einen wesentlich längeren Weg zurücklegen muß. Nun ist aber dieser Punkt mit dem Schwerpunkt starr verbunden. Deshalb wird das Leiterende zu einer weitaus schnelleren Bewegung nach unten gezwungen. Dieser Punkt unterliegt einer Beschleunigung, die beim Aufprall das 1,5fache der Erdbeschleunigung ausmacht. Der mit diesem Teil verbundene Eimer bewegt sich also schneller als die aufgelegte Kugel, die ja nur unter dem Einfluß der Erdbeschleunigung – ohne die zusätzlichen Rotationskräfte – steht.

Damit nun die Kugel wirklich im Eimer landet, muß man einen kleinen Trick anwenden. Die Kugel muß so auf dem schräg gestellten Leiterstück plaziert sein, daß sie genau über dem vorweggenommenen Auftreffpunkt des Eimers liegt.

## *Tricks und Tips:*

Diese Erfahrungen sind zum Beispiel wichtig, wenn ein Schornstein abgerissen und dies mit Hilfe einer Sprengung bewerkstelligt werden soll. Wird die Sprengladung in Bodennähe angebracht, so fällt nach dem Zünden der Sprengladung der Schornstein als Ganzes zur Seite. Während dieses Falls kann man beobachten, daß der Schornstein dann plötzlich im unteren Drittel auseinanderbricht.

Mit übereinandergelegten Bierkästen oder Bauklötzen kann man diese Situation nachstellen. Läßt man den so entstandenen Turm umkippen, so bricht er etwa in der Mitte durch. Das liegt daran, daß die Spitze die gleiche Anziehung durch die Schwerkraft erfährt wie jeder andere Teil des Turmes. Sie muß aber einen längeren Weg als die Bierkästen im unteren Bereich zurücklegen. Weil die Kästen nur lose aufeinander gelegt sind, bleibt der obere Teil wegen der Trägheit – des Beharrens im einmal eingenommenen Bewegungszustand – zurück. Die Kästen haften etwas aneinander, so daß der Probeturm erst etwa in der Mitte auseinanderbricht. Sind die Steine aber – wie bei einem richtigen Schornstein – fest zusammengefügt, so wird das obere Ende wie bei unserem Kunststück mit der Leiter stärker nach unten gezwungen. Die verursachenden Kräfte sind so groß, daß der Mörtel aufreißt. Je stärker die Verbin-

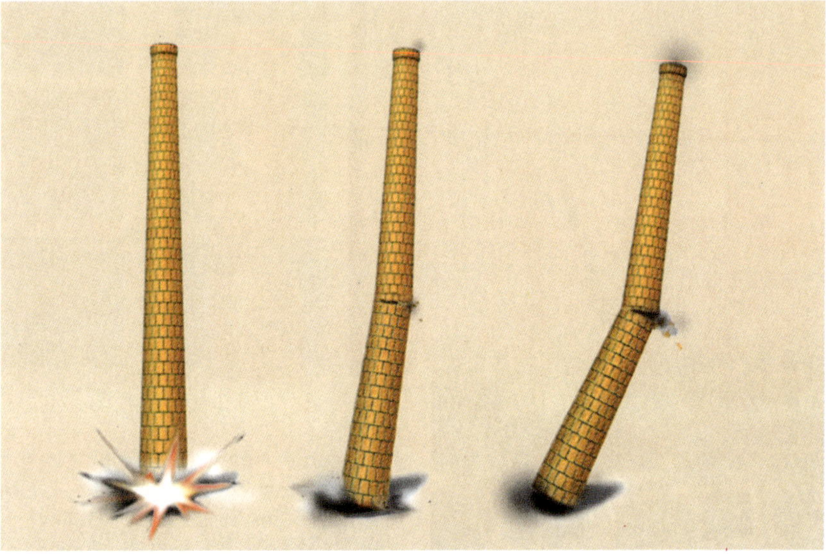

dung ist, um so später wird dieser Bruch erfolgen. Meistens liegt die Bruchstelle im unteren Drittel. Auch beim Schornsteinsprengen muß man also das nötige knoff-hoff haben.
Eine andere Methode ist es übrigens, die Sprengladungen in bestimmten Abständen über die gesamte Schornsteinlänge zu verteilen, um sie dann zeitlich versetzt zu zünden. Zuerst den unteren Teil, dann den darüberliegenden usw... Der Schornstein fällt dann einfach in sich zusammen. Bei uns im Studio waren für dieses Kunststück die Sprengladungen allerdings zu schwach.

# 20

## *Der Hammer aus Glas*

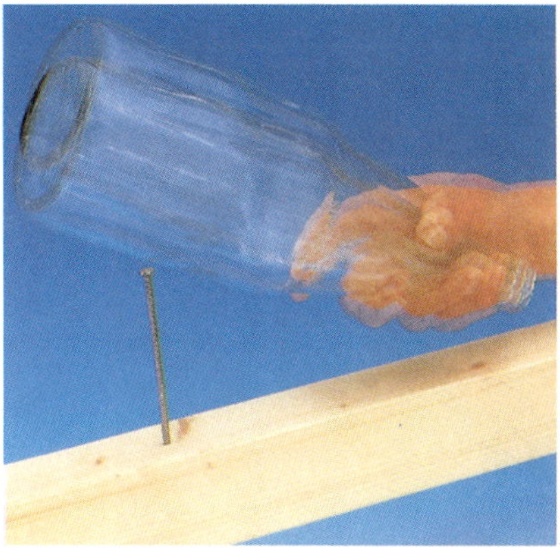

### Das Kunststück:

Für dieses Kunststück brauchen Sie eine „vorgespannte" Glasflasche. Sie ist schwer zu bekommen. Aber auch wenn Sie das Kunststück nicht selbst ausführen können – allein das Wissen um diesen Trick ist interessant genug.

Diese „vorgespannten" Flaschen werden dann aus dem Produktionsgang einer Flaschenfabrik herausgenommen, wenn die Flaschen noch glühen. Normalerweise werden die Flaschen sehr langsam abgekühlt, damit das Glas innen und außen gleichmäßig schrumpfen kann. Dazu durchlaufen die Fließbänder mit den frisch hergestellten Flaschen geheizte Kammern. Schockt man die glühende Flasche jedoch sofort nach der Produktion mit der Hallentemperatur, so kühlt das Äußere der Flasche schneller ab als das Innere. Die Außenhaut schrumpft dabei und wird starr. Im Inneren der Flaschenwand läuft das verzögert ab.

Diese unterschiedliche Abkühlung im Glas verursacht die Vorspannung der Flasche. Mit einer solchen Flasche kann man leicht einen Nagel in Holz einschlagen. Läßt man den Nagel aber in das Innere der Flasche fallen, so

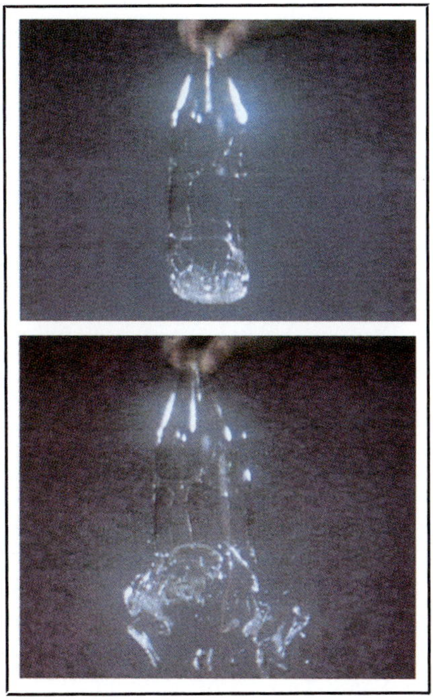

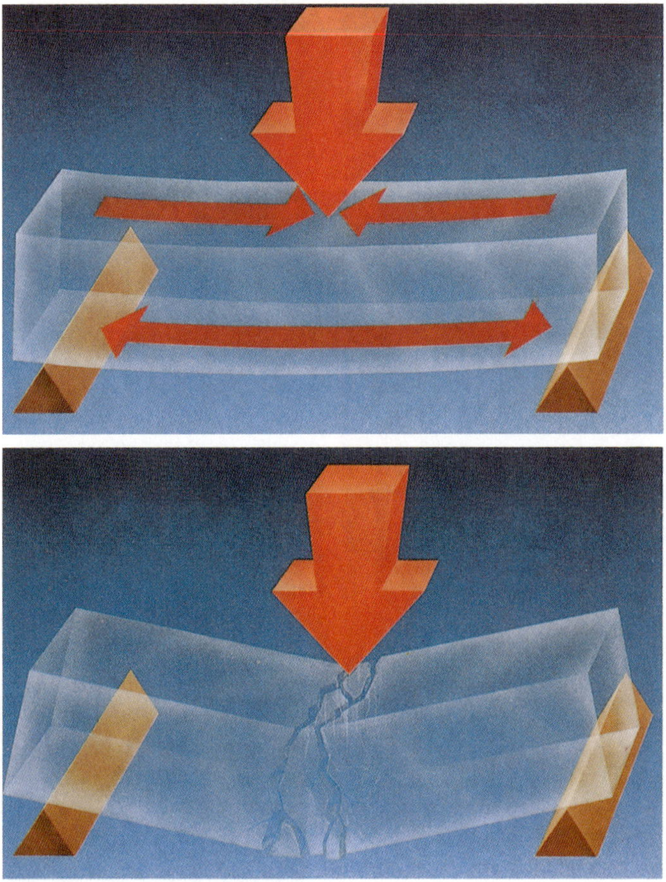

*Die Situation beim Bruch einer Glaswand*

zerspringt sie wie eine Bombe. Auf den Zeitlupenfotos ist zu sehen, wie groß die Kräfte beim Zerplatzen sein können.

## Das knoff-hoff:

Die Vorspannung wirkt wie eine Klammer um die Flasche. Risse und andere Schwachstellen werden so zusammengehalten. Ein Druck von außen – z. B. der Nagel, der gerade eingeschlagen wird – muß zunächst den Widerstand dieser Klammer überwinden, ehe die Flasche zerbricht.

Wann eine Glaswand zerbricht, machen die Pfeile in der Zeichnung deutlich. Durch eine von außen einwirkende Kraft – das ist der von oben kommende Pfeil – verbiegt sich das Glas. Es wird auf der Oberseite zusammen- und auf der Unterseite auseinandergedrückt. Das machen die Pfeile in der Glaswand deutlich. Verstärkt sich der Druck von oben, so zerreißt das Teilchengefüge – die Glaswand bricht.
Mit der Vorspannung verändern sich die Verhältnisse im Glas. Beim schnellen Abkühlen zieht sich die äußere

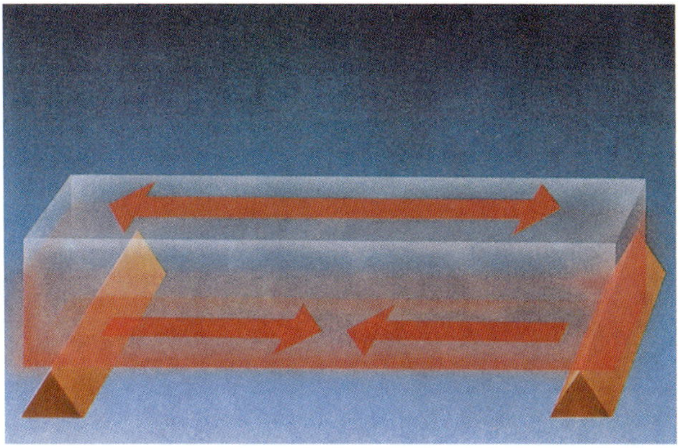

*Die Verteilung der Vorspannung in der Flaschenwand*

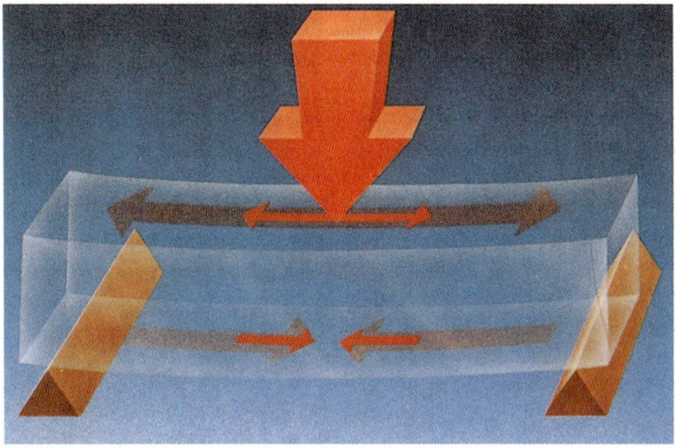

*Die Kraft von außen muß zunächst die Vorspannung überwinden.*

Schicht der Glaswand zusammen. Die Glasmasse im Inneren hindert sie jedoch daran – Spannungen entstehen. Die Glasmasse im Inneren ist ja zu diesem Zeitpunkt immer noch flüssig. Wenn sie abkühlt und sich dabei zusammenzieht, muß sie das jetzt aber unter dem Zwang der starren äußeren Hülle tun. Dadurch kommt es zu einer unterschiedlichen Kräfteverteilung in der Glaswand: Die Außenseite zeigt den „Klammereffekt" – sie steht unter einer Vorspannung. An der Unterseite sind die Kräfte entgegengesetzt gerichtet – eben weil hier das Zusammenziehen der Glasmasse unter den widrigen äußeren Bedingungen geschehen ist. In der Grafik ist diese „gespannte" Situation mit Pfeilen dargestellt.

Wirkt jetzt eine Kraft von außen auf die so vorbereitete Glaswand – z. B. beim Nageleinschlagen –, so müssen zuerst die in der Flaschenwand vorhandenen Vorspannungen überwunden werden, um sie zum Zerbrechen zu bringen. Im Pfeilbild heißt das: Die Kraft von oben muß so groß sein, daß

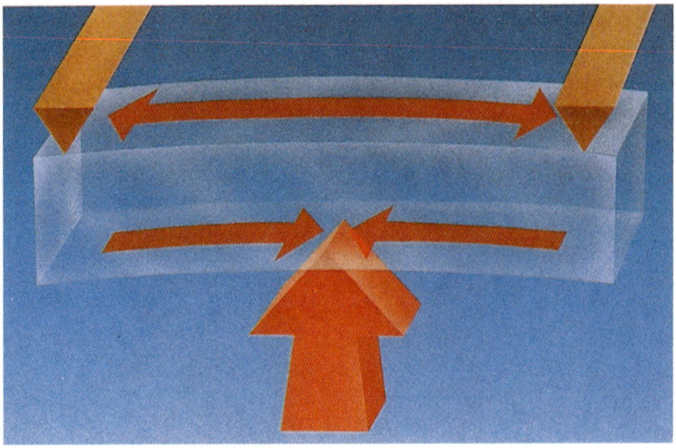

*Bei einer nach oben gerichteten Kraft unterstützt die Vorspannung die Kraft des Glases. Das ist gut im Vergleich mit der Grafik auf Seite 22 zu sehen.*

sich die Pfeile umkehren, so wie es die Bruchsituation ja fordert. Durch diesen Trick erhöht sich die Festigkeit der Flasche.
Kommt die Beanspruchung der Flaschenwand jedoch von unten – in unserem Fall also vom Flascheninneren –, werden ja gerade die Bruchvoraussetzungen vorgefunden: Eine kleine Kraft reicht aus, um die Glasschicht zu zerbrechen. Die Vorspannung unterstützt hier sogar das Zerbrechen. Die Flasche explodiert regelrecht.
Die Vorspannungen können sich dann schlagartig abbauen – und nicht nur am Berührungspunkt mit dem Nagel. Das liegt daran, daß sich die Druckwellen des Aufpralls mit Schallgeschwindigkeit durch das Glas fortbewegen. Bei Glas liegt diese Geschwindigkeit bei etwa 5000 m/sec – das ist schneller als eine Gewehrkugel. Diese Druckwellen beginnen ihren Weg vom Kontaktpunkt des Nagels mit dem Glas und durchlaufen es in einigen hunderttausendstel Sekunden. Dann werden sie an der Grenzschicht reflektiert und breiten sich in der gesamten Glasschicht aus. Diese Ausbreitungszeiten sind etwa 1000mal kürzer als die Berührungszeit des Nagels mit dem Glas. Deshalb zerplatzt die Flasche nicht nur am Berührungspunkt mit dem Nagel.

## Tips und Tricks:

Vorsicht im Umgang mit einer vorgespannten Flasche! Auch Sektflaschen sind leicht vorgespannt, um sie vor Verletzungen von außen zu schützen. Bestimmte Autoscheiben werden thermisch vorgespannt, um sie stabiler zu machen. Dabei kühlt man die glühende Glasfläche gezielt mit einem Luftstrom ab, um die gewünschte Vorspannung zu erhalten. Etwa dreifach höhere Belastung als normales Glas kann das thermisch vorgespannte Glas aushalten. Außerdem zerfällt bei einem Unfall dieses Glas in kleine Stücke. Große Scherben würden gefährliche Verletzungen hervorrufen. Die Größe dieser Glaskrümel läßt sich durch die Vorspannung bestimmen.
Übrigens, nur zum kleineren Teil unterstützt bei diesem Kunststück mit der Flasche die runde Form die Festigkeit gegenüber Einwirkungen von außen und die Anfälligkeit gegenüber Kräften von innen.

# 21

## *Der verzauberte Glasstab*

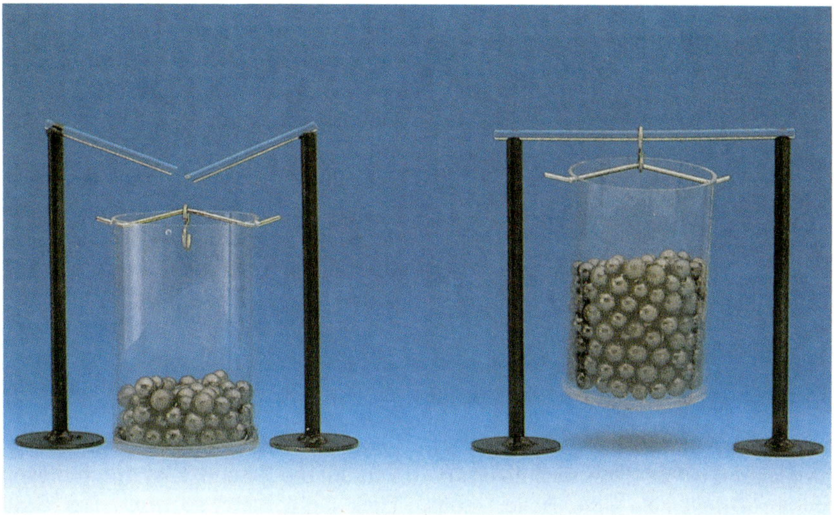

### *Das Kunststück:*

Glas kann sehr fest sein – wie dieses Kunststück zeigt. Zwei Glasstäbe werden über Ständer gelegt. In der Mitte eines jeden Stabes hängt man Gläser auf. Werden nun Bleikugeln in die Gläser gefüllt, so zerbricht der eine Glasstab unter dem Gewicht, der andere hält jedoch das Gewicht des mit Bleikugeln vollgefüllten Glases leicht aus. Die beiden Glasstäbe bestehen aus dem gleichen Material. Bei dem einen Glasstab wurde jedoch die Oberfläche in Flußsäure getaucht. Flußsäure ist eine Lösung von Fluorwasserstoff in Wasser, die auch Glas angreift. Offenbar hat gerade das den Glasstab „stark" gemacht.

### *Das knoff-hoff:*

Eigentlich ist Glas ein ziemlich festes Material – das liegt an der Anordnung der kleinsten Teilchen, der Moleküle, die das Glas bilden. Die Moleküle sind im Glas eng vernetzt – das gibt dem Glasstab seine Festigkeit.
Was das Glas so leicht zum Zerplatzen bringt, sind die mikroskopisch kleinen

Risse, die auf seiner Oberfläche zu finden sind. Glas platzt entlang diesen Rissen. Diese sind kaum zu vermeiden – allein schon der Kontakt mit den Gegenständen in der Umgebung verursacht diese Schäden auf der Oberfläche. Wie diese Risse wirken, weiß jeder; denn ein Glasschneider ritzt ja die Oberfläche vom Glas nur leicht an, beim entsprechenden Druck vertieft sich dieser Riß, das Glas kann so sauber in zwei Hälften zerlegt werden, wie die Aufnahme in 200facher Vergrößerung zeigt. Wird das Glas nicht

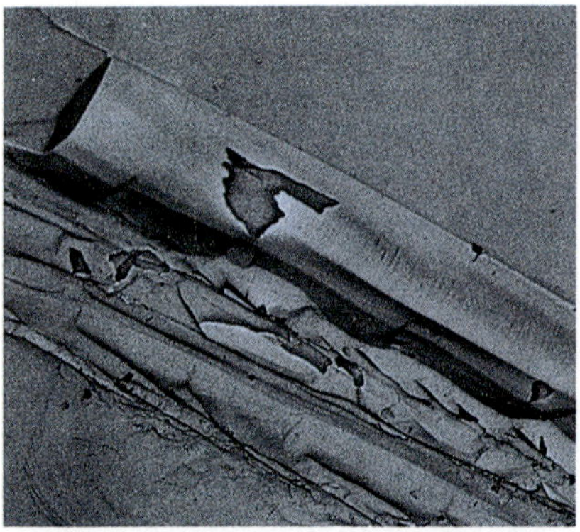

mit einem Schneider gezielt geritzt, spielen die auf der Oberfläche vorhandenen Zufallsrisse eine Rolle – das Glas bricht nicht wie gewollt.

Warum aber sind die mikroskopisch kleinen Risse auf der Oberfläche für die Festigkeit des Glases so wichtig? An der Spitze eines solchen mikroskopisch kleinen Risses konzentriert sich die Belastung von außen, wenn man versucht, den Glasstab zu biegen.

Hält das die Struktur – die Molekülbindung – an dieser Stelle nicht aus, so zerreißt sie. Der Riß wird größer – das Glas bricht. Vorstellen kann man sich das ungefähr so: Auf dem Foto ist ein Plexiglasstreifen mit einem großen, keilförmigen Riß zu sehen. Zwischen zwei Polarisationsfiltern sind bei Belastung die Spannungslinien im Material sichtbar. Sie stellen die Kräfteverteilung kurz vor dem Zerbrechen dar. Wie man sieht, konzentrieren sie sich an der unteren Spitze des Risses. Hier ist die Belastung am größten, und an dieser Stelle wird der Streifen brechen.

Will man das Glas haltbarer machen, muß man die Risse verkleinern oder zum Verschwinden bringen. Entweder man füllt sie aus oder ätzt sie weg. Ohne diese Schäden an der Oberfläche ist das Glas einige hundertmal höher belastbar. Flußsäure greift ja Glas an. Wenn wir den Glasstab in die Flußsäure tauchen, werden die Risse auf der Glasoberfläche „entschärft“ – der Glasstab nimmt dadurch an Festigkeit zu. Die Rißspitzen werden von der Säure „abgerundet“. Deutlich machen kann man das wiederum mit einem großen Plexiglasstab. Im unteren Stab ist an der Rißspitze ein Loch gebohrt – der Riß also abgerundet. Unter Belastung wird deutlich, daß sich jetzt die Kräfte gleichmäßiger verteilen. Die Belastungskonzentration um die Rißspitze ist durch diesen Trick nicht mehr so groß. Der Stab hält mehr aus. In der Technik benutzt man manchmal dieses Verfahren. Mikroskopisch betrachtet, geschieht an unserem Glasstab durch die Flußsäure Vergleichbares. Durch Abstumpfen der Risse auf der Oberfläche wird der eine Glasstab stärker als der andere – deshalb ist das Kunststück mit den Bleikugeln möglich.

### *Tricks und Tips:*

Äußerste Vorsicht im Umgang mit Flußsäure! Schon die Dämpfe sind giftig! Das Experiment gelingt nicht immer – vor allen Dingen muß man die

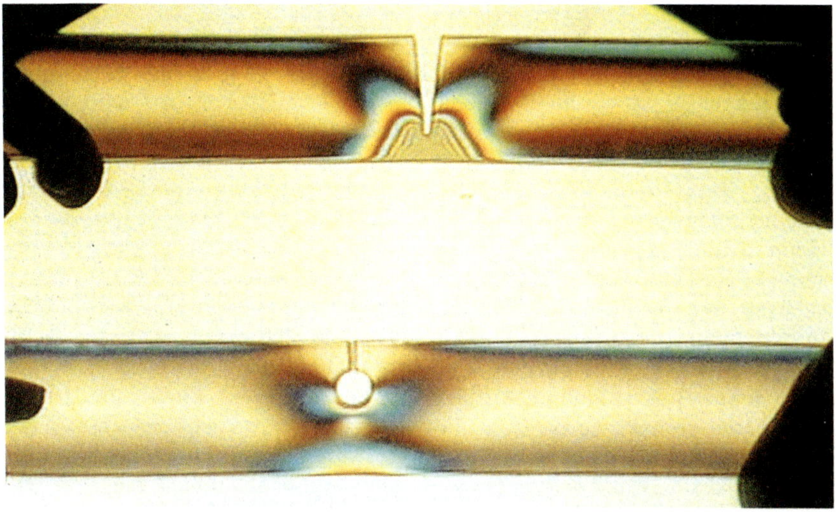

Bleikugeln vorsichtig einfüllen. Es gibt ja noch viele andere Einflüsse wie z. B. den inneren Aufbau des Glases oder die unterschiedliche Tiefe der Risse, die den Ausgang des Experiments bestimmen.

In der Technik versucht man unter anderem die Festigkeit von Glas durch Verminderung der Oberflächenrisse zu erhöhen. Die Glasoberfläche wird dazu mit Zinnoxid bedampft und danach mit Kunststoff beschichtet.

Warum bricht jedoch Metall nicht so leicht wie Glas? Auch Metalle haben mit Rissen zu kämpfen. Der Vorteil der Metalle ist, daß sie Risse besser ausgleichen können als andere Stoffe. Die Atome sind regelmäßig angeordnet. Es finden sich aber in dem Metallgitter Atomebenen, die frei beweglich und dadurch leicht verschiebbar sind. In der Metallstruktur können diese „Versetzungen" große Teile der von außen zugeführten Energie aufnehmen, indem sie hin und her gleiten. Sie verleihen dem Metall sein plastisches Verhalten. Aber auch die Metalle „ermüden" in dieser Fähigkeit. Das merken Sie am besten, wenn Sie einen Metallstreifen häufig hin und her bewegen, um ihn zu zerbrechen. Zunächst geht das sehr einfach – das Metall ist weich, d. h., die vielen frei beweglichen Atomebenen erlauben den Ausgleich der durch das Biegen entstandenen Schäden. Dann aber – kurz vor dem Zerbrechen – geht das Biegen etwas schwerer. Das Metall scheint an der vorgesehenen Bruchstelle plötzlich härter geworden zu sein. Die Versetzungen – die vorher frei beweglichen Atomebenen – haben sich ineinander verhakt. Das Metall hat keine Möglichkeit mehr, die

von außen kommende Energie so elegant abzufangen – es bricht. Außerdem wandern die frei beweglichen Atomebenen durch die äußere Beanspruchung an den Rand und ragen mit ihren freien Enden aus dem Metall heraus. Unter dem Mikroskop betrachtet, finden sich jetzt an der Oberfläche Stufen, an denen sich sehr schnell Risse ausbreiten. Diese Risse wachsen und werden auch für das Auge sichtbar – und das Metall bricht. Sind alle freien Atomebenen zum Rand abgewandert oder haben sich miteinander verhakt, so bleibt im Inneren eine feste und nicht mehr plastische Struktur – wie bei Kristallen – übrig. Die Biegeenergie muß jetzt von den Molekülbindungen vollständig aufgenommen werden, und das führt bei entsprechender Intensität zum Bruch. Erst durch Erwärmen des Metalls, d. h. durch heftiges Bewegen der Atomebenen, wird wieder der metallische Zustand, der so angenehm bruchfeindlich ist, erreicht. Deshalb werden z. B. Kupferröhren, nachdem sie in die entsprechende Form gebogen wurden – und dadurch vielleicht spröde Eigenschaften zeigen –, leicht erhitzt.

Mit Rissen müssen wir leben. Flugzeugteile aus Metall besitzen während ihrer ganzen Lebenszeit Risse. Sie werden sorgfältig beobachtet, und in Berechnungen wird vorhergesagt, wann es nicht mehr zu verantworten ist, dieses Metallteil im Flugzeug einzusetzen. Das ist das ganze Geheimnis einer Inspektion. Extreme Beanspruchung haben die Flügel der B 52 zu verkraften. Am Boden sind sie extrem nach unten gebogen – erst in der Luft nehmen sie durch den Auftrieb eine „normale" Stellung ein. Aber das ist auch von der Beladung des Flugzeugs abhängig. Durch diese Elastizität der Flügel können diese sehr hoch belastet werden. Auch normale Passagierflugzeuge schwingen in Turbulenzgebieten stark mit ihren Flügeln. Man sucht immer neue Legierungen, die bei diesen Belastungen nicht so rasch „ermüden" und die unvermeidlichen Risse über einen längeren Zeitraum immer wieder „heilen".

# 22

# Der Raum, der Riesen kleiner macht

## Das Kunststück:

In einem bestimmten Alter wollen Kinder gerne größer sein – und auch einige Erwachsene glauben, durch mehr Körpergröße eindrucksvoller zu wirken. Sich nach Belieben kleiner oder größer zu machen, kann man mit dem entsprechenden knoff-hoff erreichen – für eine bestimmte Zeit zumindest. Dazu muß man nur in eine Art Zauberhütte treten. Steht man rechts, so ist man groß. Links hingegen ist man klein. Dies wird nicht etwa mit einem fototechnischen Trick erreicht, sondern passiert vor den Augen der kritischen Zuschauer. Verändert Magie doch die Wirklichkeit?

## Das knoff-hoff:

Wenn man sich den Raum genauer anschaut, so zeigen sich einige Besonderheiten. Das Modell gibt einen guten Überblick: Die Rückwand des Raumes liegt nicht parallel zur Vorderfront, sondern läuft spitz nach hinten in die Tiefe. Die Fenster sind nicht rechtwinklig, sondern vergrößern sich mit der schräg nach hinten laufenden

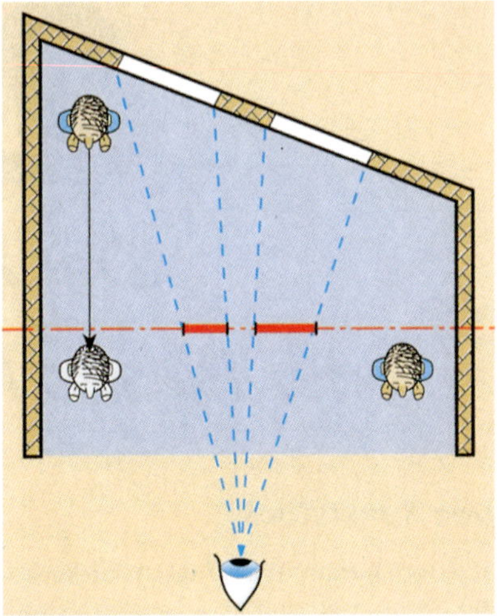

Wand. Der Boden der Zauberhütte steigt zudem nach hinten an, und die Decke ist nach vorne geneigt. Betrachtet man diesen so seltsam konstruierten Raum von vorne, so fallen diese Details gar nicht auf. Die hintere Wand scheint – wie normal – den Raum rechtwinklig zu begrenzen. Geht aber eine Person nun von rechts vorne nach links hinten, so bemerkt man an ihr eine drastische Körperschrumpfung. Sie wird zum Zwerg – allein durch eine optische Illusion. Unser Auge-Gehirn-System, das alle Informationen aufnimmt und verarbeitet, unterliegt einer Täuschung. Man versucht beim Betrachten die nach hinten laufende Wand in einen rechten Winkel zu den Seitenwänden zu bringen. In der oben abgebildeten Grafik ist das mit der gestrichelten roten Linie dargestellt.

Rechte Winkel sind im täglichen Leben häufig anzutreffen, so daß sich bei uns offenbar ein innerer Zwang bildet, unter dem wir auch spitze und stumpfe Winkel gerne als rechte Winkel sehen wollen. Dabei „holen" wir

beim Betrachten die schräg nach hinten laufende Wand nach vorne. Die schiefen Fenster und der nach oben ansteigende Boden und die nach vorne abfallende Decke unterstützen diese Entscheidung unseres Auge-Gehirn-Systems. Die linke Person steht sehr viel weiter hinten als die rechte Person. Dadurch wird sie auf unser Auge kleiner projiziert – das ist soweit normal. Weil wir aber die schiefe, nach hinten laufende Wand weiter nach vorne „ziehen", erscheint es uns, als ob die beiden Personen in etwa auf gleicher Höhe stehen, deshalb wirkt die linke Person immer kleiner als die rechte. Die nach vorne geneigte Decke unterstützt diesen Eindruck, weil die rechte Person dadurch etwas näher an der Decke steht als die linke.

## *Tricks und Tips:*

Normalerweise entscheiden wir über die Größe einer Person, indem wir die Entfernung zu unserem Auge ab-

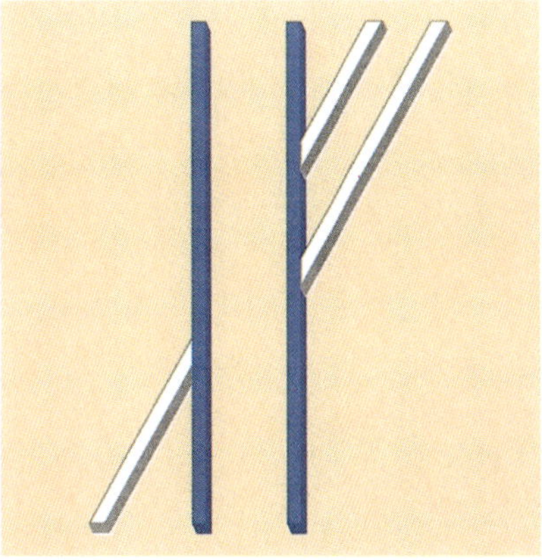

schätzen. Bei der schiefen Zauberhütte wird jedoch unser Auge-Gehirn-System durch die raffinierte

Konstruktion in Entscheidungsnot gebracht. Und schließlich gewinnt der „Verkleinerungseffekt" die Oberhand. Die Täuschung entsteht daraus, daß wir aus dem schiefen Raum einen geraden machen wollen – so wie es unserer Erfahrung entspricht.
Der Hang zum rechten Winkel ist auch an anderen Beispielen zu sehen. Wir neigen dazu, spitze Winkel als größer zu interpretieren und stumpfe als kleiner. Dadurch erscheinen die Linien, die durch die Rechtecke laufen, verschoben – obwohl sie zur selben Geraden gehören. Wichtig sind solche Erkenntnisse über die Täuschung unseres Auge-Gehirn-Systems in der Architektur. Bei dieser Abbildung erscheint es so, als ob die beiden Bogen nicht zusammenlaufen würden. In der Realität scheinen davorstehende Elemente ein Gewölbe oder einen Bogen in ihrer Linienführung zu zerschneiden. Architekten müssen diese optischen Fehlinterpretationen des Betrachters bei ihren Gebäuden durch bauliche Veränderungen korrigieren.
Betrachtet man die Winkel in der folgenden Grafik, so scheinen sie überproportional zu wachsen. Wird nachgemessen, so beträgt der Zuwachs

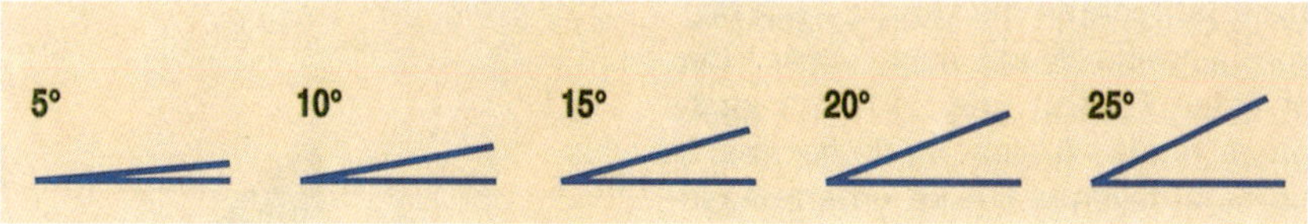

von Winkel zu Winkel jedesmal nur 5 Grad. Auch hier zeigt sich, wie wir in der Interpretation optischer Informationen dazu neigen, alles einem rechten Winkel anzugleichen.

Die Geraden der nebenstehenden Grafik sind parallel zueinander gezeichnet. Die verschiedenen Winkel der sie durchkreuzenden kurzen Linien lassen uns die Lage der Geraden zueinander verschieben.

Und auch bei der unteren Grafik spielt uns die Unsicherheit, Winkel zu beurteilen, einen Streich. Die Geraden, die die Pfeilspitzen verbinden, sind in beiden Figuren gleich lang.

# 23

## Die Unsicherheit des Sehens

### *Das Kunststück:*

Viele optische Täuschungen zeigen, daß wir unseren Augen nicht immer trauen dürfen. So ergänzen wir automatisch die nebenstehende Figur zu einem Dreieck, obwohl die Linien nicht durchgezogen sind.

Eine interessante Frage ist, wie hoch der Anteil der Fähigkeiten ist, die Umwelt mit unserem Auge-Gehirn-System erkennen und interpretieren zu können, den wir von Geburt an mitbekommen haben, und was wir davon während unseres Lebens erlernen müssen. Versuche dazu kann man nur begrenzt durchführen. Einer von ihnen ist besonders beeindruckend. Über ein Podest ist eine Glasscheibe gelegt, die über die Auflagefläche hinausragt. Setzt man ein Kleinkind auf die Glasplatte, so ist zu beobachten, daß es vor dem vermeintlichen Abgrund stoppt und nicht weiterkrabbelt. Offenbar weiß es um die Gefahr des Abgrunds von Geburt an und erkennt auch die Situation. Läßt man dagegen eine Ratte über den „Abgrund" laufen, so krabbelt sie munter weiter. Besitzt

die Ratte ein anderes genetisches Programm als wir Menschen?

## *Das knoff-hoff:*

Das Experiment zeigt, daß wir offensichtlich von unserem Auge-Gehirn-System stärker bestimmt sind als die Ratte. Wir verlassen uns mehr auf die optischen Informationen, und das ist bei uns von Geburt an so angelegt. Katzen reagieren ähnlich. Bei der Ratte hingegen dominiert ihr Tastsinn. Fühlt sie unter sich festen Boden, so läuft sie einfach weiter. Deshalb überquert sie auch ohne Zögern den vermeintlichen Abgrund unter der Glasscheibe.

Daß wir unseren Augen nicht trauen können, zeigt auch folgendes Beispiel. Auf diesem Kasten sind schwarze Quadrate abwechselnd mit weißen aufgemalt. Die einzelnen Quadrate sind in den verschiedenen Zeilen leicht verschoben. Betrachtet man dieses Bild, so hat man den Eindruck, als ob die Quadrate schief wären und in die Tiefe hineinreichen würden. Die horizontalen Trennlinien zwischen den Quadraten kann man beleuchten. Schaltet man das Licht an, so sehen die Quadrate alle gleich aus – ohne Licht erhält man wieder den Eindruck der Tiefe. Wenn man genau hinschaut, so sieht man ohne Beleuchtung, daß da, wo zwei weiße Quadrate teilweise übereinanderliegen, die horizontale Linie dunkler erscheint als im Bereich der schwarzen Quadrate. Das Zusammenspiel der unterschiedlichsten Kontraste führt zu dem optischen Eindruck, daß die Quadrate nicht in einer Ebene liegen. Werden hingegen die horizontalen Linien von hinten gleichmäßig beleuchtet, so verschwindet die Täuschung. Die Quadrate erscheinen uns so, wie sie auch aufgezeichnet sind: in einer Ebene.

## *Tricks und Tips:*

Mit der Interpretation dessen, was wir sehen, kommt es immer wieder zu Schwierigkeiten. Diese Kugel scheint an dem Hochhaus zu hängen. Betrachten wir das Bild aus einem ande-

ren Winkel, so zeigt sich, daß das Hochhaus aus einem geschickt konstruierten Kasten besteht. Dieses Beispiel zeigt, wie die im Gehirn gespeicherten Informationen und Erfahrungen zur Aufschlüsselung der aktuellen Informationen herangezogen werden – und wie uns diese Sehweise in die Irre führen kann. Auch diese Schublade ist nichts anderes als ein gefalteter Kasten. Und dieser Stab kommt nicht etwa aus einer Kiste heraus, sondern aus einem Winkel aus Pappe. Selbst wenn wir wissen, wie die Bestandteile eines Bildes aufgebaut sind, unterliegen wir optischen

Täuschungen. Die zweidimensionale Zeichnung auf Seite 94 kann durch geschicktes Arrangieren der Einzelteile den Eindruck erwecken, daß wir ein räumliches Auto sehen, bei dem das vorher so verloren wirkende Rad plötzlich – wie vorgesehen – paßt.

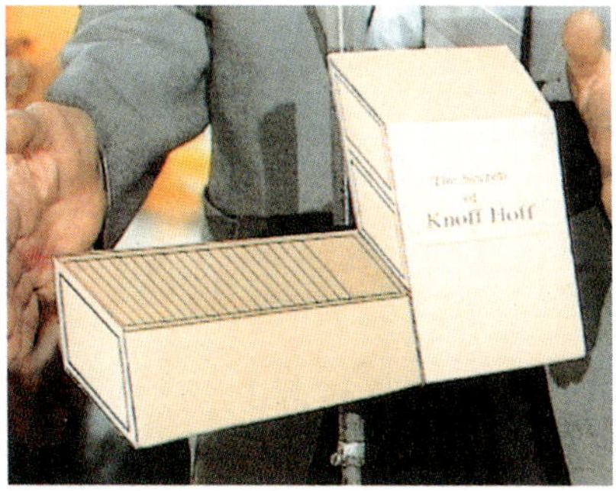

# 24

## Der unfehlbare Pfeil

### Das Kunststück:

Früher war ein sicherer Bogenschütze hoch angesehen, konnte er doch mit seiner Kunst die Fleischversorgung seiner Familie oder Gruppe sichern. Heute findet man solche Anerkennung nur noch bei wenigen Indianerstämmen, zum Beispiel im Amazonasgebiet. Das Bogenschießen ist bei uns ja in seiner praktischen Bedeutung auf das Werfen von Pfeilen reduziert, das vor allem in den Wirtshäusern Englands gepflegt wird. Wettkämpfe werden ausgetragen, über die das Fernsehen live berichtet; so populär kann es sein, das Schwarze (oder Rote) im Zentrum einer Scheibe zu treffen. Das Ziel des Jagdtriebs ist hier auf die Dimension einer flachen Karte mit aufgedruckten Ringen geschrumpft. Nichtsdestotrotz schlagen aber bei diesen Wettkämpfen die Wogen der Leidenschaften hoch. Mit etwas knoff-hoff kann man die Spannung beim Dartpfeilwerfen noch steigern, indem nicht etwa auf eine ruhende Scheibe geworfen wird, sondern auf eine nach unten fallende. Hier könnte man sogar mit dem folgenden Kunst-

stück wahre Jubelstürme hervorrufen. Dazu wird der Pfeil mit einem Faden verknüpft, der beim Loslassen die Halterung der Zielscheibe auslöst, die dann nach unten fällt. Damit der Pfeil genügend Schwung bekommt, wird an dem Faden eine Zugfeder befestigt, die beim Spannen die dazu notwendige Energie aufnimmt. Und jetzt kommt die Überraschung: Beim ersten Schuß Volltreffer, beim zweiten ebenso und auch beim dritten und allen danach folgenden. Jeder kann den Pfeil in die Hand nehmen, kurz zielen und trifft garantiert die Scheibe – obwohl sie, während der Pfeil fliegt, gleichzeitig nach unten fällt!

## *Das knoff-hoff:*

Wenn der Pfeil losgelassen wird, unterliegt er zwei Bewegungen: Einmal bewegt er sich durch die Energie der gespannten Feder auf die Zielscheibe zu, zum anderen fällt er nach unten.

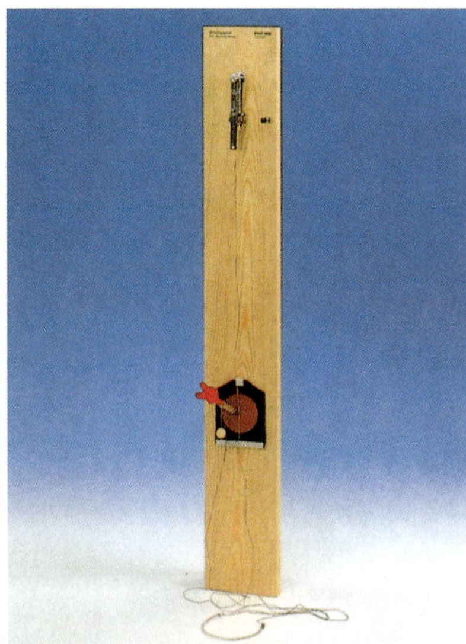

Beide Bewegungen beeinflussen sich gegenseitig nicht, so daß der Pfeil – einmal zu Anfang genau auf die Zielscheibe gerichtet – diese immer treffen wird. Die Vorrichtung ist ja so konstruiert, daß im Moment des Loslassens des Pfeils sich auch die Halterung für die Zielscheibe löst. Beide fallen – wie alle Körper ohne Berücksichtigung des Luftwiderstandes – gleich schnell nach unten; d. h. in der Fallbewegung verschiebt sich das einmal ins Auge gefaßte Ziel nicht. Daß sich der Pfeil gleichzeitig horizontal auf die Zielscheibe zubewegt, stört das Fallen nicht, es erlaubt nur, daß sich Pfeil und Scheibe irgendwann einmal treffen. In unserem Kunststück wird die Zielscheibe aus Filz dabei an die dahinterliegende Holzwand „genagelt“ und die zusammengesetzte Horizontal- und Fallbewegung so gestoppt. Eine todsichere Methode also, das Ziel zu treffen.

## Tricks und Tips:

Zusammengesetzte Bewegungen, die sich gegenseitig nicht beeinflussen, spielen in der Physik eine große Rolle. So beruhen viele Zirkuskunststücke auf diesem Prinzip. Auf dem nebenstehenden Foto rollt eine grüne Kugel

die gekrümmte Bahn herunter. Unten angekommen, löst sie über eine Fotozelle einen Schalter aus, der die an einem Elektromagneten hängende gelbe Kugel freigibt. Das Ergebnis: Beide Kugeln kommen unten gleichzeitig an. Allein durch die bei der grünen Kugel hinzukommende Horizontalbewegung ist ihr Aufschlagpunkt etwas seitlich versetzt. Mit diesem Basiswissen können sich Artisten viele Kunststücke in der Zirkuskuppel ausdenken, zum Beispiel gezielt von einer Schaukel durch einen fallenden Reifen springen. Oder vielleicht animiert ja auch unser Kunststück aus der Knoff-hoff-Show die Zirkuswelt. Wir haben einen Gast an die Studiodecke gehängt – bequem in einem Sitzgurt selbstverständlich, der von einem starken Elektromagneten gehalten wird. Mit dem Magneten ist eine Preßluftkanone verbunden. Wird aus ihr ein Ball geschossen, so löst sich die Halterung – indem einfach der Strom zum Elektromagneten unterbrochen wird. Die Versuchsperson

fällt nach unten – auf eine weiche Unterlage – und kann im Fluge den Ball fangen. Dieser Trick funktioniert immer, weil zu Anfang die Kanone genau auf die ausgestreckte Fanghand ausgerichtet wird. Und wie beim Kunststück mit dem Pfeil und der fallenden Zielscheibe verfehlt der Ball die Hand während des Fallens nicht.

# 25

# *Rauch in der Flasche – was dann?*

## Das Kunststück:

In eine Flasche wird mit einem Strohhalm Zigarettenrauch geblasen, bis er relativ dicht in der Flasche steht. Wie bekommt man den Rauch aber wieder aus der Flasche? Schütteln hilft hier wenig – der Rauch bleibt weiterhin in der Flasche. Ein brennendes Streichholz jedoch, in die Flasche geworfen, wirkt Wunder. Der Rauch wird aus der Flasche getrieben. Noch erstaunlicher ist dieser Effekt, wenn die Flasche vorher mit Alkohol (Brennspiritus) ausgespült wurde.
Der Rauch verschwindet so schnell aus der Flasche, daß der Vorgang mit dem Auge kaum zu beobachten ist.

## Das knoff-hoff:

Das Streichholz und der Alkohol verbrennen, die Luft wird erwärmt und dehnt sich aus – sie entweicht aus der Flasche und reißt die Rauchteilchen mit. In der Zeitlupenaufnahme ist gut zu sehen, wie sich die warme Luft in der Nähe der Flamme nach allen Seiten ausdehnt und dann wie im Nu den Rauch aus der Flasche drückt.

## Tricks und Tips:

Es sind dieselben Vorsichtsmaßnahmen wie beim Kunststück 7 zu beachten. Nur eine gut durchsichtige Flasche macht den Trick eindrucksvoll. Wichtig ist es, gerade die richtige Menge Alkohol in die Flasche zu bringen. Dazu wird die Flasche nur mit Alkohol ausgespült. Nur die Dämpfe des Alkohols werden ja verbrannt – Tropfen oder gar eine kleine Alkoholschicht am Boden stören dabei nur.

# 26

## Wie man die Schwerkraft überlisten kann

### Das Kunststück:

Eine Büchse rollt normalerweise eine Schräge hinunter. Mit einem Trick kann sie aber auch bergauf rollen. Dem erwartungsvollen Zuschauer wird nur die geschlossenen Seite der geöffneten Konservendose gezeigt. In der leeren Konservendose ist ein Stein oder Magnet festgeklebt. Die Büchse wird so auf die Schräge gesetzt, daß sich das Gewicht gerade etwas über

dem oberen Scheitelpunkt befindet. Die Büchse rollt dann nach dem Loslassen nach oben.

## *Das knoff-hoff:*

Der Stein wirkt in dieser Position wie ein Hebel, der die Büchse nach oben bewegt. Der Schwerpunkt des Systems liegt im Bereich des angeklebten Steins. Die Büchse will mit ihrem Gewicht in eine stabile Lage kommen, d. h. mit dem Schwerpunkt ein Energieminimum erreichen. Am leichtesten ist das hier durch das Abrollen nach oben möglich. Wenn man Glück hat, wird die Büchse eine Dreivierteldrehung nach oben machen und dann zurückschwingen. Das ist von der Größe des Steins abhängig. Gut ist es, wenn die schiefe Ebene nach dieser

Dreivierteldrehung aufhört und die Büchse herunterfällt – anders ist der Trick allzu leicht zu durchschauen.

## *Tricks und Tips:*

Anstelle des Steins kann man auch Magneten befestigen – das hat den Vorteil, daß bei einer eventuellen Inspektion durch den verblüfften Zuschauer der Magnet vor der Übergabe aus der Büchse unbemerkt entfernt werden kann.

Wer mehr Spaß bei solchen Kunststücken mit dem Schwerpunkt haben will, kann sich auch einmal an der auf dem Foto gezeigten „unmöglichen Konstruktion" versuchen.

Beim näheren Hinschauen werden Sie bemerken, daß der Schwerpunkt die-

ses Systems im Bereich des Glasrandes liegt – trotz der erstaunlichen Anordnung.

# 27

# *Eisen brennt – und wie*

## *Das Kunststück:*

Ein Eisennagel brennt nicht. Eisenpulver jedoch verbrennt sehr leicht – übrig bleibt Rost. Sollten Sie kein Eisenpulver zur Hand haben, so tut es auch Stahlwolle, wie sie zum Reinigen von Töpfen benutzt wird. Die Stahlwolle, in eine Kerzenflamme gehalten, verbrennt relativ schnell.

## *Das knoff-hoff:*

Wenn Eisen sich mit dem Sauerstoff der Luft verbindet – wenn es also rostet –, wird Wärme frei. Das kann man mit feinem Eisenpulver besonders eindrucksvoll sichtbar machen. Das Eisenpulver ist unter einer Kohlendioxidatmosphäre in einem zugeschmolzenen Glas aufbewahrt. Wird das Glas aufgebrochen und in der Luft ausgeschüttet, so entzündet sich das Eisenpulver beim Kontakt mit dem Luftsauerstoff selbst und fällt glühend zu Boden – übrig bleibt der braune Rost, das Eisenoxid. Auch beim Kunststück mit der Stahlwolle ist die Oxidation die Ursache für das Verbrennen. Einmal gezündet, verbinden sich immer mehr Eisenteilchen mit dem Sauerstoff – dabei wird Wärme frei. Warum klappt das aber nicht bei

*Sauerstoffteilchen treffen auf die kompakte Oberfläche eines Eisennagels.*

*Mit den feinen Teilchen des Eisenpulvers kommt der Sauerstoff viel leichter in Kontakt.*

einem Eisennagel? Den Eisennagel kann man sich als gepreßtes Eisenpulver vorstellen. Die Oberfläche reagiert zwar sofort mit dem Luftsauerstoff, dann aber kann dieser nur sehr langsam ins Innere vordringen. Eine schnelle Folge von Oxidationen, wie sie für das Verbrennen notwendig ist, baut sich nicht auf. Beim Stahlschwamm gelingt das schon besser – er hat eine lockere Struktur –, und beim Eisenpulver sind die Bedingungen nahezu perfekt für eine „Kettenreaktion" mit dem Sauerstoff aus der Luft. Die Oxidation des Eisens, bei der Wärme frei wird, benutzt man zur Herstellung von Wärmebeuteln. Das Eisenpulver wird durch Zusätze in der Oxidation verlangsamt, so kann man sich über Stunden die Hände wärmen.

## *Tricks und Tips:*

Wenn Sie ein Streichholz in Dieselöl tauchen, so verbrennt es nicht. Füllt man aber das Dieselöl in einen Zerstäuber – z. B. wie er aus Metall beim Blumengießen benutzt wird – und zerstäubt das Öl über der Kerzenflamme, so verbrennt es heftig. Vorsicht bei diesem Experiment! Durch das feine Zerstäuben findet jedes Dieseltröpfchen den für die Verbrennung notwendigen Sauerstoff: Es sind Bedingungen wie in einem gut eingestellten Dieselmotor. Ein Feuerspucker benutzt übrigens das gleiche Prinzip. Er füllt die Mundhöhle z. B. mit Petroleum und zersprüht es beim Ausspucken in feinste Tröpfchen, die er dann leicht mit der Flamme seiner Fackel anzünden kann. Eine ziemlich ungesunde Angelegenheit. Der Feuerspucker in unserem knoff-hoff-Studio spuckt Feuer mit Staub, genauer gesagt, mit Bärlappsamen, den er fein verteilt in die Flamme bläst. In den Momentaufnahmen ist gut zu sehen, wie der Samenstaub schnell verpufft, wenn er die Flamme erreicht.

Daß Staub, z. B. Mehl, sehr heftig verbrennen kann, ist relativ unbekannt. Auch hierbei ist der Trick, die feinen Mehlteilchen möglichst inten-

siv in Kontakt mit dem Luftsauerstoff zu bringen – dann läuft die Verbrennung sehr schnell ab. In unserem Kunststück haben wir Stärke in einem Trichter untergebracht und über einen Schlauch mit einem Blasebalg verbunden. Auf dem Boden steht eine brennende Kerze. Das alles ist von einem Glaszylinder umgeben und wird mit einem aufgelegten Pappdeckel verschlossen.

Drückt man auf den Blasebalg, so wird die Stärke fein zerstäubt. Der Kontakt mit dem Luftsauerstoff ist intensiv, und die Kerzenflamme kann jetzt die Kettenreaktion der Verbrennung zünden. Die erhitzte Luft dehnt sich schlagartig aus und wirbelt den Pappdeckel in die Luft. Diese „Staubexplosionen" sind keine Spielereien. Jedes Jahr gibt es Unfälle in Mühlen oder überall da, wo mit feinem Staub umgegangen wird. Gezündet wird der Staub nicht etwa durch offene Flammen, vielmehr kann es durch das Umfüllen großer Staubmengen zu einer Trennung von elektrischen Ladungsträgern kommen. Das ist vergleichbar mit der Aufladung beim Laufen über einen Teppichboden. Die elektrischen Ladungen bilden beim Abfließen eine Funkenstrecke. Dieser Funken reicht zur Zündung des Staubgemisches aus.

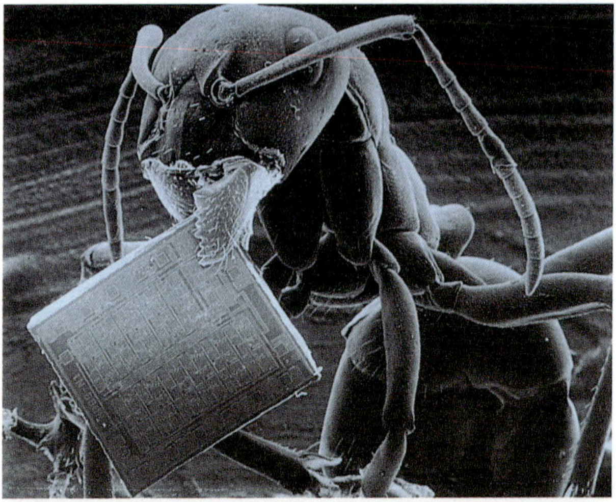

*Aufnahmen mit einem Elektronenmikroskop:*
*Eine Ameise hält einen Halbleiterchip zwischen ihren Zangen (80fache Vergrößerung).*

*Zinn wurde hier auf Aluminium aufgedampft. In der 1000fachen Vergrößerung sind die Zinnkügelchen zu erkennen.*

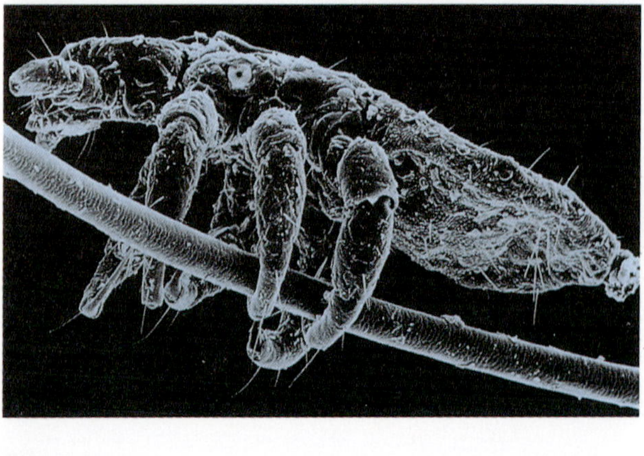

*Eine Kopflaus auf einem Menschenhaar (30fache Vergrößerung)*

# 28

## *Die überraschende Drehung*

### *Das Kunststück:*

Beeindruckend ist ein Kunststück dann, wenn eine besonders einfache, aber wirkungsvolle Lösung dahinter steckt. In diesem nach oben gebogenen Behälter befinden sich zwei Kugeln. Durch die Krümmung rollen sie immer wieder zur Mitte. An den Enden des Behälters befindet sich jeweils eine Plattform, auf der die Kugeln Platz finden könnten. Wie schafft man diese wieder von der Stufe, wenn man es mit der anderen probiert – und umgekehrt. Wer einen Sinn für ungewöhnliche Lösungen hat, ist schnell von dem vorsichtigen Kippen gelangweilt, er stellt den Behälter auf eine glatte Oberfläche und dreht ihn kurz um seine eigene Achse. Die Kugeln werden dadurch nach außen getrieben, gelangen so gleichzeitig zu

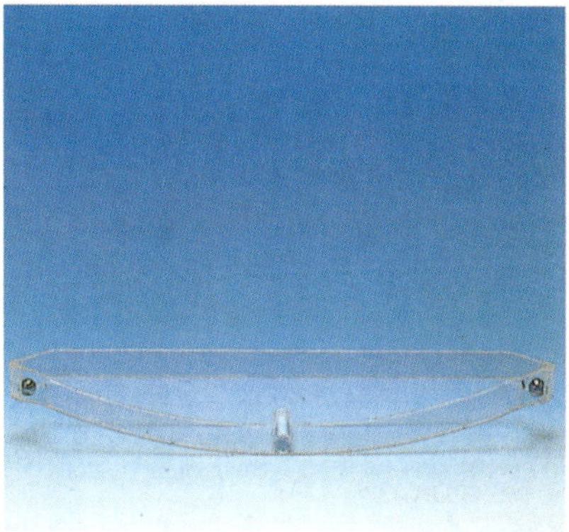

es, daß die beiden Kugeln anstatt in der Mitte auf diesen Stufen am Ende des Behälters liegenbleiben? Zunächst versucht jeder durch vorsichtiges Kippen erst die eine und dann die andere Kugel auf den Stufen zu plazieren. Aber leider gelingt das nicht mit beiden gleichzeitig; denn hat man das mit der einen Kugel geschafft, so rollt den Enden und bleiben auf den Stufen liegen.

### *Das knoff-hoff:*

Was bei diesem Kunststück ausgenutzt wurde, war die Wirkung der Zentrifugalkraft. Durch die Drehung entsteht diese Kraft; sie ist radial nach außen gerichtet und hängt in ihrer Größe zum Beispiel von der Schnelligkeit der Drehung ab. Außerdem spielt die Masse des Körpers eine Rolle; je größer sie ist, um so stärker wirkt diese Kraft auf ihn. Deshalb ist es auch möglich, in einer Zentrifuge die schweren Teilchen von den leichten zu trennen. Wird Milch zentrifugiert, so sammeln sich die leichten Fetteilchen in der Nähe der Drehachse, wo sie dann für die Butterproduktion abgesaugt werden können. In einer Wäscheschleuder läßt sich auf diese Weise das Wasser nach außen treiben und so die Wäsche trocknen. Bei der Zentrifugalkraft spielt zudem der Abstand des drehenden Körpers von der Drehachse eine Rolle. Je größer er ist, um so stärker ist diese Kraft. Das ist leicht auf einer sich drehenden Scheibe auszuprobieren, wie sie auf Volksfesten zu sehen ist. Setzt man sich auf dieses „Teufelsrad", so beginnt es sich zu drehen. Diejenigen, die nur außen einen Platz gefunden haben, werden zuerst hinausgeschleudert. Sie können sich wegen der durch die Drehung größer werdenden Kraft und dem großen Abstand von der Drehachse nicht mehr auf der Scheibe festklammern. Am längsten hält es derjenige aus, der innen – dicht neben der Drehachse – steht. Bei unserem Trick mit den Kugeln wurde die Zentrifugalkraft ausgenutzt.

## *Tricks und Tips:*

Die Kraft, die auf rotierende Massen wirkt, kann zur Kontrolle von technischen Abläufen eingesetzt werden. Ein bekanntes Beispiel dafür ist das Regelventil einer Dampfmaschine. Zwei Metallkugeln sind über Stangen mit der rotierenden Achse der Dampfmaschine gekoppelt. Die Berührungsfläche ist über eine Hülse verschiebbar. Wird die Dampfmaschine zu schnell, so zieht es – wegen der größer werdenden Zentrifugalkraft – die

sich drehenden Kugeln nach außen, und die Hülse wird nach unten verschoben. Dabei öffnet sich ein Ventil, über das Dampf ausströmen kann. Die Maschine dreht sich unter dem geringer werdenden Dampfdruck langsamer – die Kugeln kommen in ihre ursprüngliche Position zurück, das Ventil wird dadurch geschlossen, der Dampfdruck kann sich wieder aufbauen – und der Ablauf beginnt von vorne.

Auch im Weltall ist die Wirkung der Zentrifugalkraft zu beobachten. Die riesigen Galaxien – die Spiralnebel – rotieren um das Zentrum. Dabei müßten eigentlich die äußeren Bereiche der Spirale sich langsamer drehen als die inneren – ähnlich wie in einer Tasse, in der Kaffee umgerührt wird und in der durch die Reibung mit der Tassenwand die äußeren Regionen langsamer werden. Weil aber diese Verlangsamung der äußeren Bereiche nicht zu beobachten ist, vermuten die Astronomen, daß sich in solchen Spiralnebeln noch andere Materie – für uns unsichtbare „dunkle" Materie – befindet, die das System so heftig rotieren läßt.

Jeder hat schon beim Schleudern einer vollen Milchkanne die Zentrifugalkraft genutzt. Sie hält die Flüssigkeit beim Durchlaufen des Scheitelpunktes am Boden des Gefäßes fest. Dazu muß allerdings die Drehgeschwindigkeit der Kanne so hoch sein, daß die damit vorhandene Zentrifugalkraft die Schwerkraft, die die Flüssigkeit ausfließen läßt, zumindest aufhebt. Mit knoff-hoff läßt sich aber dieses Naturgesetz überlisten. Dazu wird in eine Kanne Wasser gefüllt und mit dem Arm herumgeschleudert – der Trick also wie bekannt vorgeführt. Dann jedoch kann man die Kanne an ihrem oberen Scheitelpunkt anhalten, ohne daß Wasser herausläuft. Unglaublich, weil ja durch das Anhalten die rettende Zentrifugalkraft verschwunden ist, die die Flüssigkeit an den Boden der Kanne preßt. Die Erklärung ist einfach. Der Magier hat auf dem Boden der Kanne einen Schwamm angebracht, der die Flüssigkeit aufgesaugt hat und sie mit Kapillarkräften dort festhält.

Die Zentrifugalkraft beeinflußt auch

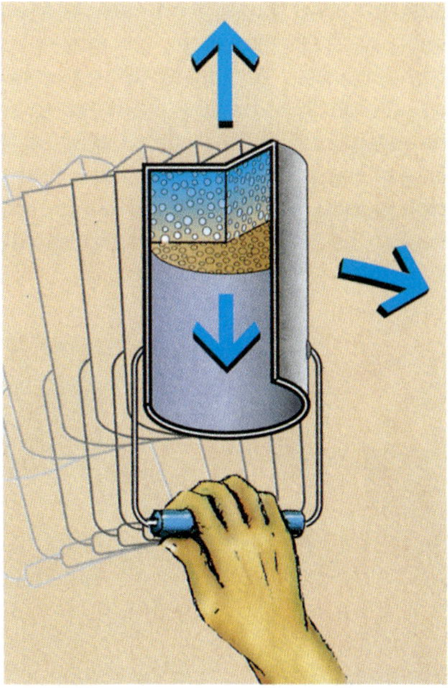

die Kugelgestalt unserer Erde. Sie ist an den Polen abgeplattet und zeigt eine leichte Ellipsoidform. Der Unterschied in den Halbachsen beträgt etwa 22 km. Diese Ausbuchtung am Äquator wird durch den größeren Abstand der Massen von der Drehachse – und damit der stärkeren Zentrifugalkraft – hervorgerufen. Die Größe der Zentrifugalkraft wächst ja mit diesem Abstand. Diese Abplattung der Erde ist auch der Grund, warum in Äquatornähe die Erdanziehung schwächer ist als in anderen Breiten. Die hier herrschende größere Zentrifugalkraft hebt Teile der Schwerkraft auf. Außerdem ist das Erdzentrum weiter entfernt. Ein Kilogramm Äpfel ist deshalb am Äquator etwas leichter (etwa um ¼ Prozent) als in unseren Regionen.

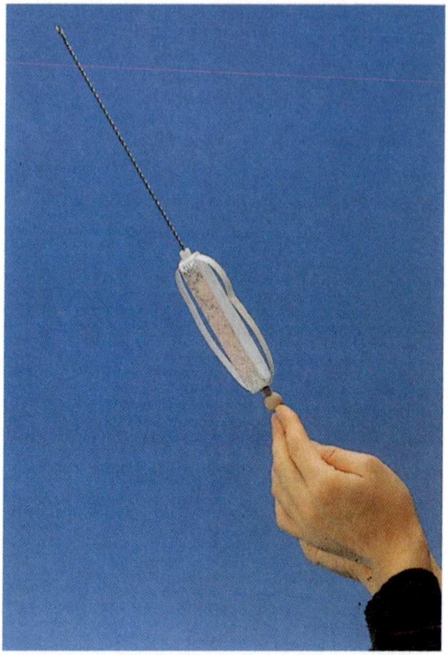

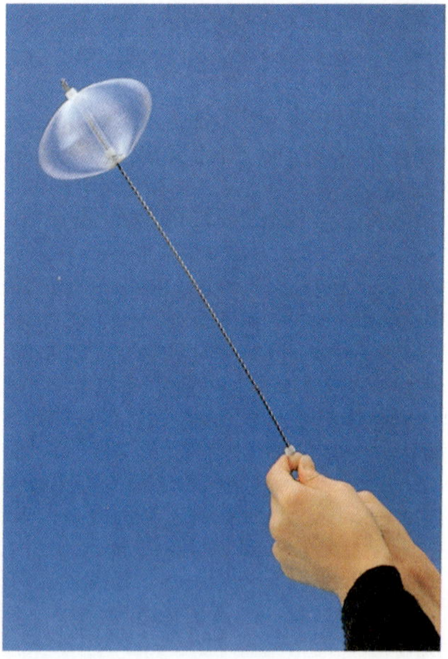

Dieses Spielzeug gibt eine Vorstellung über die Abplattung der Erdkugel. Die Stoffstreifen werden durch die Drehung nach außen gewölbt.

Ein Beispiel für die Stärke der Zentrifugalkraft zeigt dieses Kunststück. Man kann sie dazu benutzen, um etwas zu zerschneiden. An dieser Bohrmaschine ist eine Scheibe aus dünnem Papier befestigt. Im Ruhezustand läßt sich dieses Papier leicht einknicken. Dreht sich jedoch die Bohrmaschine mit dem Papier, so wird die Papierscheibe zur Kreissäge. Die nach außen gerichtete Zentrifugalkraft macht die Papierscheibe stahlhart, so daß sich mit ihr Holz schneiden läßt.

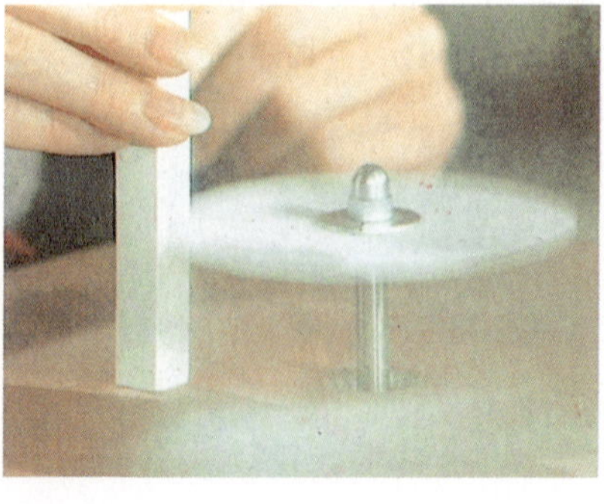

# 29

## *Der entzauberte Fakir*

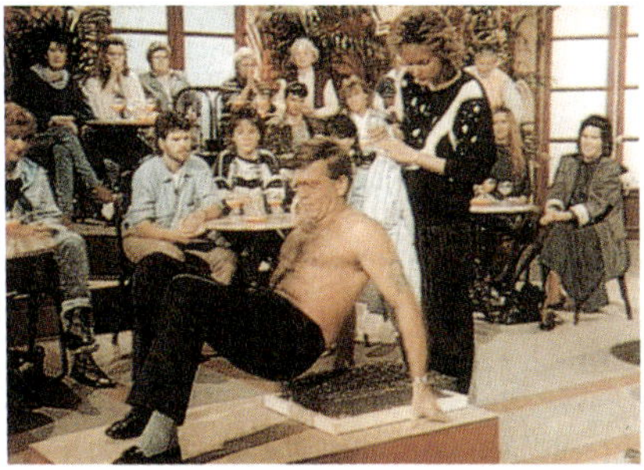

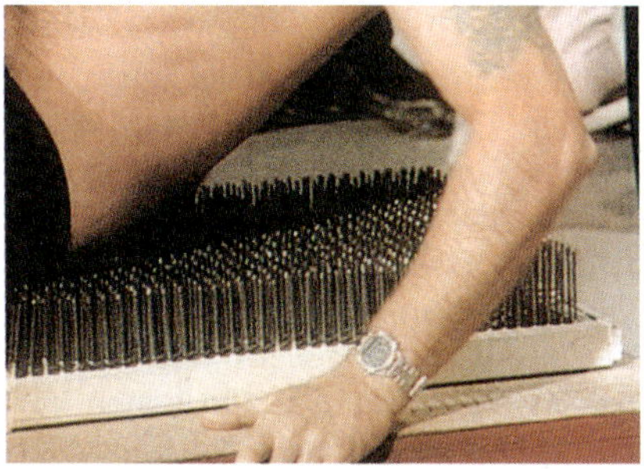

### *Das Kunststück:*

Wen fasziniert er nicht, der Fakir, der oft stundenlang auf seinem Nagelbrett verharrt! Aber ein klein wenig muß man schon an dem Glanz seiner Leistung kratzen – denn eigentlich kann sich jeder mit nackter Haut auf ein Nagelbrett legen und unbeschadet wieder aufstehen. Die Nägel müssen für dieses Kunststück nur ausreichend dicht nebeneinander stehen. Sie müssen bei dem Kunststück mit Ihrem selbstgebastelten Nagelbrett außerdem darauf achten, daß sofort eine möglichst große Körperfläche auf den spitzen Nägeln liegt.

### *Das knoff-hoff:*

besteht darin, zu wissen, wie Sie Ihr Gewicht richtig verteilen. Der Druck auf eine Körperstelle ist besonders groß, wenn sich das Gewicht auf eine kleine Fläche konzentriert. Man kann den Druck verringern, wenn das Gewicht auf eine große Fläche verteilt wird. Die einzelnen Nagelspitzen bilden zusammen gesehen eine relativ große „Fläche". Das zeigt sich durch das Kunststück mit dem Apfel. Wenn der Apfel herunterfällt, dringt er sehr tief in den einzelnen Nagel ein, weil das Gewicht des Apfels nur auf eine sehr kleine Fläche – die Nagelspitze – verteilt werden kann. Viele Nagelspitzen auf dem Nagelbrett bieten eine größere Fläche an – der Apfel erleidet einen geringeren Druck vom Nagelbrett und dringt nicht so tief ein.

Dieselben Überlegungen hat der Fakir angestellt. Er verteilt durch die dicht stehenden Nägel sein Gewicht auf eine große Fläche und hält so den Druck der Nägel auf seinen Körper niedrig.

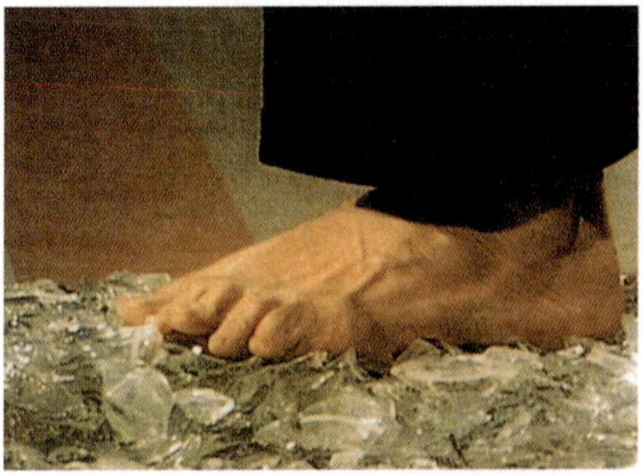
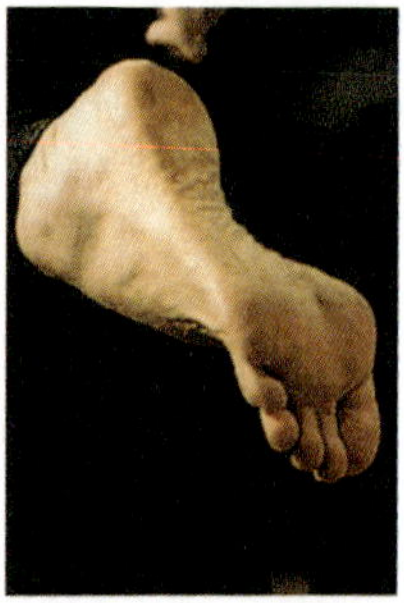

Mit diesem Wissen ist es leicht, mit bloßen Füßen über Glasscherben zu laufen – ohne sich zu verletzen. Die Spitzen der Glasscherben müssen dazu relativ gleichmäßig verteilt sein. Die vielen Spitzen bilden dann eine „Fläche", die das Gewicht des Körpers besser aufnimmt. Bei den ersten Versuchen ist es hilfreich, die Glasscherben sehr klein zu schlagen und sie auf eine weiche Unterlage zu legen. Einige Mystiker bieten dieses Kunststück mit entsprechender „parapsychischen" Verpackung oder in Verbindung mit „Hypnose" an – jedoch das Laufen über Glasscherben funktioniert auch ohne dieses Beiwerk.

## *Tricks und Tips:*

Auf eine geschickte Druckverteilung kommt es bei vielen Dingen an. Wenn jemand im Eis eingebrochen ist, robben die Helfer auf dem Bauch heran. Dadurch verteilen sie ihr Gewicht besser und mindern den Druck auf das Eis. Auch die Schneebretter der Eskimos oder unsere Skier bewahren uns mit diesem Trick vor dem tiefen Einsinken in den Schnee.

In der Technik benutzt man die Abhängigkeit des Drucks von der Kraft und der Auflagefläche, um schwere Lasten zu heben oder große Kräfte zur Verfügung zu haben. Dabei ist das Verhalten von Flüssigkeiten hilfreich, die den auf sie ausgeübten Druck nach allen Seiten gleich stark weitergeben. Durch geschickte Wahl der Flächengröße wird beim Drücken mit einer kleinen Kraft eine große Wirkung erzielt. Eine einfache mathematische Formel macht das übersichtlich. Der Druck D ist nichts anderes als die Verteilung der Kraft $K_1$ auf eine Fläche $F_1$. In Flüssigkeiten wird dieser Druck allseitig und überall gleich stark weitergege-

***Ein Eierläufer verteilt sein Gewicht auf 3 rohe Eier ...***

***... aber die 90 kg halten sie letztendlich doch nicht aus.***

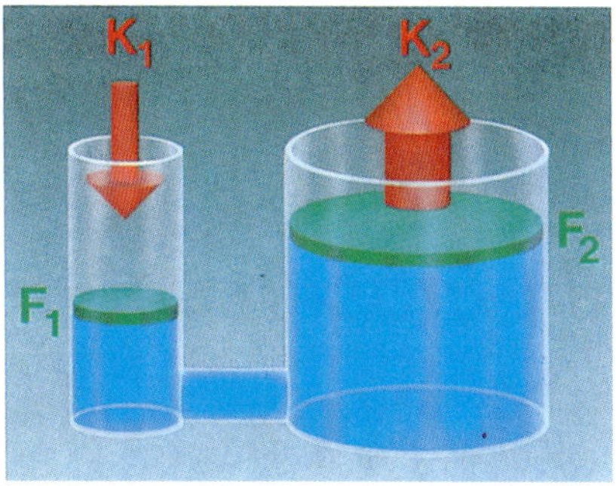


***Hydraulische Presse mit geschickter Verteilung der Kräfte und Flächen.***

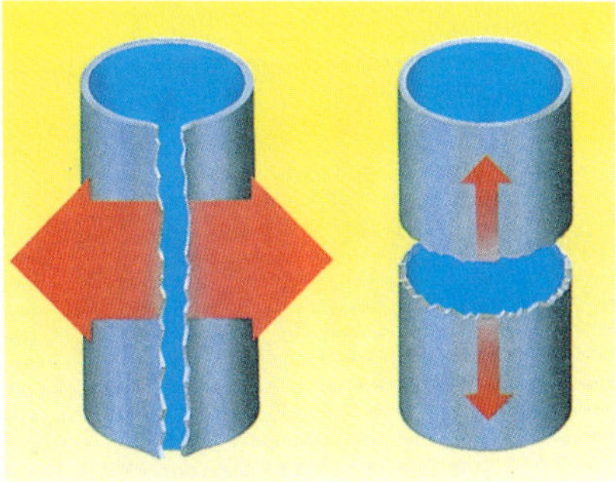

***Wie bei der hydraulischen Presse entstehen bei gleichem Druck D an der größeren Fläche stärkere Kräfte als an der kleineren Fläche des Rohrquerschnitts. Die Röhre und die Würstchen platzen deshalb in Längsrichtung.***

ben. Wenn man also eine größere Fläche $F_2$ zur Verfügung stellt, muß auch die Kraft $K_2$ größer sein, weil ja der Quotient D gleich bleibt. Jetzt ist es möglich, eine kleine Kraft auf eine kleine Fläche wirken zu lassen. Die Flüssigkeit gibt diesen Druck auf eine größere Fläche weiter, auf der dann eine größere Kraft zur Verfügung steht.

$$D = \frac{K_1}{F_1} = \frac{K_2}{F_2}$$

Wenn Sie in die Formel Zahlen einsetzen, wird das deutlich.

An Arbeit spart man bei dieser „hydraulischen Presse" nichts, denn in der schmalen Röhre muß man zwar eine kleinere Kraft aufwenden, aber einen längeren Weg zurücklegen, um im breiten Rohr etwas hochzudrücken. Arbeit ist physikalisch gesehen Kraft multipliziert mit dem Weg, und damit wird klar, daß mit diesem technischen Kniff allein die Kräfte geschickt verteilt sind – die Arbeit bleibt die gleiche.

Mit der Formel wird auch plausibel, warum ein Würstchen beim Heißmachen immer in Längsrichtung platzt. Der Druck in einem Würstchen entsteht ja bei hohen Temperaturen deshalb, weil das Wasser im Würstchen zu Dampf wird. Dieser Druck breitet sich allseitig aus. Die Kräfte quer zur Wurst haben nur eine kleine Fläche – nämlich den Querschnitt – zur Verfügung. Über die Länge der Wurst gesehen bildet sich eine weitaus größere Fläche an, so daß bei konstantem Druck diese Kräfte weitaus größer sind – etwa 2 mal so groß. Übrigens platzen auch aus diesem Grund Wasserrohre bei Überdruck in Längsrichtung.

# 30

## *Mit Erbsen sehen*

### *Das Kunststück:*

Warum ein Elektronenmikroskop besser vergrößert als ein Mikroskop, das mit Licht arbeitet, macht dieses Kunststück plausibel. Bei einem Elektronenmikroskop werden statt Licht Elektronen auf das zu betrachtende Objekt geschossen. Aber auch mit Erbsen und Grieß kann man etwas abbilden. Dazu nehmen wir ein Holzgitter und schütten auf die eine Hälfte getrocknete Erbsen und auf die andere feinen Grieß. Wird das Gitter hochgehoben, so kann man die Struktur noch ganz gut erkennen. Allerdings ist bei der Abbildung mit den Erbsen die Kontur des Holzgitters nur recht verschwommen zu erkennen – beim Grieß ist die Gitterstruktur weitaus besser zu sehen. Offensichtlich „verrollen" die großen Erbsen beim Abheben des Gitters stärker als die Grießkörner – der größere Durchmesser der Erbsen gegenüber dem Grieß spielt bei dieser Art des „Sehens" eine Rolle.

### *Das knoff-hoff:*

Wird ein Objekt von Licht oder von Elektronen getroffen, so ist es so, als ob Erbsen oder feine Grießkörner den zu vergrößernden Gegenstand „durchleuchten". Auch Licht kann man sich physikalisch als Teilchen vorstellen. Lichtteilchen besitzen eine größere Ausdehnung als Elektronen. Sie können deshalb etwas weniger scharf abbilden als die Elektronen. Die größere Ausdehnung der Lichtteilchen gegenüber den Elektronen läßt die Abbildung verschwimmen. Das ist ein Grund dafür, daß man mit Hilfe eines Elektronenmikroskops eine bessere Auflösung der Strukturen erreichen kann – also Kleines noch größer sehen kann. Das Auflösevermögen ist wichtig beim Sehen. Es beschreibt, unter welchen Bedingungen man noch z. B. zwei Linien oder zwei Punkte unterscheiden kann. Liegen die Linien zu dicht nebeneinander, so verschwimmen sie – sie fließen ineinander – die Grenze des Auflösevermögens ist erreicht. Das Kunststück mit den Erbsen und dem Grieß demonstriert das unterschiedliche Auflösevermögen von Licht und Elektronen. In den kleinen Dimensionen der Atome und Moleküle arbeitet man mit Ångström-Einheiten. 1 Ångström ist der zehnmillionste Teil eines Millimeters ($10^{-7}$ mm). Ein Atom mit seiner Ausdehnung der verschiedenen Elektronen hat einen Durchmesser von etwa 2 Ångström. Mit dem bloßen Auge kann man gerade noch Teilchen sehen, deren Durchmesser etwa 500 000 Atomen aneinandergereiht (1/10 mm) entsprechen. Die kleinsten Teilchen, die man mit einem Lichtmikroskop sehen kann, haben einen Durchmes-

ser von etwa 2000 Atomen (1/2500 mm). Das Auflösevermögen liegt in derselben Größenordnung. Mit dem besten Mikroskop auf elektrischer Basis kann man einzelne Atome sehen. Die Aufnahme links oben zeigt die Oberfläche von Graphit. Jede einzelne Ausbuchtung stellt ein Atom dar. Die Unregelmäßigkeiten liegen in der Methode der Aufnahme. Benutzt wurde ein spezielles Mikroskop (Rastertunnelmikroskop), für dessen Entwicklung 1986 der Nobelpreis verliehen wurde. Aufregend ist auch das Foto darunter: Es zeigt eine rauhe Siliziumoberfläche. Dabei wurden die Informationen des Mikroskops durch den Computer aufbereitet. Einzelne Siliziumatome sind an den Kanten und auch an den Flächen deutlich zu erkennen. Die Fläche hat eine Ausdehnung von 100 nm × 100 nm. Die Höhendifferenz beträgt ca. 3 nm. 1 nm ist der einmilliardste Teil ($10^{-9}$) eines Meters.

Das Auflösevermögen eines Elektronenmikroskops ist 1000mal besser als das eines Lichtmikroskops. Es liegt bei etwa 2 Ångström. Nicht immer ist es das Ziel in der Mikroskopie, allein das Auflösevermögen zu steigern – oder hohe Vergrößerungen zu erreichen. Je nach Ziel der Untersuchungen sind auch noch andere Eigenschaften der Mikroskope wichtig.

## Tricks und Tips:

Wir können Elektronen nicht sehen, deshalb muß man beim Elektronenmikroskop die Bildinformation, die ja in Elektronenform vorliegt, in ein für uns sichtbares Medium – in Licht – umwandeln. Das macht man mit bestimmten Substanzen – wie sie z. B. auch auf der Innenseite eines Fernsehbildschirms zu finden sind; denn da werden ja auch Informationen, die im Elektronenstrahl vorhanden sind, in für uns sichtbares Licht umgewandelt. Das Objekt wird deshalb von dem Elektronenmikroskop auf einem Fernsehschirm abgebildet. Elektronen stoßen schon nach einer kurzen Strecke durch die Luft mit den Luftmolekülen zusammen. Deshalb kann ein Elektronenmikroskop nur im Vakuum arbeiten – das bestimmt auch die Auswahl der Objekte. Lebende Organismen kann man deshalb nicht betrachten. Licht wird mit Linsen aus Glas gebündelt und in seinem Weg so verändert, daß man damit ein Bild vergrößern kann. Beim Elektronenmikroskop übernehmen das stromdurchflossene Spulen, die Elektronen durch Magnetfelder beeinflussen.

Wenn Sie einen alten Fernsehapparat haben, den Sie nach dem Experiment nicht mehr unbedingt brauchen, können Sie das mit einem Magnet leicht ausprobieren. Der Magnet, an die Frontscheibe gebracht, beeinflußt das Bild – quetscht oder verzerrt es. Der Elektronenstrahl wird durch das Magnetfeld abgelenkt.

Die Möglichkeit der schärferen Abbildung durch einen Elektronenstrahl wird heute auch auf einem anderen

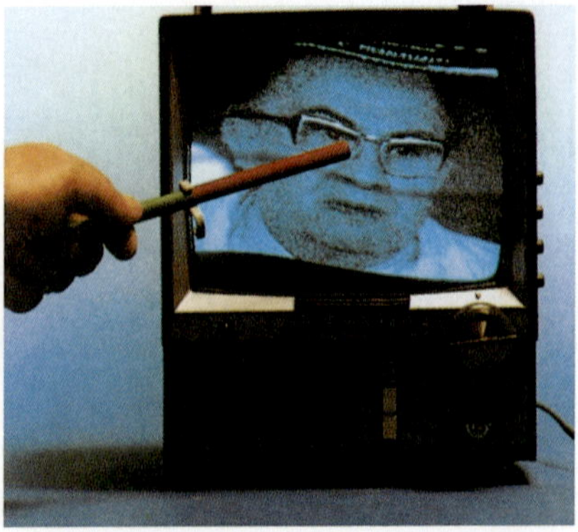

Gebiet ausgenutzt – der Chip-Herstellung. Auf einem elektronischen Chip sind ja Millionen von Schaltelementen untergebracht. Ziel ist es, diese Elemente ziemlich dicht zu packen, um die Schaltkreise schneller zu machen. Diese feinen Chipstrukturen befinden sich auf einer Fotomaske. Mit Licht wird diese Struktur auf den kleinen Chip projiziert, der mit einer lichtempfindlichen Schicht belegt ist. Beim anschließenden Ätzprozeß reagiert die belichtete Fläche anders als die unbelichtete, so daß damit das Schaltbild auf das Halbleiterplättchen gebracht werden kann. Schon heute sind die Chipstrukturen so fein, daß sie der Wellenlänge des sichtbaren Lichtes entsprechen. Das Auflösevermögen ist von der Wellenlänge abhängig, die wiederum die Größe der auftreffenden Energie (Erbse oder Grieß) beschreibt. Bildet man die Maske mit Licht ab, so müssen die Abstände der Leiterbahnen von vornherein größer gewählt werden, weil es ja zu Unschärfen wie bei unserem Kunststück mit den Erbsen kommt. Mit Elektronen wird jedoch die Abbildung besser – die Strukturen können dichter gepackt werden. Auch mit Röntgenstrahlen ist eine engere Anordnung der Chipstrukturen möglich, weil sie eine kürzere Wellenlänge als das sichtbare Licht haben. Im Mikrokosmos ist es also wichtig, darauf zu achten, womit man sieht, um klar zu sehen. Bei Mikroskopen ist man nicht immer mit dem sichtbaren Licht zufrieden. Kürzere Wellenlängen als das sichtbare Licht und damit bessere Auflösung haben z. B. Ultraviolett- oder Röntgenstrahlen. Solche Mikroskope sind auch technisch realisiert. Selbst mit Ultraschallwellen betreibt man Mikroskopie. Gearbeitet wird im Mikrowellenbereich – das Auflösevermögen ist deshalb schlechter als beim sichtbaren Licht. Aber es gibt Anwendungen, bei denen die anderen Eigenschaften der Ultraschallwellen für die Untersuchung wichtig sind.

*Mikrostruktur eines Megabit-Chips*

*Die Maske wird von Elektronen und Lichtteilchen unterschiedlich „scharf" abgebildet.*

# 31

## *Mit Nägeln fotografieren*

### *Das Kunststück:*

Eine Metallplatte wird in regelmäßigen Abständen durchbohrt, und in die Löcher werden Stahlnägel gesteckt. Der Durchmesser der Bohrlöcher muß so groß sein, daß die Nägel ungehindert hin und her gleiten können. Die Platte wird auf vier Stäbe gestellt und befestigt. Jetzt kann man von unten mit der Hand die Nägel hochschieben. Die hochgeschobenen Nägel liefern ein Reliefbild der Hand.

### *Das knoff-hoff:*

Dieses Kunststück ist ganz eng mit moderner Technik verbunden. Fernsehkameras haben bis jetzt Röhren benutzt, um Aufnahmen zu machen. Dabei trifft Licht auf eine empfindliche Schicht – da, wo viel Licht auftrifft, werden viele elektrische Ladungen frei. Ein Elektronenstrahl tastet die umgewandelte Bildinformation ab, und diese Signale werden dann weiterverarbeitet. Ein Nachteil dieser

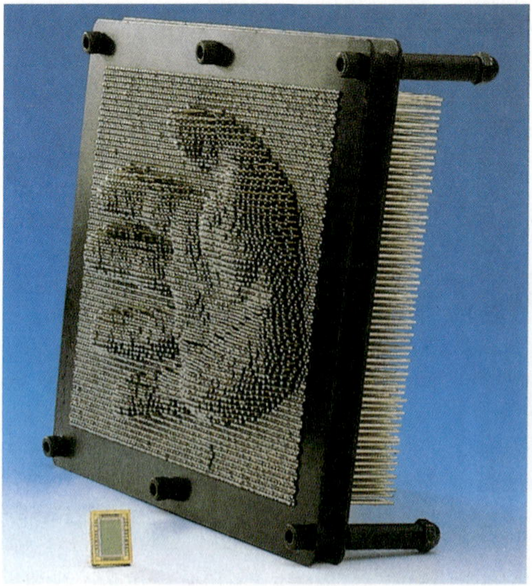

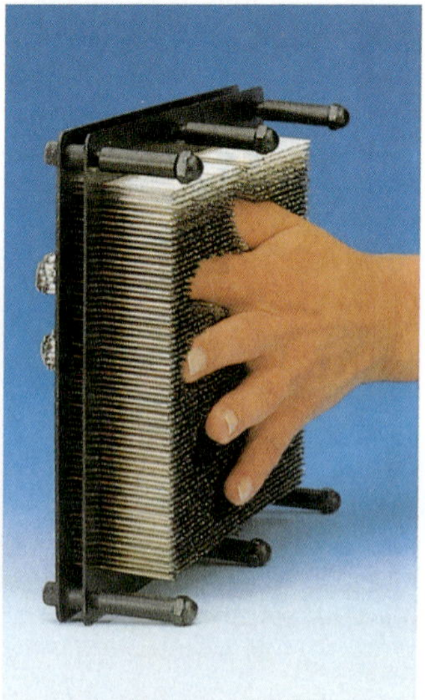

*Trifft Licht auf die Halbleiterpunkte, so werden Elektronen frei. Das „G" wird dadurch auf dem Halbleiterchip in einem „Elektronenchip" gespeichert.*

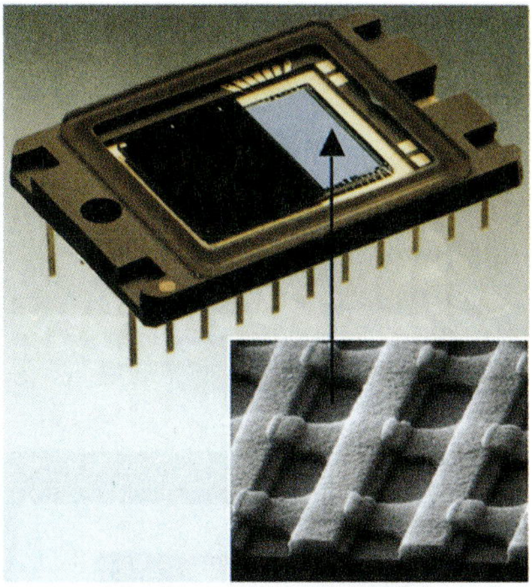

*Vergrößerung der Bildpunkte auf einem CCD-Chip*

Röhrenkamera ist ihre Größe, denn der Elektronenstrahl braucht eine bestimmte Mindestweglänge, um kontrollierbar zu sein. Nun gibt es auch Halbleiter, denen diese Umwandlung – Licht in Elektronen – gelingt. Damit ist eine Kamera viel kompakter zu bauen. Diese Halbleiter werden mikroskopisch klein nebeneinander angeordnet. Sie entsprechen den Bildpunkten einer Abbildung.

Trifft viel Licht auf den Halbleiterpunkt, so werden viele Elektronen frei – trifft wenig Licht auf den Halbleiter, so werden wenig Elektronen frei. Damit können die Hell-Dunkel-Werte eines Bildes aufgezeichnet werden. Der Vorteil dieser Halbleiteranordnung ist, daß man die Elektronen von der Bildplatte direkt abziehen – auslesen – kann und elektronisch weiterverarbeitet. Prinzipiell ist dieses System vergleichbar mit einem Fotopapier, denn auch hier sind es mikroskopisch kleine Körner, die auf das auftreffende Licht reagieren. Bei dem Halbleiter (einem sogenannten CCD-Chip, d. h. charge coupled device) ist alles nur etwas komplizierter, weil ja die Information, die ein bestimmter Bildpunkt erhalten hat, beim Weiterverarbeiten immer wieder auffindbar sein muß. Dieses Zauberwerk liefert eine entsprechend aufgebaute Elektronik. Selbstverständlich wird das Bild um so deutlicher sein, je mehr Bildpunkte, d. h. Halbleiterelemente, auf der Bildplatte untergebracht sind. Ein grobkörniges Bild ist schlechter als ein feinkörniges.

Um das besser zu verstehen, ist das Kunststück mit dem Nagelbrett hilfreich. Bringen Sie nur wenige Nägel auf dem Brett unter, so wird die Abbildung der Hand schwerer zu erkennen sein. Bohren Sie viele Löcher und benutzen dünne Nägel, so ist das Bild Ihrer Hand nahezu perfekt. Diese bessere Auflösung durch mehr Bildpunkte ist zwar wünschenswert, bereitet jedoch den Herstellern solcher CCD-Chips Schwierigkeiten – die Ausfallraten sind groß, denn nur **eine** nichtfunktionierende Bildpunktreihe verhindert ein perfektes Bild. Zur Zeit besitzen verkäufliche CCD-Chips etwa 380 000 Bildpunkte. Für ein farbiges Bild werden allerdings je drei Punktreihen benötigt. Sie reagieren auf drei Grundfarben, die zusammen Weiß ergeben. Dadurch verkleinert sich das Auflösevermögen.

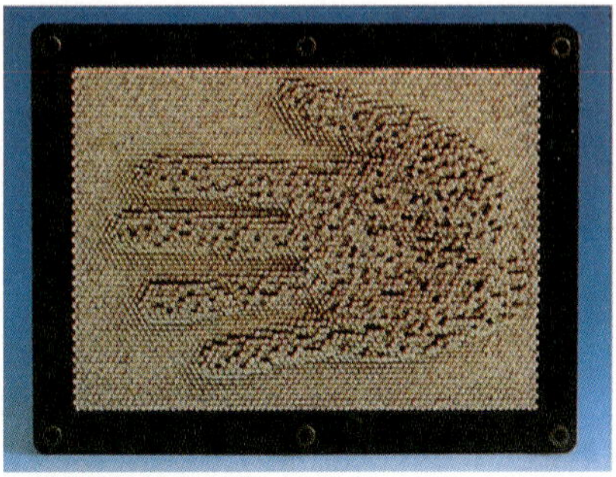

*Mit weniger Nägeln ist die Abbildung grobkörniger.*

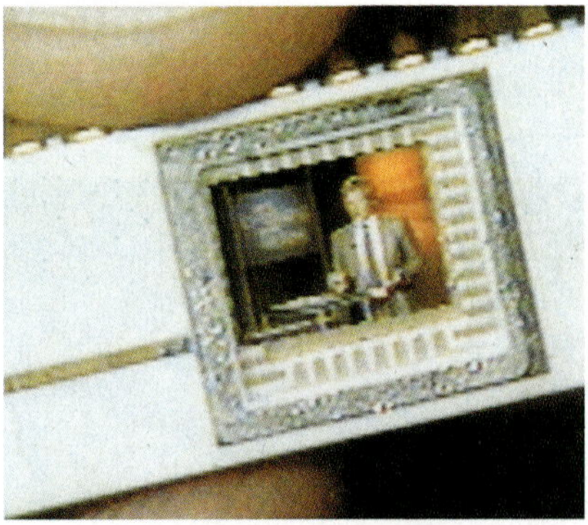

*Die Trickdarstellung zeigt ein im Halbleiterchip gespeichertes Fernsehbild. In Wirklichkeit handelt es sich dabei allerdings um eine für uns unsichtbare Elektronenverteilung.*

## Tricks und Tips:

Auch ein Fotoapparat kann mit einem solchen CCD-Chip ausgerüstet werden. Zur Verfügung steht dann eine Abbildung im Elektronenbild. Nicht etwa Hell und Dunkel, sondern mehr oder weniger Elektronen machen das Bild aus. Diese Bilder können im Computerspeicher gesammelt werden. Weil sie so computergerecht vorliegen, ist es selbstverständlich möglich, die komplette Computertechnik zu benutzen. Mit den entsprechenden Rechenprogrammen können die aufgenommenen Bilder verändert werden. Zum Beispiel in den Farben oder im Bildaufbau. Im Foto sind die Köpfe vertauscht. Über einen Farbdrucker ist dieses elektronische Bild auch wieder zu Papier zu bringen. Bis jetzt sind diese Systeme sehr teuer. Übrigens, auch die modernen Tricks in der Fernsehtechnik funktionieren über eine solche Speicherung des Bildinhaltes in Computerchips. Wenn sich Bilder drehen, kippen, zusammenrollen oder andere verrückte Dinge tun, dann steckt der Computer dahinter.

*Liegt die Bildinformation erst einmal in computergerechter Form vor, können leicht solche Veränderungen manipuliert werden.*

# 32

## *Zauberei mit der Garnrolle*

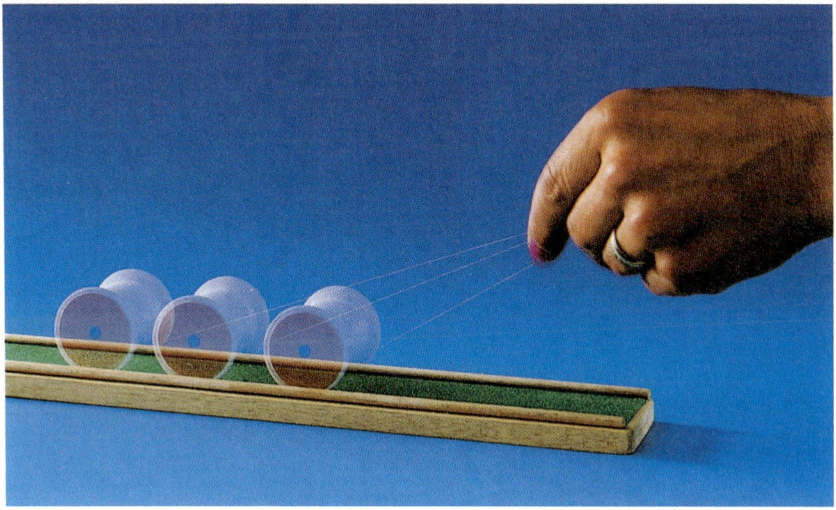

### *Das Kunststück:*

Wenn Ihnen eine Garnrolle unter den Schrank rollt und Sie den Faden dabei noch in der Hand halten, so haben Sie Glück um Unglück gehabt. Mit einigem Geschick können Sie die Garnrolle durch einen kurzen Zug am Faden elegant wieder unter dem Schrank hervorrollen lassen. Manchmal gelingt es – manchmal jedoch nicht – die Garnrolle läuft dann nach hinten weg. Mit dem entsprechenden Knoff-hoff können Sie es jedoch so einrichten, daß die Garnrolle zu Ihnen rollt.

### *Das knoff-hoff:*

Schnell werden Sie herausgefunden haben, daß die Bewegungsrichtung der Garnrolle von dem Winkel abhängig ist, den der Faden mit dem Boden bildet. Wird der Faden sehr steil gehalten, so bewegt sich die Garnrolle von Ihnen weg – halten Sie den Faden flacher, so kommt sie auf Sie zu. Verständlich wird dieses Verhalten mit Hilfe der Grafiken. Die momentane Drehachse der Garnrolle ist ihr Auflagepunkt. Verlängert man in Gedanken den Faden und zieht überdies eine

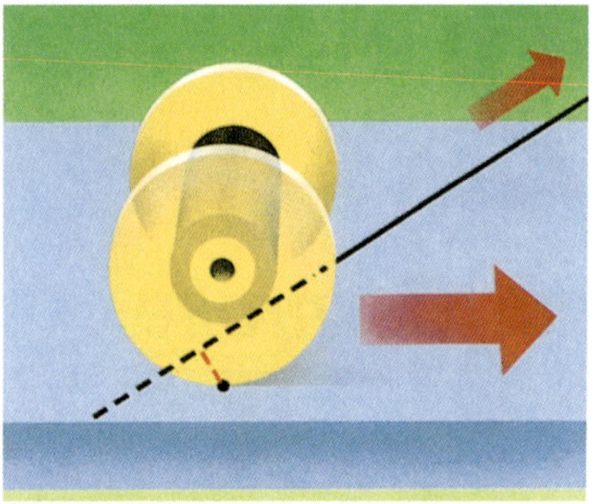

Der Hebelarm befindet sich hier über dem Auflagepunkt – die Rolle dreht sich nach rechts.

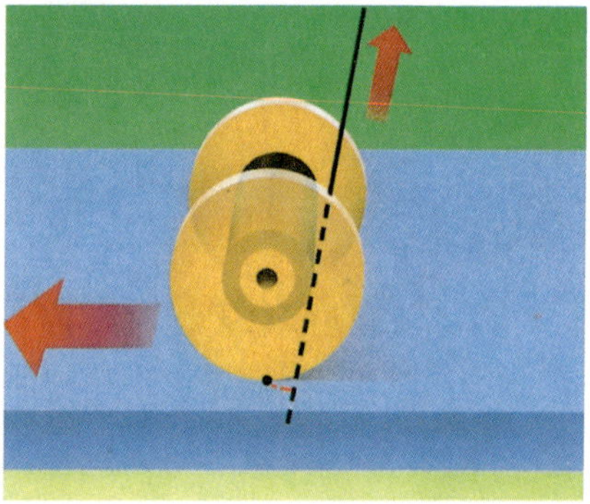

Der Hebelarm setzt hier so an, daß die Rolle nach links rollt.

senkrechte Verbindung zu dieser Drehachse, so ist das der Hebelarm, der die Kraft am Faden an die Rolle weitergibt. Einleuchtend ist dann, daß in dem einen Fall die Garnrolle nach rechts – also in Richtung des Fadens – und im anderen Fall nach links – in die Gegenrichtung rollt. Mit dieser Methode können Sie auch leicht bei den vielen anderen möglichen Fadenhaltungen untersuchen, in welche Richtung sich die Garnrolle bewegt.

## Tricks und Tips:

Gut ist es, wenn Sie dieses Kunststück auf einem rauhen Untergrund durchführen. Bei glattem Boden stellt sich die Garnrolle allzu leicht quer. Ganz ernsthafte „Knoff-hoffler" bauen mit zwei dünnen Holzleisten eine äußere Führung für die Garnrolle, so daß sie beim Anziehen des Fadens nicht seitlich ausscheren kann. Wie schwer es ist, die Bewegung von Rollen vorauszusagen, zeigt auch dieses Kunststück. Zwei Holzbretter sind über ein Scharnier verbunden. Legt man einen Keil auf zwei Rollen und drückt die beiden Bretter zusammen, so glaubt fast jeder, daß der Keil nach innen laufen wird. Aber – das Gegenteil ist richtig! Dieses Kunststück können Sie auch zwischen Buchdeckeln, mit einem kleinen Keil und zwei Bleistiften als Rollen vorführen.

# 33

# *Die endlose Reise*

## *Das Kunststück:*

Wenn man in einem Atlas blättert, so beginnen die Träumereien von fernen Ländern. Afrika, Australien, Amerika sind magische Namen, die Fernweh auslösen. Will man dorthin reisen, so muß man sich auch um Entfernungen kümmern, und dabei kommt es zu Überraschungen. Sucht man sich auf dem Atlas zum Beispiel die Strecke Anchorage – Hawaii aus und vergleicht sie mit der Entfernung Los Angeles – Hawaii, so erscheint dieser Weg weitaus kürzer als der von Alaska. Erkundigt man sich jedoch nach den Flugstunden und den Entfernungen bei den Fluggesellschaften, so schmilzt dieser so offensichtliche Unterschied zusammen: Los Angeles – Hawaii: 5 Stunden 10 Minuten Flugzeit (4088 km) und Anchorage – Hawaii: 5 Stunden 55 Minuten Flugzeit (4441 km). Wie kann dieser falsche Eindruck entstehen? Sind unsere Karten so ungenau?

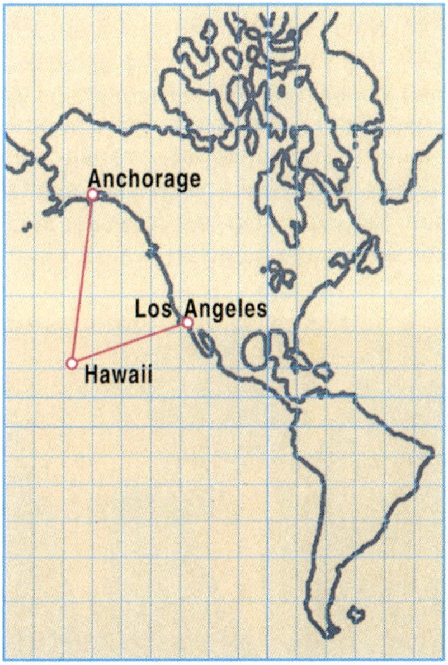


## *Das knoff-hoff:*

Die Erde ist rund – zu dieser Erkenntnis hat sich die Menschheit in den vergangenen 2000 Jahren durchgerungen. Das Problem, mit dem sich Generationen von Kartografen abmühen, ist, wie man von einer Struktur auf einem runden Körper zu einer Abbildung in einer zweidimensionalen Ebene – zu einer Landkarte – kommt. Als Ergebnis zeigt sich, daß die Überführung von einer gekrümmten Fläche auf eine Ebene prinzipiell nicht ohne Verzerrungen möglich ist. Wenn man die Gegebenheiten auf der Erdkugel auf eine flache Karte übertragen will, muß man mit diesen Verzerrungen leben. Ein Gefühl, warum das anders nicht funktioniert, erhält man, wenn man versucht, Orangenschalen auf eine Tischplatte zu pres-

sen – das geht nicht ohne Risse und Stauchungen der Schale ab.
Bei der Produktion einer Landkarte kann man sich jedoch aussuchen, welche Verzerrungen man in Kauf nehmen will. So ist es möglich, die Verhältnisse auf der Erdkugel entweder längentreu, winkeltreu oder flächentreu auf einer Ebene – der Landkarte – abzubilden. Was damit gemeint ist: Einmal stimmen die auf der Karte dargestellten Längen mit den wirklichen Verhältnissen auf der Erdkugel überein, dann die gemessenen Winkel oder die vorhandenen Flächen der Landmassen. Dementsprechend unterschiedlich sehen die Karten aus. Afrika zeigt sich einmal sehr langgestreckt, dann wieder stärker zusammengedrückt. Diese Land-

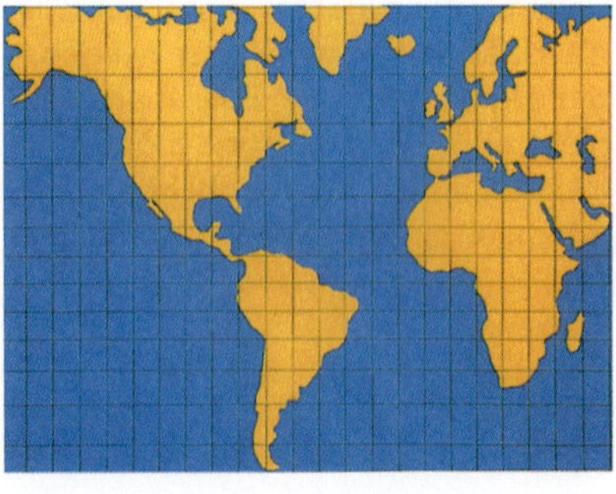

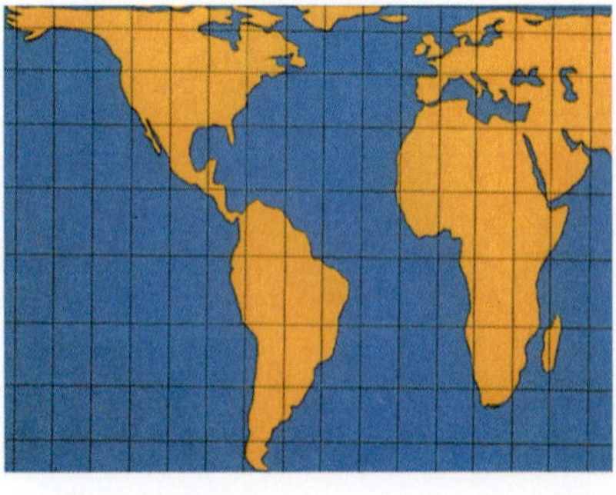

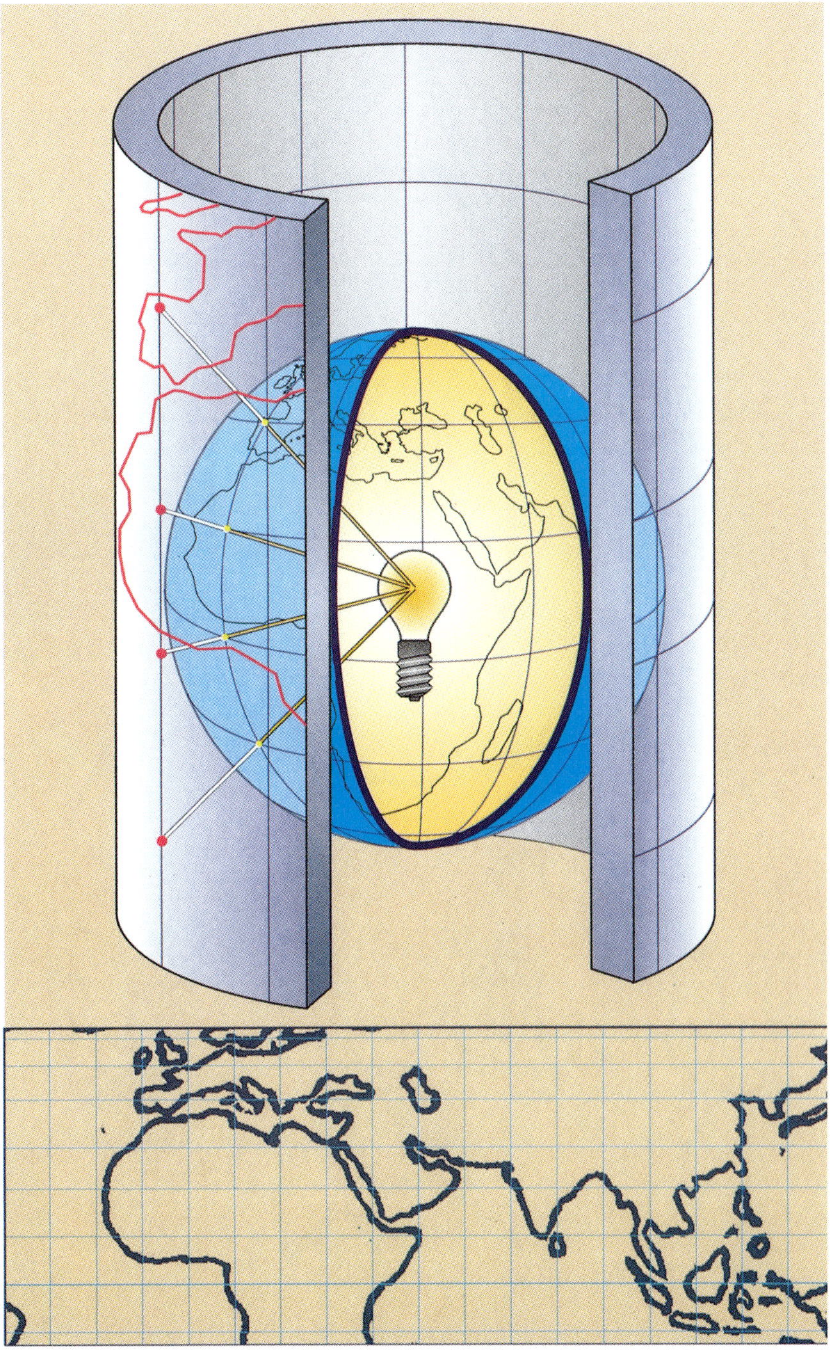

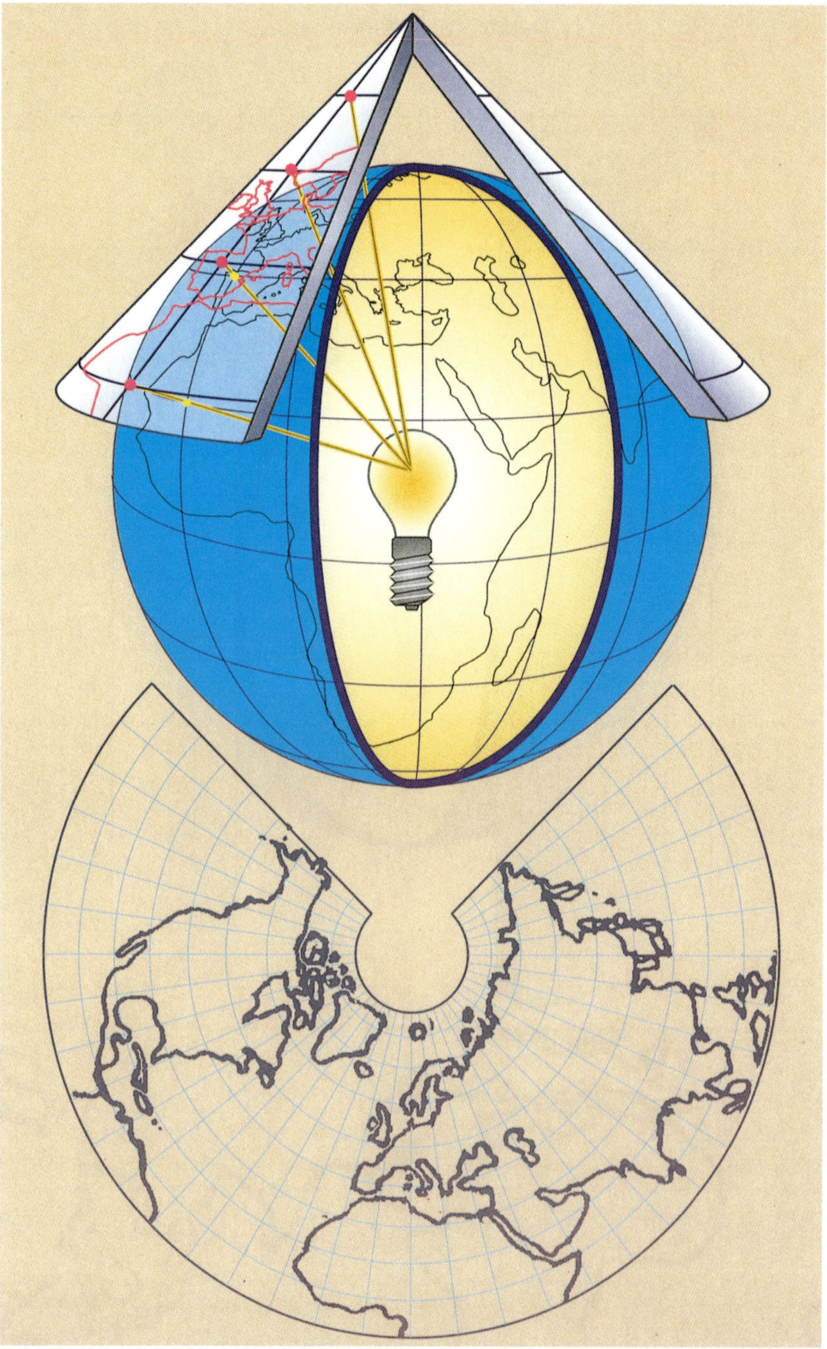

karten wurden für unterschiedliche Zwecke hergestellt und sind Beispiele dafür, daß es *die* universell gültige Karte nicht gibt. Wie kommt man überhaupt zu einer Abbildung einer gekrümmten Fläche auf einer Ebene – auf einer Landkarte? Eine Möglichkeit besteht darin, eine durchsichtige Erdkugel zu nehmen, auf der mit schwarzen Linien die Kontinente eingezeichnet sind. In der Kugel befindet sich eine Lampe, um sie herum ist eine Folie – als Zylinder zusammengerollt – gelegt. Die Lampe projiziert nun die Linien der Kugel auf die Zylinderfolie. In der Nähe des Äquators entspricht das Abbild in etwa dem Eindruck auf dem Globus – je weiter man jedoch vom Äquator entfernt ist, um so stärker zeigen sich Verzerrungen der Landflächen. Die auf den Zylinder projizierten Linien der Kontinente werden nachgezeichnet, dann rollt man die Folie auseinander – und fertig ist eine Landkarte. Genauso gut kann man einen Kegel über den Globus stülpen und erhält nach dem gleichen Verfahren wiederum eine Karte. Weil die Projektion der Kontinente von der gekrümmten Oberfläche des Globus jetzt anders ist als vorher, zeigt auch die Karte ein unterschiedliches Bild. Und auch noch andere Möglichkeiten einer Projektion sind denkbar. Zum Beispiel muß sich die Lampe nicht in der Mitte befinden, oder die geometrischen Figuren, die man mit der Folie bildet, auf die projiziert wird, können recht unterschiedlich aussehen, und diese Folien müssen den Globus nicht allein an einem Punkt berühren, sondern können ihn auch durchdringen. Die richtigen Entfernungen auf der Karte stellt die oben geschilderte Zylinder-Projektion nur in einer Linie dar – und zwar auf der Linie, an der der Zylinder den Globus berührt. Alle anderen Entfernungen sind verzerrt, also nicht längentreu dargestellt. Unsere üblichen Karten sind übrigens nach einer speziellen Projektion – der Mercator-Projektion (1597) – entstanden, die nicht längentreu ist. Und deshalb täuschen wir uns bei den Abständen zwischen Anchorage – Hawaii und Los Angeles – Hawaii. Will man die echte Entfernung nachmessen, muß man am einfachsten zum Globus zurückkehren und die Entfernungen über die gekrümmte Fläche – zum Beispiel mit einem Faden – nachmessen. Und dabei kommt heraus, daß die Entfernung Anchorage – Hawaii fast genauso groß ist wie Los Angeles – Hawaii. Die weitverbreiteten Landkarten sind also nicht geeignet, um Entfernungen nachzumessen.

## Tricks und Tips:

Wenn man auf einer Karte feststellen will, wie weit es zum Beispiel vom Norden Afrikas zum Süden – zum Kap der Guten Hoffnung – ist, muß man eine „längentreue“ Landkarte zur Verfügung haben. Für diesen Fall kann man eine einfache Karte herstellen: Der Zylinder aus durchsichtiger Folie wird so um den Globus gelegt, daß die Berührungslinie zwischen Globus und Zylinder mit der Linie Nordafrika – Kap der Guten Hoffnung übereinstimmt. Projiziert man jetzt den Globus auf den Zylinder, so ist diese Linie längentreu. Alle anderen Entfernungen auf der Karte erfüllen diese Bedingungen nicht. Mit diesem Trick kann man sich also für diese spezielle Reise eine längentreue Karte schaffen. Für andere Reiseziele muß man nach neuen Möglichkeiten suchen, um die gewünschten Entfernungen auf einer

Karte richtig darzustellen. Manchmal ist es wichtig, die auf dem Globus vorhandenen Flächen auf eine Landkarte zu projizieren. Diese flächentreuen Karten zeigen dann zum Beispiel die „echte" Ausdehnung von Staaten. Auch hier gilt es, die entsprechende Projektion zu finden, die das leistet. Bei der Herstellung von Landkarten arbeitet man nicht nur mit einfachen Zy-

linderfolien, sondern komplizierte mathematische Formeln übertragen die gewünschten Eigenschaften von der Kugel auf die ebene Landkarte. Seefahrer zum Beispiel interessiert vor allem die winkeltreue Darstellung. Sie wollen durch eine Winkelmessung auf einer Karte ablesen, zu welchem Ort sie der eingeschlagene Kurs führt. Mit dem Kompaß können sie ja den Winkel zum Nordpol ablesen, unter dem sie sich gerade auf der Erdkugel bewegen. Dieser Kompaßwinkel soll sich nun auf der Karte „winkeltreu" wiederfinden, d. h. wenn ein Lineal unter diesem Winkel angelegt wird, soll es die Richtung und Abweichung vom Ziel direkt zeigen. Um eine solche Karte erstellen zu können – auf der die Winkel auf der Ebene den Winkeln auf der Kugel entsprechen –, muß man die gekrümmte Oberfläche des Globus auf komplizierte Weise entlang einer speziellen Linie – einer Loxodrome – projizieren. In der praktischen Ausführung heißt das, daß die Krümmung dieser Linie in einem Segment zu einer geraden Linie auf der Karte gestreckt wird und mit dieser Transformation auch alle anderen Elemente in diesem Segment gestreckt werden. Den Grad der Entzerrung gibt diese „gekrümmte Linie" – die Loxo-

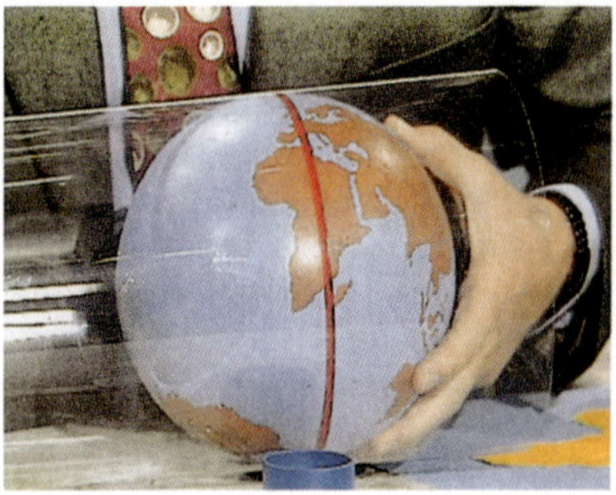

drome – an. Dieser Projektion liegen übrigens die uns bekannten Karten zugrunde. Sie heißt Mercator-Projektion, benannt nach einem gleichnamigen deutschen Gelehrten im 16. Jahrhundert, der sie erdachte. Wenn man sich die Flugrouten auf einer Landkarte anschaut, so scheinen die Piloten große Umwege zu fliegen. Von Europa nach Amerika geht es in großem Bogen über das Polargebiet. Aber auch das ist eine Folge der

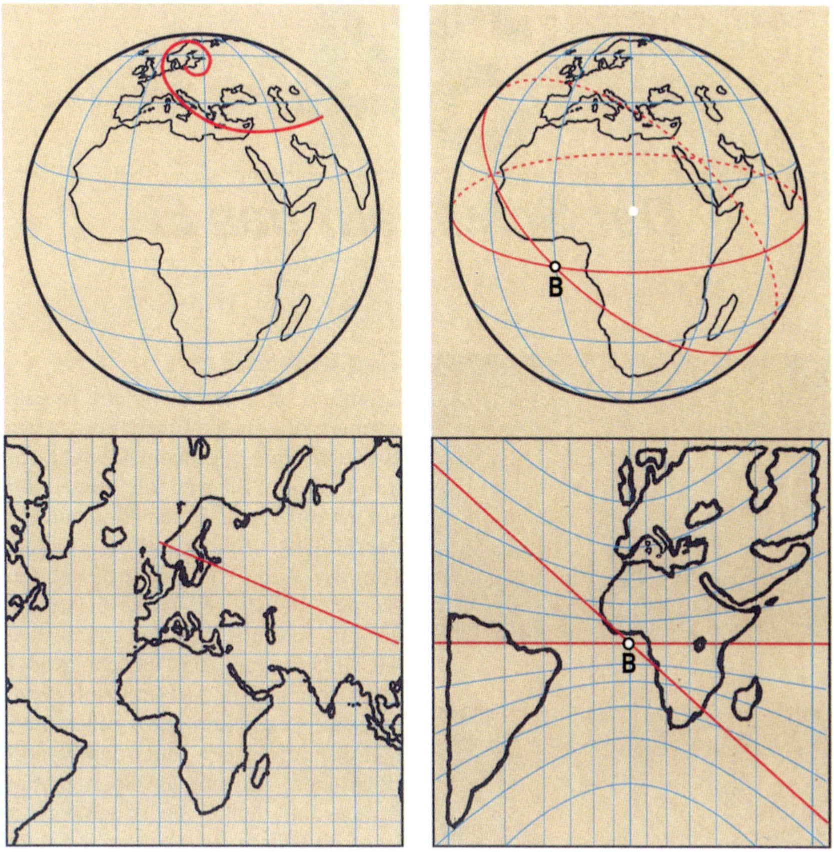


so mühsamen Abbildung einer Kugel auf einer Ebene. Selbstverständlich fliegen die Piloten die kürzeste Verbindung, und die ist auf einer Kugel der sogenannte Großkreis. Ein Großkreis ist jeder Kreis auf der Erdoberfläche, der sein Zentrum im Erdmittelpunkt hat. Auf einer winkeltreuen Karte stellt sich diese kürzeste Verbindung nicht als Gerade dar, weil diese spezielle Karte ja nicht alle Eigenschaften „getreu" wiedergibt, sondern nur die Winkel. Will man die kürzesten Entfernungen von der Kugel auf die Ebene übertragen, so muß man eine andere Projektion – die gnomonische – benutzen.

Es ist schon erstaunlich, wieviel knoff-hoff in solchen Kartenprojektionen steckt – man muß immer genau darauf achten, was die Karte wirklich zeigt.

# 34

## *Der Schuß auf das Ei*

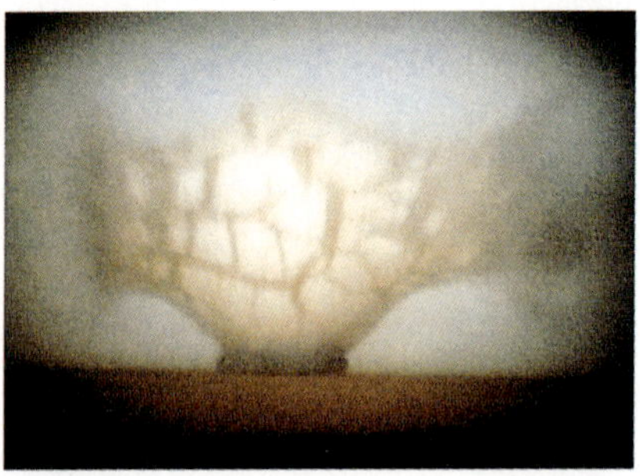

### *Das Kunststück:*

Schießen ist eine gefährliche Angelegenheit. Aber viele Kunststücke lassen sich eben nur mit einem Gewehr vorführen. Wenn Sie mit dem Luftgewehr auf ein gekochtes Ei schießen, so wird das Ei – falls Sie es treffen – einfach von der Kugel durchbohrt. Nehmen Sie sich jedoch ein rohes Ei als Ziel vor, so zerplatzt das getroffene Ei in alle Richtungen. Das gleiche Kunststück können Sie auch mit Holzkästen machen. Schießen Sie mit einem Kleinkalibergewehr auf den leeren Holzkasten, so gibt es einen glatten Durchschuß. Füllen Sie jedoch den Kasten mit Wasser und treffen ihn dann mit der Kugel, so explodiert der Kasten. Ist Wasser ein billiger Sprengstoff – oder was steckt dahinter? Übrigens – für ein Kleinkalibergewehr braucht man einen Waffenschein.

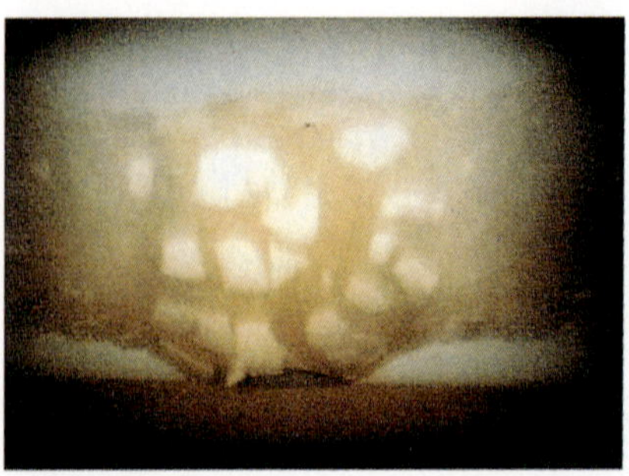

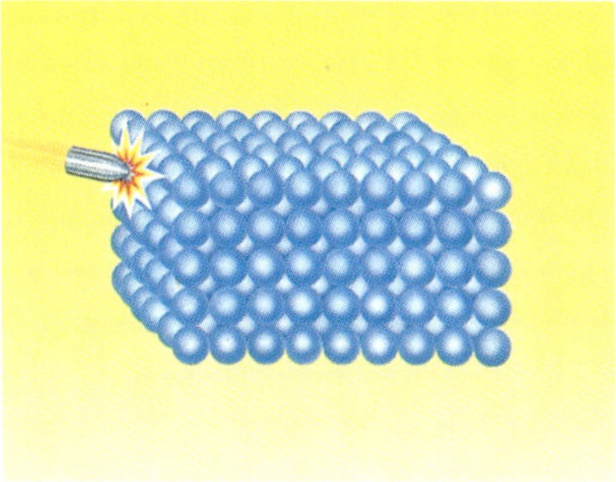

Die Gewehrkugel trifft auf die dicht gepackten Wasserteilchen.

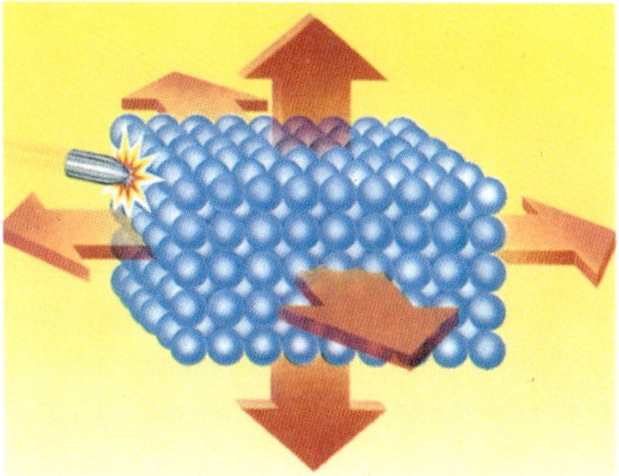

Der plötzlich auftretende Druck in alle Richtungen läßt den Holzkasten explodieren.

## *Das knoff-hoff:*

Wasser kann man nicht zusammenpressen (Ausnahmen siehe K 66). Der Druck auf das Wasser breitet sich überdies in alle Richtungen gleichmäßig aus. Trifft nun die Gewehrkugel auf den mit Wasser gefüllten Holzkasten, so wird der damit verbundene Druck gleichmäßig nach allen Seiten weitergegeben. Stellt man sich die Wasserteilchen als Stahlkugeln vor, so gibt eine Kugel den Aufprall sofort an die nächste weiter – und das geht so lange, bis diese Druckwelle alle Wände des Holzkastens erreicht. Ist der Kasten nicht sehr fest zusammengefügt, so reißt es die Wände auseinander. Denn nahezu die gesamte Energie, die in der Gewehrkugel steckt, prallt auf die Wände. Daß der Kasten oben offen ist, nützt ihm bei diesem Kunststück wenig. Die Stoßwelle läuft so schnell durch das Wasser, daß die Flüssigkeit keine Zeit hat auszuweichen. Die Wirkung ist so, als ob der Kasten oben geschlossen wäre. Ist der Kasten nur mit Luft gefüllt, durchschlägt die Gewehrkugel zunächst die Holzwand – die dahinterliegenden Luftmoleküle besitzen eine größere Bewegungsfreiheit als die dicht gepackten Wasserteilchen, sie weichen aus und dämpfen höchstens die von der Gewehrkugel mitgebrachte Energie. Ein fester Körper – wie das Holz – überträgt den Druck nur in eine Richtung. Deshalb durchbohrt die Kugel auch die zweite Holzwand, ohne sie zu zersplittern.

Beim Schuß auf das rohe Ei passiert dasselbe wie im wassergefüllten Kasten. Ist das Ei jedoch gekocht, so breitet sich der Druck in diesem „festen" Körper nicht mehr allseitig aus – das Ei wird – vergleichbar mit der Holzwand des luftgefüllten Kastens – einfach durchschlagen. Dieses Kunststück kann man auch mit Wassermelonen machen, die wie eine Bombe „explodieren". Übrigens hat das Wissen um diese Experimente einen traurigen Hintergrund. Im Krieg hatte ein Schuß in die gefüllte Blase eine verheerende Wirkung. Die Soldaten wurden deshalb vor dem Gefecht auf die Toilette geschickt. Schlimm genug war aber auch ein Kopfschuß – das Gehirn ist ja in Wasserkammern eingebettet. Wildwestfilme zeigen solche Verletzungen „künstlerisch" schön, jedoch nicht realistisch.

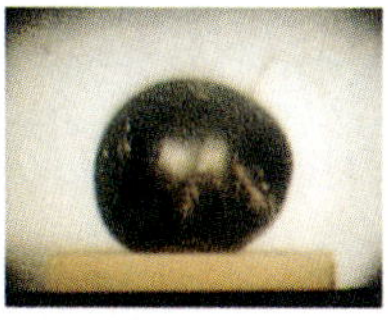

## *Tricks und Tips:*

Weil das Wasser nicht zusammenpreßbar ist, kann es für verschiedene Kunststücke ausgenutzt werden. Eine schwere Steinkugel dreht sich sehr leicht, wenn man sie nur berührt. Das Geheimnis: Die Kugel „läuft" auf einem dünnen Wasserfilm. Sie ist so in die Schale eingepaßt, daß eine millimeterdünne Wasserschicht für das Gleiten ausreicht. Erstaunlich ist, daß der Wasserdruck der öffentlichen Wasserversorgung für dieses Kunstwerk ausreicht. Das Wissen über die hydraulische Presse macht das plausibel. Die untere Hälfte der Steinkugel bildet für die Kraft des Wassers eine recht große Angriffsfläche. Aus dem Wassernetz kommt das Wasser mit einem Druck von etwa 4 bar, das sind 4 kp/cm$^2$. Der Querschnitt der Wasserleitung beträgt nur wenige Zentimeter. Die Kugel jedoch bietet etwa $\frac{1}{3}$ ihrer Oberfläche dem Wasserdruck an – sie hat einen Durchmesser von 1,20 m. Eine Rechnung mit der Formel von S. 113 zeigt, daß der Künstler zum Heben der 3 t schweren Kugel weitaus weniger Druck braucht als das Wassernetz anbietet – er reduziert den Druck deshalb sogar mit einer dazwischengeschalteten Pumpe.

Die Jungen am Strand nutzen den dünnen Wasserfilm des zum Meer zurücklaufenden Wassers, um mit ihrem Holzbrett relativ reibungsfrei gleiten zu können. Was hier Spaß macht, ist beim Autofahren gefährlich. Ab etwa

60 km/h kann sich ein dünner Wasserfilm zwischen Reifen und Straße ausbilden, auf dem das Auto ins Rutschen kommt. Dieses „Aquaplaning" versucht man durch eine besondere Form des Reifenprofils zu vermeiden – mit geringem Erfolg. Das Profil soll das Wasser unter dem Reifen schnell ableiten und die Wasserfilmbildung verhindern. Bei tiefen Pfützen versagt jedoch auch dieses Hilfsmittel.

*Ausbildung einer Wasserschicht zwischen Reifen und Straßenbelag. Das Auto ist nicht mehr zu kontrollieren.*

*Profile sollen das Wasser schnell ableiten – das gelingt nur zum Teil. Beide Aufnahmen wurden von unten durch eine Glasscheibe gemacht.*

In Österreich haben findige Leute auf das Wasser geschossen und bemerkt, daß bei einem bestimmten Auftreffwinkel die Gewehrkugeln an der Wasseroberfläche abprallen. Mit diesem Trick wird beim „Preberschießen" – genannt nach dem See – auf Zielscheiben geschossen. Wie wenig Wasser zusammenpreßbar ist, merken Sie auch, wenn Sie bei einem Startsprung statt mit dem Kopf mit dem Bauch im Wasser landen.

# 35

## *Warum der Tropfen rund ist*

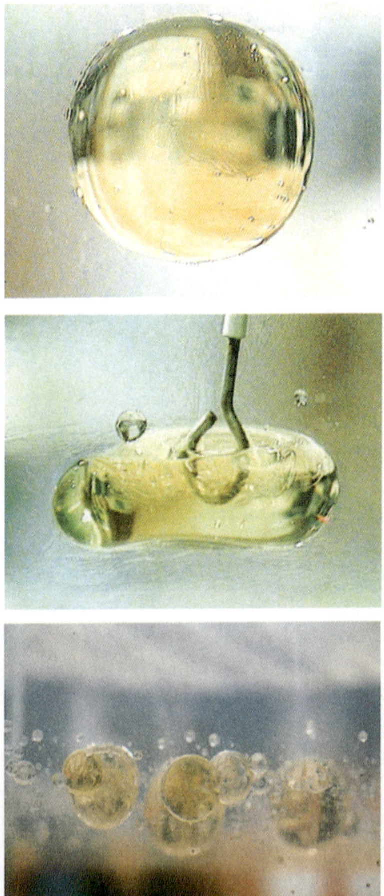

*Mit einem Draht kann man aus einem Tropfen viele machen.*

### *Das Kunststück:*

Öl schwimmt auf dem Wasser. Wird das Wasser jedoch mit Alkohol gemischt, so sinkt das Öl ein, und beim richtigen Verhältnis schwebt das Öl in dem Alkohol-Wasser-Gemisch. Ein Teil Wasser und ein Teil Brennspiritus sind ein guter Beginn für diesen Trick. Die Feineinstellung, d. h. wieviel Wasser oder Alkohol hinzugegeben werden muß, hängt selbstverständlich auch von der Dichte des Öls und der Temperatur ab. In die Anfangsmi-

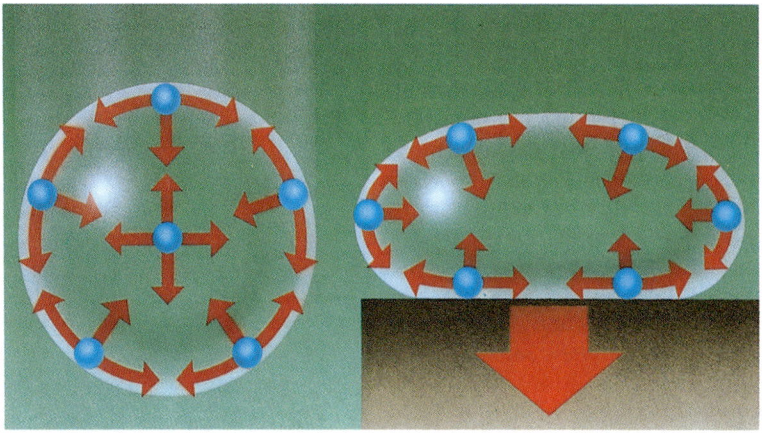

*Kräfteverteilung in einem schwebenden und aufliegenden Tropfen*

schung läßt man an einem Glasstab langsam etwas Öl laufen. Das Öl geht sofort in eine runde Form über. Bei der richtigen Alkohol-Wasser-Mischung beginnt der Tropfen zu schweben.

## Das knoff-hoff:

Eine Flüssigkeit besteht aus kleinen Teilchen – aus Molekülen. Diese Teilchen werden durch Anziehungskräfte untereinander zusammengehalten. Wären diese Kräfte nicht vorhanden, so würden die einzelnen Teilchen – wie bei einem Gas – leicht auseinanderfliegen. Diese Anziehungskräfte machen deshalb gerade eine Flüssigkeit aus. In der Mitte einer solchen Flüssigkeit wirken auf ein Molekül von allen Seiten gleich große Kräfte, weil es überall von gleichen Teilchen umgeben ist. Am Rande einer Flüssigkeit ist die Kräfteverteilung auf ein solches Teilchen anders. Es fehlt die Anziehung nach außen, weil es dort keine gleichartigen Teilchen mehr gibt. Die am Rande liegenden Teilchen werden von den inneren Teilchen nach innen gezogen – die Flüssigkeit hat das Bestreben, sich zu verkleinern. Diesen Zwang, sich zusammenzuziehen, nennt man Oberflächenspannung. Bei verschiedenen Flüssigkeiten variiert diese Oberflächenspannung, weil sie aus verschiedenen kleinsten Teilchen bestehen und deshalb die Kräfte zwischen ihnen unterschiedlich groß sind. So ist das Bestreben, sich zusammenzuziehen, bei Wasser geringer als z. B. bei Quecksilber. Dieser Trend zum Zusammenziehen hat eine Krümmung der Flüssigkeitsoberfläche zur Folge. Unsere Beobachtungen spielen sich jedoch unter dem Einfluß der Erdanziehung, der Schwerkraft, ab. Deshalb ist z. B. ein Tropfen auf einer festen Unterlage nicht kugelförmig. Bei unserem Kunststück mit dem schwebenden Öl jedoch wirkt der Auftrieb der wäßrigen Alkohollösung gegen die Schwerkraft. Beide Kräfte heben sich auf. Die Form des Öltropfens wird deshalb nur von seiner Oberflächenspannung bestimmt – und die ist an allen Seiten gleich. Die Kugelform kann sich so ausbilden.

Ein Tropfen sucht stets das Energieminimum einzunehmen – und das ist die Form mit der kleinsten Oberfläche: die Kugel. Stören kann man die Harmonie des Tropfens durch äußere Kräfte, z. B. durch einen Draht, der mit einer Handbohrmaschine verbunden ist. Dreht man diesen Draht, so verformt sich die Ölkugel – sie wird flacher. Fliehkräfte kommen durch die Drehung hinzu. Deshalb hat übrigens auch unsere Erde am Äquator einen größeren Durchmesser, als ihn die Nord-Süd-Achse bildet – die Erdkugel ist ausgebuchtet. Verstärkt man die Drehung beim Öltropfen, so können sich durch die starken Fliehkräfte Teile ablösen, die sofort wieder eine Kugelform einnehmen. Sie schweben um die Urkugel herum – ein Blick auf ein Planetensystem?

## Tricks und Tips:

Warum die Planeten und Sterne rund sind, ist verständlich. Im flüssigen oder gasförmigen Zustand wirken sich die Kräfte zwischen den Molekülen

wie bei unserem Öl aus. Die bevorzugte Kugelform wird eingenommen. Beim Erkalten bildet sich eine Kruste – unsere Erde hat so ihre Form erhalten. Zwei Flüssigkeiten mit verschiedener Dichte zusammengebracht, erlauben diese Tropfenrutsche. Im freien Fall wird die Schwerkraft, die Anziehungskraft der Erde, für die Zeit des Falles aufgehoben. Die bevorzugte Kugelform kann sich so leicht ausbilden. Hinzu kommt, daß die blaue Flüssigkeit auch eine große Oberflächenspannung besitzt. Sehr schön ist das Abschnüren des Tropfens kurz nach dem Austreten aus der Öffnung zu sehen. Dieselbe Beobachtung kann man an einem Wasserhahn machen.

Ein Flüssigkeitsdrucker schießt Farbtröpfchen gezielt auf das Papier. Damit schreibt ein Computer seine Ergebnisse aus. In der Mikroskopaufnahme sind die Ablösung von der Düse und die Kugelbildung gut zu erkennen.

Auch Regentropfen besitzen ja durch die Bedingungen des freien Falls Kugelform. Dabei kann man den störenden Luftwiderstand vernachlässigen. Übrigens hat man mit diesem Trick des freien Falls Schrotkugeln hergestellt. In einem 40 Meter hohen Schornstein wird dazu heißes, flüssiges Blei von oben durch ein Sieb ausgegossen. Während des Fallens bleibt die Kugelform erhalten, und das Metall kühlt ab. Unten fallen dann die erstarrten Bleikugeln in einen Behälter

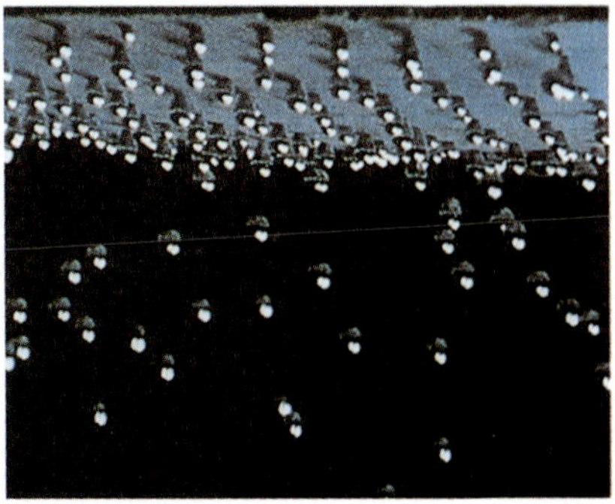

*Das Innenleben der Nutzlastspitze einer Rakete für Materialexperimente. Verschiedene Module sind übereinander gestapelt. Sie enthalten z. B. Öfen zum Schmelzen von Metallen, Kamera und Meßgeräte.*

mit Wasser, und fertig ist die Schrotkugel. Heute benutzt man den freien Fall auch in der Weltraumtechnik. Dazu wird eine Rakete abgeschossen und die Nutzlast, in der die Experimente ablaufen, abgesprengt. Im freien Fall werden z. B. Flüssigkeiten gemischt oder Metalle geschmolzen. Ziel ist es, mehr über die Wirkung der Oberflächenspannung herauszufinden. Die Hoffnung ist, z. B. neue Metallegierungen aus zwei Materialien, die sich unter dem Einfluß der Schwerkraft wegen ihres unterschiedlichen spezifischen Gewichts nicht mischen, zu verbinden. Die Schwerelosigkeit während des freien Falls der Nutzlast kann immerhin sechs Minuten betragen, ehe die Kapsel mit einem Fallschirm abgefangen wird. So konnte man Aluminium und Blei miteinander mischen und hatte ein Material mit neuen Eigenschaften. Allerdings mußten die Wissenschaftler bei vielen Experimenten lernen, daß nicht so sehr die Schwerkraft, sondern vor allen Dingen die Oberflächenspannung bei der Mischung eine Rolle spielt. Zum Beispiel benetzt flüssiges Indium die Tiegelwand besser als Aluminium. In der Schmelze scheidet sich deshalb Indium stärker an der Tiegelwand ab – die Entmischung ist durch diesen Effekt verstärkt. Die Wissenschaftler versuchen, mit verschiedenen Tiegelmaterialien dieses Problem zu beheben. Für solche Experimente kommt heute wieder der ehrwürdige Fallturm zu seinen Ehren. 137 m hoch ist die Metallröhre, in der auf der Erde Experimente in der „Schwerelosigkeit" durchgeführt werden. Auch Experimente in den Raumfähren haben die Untersuchung der Oberflächenspannung unter Aufhebung der Schwerkraft zum Ziel. Ideal sieht dieser Tropfen mit seiner Kugelform im sowjetischen Raumschiff aus. Allein die Oberflächenspannung bestimmt hier die Form des Wassers.

Wie gerne sich Flüssigkeiten auf ihre Minimalfläche – auf die Kugelform – zusammenziehen, zeigt das Kunststück mit den Quecksilbertropfen. Quecksilber besitzt eine hohe Oberflächenspannung. Die Tropfen erreichen auch auf einer Unterlage fast die Kugelform, denn die Anziehungskraft der Quecksilberteilchen untereinander ist größer als die Anziehung durch die Glasunterlage. Die Tropfen liegen auf einer leicht nach innen gebogenen Glasplatte. Die Oberfläche der Einzeltropfen ist größer als die Oberfläche eines einzelnen großen Tropfens – das ist leicht nachzurechnen. Deshalb folgen die Einzeltropfen sofort dem kleinsten Zwang zur Bildung eines großen Tropfens. Schon bei der kleinsten Berührung schnappen die kleinen Tropfen zu einem großen Tropfen zusammen und erreichen dadurch das angestrebte Energieminimum. Eine interessante Frage ist, wo denn die Energie bleibt, wenn die Tropfen durch die Verkleinerung der Oberfläche ihr Energieminimum erreichen. Ein Teil der Energie wird sicher dazu benutzt, um die Materieteilchen im Quecksilber zu verschieben. Das Zusammenziehen der Einzeltropfen geht ruckweise vor sich – sie springen regelrecht zusammen. Die Energie dazu kommt aus der eingesparten Oberflächenenergie. Auf der Erde ist ein hochspringender Tropfen wegen der Schwerkraft nicht zu beobachten. Im Weltraum unter Schwerelosigkeit müßten diese Experimente möglich sein. Allein schon, wenn ein Quecksilbertropfen aus der „Fladenform" in die energetisch günstigere Kugelform wechselt, sollte der damit verbundene Energiegewinn spürbar werden. Solche Experimente wurden von sowjetischen Kosmonauten gemacht. Eine

Zeitlupenstudie dokumentierte, daß ein Tropfen beim Übergang in die Kugelform hochspringen kann. Dabei beginnt das Quecksilber zu schwingen. Für diesen Sprung benutzt der Tropfen den kleineren Teil der freigewordenen Oberflächenenergie. Der größere Teil wird zur Bewegung der zähen Quecksilbermaterie beim Übergang in die Kugelform verbraucht. Der Satz von der Erhaltung der Energie bestätigt sich auch hier.

# 36

## *Das singende Rohr*

### *Das Kunststück:*

In einer Glasröhre wird ein Metallgitter befestigt. Hält man die Röhre über eine Flamme, bringt das Gitter zum Glühen und richtet sie dann auf, so beginnt die Röhre zu „singen". Sie tut es auch noch eine ganze Weile, nachdem man die Röhre aus der Flamme genommen hat. Geheimnisvolle Töne aus dem Nichts?

### *Das knoff-hoff:*

Zumindest ist die Luft an diesem Kunststück beteiligt. Eine Luftsäule

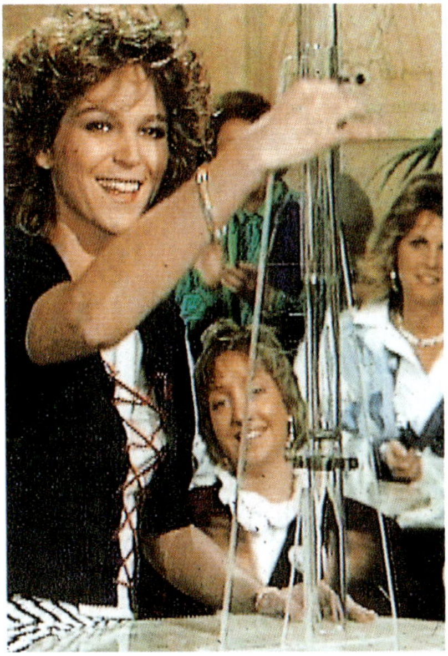

ist ja auf relativ einfache Art zum Schwingen zu bringen, zum Beispiel wenn man geschickt in eine Flasche bläst, auch hier hört man einen „singenden" Ton. Dabei treffen durch das Blasen „Luftpakete" auf die Luftsäule im Inneren der Flasche, die dadurch zu Schwingungen angeregt wird, die für unser Ohr hörbar sind. Allein schon mit einem leeren Schlauch, den man durch die Luft wirbelt, lassen sich auf diese Weise Töne erzeugen. Bei dem Rohr mit dem Drahtgitter funktioniert das ähnlich. Am glühenden Gitter erhitzt sich die Luft. Sie steigt im Rohr nach oben und trifft auf die Umgebungsluft. Daran wird diese „Störung" reflektiert, gelangt wieder zum Gitter und kühlt es kurzzeitig ab. Erneut erhitzt, steigt wieder Luft auf, so daß die Luftsäule in der Glasröhre zu schwingen beginnt. Weil das Metallgitter die Wärme hält, funktioniert dieses Kunststück für einige Zeit auch ohne direkte Wärmezufuhr aus der Flamme. Die Röhre singt auf geheimnisvolle Weise „von selbst", bis das Gitter abgekühlt ist. Die Höhe des Tones hängt von den geometrischen Ausmaßen der Röhre ab. Mit mehreren Röhren, die unterschiedliche Durchmesser und Längen besitzen, ist es deshalb möglich, verschiedene Töne zu erzeugen und ein kurzes Konzert zu geben. Dazu muß man die Röhren – entsprechend der Melodie – kurz zuhalten oder öffnen. Schiebt man zwei Glasröhren ineinander, so kann man durch Auf- und Abschieben der einen Röhre die Länge verändern und dadurch mit ein und demselben Instrument verschiedene Töne erzeugen. Durch das Verschieben verändert man den Resonanzraum für die Schwingungen.

## *Tricks und Tips:*

Orgelpfeifen funktionieren ja im Prinzip auf ähnliche Weise. Durch die eingeblasene Luft werden die Luftsäulen in den Orgelpfeifen zum Schwingen gebracht. Je nach Durchmesser und Länge der Röhre entstehen hohe oder tiefe Töne.
Eine Luftsäule kann man auch noch auf andere Art zum Schwingen bringen. Diese seltsam geformten Glaskugeln besitzen eine kleine Öffnung. Ein Lautsprecher regt die Luftsäule im Inneren bei einer bestimmten Frequenz – die von den geometrischen Ausmaßen der Kugel bestimmt ist – zur Schwingung an. Die schwingende Luft in der Kugel setzt das Rad in Bewegung. Sie treibt stoßweise Luftpakete nach hinten aus den Glaskugeln. Durch diesen Impuls werden die Kugeln nach vorne getrieben – eine Minirakete, die über das Rückstoßprinzip arbeitet. Auf den ersten Blick ist es

verblüffend, daß sich das Impulsrad überhaupt dreht. Denn durch die Schwingungen in der Kugel werden Luftpakete ja nur hin und her bewegt, und diese Bewegung müßte sich ja ausgleichen. Hinzu kommt noch ein anderer Effekt. Bei der Schwingungsrichtung nach innen strömt die Luft ungerichtet aus der Umgebung ein – die Kugel erfährt dadurch eine kleine Kraftwirkung. Im nächsten Schwingungsabschnitt wird aber ein kompaktes Luftpaket aus der Öffnung gerichtet nach hinten weggestoßen, und dabei kommt es zu einer großen rückstoßenden Kraft, die die Kugel in Bewegung setzt. Aus diesem Grund gelingt es übrigens nicht, eine Kerze durch kräftiges Luftholen auszulöschen. Die eingeatmete

Luft strömt relativ ungerichtet – und deshalb ohne größere Wirkung – an der Flamme vorbei. Erst durch Pusten, das gezielte Bombardieren mit kompakten Luftpaketen, ist es möglich, die brennbaren Gase am Docht wegzublasen und die Flamme zu löschen.

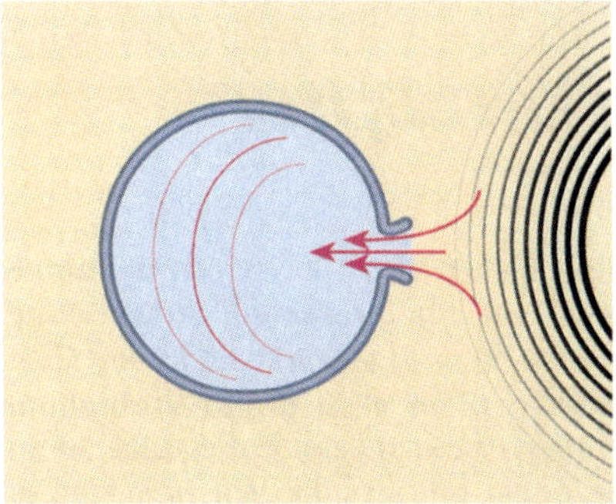

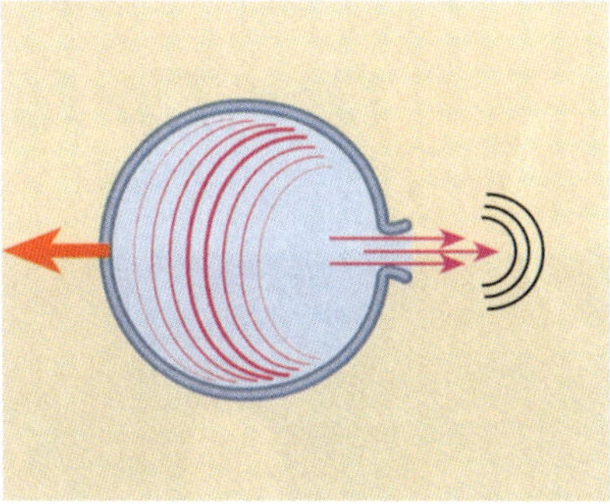

# 37

## Der Tip für Bierzapfer

### Das Kunststück:

Ein abgestandenes Bier mag eigentlich keiner trinken. Trotzdem unterliegen offensichtlich immer wieder die Schankkellner der Versuchung, Bier aus nicht vollständig ausgetrunkenen Gläsern oder das sogenannte „Tröpfelbier" aus dem Sammelgefäß unter dem Zapfhahn einem Gast anzubieten, und das alles, um mehr Liter aus dem Bierfaß oder dem Container zu pressen. Ein berüchtigtes Beispiel aus der jüngsten Zeit gab es dafür sogar in der Bierstadt München. Wie aber zaubert der betrügerische Bierzapfer den Schaum auf das zusammengeschüttete Bier? Ein kurzes Aufdrehen des Zapfhahnes bringt etwas frisches Bier in das Glas und damit eine magere Schaumkrone. Wir schlagen jedoch eine andere Technik zum Aufschäumen des Bieres vor. Sie ist etwas kompliziert für die praktische Anwendung, vielleicht wird sie deshalb in den Gaststätten nicht allzu große Verbreitung finden. Aber dieses Kunststück ist zumindest interessant. Wir benutzen eine Vakuumpumpe – stellen das abgestandene Bier unter die Glasglocke und schalten die Pumpe ein. Sehr schnell steigen Gasblasen im Bier auf, und es bildet sich eine volle Schaumkrone – ein Werbefotograf wäre stolz darauf. Welch ein einträgliches Kunststück für unehrliche Wirte.

### Das knoff-hoff:

Beim Bierbrauen entsteht während des Gärungsprozesses Kohlendioxid, und dieses Gas wird während des Zapfens zusätzlich über eine Druckanlage in das Bier gepreßt. Die Gasblasen steigen nach oben und bilden dabei auf der Oberfläche des Bieres eine Schaumkrone. Das funktioniert deshalb, weil Bestandteile des Bieres die Oberflächenspannung des Wassers senken und sich so eine Flüssigkeitshaut um das aufsteigende Kohlendioxidgas legen kann. Der Schaum hält sich dann nicht lange, wenn die Biergläser mit entspannenden Spülmitteln gespült werden. Reste des Spülmittels bleiben im Glas, und die entspannenden Mittel setzen nun die Oberflächenspannung des Bieres so weit herab, daß die Schaumbläschen zerreißen. Das ist eine Erklärung dafür, daß Ihr frisch serviertes Bier keine Schaumkrone zeigt. Mit der Zeit verliert das Bier das hineingepreßte Kohlendioxid und, es kommt mit dem umgebenden Luftdruck zu einem Gleichgewicht. Das Bier ist schal. Unter der Glasglocke der Vakuumpumpe pumpen wir die Luft heraus, die das Bierglas umgibt. Das Gleichgewicht wird gestört, und die noch gelösten Gasbläschen im Bier können wegen des geringeren Luftdrucks aufsteigen und den Bierschaum bilden. Stellen wir wieder den normalen Luftdruck her, indem wir Luft in die Glasglocke lassen, so fällt der Bierschaum schnell wieder in sich zusammen. Doch kein Tip für Wirte, die unredlich ihr Geld verdienen wollen.

Wenn Sie einen „Mohrenkopf", der ja weitgehend aus Eiweißschaum besteht, unter die Vakuumpumpe stellen, so bläst sich der Schaum auf das 3- bis 4fache seines Anfangsvolumens auf. Eine Freude für Kinderaugen. Mit ab-

***Blechkanister „brechen" unter kaltem Wasser zusammen.***

nehmendem Luftdruck finden die im Eiweiß enthaltenen Gasbläschen immer weniger Widerstand und dehnen sich deshalb aus, bis der „Riesenmohrenkopf" dann endlich platzt.

Wie schwer wir an der Luft tragen, zeigt dieses Kunststück. Ein dünnwandiger Blechkanister wird erhitzt und zugeschraubt. In solchen Kanistern wird z. B. Olivenöl verkauft. Gießt man jetzt kaltes Wasser über den Kanister, so bricht er zusammen. Durch die Erwärmung hat sich die Luft ausgedehnt und ist zum Teil aus dem Kanister geströmt. Bei der Abkühlung fehlt diese Luft. Von außen kann dieser plötzliche Unterdruck nicht ausgeglichen werden, weil der Kanister verschraubt ist. Die äußere Luftsäule findet keinen ausgleichenden Widerstand mehr, und die Wände des Kanisters werden verbogen.

## Tricks und Tips:

Wenn man schon eine Vakuumpumpe zur Verfügung hat, sollte man die anderen Kunststücke, die unter dem verminderten Luftdruck möglich sind, nicht auslassen. Z. B. kann man einen Luftballon ein wenig aufblasen, verknoten und unter die Glasglocke legen. Mit kleiner werdendem Luftdruck scheint er sich „von selbst" riesengroß aufzublasen. Die vorher in den Luftballon gebrachte Luft erfährt jetzt einen geringeren Widerstand und kann sich deshalb so richtig ausbreiten. Das ist übrigens auch das Schicksal eines Gasballons, den wir von der Erde – also vom Grunde unseres Luftmeeres – aufsteigen lassen. In großer Höhe wird die Luft immer dünner – der äußere Luftdruck also kleiner, so daß sich der Ballon ausdehnt und irgendwann einmal platzt.

Die Luftsäule lastet auf 1 $cm^2$ unseres Körpers mit einer Kraft, die einem Kilogramm entspricht. Berechnen wir den Druck, der auf unseren Körper durch die Luft ausgeübt wird, so ist er atemberaubend hoch. Bei einer angenommenen Körperoberfläche von 1 $m^2$ sind das 10 t Gewicht, die auf uns wirken! Wir können diesem Druck widerstehen, weil wir ja durch die eingeatmete Luft den gleichen Druck nach außen aufbauen – mit der äußeren Last also im Gleichgewicht stehen. Pumpt man Luft unter einer zu dünnwandigen Glocke heraus, bricht die Glocke deshalb in sich zusammen.

Flugzeuge besitzen – wegen der Abnahme des Luftdruckes mit steigender Höhe – eine Möglichkeit des Druckausgleichs. Sie halten in der Kabine immer einen Druck, der in etwa 2000 m Höhe herrscht. Dieser Luftdruck ist zwar geringer als am Boden, die Passagiere an Bord fühlen sich aber wohl.

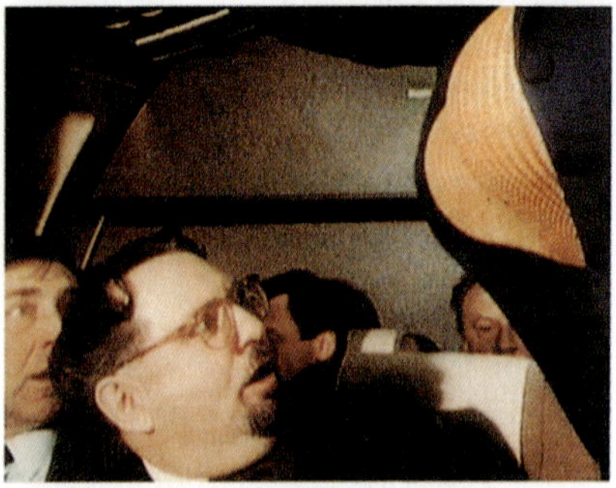

Erzählt wird immer wieder die Geschichte von der Stewardeß, die ihre weiblichen Formen mit Hilfe von Schaumgummieinlagen an der richtigen Stelle etwas betonen wollte. Was am Boden zwar schon stattlich, aber immerhin noch glaubwürdig aussah – entpuppte sich auf Flughöhe als überdimensional. Die Luft im Schaumstoff dehnte sich wegen des geringen Drucks in der Kabine aus.

*Im wenig aufgeblasenen Luftballon befinden sich die inneren Luftmoleküle und der Druck der äußeren im Gleichgewicht.*

*Wird unter einer Vakuumglocke die Luft abgepumpt, so können sich die Luftmoleküle im Luftballon ausdehnen und den Ballon „aufblasen".*

Eindrucksvoll ist es, einen Luftballon über eine Flasche zu stülpen und unter die Glasglocke der Vakuumpumpe zu stellen. Während des Abpumpens der Luft richtet sich der Luftballon auf, weil jetzt die in der Flasche befindliche Luft keinen Gegendruck erfährt und die Moleküle heftig gegen die Luftballonhaut prallen, die sie dadurch ausdeh-

nen. Aus dem gleichen Grund platzen Würstchen im Vakuum.

Legen Sie ein Würstchen in die Vakuumpumpe, so wird es plötzlich größer und zerplatzt – wenn die Wursthaut luftdicht ist.

In jeder Flüssigkeit ist etwas Luft gelöst, denn immerhin drückt ja die Luftsäule auf die Oberfläche des Wassers, und dabei wird von den Wasserteilchen Luft verschluckt. Wieviel Luft in normalem Leitungswasser enthalten ist, kann man mit der Vakuumpumpe deutlich sichtbar machen. Normales Wasser aus dem Leitungshahn beginnt im Vakuum zu sprudeln, als ob es kochen würde. Aus dem Wasser steigen – ohne den Druck der Atmosphäre – die Luftblasen auf, die sonst von der Luftsäule zurückgehalten werden.

*Ein verschrumpelter Apfel wird unter der Vakuumglocke glatt. Die in ihm enthaltenen Gase können sich ausdehnen.*

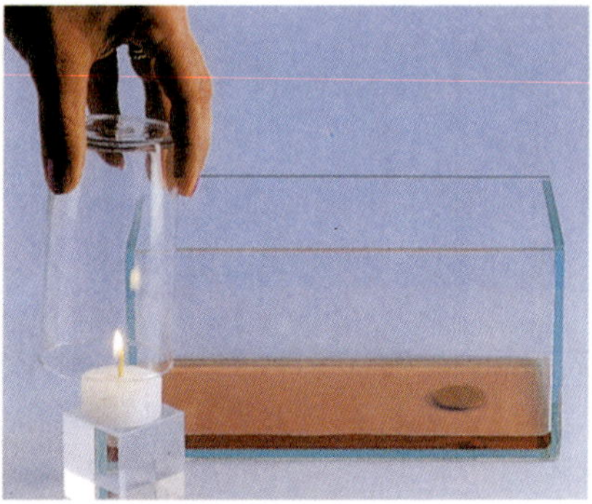

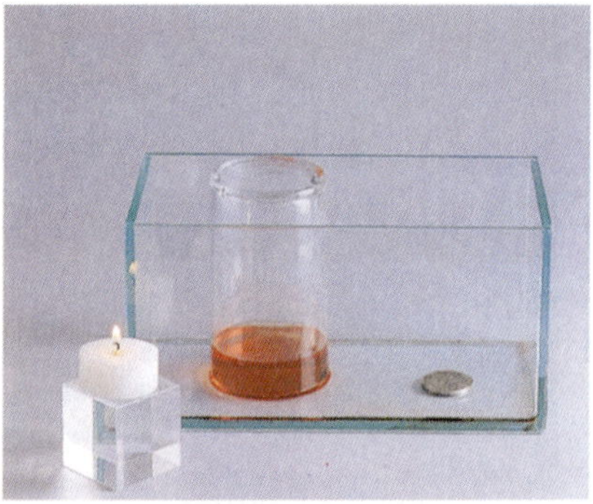

*Mit einem erhitzten Glas kann man Wasser aufsaugen.*

Wenn Sie keine Vakuumpumpe zur Verfügung haben, können Sie mit einem kleinen Kunststück die Möglichkeiten des geringeren Luftdruckes nachempfinden. In einem Gefäß liegt eine Münze im Wasser. Erhitzen Sie ein Trinkglas mit einer Kerze und stülpen das Glas in das Gefäß, so wird das Wasser vom Glas aufgesaugt. Die Luft im Glas hat sich durch die Flamme ausgedehnt – sie kühlt mit dem Eintauchen ins Wasser ab. Weniger Luft ist jetzt im Glas, die äußere Luftschicht kann das Wasser deshalb ins Glas hineindrücken. Besser gelingt dieses Kunststück, wenn Sie das Glas unter heißem Wasser erhitzen. Vorsicht, das Glas kann zerspringen.

# 38

# *Spielereien mit Öl*

## *Das Kunststück:*

In einer Glasröhre befindet sich durchsichtiges Silikonöl. In den schwarz überdeckten Enden ist jeweils eine Kammer abgeteilt und über eine kleinere Öffnung mit dem Öl verbunden. Die Kammern sind mit Luft gefüllt. Stellt man nun die Röhre aufrecht, so lösen sich kleine Luftblasen ab und steigen in dem Öl auf. Aber die Blasen besitzen – abhängig von ihrer Größe – unterschiedliche Geschwindigkeiten. Erstaunlich ist, daß die größere Blase schneller als die kleinere durch das Öl nach oben treibt.

## *Das knoff-hoff:*

Bei den Luftblasen im Öl ist der Auftrieb die treibende Kraft. Der Auftrieb ist vom Volumen abhängig. Wird die Blase im Durchmesser größer, so wächst das Volumen in Abhängigkeit vom Radius. Der Radius geht mit der 3. Potenz ($r^3$) in die Volumenformel ein. Beim Strömungswiderstand hingegen bildet die Fläche der Blase einen entscheidenden Faktor, und hier findet sich der Radius r nur im Quadrat ($r^2$) oder bei einer wirbelfreien Strömung – wie bei dem Tropfen im Öl – nur als einfacher Faktor r. Der Auf-

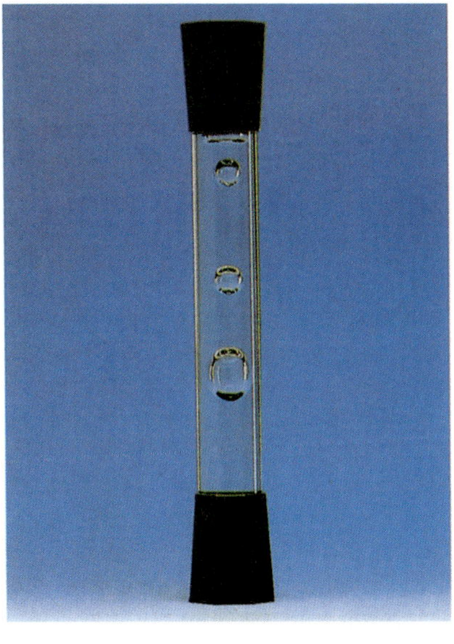

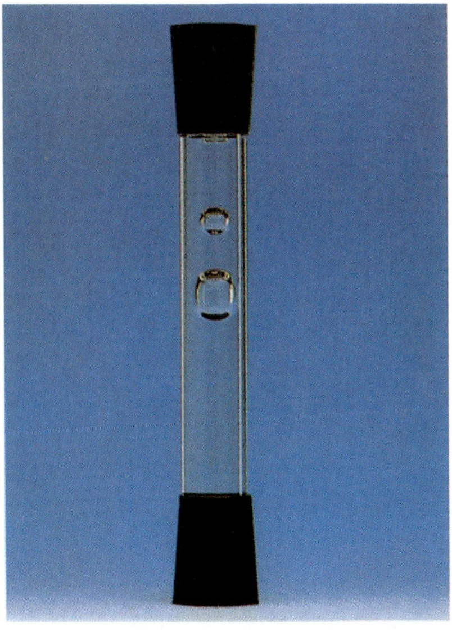

trieb wächst also schneller als die Reibung. Bei zunehmendem Durchmesser gewinnen deshalb die Blasen weitaus mehr an Geschwindigkeit, als sie durch die größer werdende Reibung verlieren. Dazu ein Zahlenbeispiel: Der Auftrieb einer Blase gewinnt bei Verdoppelung des Radius das 8fache, während die Reibung nur um das 2fache wächst. Deshalb steigen die größeren Blasen schneller auf als die kleinen.

## Tricks und Tips:

Die Reibung in der Luft nimmt mit steigender Geschwindigkeit zu und strebt einem konstanten Wert zu. Ein gutes Beispiel dafür ist das Fallschirmspringen. Die Geschwindigkeit, mit der ein Fallschirmspringer zur Erde fällt, nimmt schon nach wenigen hundert Metern einen konstanten Wert an. Denn der Reibungswiderstand der Luft nimmt mit wachsender Geschwindigkeit zu, und die damit ver-

bundene Reibungskraft steht bei einer bestimmten Geschwindigkeit mit der entgegengerichteten Schwerkraft im Gleichgewicht. Bei einer Körperfläche von 1 m² – also ohne geöffneten Fallschirm – beträgt diese konstante Fallgeschwindigkeit 135 km/h – dabei wird die abnehmende Dichte der Luft mit zunehmender Höhe nicht in Rechnung gestellt. Überhaupt würden alle Körper gleich schnell nach unten fallen, wenn nicht die Reibung der Luft vorhanden wäre.

Um nachzuprüfen, ob – wie ja behauptet wird – das Gewicht beim Fallen keine Auswirkungen auf die Geschwindigkeit der fallenden Körper hat, kann man einen Trick benutzen. Dazu werden zwei Bierflaschen, die ja wegen ihrer gleichen Form denselben Reibungswert haben, im freien Fall getestet. Läßt man eine volle und eine leere Bierflasche (Vorsicht!) aus einer bestimmten Höhe fallen, so bemerkt man, daß sie gleich schnell fallen. Die äußere Form spielt bei diesem Experiment die wichtige Rolle. Denn läßt man eine Feder und eine Münze in der Luft fallen, so ist klar, daß die Münze schneller ist. Das hat aber nicht im Gewicht seine Ursache; sondern die Feder erfährt wegen ihrer aufgefächerten Form weitaus mehr Luftwiderstand als die Münze. Im Vakuum allerdings fallen beide gleich schnell.

Wie austauschbar die Erkenntnisse über fallende Gegenstände oder aufsteigende Luftblasen sind, zeigt das folgende Kunststück: In einer Röhre sind eine große Luftblase und eine Hohlkugel aus Metall untergebracht. Dreht man die Röhre um, so sinkt die Kugel nach unten und die Luftblase steigt nach oben. Beide Kugeln treffen sich fast in der Mitte der Röhre. Obwohl ja die Metallkugel fällt und die Luftblase steigt. Beide Kugeln haben fast den gleichen Durchmesser und unterliegen der gleichen Reibungskraft. Wo sich die Kugeln genau treffen, hängt von den Dichteunterschieden zwischen der Luftblase und der

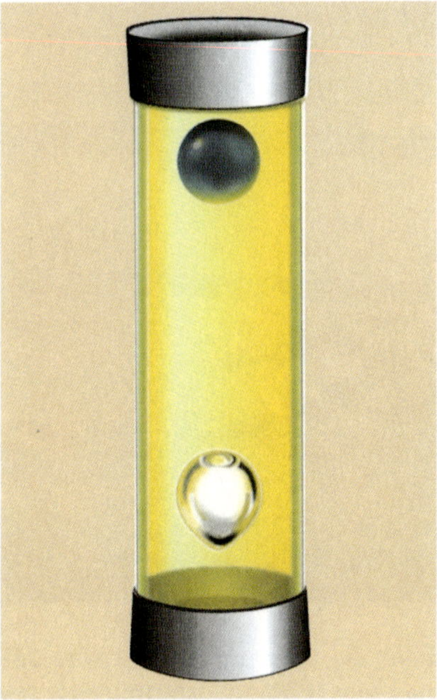

fallenden Kugel ab. Beim Zusammentreffen allerdings verformt sich die Luftblase – wird stromlinienförmig und schnellt deshalb nach oben. Erreicht sie wieder ihre Kugelform, so zieht sie wie vorher gemächlich ihre Bahn. Ein „fließendes" Beispiel für die Abhängigkeit der Reibung von der äußeren Form. Aus Versuchen mit verschieden großen fallenden Kugeln läßt sich übrigens ableiten, daß große Regentropfen schneller fallen als kleine – die Erklärung ist die gleiche wie bei den aufsteigenden Luftblasen, nur daß die Bewegungsrichtung umgekehrt ist und der Auftrieb durch die Schwerkraft, die ja die Regentropfen fallen läßt, ersetzt werden muß.

# 39

## *Warum Großes noch größer wird*

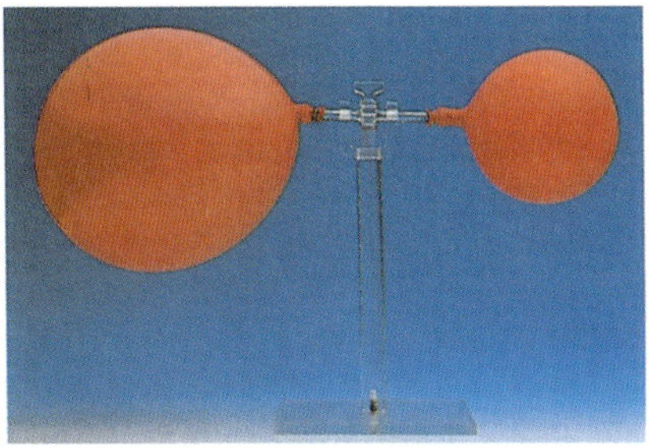

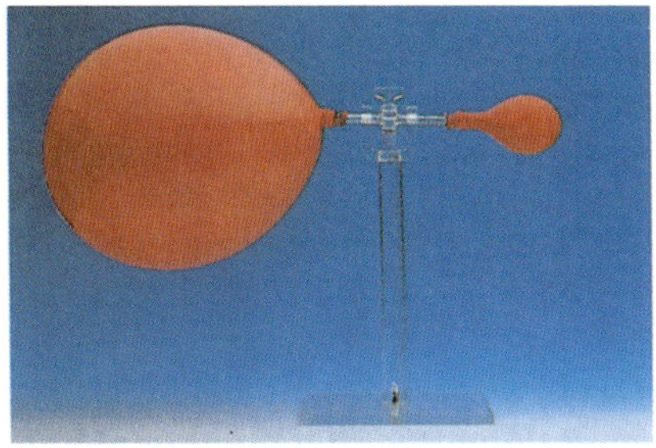

### *Das Kunststück:*

Eine Glasröhre ist durch einen Hahn getrennt. Auf der einen Seite befindet sich ein stark aufgeblasener Luftballon – auf der anderen Seite ist der gleiche Luftballon weniger aufgepustet. Wird der Hahn nun aufgedreht, so kann die Luft ungehindert von dem einen Luftballon in den anderen strömen. Was passiert? Wird der kleine Luftballon größer und der große kleiner? Werden die beiden Luftballons am Ende gleich groß? Die Überraschung ist, daß der große Luftballon noch größer wird!

### *Das knoff-hoff:*

Durch dieses Kunststück wird eigentlich nur eine Erfahrung bestätigt, die wir alle schon gemacht haben. Am Anfang ist ein Luftballon immer schwerer aufzublasen als später, wenn er schon größer ist. Der Widerstand der Luftballonhaut sinkt offenbar mit dem Durchmesser des Ballons. Deshalb preßt der kleine Ballon seine Luft in den großen hinein.

Klarer, aber schwieriger auszuführen ist das Kunststück mit Seifenblasen. Hier herrschen die klassischen physikalischen Bedingungen, die da sagen, daß der Druck umgekehrt proportional zum Durchmesser der Seifenblasen ist. Zur Erklärung hilfreich ist auch die Vorstellung, daß die Seifenhaut ja die kleinste Oberfläche einnehmen will. Denn alles in der Natur strebt zu einem stabilen Zustand – zur Minimalisierung der Energie. Deshalb rollt eine Kugel z. B. eine Schräge hinunter, um unten – im Energieminimum – zur Ruhe zu kommen. Beim Aufblasen müssen wir eine Kraft aufwenden, um die Seifenblasenhaut auszudehnen. Blasen wir eine solche Seifenblase mit einem Strohhalm auf und verschließen danach mit der Fingerspitze nicht die Öffnung, so zieht sich die Seifenblase schnell wieder zusammen und stößt die hineingeblasene Luft heraus Aus diesem Grund besitzt die Seifenblase auch eine Kugelform, denn die Kugeloberfläche ist kleiner als z. B. die eines Würfels oder eines anderen eckigen Körpers. Für diese Körperform müßte man also mehr Energie aufbringen, um die Teilchen, die Moleküle, in diese Form zu bringen. Verbindet man nun zwei Seifenblasen, so wird auch dieses System die kleinste Oberfläche anstreben. Und das sind nicht zwei gleich große Kugeln, sondern eine – wie eine einfache Rechnung zeigt. Eine Kugel gewinnt also an Volumen, die andere schrumpft. Bei der kleineren Seifenblase ist die Krümmung stärker als bei der größeren. Die Kräfte der Oberflächenspannung sind hier stärker zum Mittelpunkt hin konzentriert als bei der größeren Seifenblase. Hilfreich ist dabei die Vorstellung, daß z. B. bei einer sehr großen Kugel Teilstücke der Oberfläche wie Ebenen erscheinen – für uns die Oberfläche der Erdkugel. Die Kräfte durch die Oberflächenspannung sind dabei nicht so stark nach innen gerichtet wie bei einer stärker gekrümmten, also kleineren Kugel. Der Druck nach innen bei einer Blase ist also von der Krümmung abhängig. Je kleiner die Krümmung, um so niedriger der Druck. Deshalb herrscht in der kleineren Seifenblase ein größerer Druck als in der großen. Die Luft strömt in die große Seifenblase und macht sie noch größer. Dieser Druck in einer Seifenblase wächst also, je kleiner die Seifenblase wird. Die gleichen Verhältnisse herrschen in einem Wassertropfen. Kleine Tröpfchen ziehen sich stärker zusammen als größere. Sie können deshalb den Einwirkungen der Schwerkraft besser widerstehen, sie verzerren sich weniger aus der Kugelform. Ab einem bestimmten Durchmesser erreichen sie auch unter der Anziehungskraft der Erde nahezu die ideale Kugelform.

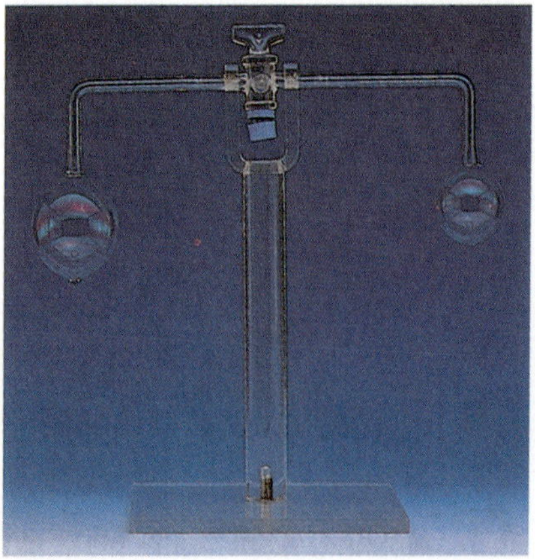

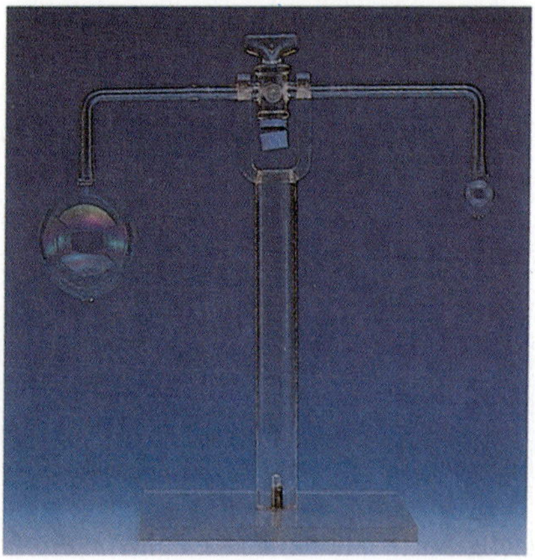

Nach einem Regen sind solche Minitropfen auf den feinen Härchen von Pflanzenblättern zu beobachten. Das Liegen auf den Härchen schaltet einen weiteren Störfaktor für die Kugelform aus – die Anziehungskräfte der Unterlage auf die Flüssigkeitsteilchen.

## *Tricks und Tips:*

Dieses Experiment mit Luftballons gelingt nur, wenn die Ballons neu sind und nicht zu extrem aufgeblasen werden. Bei der Gummihaut der Luftballons kommen sehr viele Einflüsse hinzu. Gummi besteht aus langen Molekülketten, die im ungespannten Zustand des Gummis ineinander verknäuelt sind. Beim Spannen werden die Molekülketten gestreckt. Sie wollen wieder in den energetisch niedrigen Zustand kommen – deshalb zieht sich die Luftballonhaut zusammen. Eindeutig, wie gesagt, ist das Experiment mit Seifenblasen. Aber die Vorrichtung aus Glas ist recht schwierig zu bauen.
Mit etwas Geduld kann man das Experiment mit zwei Strohhalmen durchführen. Eine große Seifenblase wird am Ende des einen Strohhalmes geblasen und eine kleinere am anderen Strohhalm. Die zwei Öffnungen werden zunächst zugehalten, dann zusammengesteckt. Hilfreich ist es, ein Verbindungsstück mit etwas größerem Durchmesser am Ende des einen Strohhalms anzubringen, um das Zusammenstecken zu erleichtern. Auch hier sollte dann die kleinere Seifenblase in der größeren aufgehen.

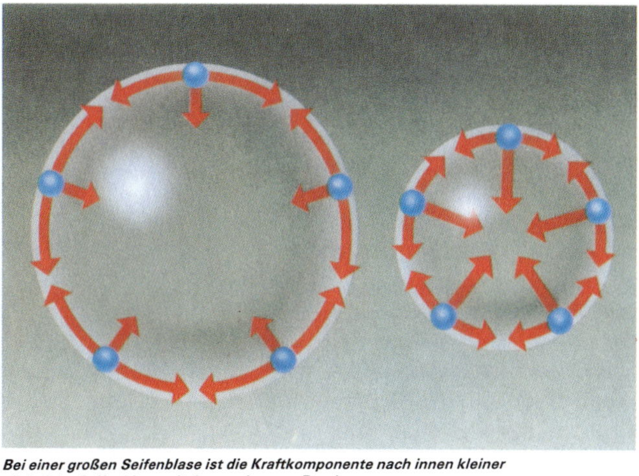

***Bei einer großen Seifenblase ist die Kraftkomponente nach innen kleiner als bei der Seifenblase mit dem geringeren Durchmesser.***

# 40

## *Kräfte aus dem Nichts*

### *Das Kunststück:*

Eine Zeitung wird ausgebreitet und in die Mitte ein Loch gebohrt. Durch dieses Loch zieht man einen Faden, an dem – wie auf der Grafik dargestellt – ein Brett befestigt ist. Legt man die Zeitung flach auf den Boden und zieht kurz daran, so hebt sich nicht etwa die Zeitung, sondern sie bleibt am Boden „kleben“ und die Kraft des kurzen Ruckes wird so stark, daß der Faden zerreißt. Was hält die Zeitung so fest am Boden?

### *Das knoff-hoff:*

Was mit diesem Kunststück demonstriert wird, ist der ungeheure Luftdruck, der auf der Erdoberfläche herrscht. Über uns baut sich ja eine Luftsäule von 10 – 12 km Höhe auf. Ihr Druck beträgt etwa 10 Newton pro Quadratzentimeter. Das entspricht einem Gewicht von 1 kg, das auf 1 $cm^2$ lastet. Bei einer Fläche von 50 cm x 50 cm lasten damit 2,5 Tonnen auf der Zeitung! Wir können auf der Erde nur deshalb unter diesem riesigen Druck existieren, weil er überall gleichmäßig wirkt. Der Druck der Luftsäule von oben auf unseren Körper wird vom gleich großen Gegendruck von unten ausgeglichen. Und diesen Bedingungen unterliegt jeder Gegenstand. Deshalb läßt sich in diesem ausgeglichenen Druckfeld auch alles ohne weiteres hochheben – allein die Anziehungskraft der Erde spielt dabei die große Rolle. Warum klebt aber dann die Zeitung beim

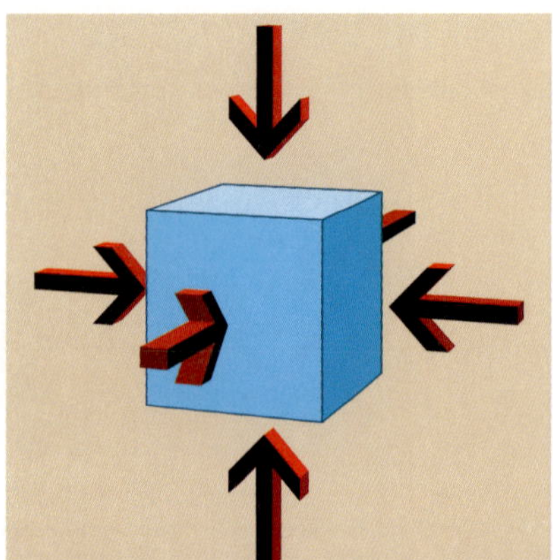

Hochreißen so fest am Boden? Durch die Schnelligkeit beim Ziehen entsteht unter der Zeitung ein Unterdruck. Denn durch die plötzliche Volumenvergrößerung beim Hochheben muß die gleiche Luftmenge jetzt ein größeres Volumen füllen. Die Ränder der Zeitung schließen diesen Raum ab, das ist gut auf dem Foto zu sehen.

Jetzt kann aber der Gegendruck von unten den Druck von oben nicht mehr ausgleichen – der Luftdruck der Atmosphäre entwickelt seine volle Stärke, und die Schnur reißt beim Hochziehen sogar ab.

## *Tricks und Tips:*

Interessant ist, daß der Faden in einer bestimmten Höhe reißt. Das liegt daran, daß der kräftige Zug so schnell erfolgt, daß die Kraftwirkung von oben nur eine bestimmte Strecke in der Schnur zurücklegen kann.
Diese Wirkung der Trägheit ist auch bei anderen Kunststücken zu beobachten. So kann man eine Holzleiste auch dann zerschlagen, wenn man sie in die Luft wirft und sie dort trifft. Die

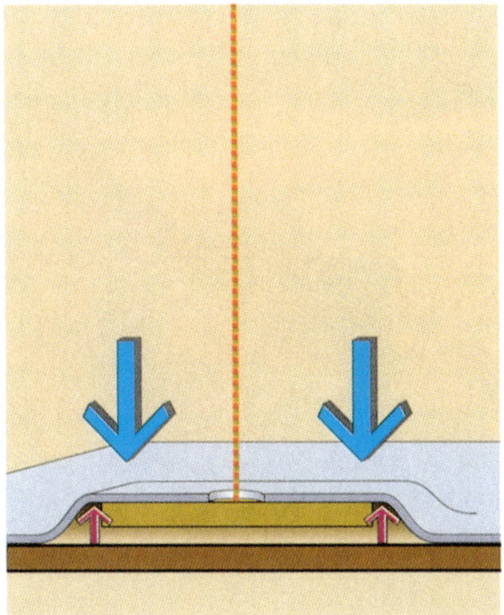

Latte zerbricht, als ob sie an ihren Enden fest auf einer Unterlage liegen würde. Die Trägheit der Latte läßt diese während des kurzen Schlages in ihrer Lage verharren, und die Wucht des Schlages zerbricht das Holz. Das gleiche ist zu beobachten, wenn man mit einer Rute Grashalme „köpft“. Übrigens funktioniert nach diesem Prinzip auch ein „Rasenmäher“, der allein aus einem rotierenden Draht besteht. Das Kunststück mit der Trägheit der Latte läßt sich auch eindrucksvoll mit

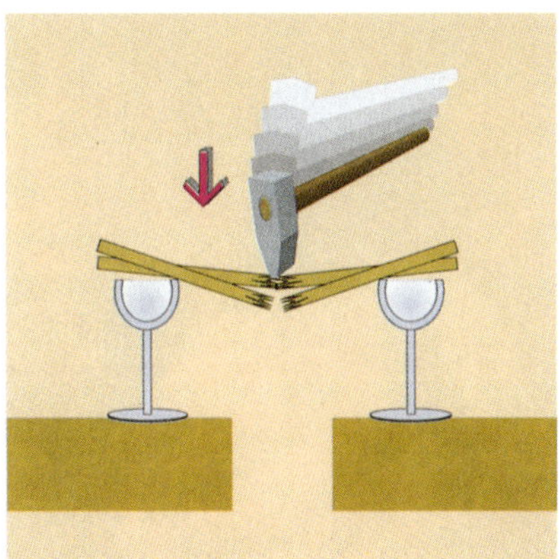

zwei Gläsern durchführen. Legt man die Latte auf zwei Gläser und schlägt kurz auf die Mitte, so zerbricht sie, ohne daß die Gläser in Mitleidenschaft gezogen werden. Auch hier breitet sich die Kraft des Schlages nur lokal um den Auftreffpunkt herum aus; sie reicht aus, die Latte zu zerbrechen, ohne daß die Kraftwirkung die Gläser erreicht.

Den Unterdruck kann man auch nutzen, um zum Beispiel Gegenstände

hochzuheben. An dem Griff befindet sich ein Gummilappen. Wird er auf einen Stuhl gelegt, so entsteht – wie bei dem Kunststück mit der Zeitung – ein Unterdruck. Der Gegenstand bleibt sozusagen am Gummi „haften". Dieses Verfahren ist auch noch zu verfeinern, indem an einem schwingenden Elektro-Rasierkopf ein

Gummilappen befestigt wird. Durch die Bewegung des Rasiererkopfes entsteht ständig ein Zug, und der damit verbundene Unterdruck hält das 5-kg-Gewicht fest.

Nach diesem Prinzip funktioniert auch dieses Auto, das an Fensterscheiben und glatten Wänden hochfährt. Aus der Membran wird Luft gepumpt und so das Auto an die Scheibe gepreßt. Damit das Auto gleiten kann, ist die Membran zusätzlich mit einer Metallfolie überzogen.

# 41

# Der zersplitternde Wassertropfen

*Eine heiße Keramik mit einem Wassertropfen unter der Vakuumglocke.*

*Der Wassertropfen wird zu Eis.*

## Das Kunststück:

In eine Vakuumpumpe wird eine heiße Kochplatte gestellt. Dann läßt man einen Wassertropfen auf der Platte „tanzen". Nachdem die Glasglocke über diese Konstruktion gestülpt ist, wird die Vakuumpumpe eingeschaltet. Der Tropfen tanzt zunächst noch auf der heißen Herdplatte – dann plötzlich wird er weiß und hart und springt entzwei. Offensichtlich ist der Wassertropfen im Vakuum zu Eis geworden – trotz der heißen Herdplatte.

## Das knoff-hoff:

Daß ein Wassertropfen auf einer heißen Herdplatte „tanzt", dieses Kunststück kann jeder leicht selbst ausführen. Trifft der Wassertropfen auf die heiße Platte, so bildet sich sofort zwi-

*Ein auf der heißen Kochplatte tanzender Tropfen im Schattenriß.*

schen Wassertropfen und heißem Untergrund ein Dampfpolster. Wie ein Luftkissenboot schwebt der Tropfen hin und her. Das kann recht lange dauern, denn die Wärmeleitung im Dampfpolster zwischen dem Tropfen und der Platte ist recht schlecht. Im Vakuum verdunstet das Wasser schneller als unter normalem Luftdruck. Und hier liegt auch die Lösung dafür, warum der Tropfen plötzlich zu Eis wird. Die Wasserteilchen bewegen sich je nach Temperatur mehr oder weniger heftig. Die gegenseitige Anziehungskraft hält dabei die Teilchen zusammen, so daß der Tropfen nicht auseinanderreißt. Einige Teilchen springen jedoch aus dem Molekülverband heraus und werden von der Luft davongetragen. Neue Wasserteilchen können aus dem Tropfen herausschießen.

Der Luftdruck hemmt die Verdunstung des Wassers; denn die Wassermoleküle prallen auf die Luftteilchen und werden zurückgeworfen. Im Vakuum jedoch können die Teilchen ungebremst aus dem Tropfen herausspringen. Wie schnell das Wasser verdunstet ist zu beobachten, wenn Wassertropfen in das Vakuum gebracht werden. Mit abnehmendem Luftdruck beginnen die Wassertropfen zu sprudeln – das in ihnen gelöste Gas kann jetzt entweichen. Dann aber erstarren sie plötzlich zu Eis. Zauberei?

Die Energie, die die Wasserteilchen zum „Herausspringen" brauchen, muß ja irgendwo herkommen. Sie wird dem Wassertropfen entzogen – das Wasser wird kälter. Deshalb ist es ja auch möglich, eine Flasche Bier mit einem lauwarmen, feuchten Lappen in der heißen Wüste zu kühlen. Die verdunstenden Wasserteilchen entziehen der Flasche die Wärme, um mit dieser Energie „wegspringen" zu können. Und auch der Wassertropfen im Vakuum wird beim Verdunsten so stark abgekühlt, daß er gefriert. Auf der heißen Herdplatte geschieht nichts anderes. Im Vakuum können die Wasserteilchen so ungehemmt den Wasserverband verlassen und dabei Energie mitnehmen, daß die Temperatur des Topfes sehr rasch absinkt. Deshalb ist das unglaubliche Kunststück möglich, eine kleine Eiskugel für kurze Zeit auf einer heißen Herdplatte schweben zu lassen. Sie zerplatzt, weil die Temperaturspannungen zu groß sind.

## *Tricks und Tips:*

Die Erfahrung, daß die Wasserteilchen beim Verdunsten Energie mitnehmen, haben Sie schon alle gemacht, wenn Sie aus der Badewanne steigen und plötzlich zu frieren beginnen. Das Wasser verdunstet, und die Energie dafür wird dem warmen Körper entzogen. Beim Kochen funktioniert das genau-

***Wassertropfen im Vakuum.***

***Nach kurzer Zeit werden sie zu Eis.***

*Ramona kocht Wasser im geschlossenen Glastopf. Das Infrarotbild zeigt eine relativ gleichmäßige Wärmeverteilung im Topf.*

*Jetzt ist der Glastopf geöffnet. Sofort ist die Abkühlung im Infrarotbild zu erkennen. Grüne Farben zeigen kühlere Bereiche als rote.*

so. Will man Wasser zum Kochen bringen, so wird es auf einer Herdplatte erwärmt. Die Energie wandert in das Wasser, die Temperaturbewegung der Teilchen wird immer heftiger, bis – bei etwa 100 °C – Dampfblasen entstehen, d. h. Wasserteilchen haben so viel Energie erhalten, daß sie die Flüssigkeit verlassen können – das Wasser kocht. Die Energie dafür kommt aus der Kochplatte.

Viele kochen mit einem Topf ohne Deckel. Spart man beim Kochen mit einem Deckel auf dem Topf Energie? Beim Erwärmen bewegen sich die Teilchen im Wasser heftiger und springen aus dem Molekülverband. Das kostet Energie, die beim Kochen fehlt, denn die Moleküle nehmen ja die Energie aus der Herdplatte mit.

Beim Kochen mit dem Deckel baut sich ein Druck über der Wasseroberfläche auf. Das Herausspringen der Teilchen wird schwerer, weil sie immer wieder auf andere Wassermoleküle treffen, die sie zurückwerfen. Dadurch wird Energie gespart. Außerdem kondensieren die Wasserteilchen am Deckel und geben dabei die aufgenommene Energie wieder an den Topf ab. Wenn Sie z. B. 1,5 l Wasser am Kochen halten, verbrauchen Sie bei offenem Topf etwa 3mal mehr Energie als beim Kochen mit Deckel.

# 42

## *Mit Rauch schießen*

### Das Kunststück:

Wenn Sie eine große Büchse oder einen Marmeladeneimer nehmen, ein kleines Loch in den Boden schneiden und die schon offene Seite mit Gummi bespannen, dann haben Sie schon fast alles, um mit Rauchringen z. B. eine Kerze auszuschießen. Den Rauch können Sie mit etwas Tabak erzeugen, der im Inneren der Büchse vor sich hin qualmt. Schlagen Sie nun auf die Gummimembran, so kommen aus dem Loch Rauchringe heraus, die mit beachtlicher Geschwindigkeit durch den Raum schießen. Eine Kerze, die in den Weg eines solchen Rauchringes kommt, wird ausgeblasen.

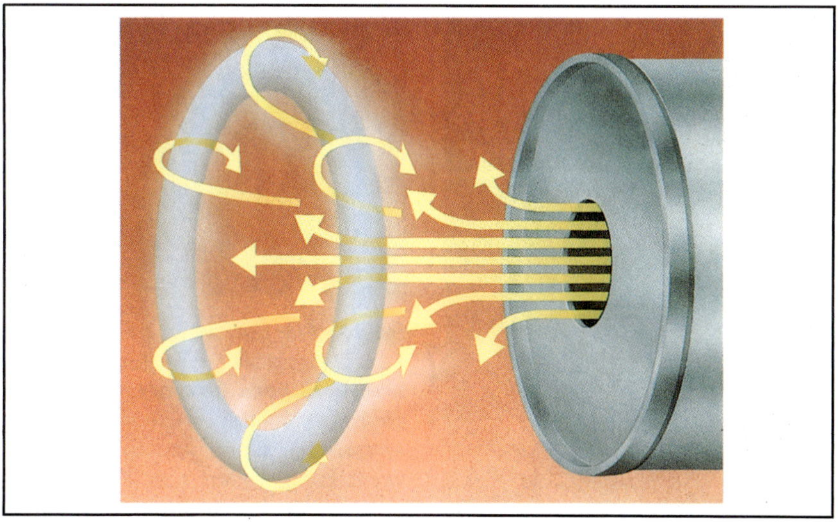

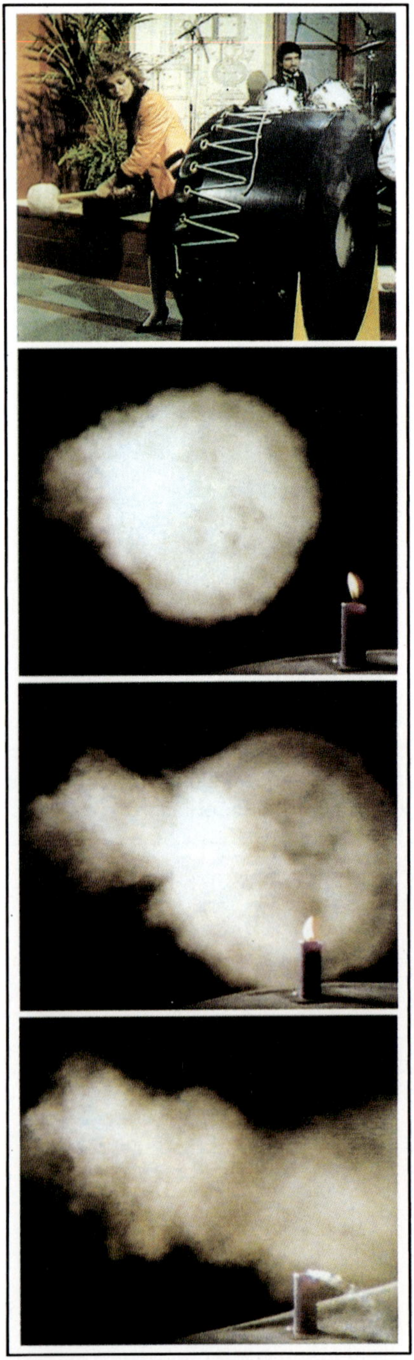

## Das knoff-hoff:

Wie entstehen die Ringe? Die Momentaufnahmen zeigen, daß der Rauchring in sich herumwirbelt. Diese Turbulenz läßt übrigens auch die Kerzenflamme verlöschen. Diese Wirbel entstehen am Ausgang der Rauchkanone. Durch den Schlag auf die Gummimembran werden die Luft und der Rauch aus dem Büchsenloch gedrückt. Der Luftstrom in der Mitte kann ungestört nach außen dringen. Am Rand aber wird die Luft abgebremst – dadurch entsteht die Drehung des Rauchringes, und deshalb kann sich überhaupt erst ein Ring ausbilden.

## Tricks und Tips:

Vor einem schwarzen Hintergrund sind die Ringe am besten zu sehen. Je größer die Trommel, um so eindrucksvoller der Effekt. Unsere Zeitlupenaufnahmen wurden mit einer Trommel von 1,50 Meter Durchmesser ge-

macht. Als Spielzeug gab es diese Rauchringpistole: Eine Gummimembran wird beim Spannen der Pistole gestreckt und beim Auslösen plötzlich entspannt – mit der vorhandenen Zielvorrichtung lassen sich Kerzenflammen genau ausschießen.

# 43

# Der Trick mit dem Pendel

## Das Kunststück:

An einem quergespannten Faden werden zwei Kugeln, zum Beispiel Modeschmuck, aufgehängt. Stößt man die eine Kugel leicht an, so beginnt sie hin und her zu pendeln. Dann aber kommt die Überraschung: Plötzlich beginnt auch die andere Kugel zu pendeln – ohne daß sie angestoßen wurde. Hat sie sich ausgeschaukelt, bleibt die andere Kugel stehen. Dann wird die Schwingung langsamer, und synchron dazu beginnt wieder die erste Kugel zu pendeln. Hat sie die maximalen Ausschläge erreicht, kommt die andere Kugel zum Stillstand. Offenbar gibt es einen Mechanismus, der die Schwingung von der einen Kugel – dem einen Pendel – auf die andere überträgt und umgekehrt. Verliert die Pendelschwingung durch Reibungskräfte ihre Energie, muß man das Experiment von neuem beginnen.

## Das knoff-hoff:

Die Energie zwischen den beiden Pendeln wird über den quergespannten Faden, an dem sie hängen, ausgetauscht. Durch das Anstoßen schwingt zunächst die erste Kugel hin und her. Dabei gibt sie schrittweise Energie an den Querfaden ab, an dem

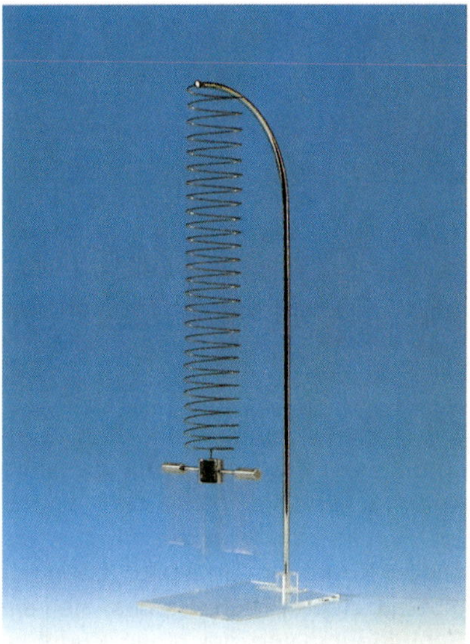

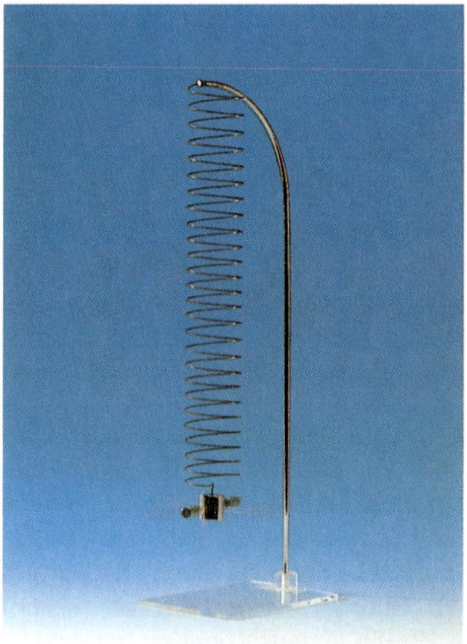

sie hängt. Der wiederum leitet diese Energie zu dem zweiten Pendel, das dadurch in Schwingungen versetzt wird. Ist die Energie vollständig auf das zweite Pendel übertragen, beginnt der umgekehrte Vorgang.
Diese Energieübertragung ist auch in anderen Systemen zu beobachten. An eine Feder ist ein Gewicht gehängt. Wird die Feder gedehnt, so schwingt sie mit dem Gewicht auf und ab. Dann aber beginnt die Auslenkung der Feder kleiner zu werden – dafür dreht sich das Gewicht immer stärker um die eigene Achse. Die Feder kommt sogar vollständig zum Stehen, während sich das Gewicht heftig um seine eigene Achse dreht. Dann beginnt die Feder wieder auf und ab zu schwingen, und synchron dazu wird die Drehbewegung des Gewichts kleiner, bis sie zum Stillstand kommt. Dann beginnt der Vorgang wieder von vorne. Dies ist ein weiteres Beispiel für einen ungewöhnlichen Energietransfer.

## *Tricks und Tips:*

In einem Pendel stecken noch andere Überraschungen. Die Kugel hängt hier an einem Faden, der durch eine Öse läuft. Pendelt sie hin und her, so ist bei dieser Fadenlänge eine bestimmte Schwingungsdauer, das ist die Zeit, die verstreicht, ehe die Kugel ihren ursprünglichen Ausgangspunkt wieder erreicht, zu beobachten. Zieht man an dem Faden, so daß sich während des Schwingens die Fadenlänge verkürzt, so schwingt die Kugel heftiger hin und her, die Schwingungsdauer wird kürzer, während die Schwingungsweite gleich bleibt. Läßt man den Faden wieder auf die ursprüngliche Länge zurückgleiten, schwingt das Pendel wieder genauso langsam wie vorher hin und her. Die Schwingungsdauer eines Pendels ist also von der Pendellänge abhängig, und es stellt sich sogar heraus, daß die Masse der Kugel am Pendel die Schwingungsdauer nicht beeinflußt! Ein Pendel der-

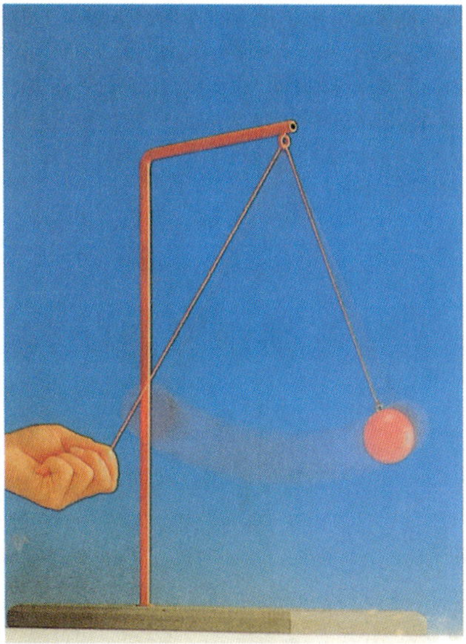

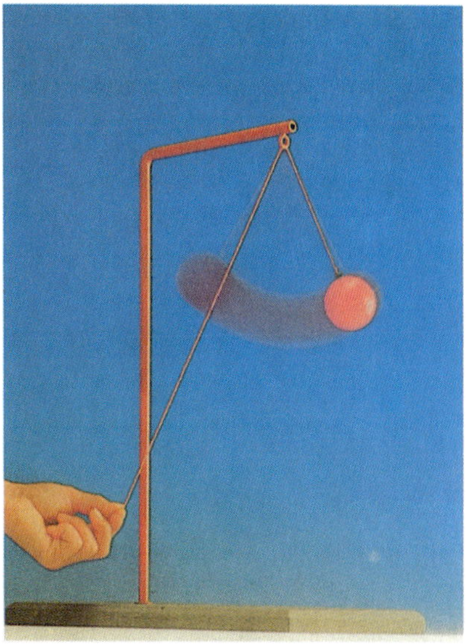

selben Länge schwingt in gleichen Zeitabständen hin und her – egal, ob am Faden eine Eisen- oder Holzkugel hängt. Die Schwingungsdauer ist allein abhängig von der Pendellänge. Mit diesem knoff-hoff kann man ein interessantes Kunststück entwickeln. An eine Stange werden Pendel mit unterschiedlicher Länge gehängt. Die Längen sind so berechnet, daß beim gleichzeitigen Loslassen der auf gleiche Höhe gebrachten Pendel erstaun-

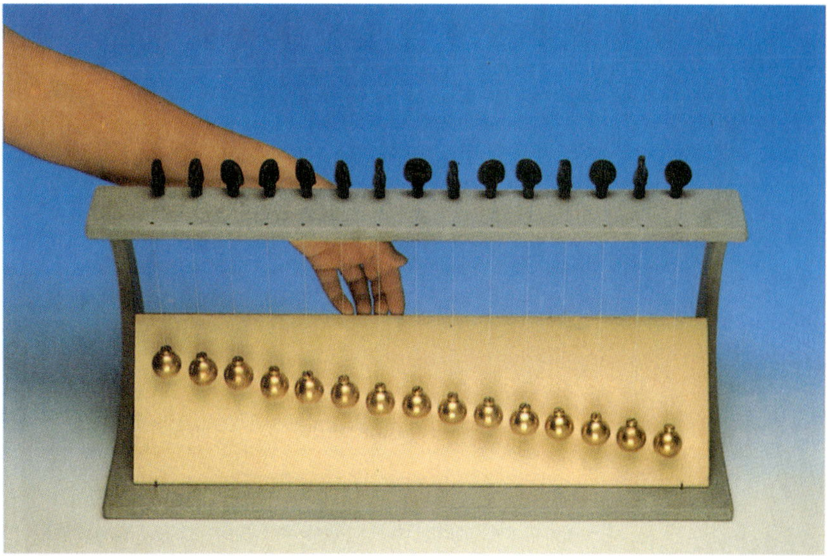

liche Schwingungsmuster entstehen. Die Pendel bilden eine Wellenlinie, dann schwingen nebeneinander hängende Kugeln gegenläufig, um nach kurzer Zeit eine Wellenfigur zu bilden, bis schließlich alle Pendel – wie ursprünglich – im Takt schwingen. Dieser Vorgang wiederholt sich immer wieder, bis die Energie der Pendel von den Reibungsverlusten aufgenommen wurde und sie aufhören zu schwingen.

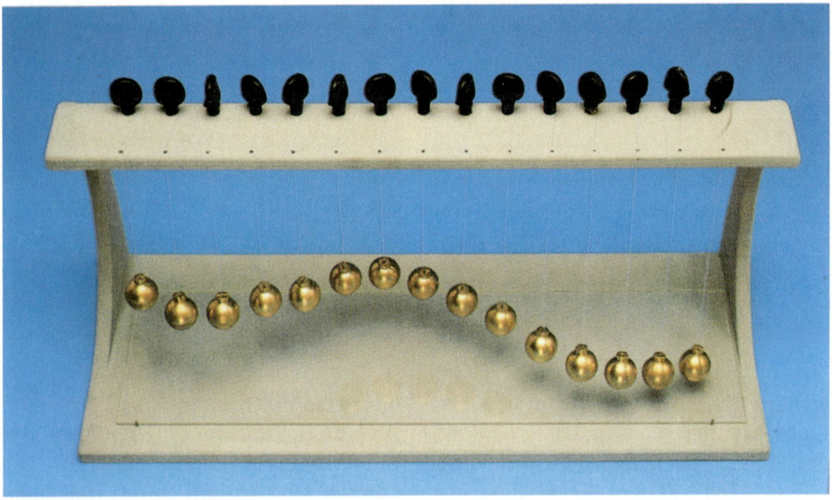

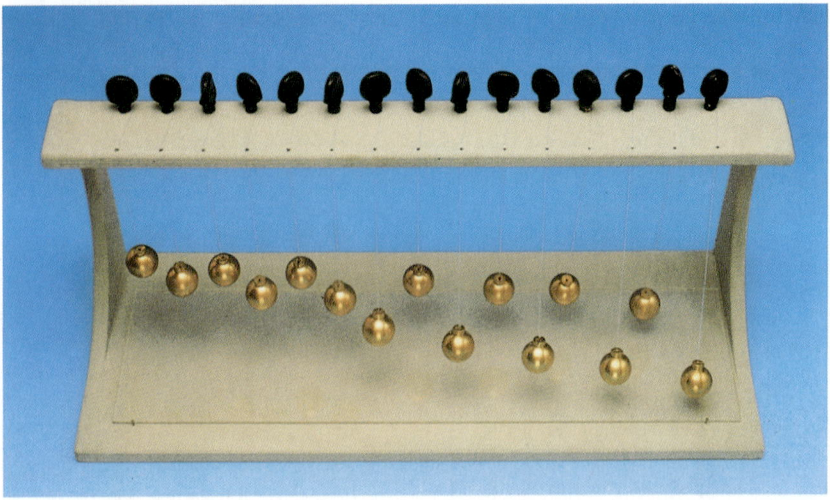

# 44

## *Sprudelwasser als Eisbombe*

### *Das Kunststück:*

Im Gefrierfach des Kühlschranks werden Sprudelwasserflaschen einige Stunden gekühlt. Dabei ist darauf zu achten, daß das Wasser nicht zu Eis wird. So etwas ist möglich, weil man Flüssigkeiten unterkühlen kann, d. h. auf – 7 °C z. B., ohne daß sie sofort in den festen Eiszustand übergehen. Wenn Sie diese unterkühlten Wasserflaschen vorsichtig herausnehmen und dann den Kronenverschluß öffnen, erstarren sie plötzlich zu Eis. Interessant ist, daß sie sich beim Übergang vom flüssigen Zustand in den festen Eiszustand von – 7 °C auf 0 °C erwärmen.

*Eine unterkühlte Salzlösung erstarrt. Bei der Kristallisation wird Wärme frei, wie es das obere Infrarotbild zeigt.*

### *Das knoff-hoff:*

Verständlich wird diese Erwärmung durch dieses Experiment. In einem Reagenzglas erhitzen Sie ein Salz-Natriumthiosulfat – bis es schmilzt. Dann lassen Sie die Salzschmelze vorsichtig abkühlen und zwar unter den Erstarrungspunkt. Das ist bis zu 20 °C möglich, obwohl die Erstarrungstemperatur dieses Salzes bei etwa 50 °C liegt. Werfen Sie jetzt ein kleines Körnchen von dem Salz in diese unterkühlte Schmelze, so beginnt sie schlagartig auszukristalisieren. Die Temperatur steigt von 20 °C auf 50 °C. Das ist plausibel, denn um das Salz zu schmelzen haben wir Energie hineingesteckt – das Salz mit der Flamme erhitzt. Die Wärmebewegung im Salz verstärkt sich dabei so, daß die Salzteilchen aus dem starren Kristallverband gerissen werden und in den flüssigen Zustand übergehen. Die Energie der Flamme steckt jetzt in der heftigen Bewegung der Moleküle. Beim Abkühlen blieb der flüssige Zustand erhalten. Die Teilchen sind ungeordnet, ziehen sich gegenseitig an, kommen aber – wie durch eine gespannte Feder getrennt – nicht näher zusammen. Diese unterkühlte Schmelze ist energiereicher als das feste Salz. Erst beim Übergang in den geordneten kristallinen Zustand wird diese gespeicherte Energie frei – das Salz erwärmt sich. Auf dem Bild sehen Sie rechts unten das Reagenzglas mit dem Salz, das gerade auskristallisiert. Darüber zeigt das Bild einer Infrarotkamera, wie sich dieser Bereich erwärmt. Ähnliches passiert bei unserer unterkühlten Sprudelflasche. Das Öffnen ist der Auslöser für die Kristallisation, bei der ja Energie frei wird. Das unterkühlte Wasser in der Flasche erwärmt sich auf 0 °C.

**Durch Eis geschützte Blüten in einer Obstplantage.**

Obstbauern benutzen diesen Trick, um im Frühjahr – bei plötzlichem Frosteinbruch – die Blüten ihrer Bäume vor dem Erfrieren zu schützen. Sie spritzen in einer frostkalten Periode einfach Wasser auf die Bäume. Das Wasser gefriert auf den Blüten und Blätter zu Eis und schützt dadurch den Baum vor dem Erfrieren. Wenn das Wasser bei – 7 °C Lufttemperatur zu Eis wird, erwärmt es sich ja auf 0 °C! Diese Temperatur vertragen Pflanzen, weil ihre Zellsäfte als Salzlösung erst bei niedrigeren Temperaturen gefrieren.

Wegen der freiwerdenden Wärme beim Übergang von dem flüssigen in den festen Zustand gefriert in einem strengen Winter übrigens ein nasser Boden nicht so tief wie ein relativ trokkener Boden.

## Tricks und Tips:

Den Transport von Energie, der mit dem Wechsel von einem Zustand in den anderen einhergeht, wird auch in der Technik ausgenutzt. Dazu bringt man eine Salzschmelze in einem Beutel unter. Genauer gesagt ist es eine gesättigte Lösung von Natrium-Azetat-Trihydrat, eine Mischung, die bei 58 °C schmilzt. Erwärmt man diese Lösung über den Schmelzpunkt und kühlt sie vorsichtig ab, so bleibt sie auch bei Zimmertemperatur geleeartig flüssig – ohne auszukristallisieren. Mit einem Zusatz aus Polysaccharid ist es sogar möglich, diese „unterkühlte" Lösung zu stabilisieren – also zunächst den Übergang in den festen Zustand zu verhindern. Ein gewölbtes Metallblech in dem Salzbrei wird mit den Fingern flach gedrückt – und dieses „Klick" reicht aus, um die Kristallisation zu starten. Die Salzsülze geht in den festen Zustand über – dabei wird Wär-

Im Infrarotbild oben rechts ist zu sehen, wie sich das Wärmekissen beim Kristallisieren erwärmt.

Kaltes Wasser auf Zeolith gegossen, erhitzt sich sofort.

me frei. Die ungeordneten Moleküle, die sich in der flüssigen Phase relativ frei bewegen können, werden jetzt fest in einem Kristallgitter eingebunden. Sie verlieren dabei einen Teil ihrer Bewegungsenergie. Die hart werdende Salzsülze erwärmt sich dabei auf 58 °C und hält diese Wärme für einige Stunden. Der Beutel kann durch Erwärmen im heißen Wasser erneut verwendet werden. Durch die Hitze schmilzt das Salzgemisch. Es nimmt Energie auf, die später wieder – mit dem „Klick" des Metallbleches und der darauffolgenden Kristallisation – frei wird. So ist der Wunderbeutel beliebig oft zu benutzen, im Winter z. B. zum Wärmen der Manteltaschen. Auf unserem Bild ist im Infrarotbild die Erwärmung in der festen Phase deutlich zu sehen.

Wärme kann man auf noch überraschendere Weise erzeugen. In der Natur kommen Zeolithe vor, die chemisch gesehen Metall-Aluminium-Silikate mit sehr vielen Hohlräumen sind. Diese Zeolithe saugen Wasser begierig an und binden die Wassermoleküle in ihre Kristallstruktur als Kristallwasser ein. Die relativ freien Wassermoleküle werden so in eine starre Ordnung gezwungen und geben dabei selbstverständlich Energie ab. Gießt man etwas Wasser über die Siedsteinchen, so beginnen sie sich sofort zu erwärmen – bis zu 250 °C kann so ein Steinhäufchen heiß werden.

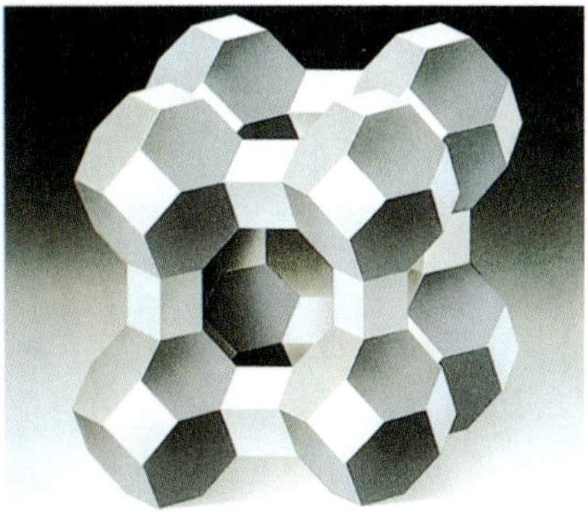

Mikroskopdarstellung eines Zeolith.

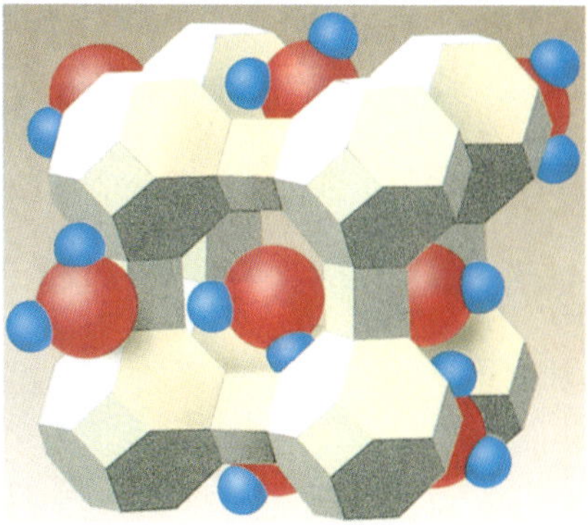

In die Hohlräume können sich Wassermoleküle einlagern.

Der Zeolith (links) erhitzt sich, das Wasser wird zu Eis.

Ein Kilogramm Zeolith nimmt etwa 300 Gramm Wasser auf. Wichtig ist, daß mit Hitze dieses eingelagerte Kristallwasser wieder ausgetrieben werden kann. Die Siedesteinchen sind also immer wieder zu benutzen. Sie sind so gierig auf Wasser, daß sie auch die Wassermoleküle aus der Luft aufsaugen. In dem U-förmigen Rohr befindet sich auf der einen Seite Zeolith und auf der anderen Wasser. Aus dem Rohr wurde etwas Luft abgesaugt und die beiden Bereiche sind mit einem Hahn getrennt. Öffnet man den Hahn, so saugt die Zeolithfüllung die Wassermoleküle auf, bindet sie als Kristallwasser und erwärmt sich durch die frei werdende Energie. Aus dem Wasser auf der rechten Seite gehen immer mehr Moleküle in die dampfförmige

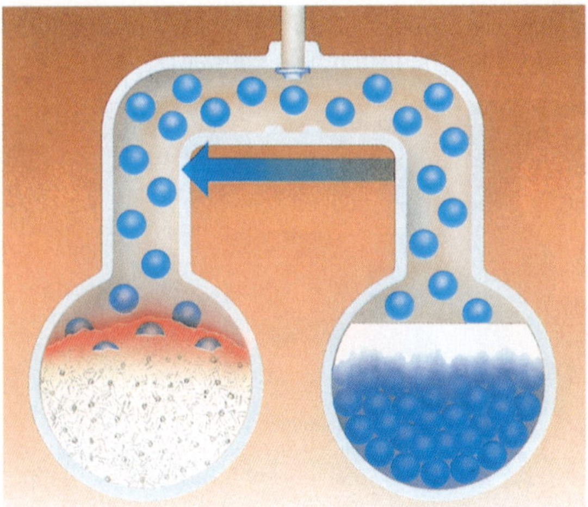

Wird der Hahn aufgedreht, so saugen die Siedesteinchen den Wasserdampf gierig auf. Sie erwärmen sich durch die abgegebene Kondensationsenergie und durch die Anlagerung von „Kristallwasser". Das Wasser rechts kühlt sich ab; denn daraus ziehen die Wasserteilchen ihre Energie.

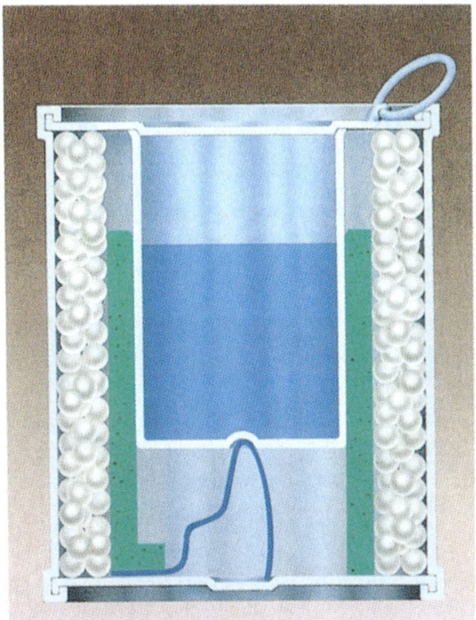

*Außen befindet sich eine Zeolithschicht, die vom Wasser noch getrennt ist.*

*Beim Öffnen kann der Wasserdampf zum Zeolith gelangen. Der Becher kühlt ab – die Zeolithschicht wird heiß.*

*Zeolith wird als Trocknungsmaterial in Doppelfenster eingesetzt. Hier „saugen" die Siedesteinchen das Schwitzwasser auf.*

Phase über. Sie „springen" aus dem Molekülverband und entziehen dem Wasser die dazu notwendige Energie, das dadurch abkühlt und zu Eis wird. Mit diesem Trick kann man etwas sekundenschnell erwärmen oder abkühlen.

In der Grafik ist eine Dose dargestellt, die zunächst durch den Deckel vom Zeolith getrennt ist. Durch Eindrücken des Deckels können Wasserteilchen zum Zeolith gelangen – der Doseninhalt kühlt sich ab. Getränkekühlung ist so denkbar – oder wenn die Hitze der Zeolithfüllung ausgenutzt werden soll – die elegante Erwärmung von Speisen in der Dose. Es wurde versucht, die Zeolithe zur Wassergewinnung in Wüstengebieten einzusetzen – weil sie jedes Wassermolekül sofort binden. Allzugut funktionierte das jedoch nicht.

# 45

## *Eiswürfel im Wasser*

### *Das Kunststück:*

Wenn Sie Eiswürfel in ein Glas mit Wasser füllen, dann steigt der Wasserspiegel. Die Höhe des Wassers wird markiert. Die Frage ist, wenn das Eis schmilzt, steigt dann der Wasserspiegel? Oder sinkt er? (Das glauben die meisten.) Oder bleibt er gleich? Die erstaunliche Antwort ist: Er bleibt gleich.

### *Das knoff-hoff:*

Wenn ein Gegenstand ins Wasser fällt, dann verdrängt er Wasser. Manche Materialien schwimmen, andere nicht. Sie tauchen also nur teilweise ins Wasser ein oder sinken zum Boden ab. Dabei verdrängen sie – je nach Eintauchtiefe – mehr oder weniger Wasser. Die Frage ist, warum schwimmen einige Gegenstände und andere nicht? Ein Stahlwürfel versinkt im Wasser, schwimmt aber in Quecksilber. Mit der Konstruktion auf der Waage wird klar, welche Bedingungen zum Schwimmen notwendig sind. Der Apfel, in das Gefäß gelegt, läßt etwas Wasser überlaufen. Dieses Wasser wird in dem Becherglas gesammelt. Wiegt man nun den Apfel gegen die übergelaufene Wassermenge, so sieht man, daß beide gleich viel wiegen. Das vom untergetauchten Teil des Apfels verdrängte Wasser wiegt also genauso viel wie er selbst. Drückt man den Apfel jetzt ganz unter Wasser, so läuft noch mehr Wasser in den Becher. Das vom gesamten Apfelvolumen verdrängte Wasser ist also schwerer als der Apfel. Deshalb schwimmt der Apfel. Wiederholt man dieses Experiment mit einem Stahlwürfel, so ist der Würfel weitaus

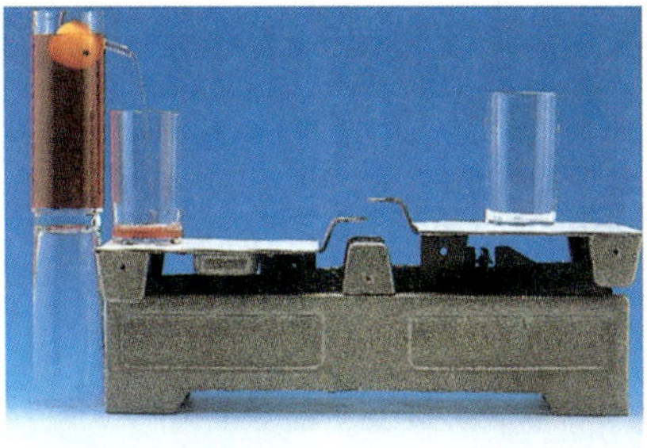

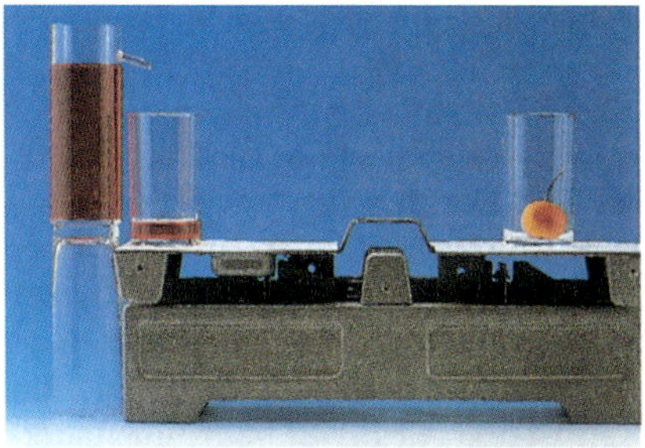

*Der Apfel verdrängt Wasser (links oben).*

*Die verdrängte Wassermenge wiegt soviel wie der Apfel (rechts oben).*

*Wird der Apfel untergetaucht, so wiegt das dadurch verdrängte Wasser mehr als der Apfel. Das ist übrigens die allgemeine Bedingung für das Schwimmen.*

schwerer als die von ihm verdrängte Wassermenge. Ein Stahlwürfel aber schwimmt z. B. in flüssigem Quecksilber. Quecksilber hat eine weitaus höhere Dichte als Wasser. Die von dem Würfel verdrängte Flüssigkeitsmenge – das Quecksilber – wiegt genauso viel wie der Würfel. Die beim vollständigen Eintauchen des Wassers verdrängte Quecksilbermenge ist schwerer als der Körper selbst. Deshalb schwimmt Stahl in Quecksilber. Auch die Eiswürfel in unserem Kunststück verdrängen Wasser – genauso viel Wasser, wie sie wiegen. Schmelzen die Eiswürfel, so werden sie ja wiederum zu Wasser. Und das nimmt genau das Volumen des vorher verdrängten Wassers ein. Damit ist verständlich, warum der Wasserspiegel beim Schmelzen der Eiswürfel gleich bleibt. Und warum die Amerikaner in jedes Glas viele Eiswürfel geben – sie sparen Getränk, beim Schmelzen läuft das Glas nicht über.

## Tricks und Tips:

Wenn Sie statt Wasser z. B. Whisky, mit Wasser gemischt, nehmen, ändert sich selbstverständlich das Ergebnis, weil die Dichte der beiden Flüssigkeiten nicht übereinstimmt. Praktisch ist das aber kaum zu sehen. Die Dichte der Flüssigkeit, auf der etwas schwimmen soll, spielt auch bei der Schiffahrt eine Rolle. Ein Schiff taucht in Salzwasser weniger tief ein als in Süßwasser. Das hat dieselbe Ursache wie das Kunststück mit dem Ei. In Süßwasser versinkt das Ei, weil das Gewicht der von ihm verdrängten Wassermenge kleiner als das Eigengewicht ist. Im Salzwasser wird zwar beim vollständigen Untertauchen des Eies das gleiche Volumen an Wasser verdrängt, aber dieses Wasser ist schwerer als Süßwasser, weil hier die Salzteilchen in ihm gelöst sind. Im Salzwasser sind die Gewichtsbedingungen für das Schwimmen wieder erfüllt – deshalb schwimmt das Ei. Selbstverständlich hängt das von der Salzkonzentration im Wasser ab. Meerwasser enthält, bezogen auf sein Gewicht, zwei bis drei Prozent Salz. Deshalb schwimmt es sich im Meer leichter als im Süßwasser. Ganz extrem ist es im Toten Meer mit einem Salzgehalt von 27 Prozent. Hier kann man auf der Was-

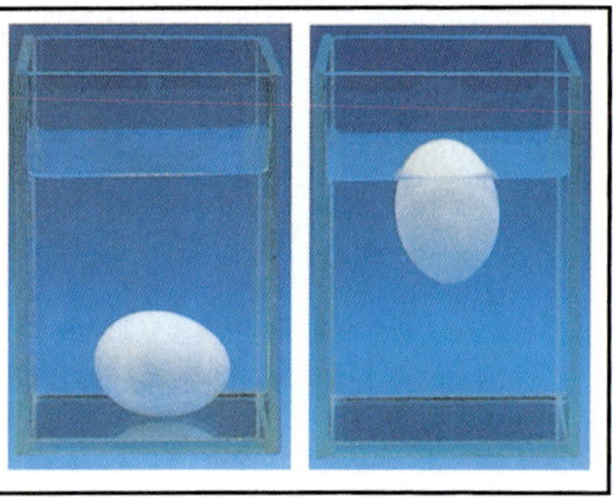

seroberfläche liegen und Zeitung lesen. Auch für Schiffe ist der Salzgehalt des Wassers wichtig, denn wenn ein Schiff im sehr salzhaltigen Roten Meer beladen wird, kann es in der salzärmeren Ostsee oder in einem Frischwasserhafen tiefer einsinken. An Schiffen gibt es deshalb sogenannte Freibordmarken, die u. a. auch für den jeweiligen Salzgehalt des Wassers das zulässige Ladungsgewicht angeben.

Fische schwimmen – oder vielmehr schweben – im Wasser. Dazu müssen sie mit ihrem Körper die Menge Wasser verdrängen, die genauso viel wiegt wie sie selbst. Das regeln die Fische mit ihrer Schwimmblase, die sie über eine Gasdüse mehr oder weniger ausdehnen. Damit ist das Volumen des Fischkörpers der jeweiligen Tauchtiefe angepaßt, in der er schweben will. Schwierig wird es, wenn Fische zu anderen Wassertiefen wechseln. Mit zu-

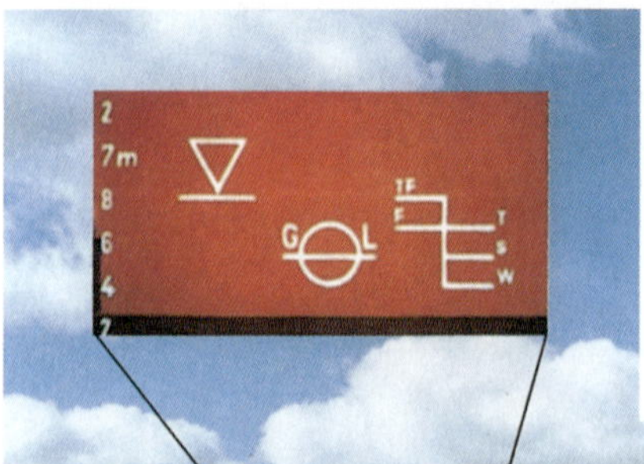

nehmender Tiefe steigt ja der Wasserdruck, weil der Fischkörper mehr Wasser über sich „tragen" muß. Der zunehmende Druck preßt die Fischblase zusammen, der Fisch sinkt also beim Hinabtauchen immer schneller. Der Fischkörper verdrängt ja durch das Schrumpfen immer weniger Wasser, und das Wasser ist ja kaum zusammenpreßbar. Einige Leute behaupten, daß der Fisch diesen Druck ausgleicht. Er pumpt beim Tauchen die Fischblase auf und hält so seine körperliche Ausdehnung und damit den Auftrieb konstant – trotz des größeren Wasserdrucks in der Tiefe. Gegen diese Annahme spricht, daß der Fisch den Gasdruck in der Fischblase nicht sehr schnell regeln kann. Die Funktion der Fischblase ist vielmehr, den Fisch auf einer bestimmten Wassertiefe zu halten. Darauf stellt er mit ihrer Hilfe sein Volumen ein. In dieser Tiefe „schwebt" dann der Fisch. Taucht er tiefer, so wird er dabei durch das Zusammendrücken der Blase durch den steigenden Wasserdruck schneller sinken, steigt er auf, so geht das auch schneller, wenn er die „eingestellte" Tauchtiefe überschreitet. Der abnehmende Wasserdruck läßt die Fischblase größer werden, das größere Körpervolumen verdrängt mehr Wasser, der Auftrieb wird immer größer. Die Fischblase hat offenbar eine relativ passive Rolle beim Tiefenwechsel – die Flossen sind auch hier wichtig.

Ein U-Boot mit einer flexiblen Außenhaut hat beim Tauchen dasselbe Problem wie der Fisch. In größerer Wassertiefe wird die Hülle des U-Boots durch den steigenden Wasserdruck immer stärker zusammengedrückt. Deshalb beginnt das U-Boot immer schneller zu sinken, weil es ja jetzt bei gleichbleibendem Gewicht weniger Wasser verdrängt. Eine gefährliche Situation für ein U-Boot mit zusammendrückbarer Außenhaut. Es muß sich über die Ballasttanks einen Gewichtsausgleich schaffen, um die rasende Fahrt in die Tiefe zu stoppen. Für moderne U-Boote ist das Schrumpfen zu vernachlässigen. Ihre Stahlhülle – und damit das Volumen – schrumpft um zwei bis drei Promille, das entspricht etwa drei Tonnen Auftriebsverlust. Diese Situation kann leicht durch die Auftriebsänderung in den Ballasttanks oder durch Gegensteuern mit dem Antrieb ausgeglichen werden. Stärker wirkt sich die schwankende Seewasserdichte durch den unterschiedlichen Salzgehalt aus. Das kann zu Auftriebsverlusten von bis zu drei Prozent führen. Eine Regelzelle kontrolliert deshalb automatisch die Stabilität des U-Boots in Abhängigkeit von den Wasserbedingungen.

# 46

## Wie etwas besser schwimmt

### Das Kunststück:

Wenn man mit einem Boot unterwegs ist, so muß alles gut verstaut sein, und oft genug mangelt es an Platz. Vielleicht achten Bootsleute deshalb so penibel auf Ordnung. Eine Lösung des leidigen Platzproblems könnte dieser Vorschlag sein: Alles wird in einen wasserdichten Kasten gepackt und unten als „zusätzlicher" Kiel an der Außenwand befestigt. Die Behauptung ist, daß dadurch das Boot weiter aus dem Wasser herausragt als wenn derselbe Kasten im Boot Platz findet. Dieses Kunststück kann man mit einem Modellschiff durchführen. In dem Boot befindet sich ein Stück Eisen. Die Eintauchtiefe des Bootes ist mit einer weißen Linie markiert. Hängt man das Stück Eisen an zwei Haken an den Bootsrumpf und läßt jetzt das Boot schwimmen, so taucht es weitaus weniger tief ein. Also eine elegante Lösung für das Platzproblem: Der Außenbord-Koffer.

### Das knoff-hoff:

Wenn ein Boot ins Wasser taucht, so verdrängt es Wasser. Das Boot wiegt genauso viel wie das von ihm verdrängte Wasser. Diese Gesetzmäßigkeit wird in der Physik „Archimedische Prinzip" genannt. Damit das Boot mit dem Eisenstück schwimmt, muß also – seinem Gewicht entsprechend – eine bestimmte Menge Wasser verdrängt werden. Das Boot taucht bis zu einer bestimmten Tiefe ein. Hängt man das Stück Eisen außerhalb des Boots auf, so ist zwar das Boots-Gewicht inklusive dem Eisenstück gleich geblieben, aber das Eisen verdrängt jetzt selbst Wasser. Der Bootskörper muß jetzt um diesen Betrag weniger Wasser verdrängen. Deshalb ragt er höher aus dem Wasser heraus als vorher. Besonders praktisch ist es jedoch nicht, mit einem solchen Außenkoffer Boot zu fahren.

## *Tricks und Tips:*

Gegenstände können nicht nur in Flüssigkeiten schwimmen. Das zeigt das Kunststück mit dem Salz. Dazu wird normales Kochsalz in eine Schüssel geschüttet. Die Schüssel besitzt unten ein Loch, an das ein Staubsaugerschlauch angeschlossen ist. Wird Luft in diesen Schlauch geblasen, verwirbelt sie die Salzkörnchen, so daß sich das vorher kompakte Salz wie eine „trockene" Flüssigkeit anfühlt. Die zwischen die Körnchen gepreßte Luft läßt diese schweben und leicht hin und her bewegen. Wirft man eine Plastikkugel in diese aufgewirbelten Salzkörner, so schwimmt sie. Eine Stahlkugel allerdings versinkt, weil sie für die trockene „Salzflüssigkeit" zu schwer ist. Es ist allerdings möglich, eine Holzkugel mit Eisen so lange zu beschweren, daß sie in normalem Wasser versinkt, in unserem „Salzbett" jedoch oben schwimmt. Wieder

spielt hier das Prinzip von Archimedes eine Rolle. Das aufgewirbelte Salz besitzt eine höhere Dichte als Wasser. Das von der präparierten Holzkugel verdrängte Volumen reicht deshalb vom Gewicht her aus, um sie in Salz oben schwimmen zu lassen – im Wasser jedoch nicht.

Daß plötzlich etwas auf vorher festem Boden stehendes schwimmen muß, erlebt man häufig bei Erdbeben. In Japan stehen viele Wohngebiete auf Schwemmland. Bei einem Erdbeben kann es passieren, daß durch die Rüt-

telbewegungen Wasser nach oben gedrückt wird. Das vorher feste Land wird zu einer flüssigen Masse. Häuser, die schwerer sind als das von ihnen verdrängte Gemisch aus Sand und Wasser, versinken deshalb. Eine der Gefahren bei Erdbeben.

Das Kunststück mit dem „Salzbett" hat auch eine technische Anwendung. Wenn man in einem Kraftwerk Kohle verbrennt, so muß man die Kohleteilchen in engen Kontakt mit dem Sauerstoff bringen. Deshalb wird die Kohle zermahlen und in den Ofen gebracht. Von unten preßt man dann Luft in den Kohlestaub. Der Staub wird dadurch „flüssig" wie in unserem Salzbett und jedes Teilchen eng vom Luftsauerstoff „umspült". Dadurch optimiert sich die Verbrennung und damit der Wirkungsgrad des Kraftwerks.

# 47

## *Verwinkeltes trägt mehr*

### *Das Kunststück:*

Ein Blatt Papier wird über ein Glas gelegt. Stellen Sie jetzt ein kleines Gewicht darauf, so fällt es – wie erwartet – mit dem Papier in das Glas hinein. Falten sie jedoch das Papier im Zick-Zack und stellen jetzt das Gewicht darauf, trägt diese Konstruktion die Last.

### *Das knoff-hoff:*

Brückenbauer benutzen dieses Wissen, um die Stabilität einer verwinkelten Konstruktion zu verbessern. Die

Kraft, die auf der Brücke lastet, wird durch die Winkelstreben in viele kleine Komponenten zerlegt. Jede Strebe kann die Einzelkraft aufnehmen, ohne

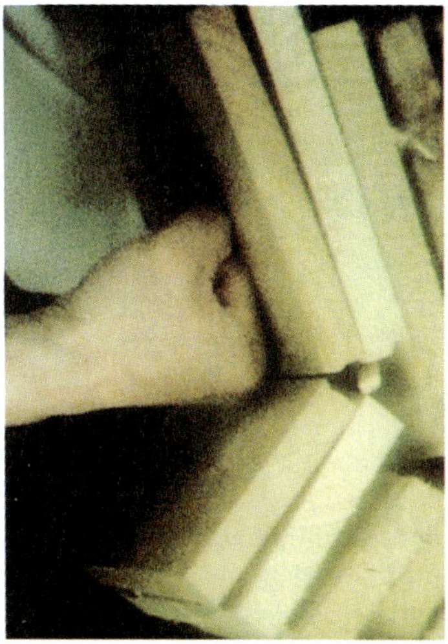

**_Das Kunststück, 3 Bretter mit einem Schlag zu zertrümmern, gelingt durch die Zick-Zack-Konstruktion aus Pappe nicht mehr._**

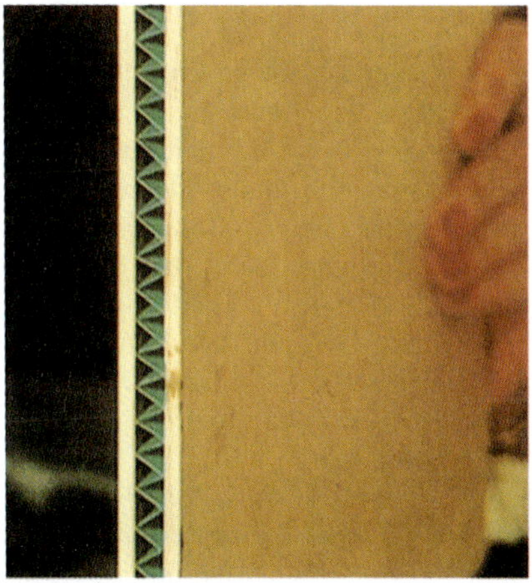

zu zerbrechen. Dieses Prinzip der intelligenten Kräfteverteilung wird bei vielen technischen Entwicklungen benutzt.

## *Tricks und Tips:*

Wie belastbar die Zick-Zack-Konstruktion ist, zeigt dieser Trick: Eine Taekwon-Do-Kämpferin zerschlägt ohne Anstrengung drei Holzbretter. Nehmen wir zwei dünne Bretter und kleben eine „Ziehharmonika“ aus Pappe dazwischen, so gelingt das nicht mehr. Verbundwerkstoffe erhalten durch diesen Trick ihre Festigkeit.

# 48

## Leuchtende Körper

### Das Kunststück:

Licht kann man auf verschiedene Weise erzeugen. Die folgende ist besonders raffiniert. Über eine spitze Elektrode wird an einen kleinen Würfel, der wie ein Sandkorn aussieht, eine Spannung von etwa 1,5 Volt angelegt – das Sandkorn leuchtet gelb auf. So einfach ist es, Licht zu erzeugen. Dabei glühen diese Körner nicht, sondern das Licht wird mit dieser niedrigen Spannung auf andere Weise erzeugt.

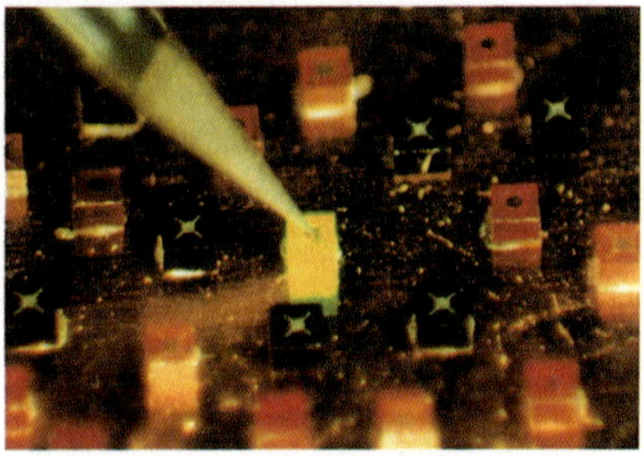

### Das knoff-hoff:

Das Material, aus dem die Körner bestehen, ist ein Halbleiter. In solchen „Festkörpern" denkt man sich die Elektronen in Bändern angeordnet, die verschiedene Energien repräsentieren. Diese Vorstellung steht in Verbindung mit dem Atommodell, in dem sich ja die Elektronen in verschiedenen Bahnen aufhalten. Im Festkörper, einer Aneinanderreihung von Atomen, sind diese Bahnen zu Energiebändern aufgebogen. Die an das Korn gelegte elektrische Spannung hebt nun Elektronen auf ein höheres Energieband. Diese Elektronen fallen nach einiger Zeit wieder auf das energetisch niedrigere Band herunter. Die vorher aufgenommene Energie wird in Licht umgewandelt und abgestrahlt. Je nach dem Abstand der beiden Bänder ist das Licht gelb, rot oder grün. Grünes Licht ist energiereicher als rotes – der Abstand der Energiebänder an diesem Halbleiter muß also größer sein. Bei blauem Licht ist dieser Abstand noch größer.

Auch in einem Glühdraht entsteht Licht durch solche Elektronensprünge. Durch den elektrischen Widerstand wird der Draht beim Durchfließen eines Stromes erwärmt. Die Atome bewegen sich heftig hin und her. Durch diese Stöße werden Elektronen auf ein höheres Energieniveau gehoben. Sie fallen nach einiger Zeit wieder herunter und strahlen dabei Licht ab. Bei der Glühlampe ist die Methode der Lichterzeugung sehr aufwendig – nur ein kleiner Teil der hineingesteckten Energie kann zur Lichtausbeute benutzt werden. Der andere Teil geht durch die Wärmebewegung verloren. Bei den Halbleitern ist die Methode, Elektronen auf das höhere Energieniveau zu heben, eleganter. Nahezu verlustfrei geschieht das hier. Im Ver-

*Eine angelegte elektrische Spannung hebt Elektronen auf ein höheres Energieband.*

*Nach einiger Zeit fallen die Elektronen wieder auf das untere Band zurück. Die dabei frei werdende Energie wird als Licht abgestrahlt.*

gleich zu den Glühlampen spricht man deshalb von „kaltem Licht".

## Tricks und Tips:

Diese kleinen Halbleiterkörner (Bild rechts) werden in Metallspiegel gelegt und verdrahtet. Eine Kunststoffhaut schützt das Korn – und fertig ist eine kleine Lampe, die Sie unter dem Namen LED-Lampe kennen. LED ist die Abkürzung für: **l**ight **e**mitting **d**iode. Solche Lampen können in jedem Elektronikgeschäft gekauft werden. Be-

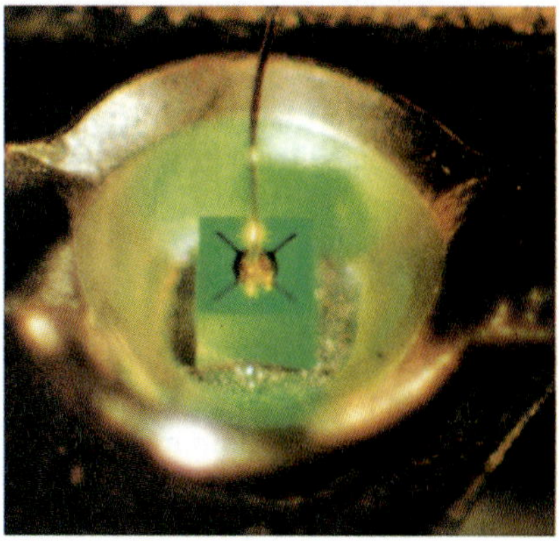

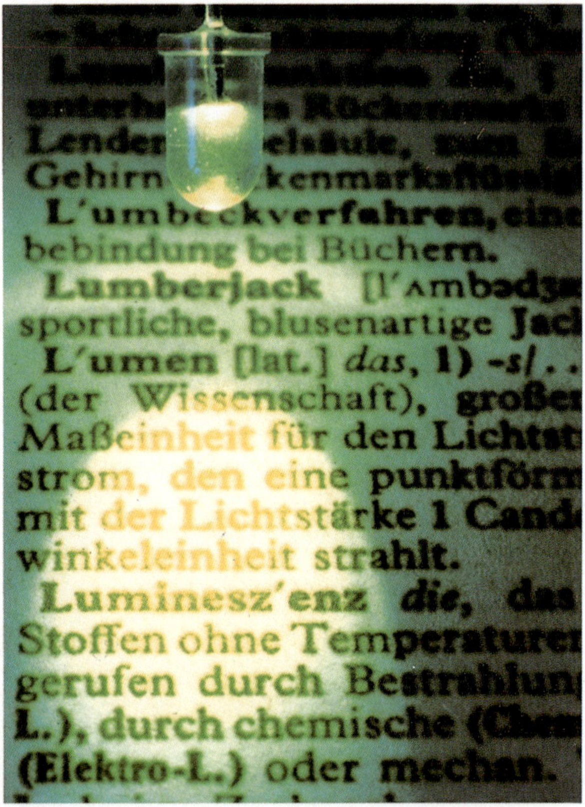


nutzt werden sie zur Leuchtanzeige. Mit den drei Farben Blau, Rot, Grün könnte man prinzipiell auch ein Fernsehbild aufbauen. Dazu müssen diese Körner mikroskopisch klein nebeneinander aufgebracht und entsprechend angesteuert werden. Der Vorteil: Ein großer, flacher Bildschirm; der Nachteil: Bei der Herstellung der vielen Halbleiterpunkte gibt es zu viele Fehlerquellen, zu viele Ausfälle, so daß ein solcher Fernsehschirm sehr teuer ist. Allein schon bei einer Million Bildpunkten würden bei einem unrealistisch niedrigen Preis für ein LED-Korn von einem Pfennig die Materialkosten bei 10 000 DM liegen. Außerdem gibt es Schwierigkeiten, das blaue Licht zu erzeugen. Die Lichtintensität ist gegenüber Rot und Grün mehr als zehnmal geringer, die angelegte Spannung muß zudem höher sein – also Schwierigkeiten bei der elektrischen Verschaltung. Außerdem sind die blauen LEDs teurer, und die Herstellung im großen Maßstab ist noch nicht ohne Probleme möglich. Darüber hinaus entwickelt eine solche Menge von LEDs, auf kleinsten Raum zusammengepackt, eine hohe Abwärme, trotz der eleganten Art, Licht zu erzeugen. Angewendet werden die leuchtenden Körner in Instrumentenanzeigen, z. B. im Auto oder Flugzeug.

# 49

## *Bewegung, in der ein Geist steckt*

### *Das Kunststück:*

Viele Materialien werden von einem Magneten angezogen. Metalle gehören dazu, aber auch da gibt es Ausnahmen. Wenn man versucht, eine Aluminium-Münze mit einem Magneten „anzuziehen" so gelingt das zum Beispiel nicht. Österreichische Groschen sind aus Aluminium, und mit ihnen läßt sich das leicht überprüfen. Bewegt man jedoch den Magneten schnell über der Aluminium-Münze hin und her, so bewegt sie sich plötzlich doch – ohne daß der Magnet die Scheibe berührt. Irgend etwas muß das Aluminium beeinflussen – aber wie wird die Kraft der Magneten auf die Münze übertragen?

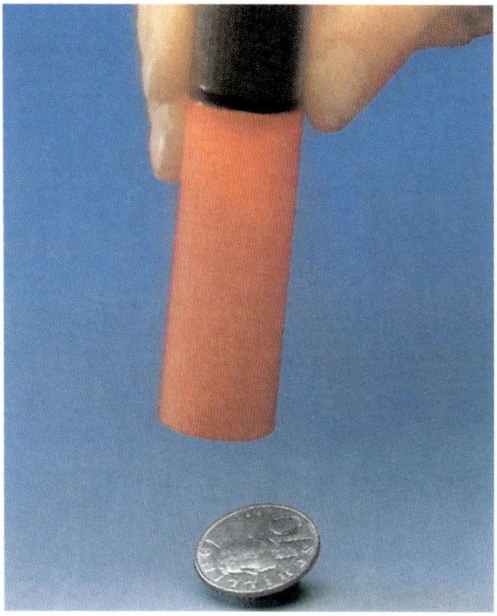

### *Das knoff-hoff:*

Die Beeinflussung von Aluminium durch Magneten läßt sich noch an anderen Beispielen zeigen. Ein Pendel aus Aluminium bewegt sich genauso wie jedes andere Pendel hin und her. Läßt man es jedoch durch das Feld eines Permanentmagneten pendeln, so wird es sichtbar abgebremst. Beim Durchgleiten des Magnetfeldes werden im Aluminium Elektronen auf Kreisbahnen bewegt. Diese Kreisströme nennt man Wirbelströme. Nun baut jeder elektrische Strom um sich ein elektromagnetisches Feld auf. Das Feld dieser Wirbelströme ist dem äußeren Feld entgegengerichtet, so daß bei der Wechselwirkung der beiden Magnetfelder die Bremswirkung ein-

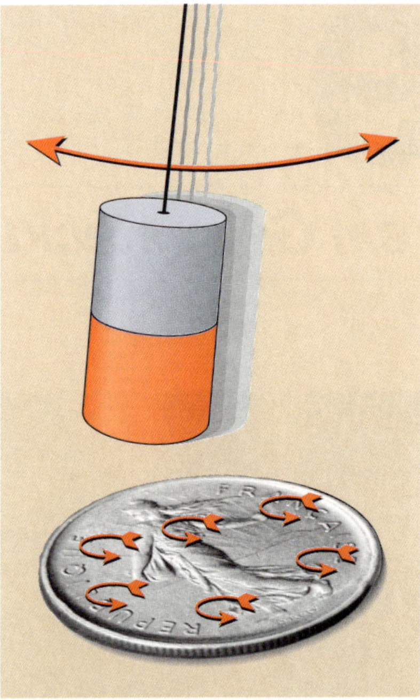

tritt. Und auch der schnell über der Münze bewegte Magnet induziert im Aluminium Wirbelströme. Genauso wie beim Pendel wird dabei die Münze durch die entstehenden Magnetfelder beeinflußt.

## *Tricks und Tips:*

Mit Wirbelströmen lassen sich verblüffende Kunststücke zeigen. Wird ein elektrischer Wechselstrom durch eine Schiene geschickt, an der Einzelspulen befestigt sind, so baut sich mit ihm rasch ein Magnetfeld auf und ab. Dieses Magnetfeld induziert in der darüber gehaltenen Aluminiumdose Wirbelströme, deren Magnetfeld wiederum mit dem ursprünglichen Feld in Wechselwirkung tritt. Die Dose beginnt sich dadurch heftig zu drehen.
Eine andere Möglichkeit, diesen Effekt auszunutzen, ergibt sich, wenn ein Elektromagnet einen senkrecht stehenden Aluminiumstab umschließt. Wird ein Wechselstrom durch die Spule geschickt, so baut sich ein Magnetfeld auf und ab, das wieder-

um im Aluminiumstab Wirbelströme mit den dazugehörigen Magnetfeldern induziert. Dadurch bewegt sich der Elektromagnet hin und her – ein

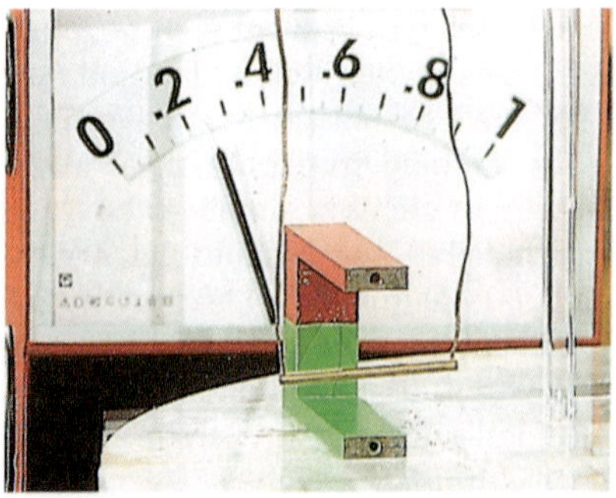

Prinzip, das in Fahrstuhlkonstruktionen angewendet wird.
Die Wirbelströme in Aluminium sind lokal eng begrenzt. In anderen Materialien kann ein Magnetfeld elektrische Ströme mit weitaus größerer Ausbreitung induzieren. Läßt man zum Beispiel eine Leiterschaukel aus Kupfer im Magnetfeld schwingen, so wird hier eine elektrische Spannung induziert, die dafür sorgt, daß durch die Leiterbahn ein elektrischer Strom fließt. Auf diesem Effekt beruht unsere Stromerzeugung und ein wichtiger Teil der Elektrodynamik. Neuerdings hat man es erreicht, diese Induktion auch im Mikrobereich auszunutzen. Eine Rolle spielen dabei die immer effektiver werdenden Magneten aus neuen Materialien, die es erlauben, auf kleinstem Raum starke Magnetfelder zu erzeugen. Damit ist es möglich, eine elektrische Armbanduhr ohne Batterie zu konstruieren. Ein Schwingarm in der Armbanduhr setzt die Bewegungen des Uhrenträgers in pendelnde Bewegungen um. Mit dem Schwinggewicht verbunden ist ein Magnet, der in einer Kupferspule elektrische Spannungen induziert.

Der dabei auftretende elektrische Strom treibt die elektrische Armbanduhr an.
Die Induktion kann man auch für das folgende Kunststück nutzen: Diese Uhr pendelt hin und her – solange die Batterie reicht. Die normalerweise auftretenden Reibungsverluste wer-

den durch eine Elektronik ausgeglichen, die sich im Fuß der Uhr befindet. Je nach der Position des Pendels wird sie über Induktion eingeschaltet und gibt dem Pendel – wiederum über ein induziertes Magnetfeld – den entscheidenen Anstoß. Von außen sieht es so aus, als ob das Pendel ewig hin und her schwingen würde.

# 50

## *Rutschen – aber wie?*

### *Das Kunststück:*

Wie schnell etwas eine Rutsche hinuntergleitet hängt – so glauben viele – allein von der Reibung ab. Aber auch hier gibt es Überraschungen, wie das folgende Kunststück zeigt. Ein Aluminiumblech wird schräg aufgestellt und dann läßt man zwei gleich große, schwere Eisenscheiben hinunterrutschen. Eine davon wurde vorher mit einem Magneten magnetisiert. Aluminium ist nicht magnetisch und deshalb dürfte es eigentlich keinen Unterschied beim Heruntergleiten der beiden Scheiben geben. Beide unterliegen ja der gleichen Reibung mit der Aluminumplatte. Aber wird das Wettrennen dann wirklich durchgeführt, zeigt sich doch ein überraschendes Ergebnis. Die magnetisierte Eisenscheibe ist weitaus langsamer als das

einfache Eisenstück. Noch stärker wird dieser Unterschied, wenn man anstelle der magnetisierten Eisenscheibe einen starken Magneten gleicher Größe ins Rennen schickt.

## *Das knoff-hoff:*

Der Magnet zieht zwar im Ruhezustand das Aluminium nicht an. Bewegt er sich jedoch, so kommt es zu einer Wechselwirkung mit der Unterlage aus Aluminium. Beim Gleiten über die Aluminiumfläche ändert sich lokal ständig die Stärke des Magnetfeldes, weil ja dabei immer neue Aluminiumbereiche in das schwächere Randfeld des Magneten gelangen und dann die volle Stärke des Magneten erfahren. Dieses lokal wechselnde Magnetfeld erzeugt in dem Aluminium kreisförmige elektrische Ströme. Diese „Wirbelströme" wiederum sind – wie jeder elektrische Strom – von einem Magnetfeld umgeben, das überdies dem des darüber hinweg gleitenden Magneten entgegengerichtet ist. Diese beiden Magnetfelder beinflussen sich gegeneinander so, daß die herunter rutschende magnetisierte Scheibe leicht gebremst wird. Diesen Effekt kann man demonstrieren, wenn man ein kleines Stück Aluminium auf eine glatte Tischplatte legt. Wird ein starker Magnet über dem Aluminium schnell hin und her bewegt, so gleitet es plötzlich über den Tisch. Ein Zeichen dafür, wie das Magnetfeld der induzierten Wirbelströme mit dem des Magneten in Wechselwirkung steht.

## *Tricks und Tips:*

Mit den induzierten elektrischen Strömen durch ein sich änderndes Magnetfeld lassen sich noch andere Überraschungen zeigen. Bewegt man einen Magneten in einer Kupferspirale, so werden dadurch auch elektrische Ströme erzeugt. Ein Dynamo oder Generator funktioniert ja genau deshalb. Für das angekündigte Kunststück stellt man zwei etwa ein Meter lange Kupferröhren schräg auf. Die eine Kupferröhre ist über die ganze Länge geschlitzt. Durch diese Röhren läßt man jetzt zwei zylinderförmige

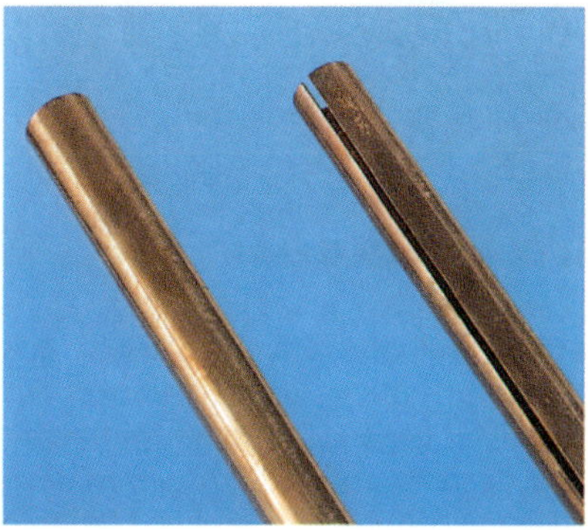

Magneten gleiten. Obwohl die Bedingungen für beide Magneten vergleichbar sind, gleitet der Magnet durch die geschlitzte Kupferröhre weitaus schneller als durch die ungeschlitzte. Nun könnte ja bei diesem Wettrennen der Luftwiderstand eine Rolle spielen. Vielleicht staut sich die Luft in der geschlossenen Röhre? Um diese Unsicherheit auszuschalten, kann man den Schlitz mit einem Klebeband verschließen und das Experiment wiederholen. Wiederum ist der Magnet im geschlitzten Rohr schneller. Wahrscheinlich ahnen Sie schon die Erklärung dafür. Beim Heruntergleiten induzieren die beiden Magnete im Kupfer elektrische Ströme. Die wiederum sind von einem Magnetfeld umgeben, das seine Bremswirkung entfaltet. Durch den über die ganze Länge gehenden Schlitz ist der ringförmige Kupferleiter jedoch unterbrochen. In ihm können sich die induzierten Ströme kaum entfalten und deshalb wird hier der Magnet nur wenig abgebremst. Auch diese Wirkung kann man demonstrieren. Dazu werden an einem Faden zwei Kupferringe aufgehängt – einer von ihnen ist durch einen Schlitz unterbrochen. Schiebt man jetzt einen Magneten

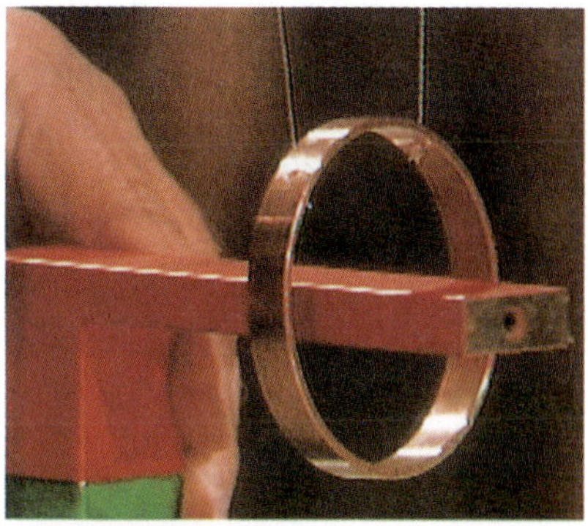

durch den abgeschlossenen Kupferring, so bewegt sich dieser hin und her, weil das Magnetfeld der dadurch induzierten elektrischen Ströme mit dem Magneten in Wechselwirkung steht. Schiebt man jedoch den Magneten im geschlitzten Kupferring hin und her, so reagiert der Ring darauf nicht. Ein Zeichen dafür, wie stark der Schlitz die Ausbildung der induzierten elektrischen Ströme beeinflußt.

Selbstverständlich hängt es auch vom Material ab, wie gut sich die induzierten Ströme entfalten können. Und diesen Effekt kann man in der Technik zur Trennung von unterschiedlichen Materialien ausnutzen. Dazu sind an einer horizontalgelagerten drehbaren Trommel in engen Abständen starke Magnete angebracht. In dem Zwischenraum zur Wand liegen Kupfer, Aluminium und Kunststoff. Wird jetzt die Trommel gedreht, so induzieren die Magnete in den Metallteilen elektrische Ströme. Die Teile werden durch die damit verbundenen Magnetfelder auf der Bahn herumgeführt. Das Aluminium bewegt sich dabei am schnellsten – es ist ja auch leichter als das Kupfer. Dann folgt das Kupferstück. Selbstverständlich bleibt das Kunststoffstück unbeeindruckt auf der Bahn liegen. Es ist ein Nichtleiter und deshalb frei von induzierten elektrischen Strömen. Im großen Maßstab könnte so eine Trennanlage für unterschiedliche Materialien funktionieren.

# 51

## Die nickende Ente

### Das Kunststück:

Jeder hat schon einmal die nickende Ente oder den „trinkenden Storch“ gesehen. Wenn ihr Kopf kurz in ein mit Wasser gefülltes Glas getaucht wird, beginnt sie sich immer wieder nach vorne zu neigen und scheinbar von der Flüssigkeit zu „trinken“. Ist der Schnabel einmal naß, nickt sie auch dann weiter, wenn vor ihr kein Glas mehr steht. Enthält das Glas Alkohol anstelle des Wassers, so beginnt sie sogar heftiger zu trinken oder zu nicken. Der Glasvogel – ein Alkoholiker?

### Das knoff-hoff:

In der Ente befindet sich eine schon bei sehr niedrigen Temperaturen siedende Flüssigkeit. Dieselbe Flüssigkeit findet sich auch in dem sogenannten „Liebesthermometer“. Umschließt man mit der Hand einen solchen „Temperamentmesser“, so sprudelt die Flüssigkeit mehr oder weniger heftig nach oben. Das hat weniger mit unserem Innenleben zu tun, als vielmehr mit warmen oder kalten Händen. Denn, wie bei jeder Flüssigkeit befindet sich ein Teil der Moleküle als unsichtbarer Dampf über dem Flüssigkeitsspiegel. Wird die Flüssigkeit wärmer, so steigt dieser Dampfdruck über der Flüssigkeit. Umschließt man nun mit der warmen Hand das Glas, so läßt die Wärme den Dampfdruck über der Flüssigkeit steigen. Die Moleküle bewegen sich heftiger hin und her, prallen dabei auch auf die Flüs-

sigkeit und drücken dadurch stärker auf ihre Oberfläche, als vorher bei niedriger Temperatur.

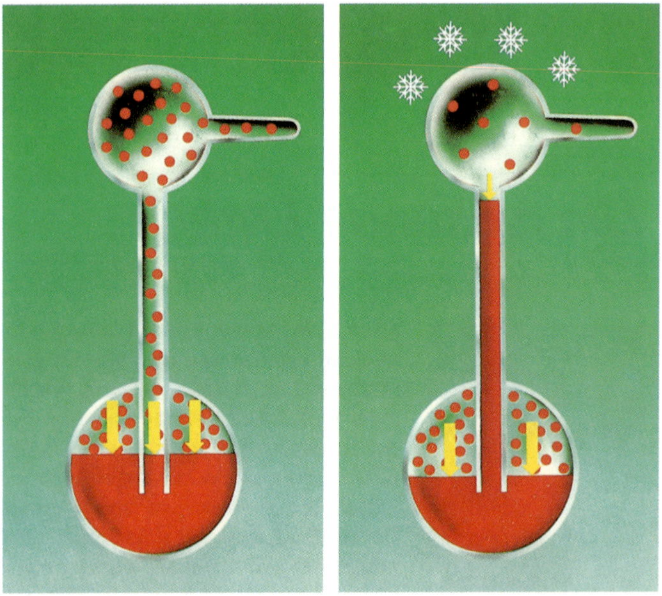

Ohne Kühlung von oben ist der Druck auf die Flüssigkeit in der Röhre und in der unteren Kugel gleich. Mit Kühlung sinkt der Druck in der Röhre – die Flüssigkeit steigt nach oben.

Im oberen Glasraum ist der Druck niedriger – die Flüssigkeit wird nach oben gepreßt. Überprüfen können Sie diese Theorie, indem Sie nur den Glasbereich über der Flüssigkeit – dort wo sie gasförmig ist – mit dem Finger berühren. Auch dann steigt sie nach oben. Sie ist wieder nach unten zu „drücken", wenn Sie die obere Glaskugel umfassen.

Die Ente jedoch nickt ohne Berührung der Hand. Der Trick liegt darin, daß die notwendigen Druckunterschiede mit Hilfe des nassen Entenkopfes erreicht werden. Ist der Kopfbereich – der mit einem Filzstoff überzogen ist – trokken, so schweben über der Flüssigkeit eine bestimmte Anzahl von Teilchen, prallen immer wieder auf die Oberfläche der Flüssigkeit und üben so einen bestimmten „Dampfdruck" aus. Hat sich der Kopf mit Wasser vollgesaugt, so verdunstet es langsam. Die Wasserteilchen „springen" in die umgebende Luft – die Energie dazu entziehen sie dem Glas – der obere Teil der Ente kühlt ab. Damit sinkt der Dampfdruck im Inneren dieses Bereiches – die Teilchen prallen hier nicht mehr so energisch auf den Flüssigkeitsspiegel wie im unteren Teil, wo es ja wärmer ist. Die Flüssigkeit steigt deshalb nach oben. Die Ente ist so befestigt, daß sie bei einem bestimmten Flüssigkeitsstand das Übergewicht bekommt und nach vorne kippt. Zwei Effekte sind damit verbunden: Einmal taucht sie in das Wasserglas ein und kann dadurch den Kopf wieder befeuchten und zum anderen hebt sich das Röhrchenende aus der unteren Flüssigkeit heraus, so daß der Inhalt der Röhre wieder zurückläuft – die Ente richtet sich wieder auf. Alles beginnt dann wieder von vorne.

## Tricks und Tips:

Einmal befeuchtet, nickt die Ente auch ohne Wasserglas. Die Bewegung hört allerdings dann auf, wenn der Filzstoff

*Kaltes Wasser über die erhitzte Flasche gegossen, läßt das Wasser im Inneren aufsprudeln.*

im Kopfbereich getrocknet ist und durch die fehlende Verdunstungskälte kein Druckunterschied mehr vorhanden ist. Warum es mit Alkohol im Glas schneller geht, ist auch verständlich: Alkohol verdunstet schneller als Wasser und kühlt deshalb den Kopfbereich besser ab – der Druckunterschied wird größer – der Vogel lebhafter. Und noch einige Überraschungen kann man mit der Veränderung der Druckverhältnisse erleben, z. B. Wasser allein mit Wasser zum Kochen bringen. Dazu erwärmen Sie das Wasser zunächst in einer gutverschlossenen hitzebeständigen Flasche auf etwa 90 °C. Gießt man jetzt kaltes Wasser über das Wassergefäß, so sprudelt das Wasser auf. Wie bei unserer Ente erniedrigt sich durch die Abkühlung der Dampfdruck über dem Wasser. Dieser Druck hatte vorher Dampfblasen im Wasser am Aufsteigen gehindert – jetzt können sie – weniger behindert durch den herrschenden Druck – emporschießen. Das Wasser scheint zu kochen. Ein Ei kann man mit dieser Methode jedoch nicht kochen – die Temperatur dafür ist zu niedrig.

*Nach dem Erhitzen hält der Dampfdruck die Blasen zurück.*

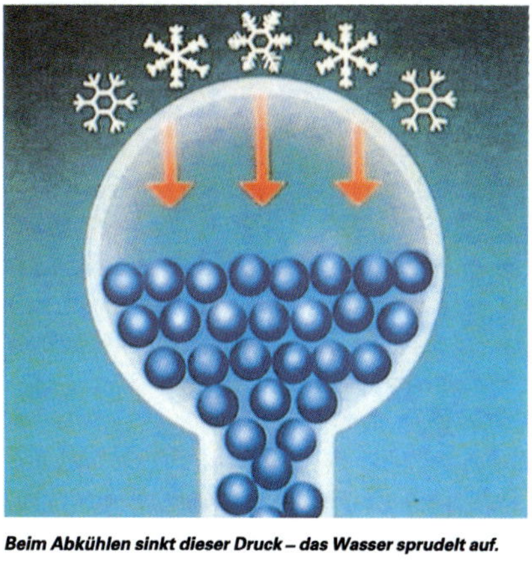

*Beim Abkühlen sinkt dieser Druck – das Wasser sprudelt auf.*

# 52

## *Mit Schall zaubern*

### *Das Kunststück:*

Ein Luftballon wird mit Kohlendioxid gefüllt. Dieses Gas ist schwerer als Luft, also kann man den Ballon sehr leicht an einem Faden von der Decke herabhängen lassen. Flüstert man nun leise hinter dem Ballon einige Worte, so sind sie plötzlich in einem bestimmten Abstand vom Ballon sehr deutlich zu verstehen. Der Ballon hat offenbar eine verstärkende Wirkung auf die Flüstersprache. Führt man das Experiment genauer mit einem Lautsprecher hinter dem Ballon durch, so kann man wiederum in einem bestimmten Abstand einen Bereich entdecken, in dem sich die Schallwellen konzentrieren. Eine brennende Kerze flackert hier stark hin und her und kann bei einer bestimmten Frequenz und Intensität der Schallwellen sogar ausgelöscht werden.

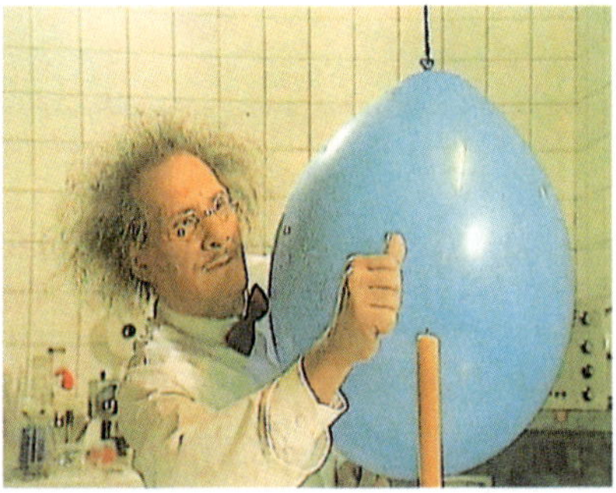

### *Das knoff-hoff:*

Bekannt ist, daß man Lichtstrahlen auf ihrem Weg gezielt beeinflussen kann. Linsen übernehmen die Aufgabe, Licht zu bündeln oder zu zerstreuen. Das gelingt deshalb, weil die Lichtstrahlen beim Übergang vom optisch dünneren Medium – Luft zum Beispiel – zum optisch dichteren, Glas im Fall der optischen Linsen, gebrochen werden. Bei Schallwellen hat man vergleichbare Möglichkeiten. Auch sie werden beim Übergang von einem dünneren zu einem dichteren Medium gebrochen. Im Luftballon befindet sich ja das dichte Kohlendioxidgas. Deshalb wirkt der Luftballon wie eine akustische Linse. Es gibt einen „Brennpunkt" der Schallwellen, in dem sie konzentriert sind, und das ist der Bereich, in dem man das Flüstern besonders gut hört und in dem die Kerze flackert.

Auch andere Kunststücke sind mit Schallwellen möglich, die dem Verhalten von Lichtstrahlen gleichen, zum Beispiel wenn man in einem bestimmten Abstand Hohlspiegel einander gegenüberstellt. Im Brennpunkt des einen Hohlspiegels befindet sich eine Schallquelle, im Brennpunkt des gegenüberstehenden Spiegels brennt eine Kerze. Strahlt jetzt der Lautspre-

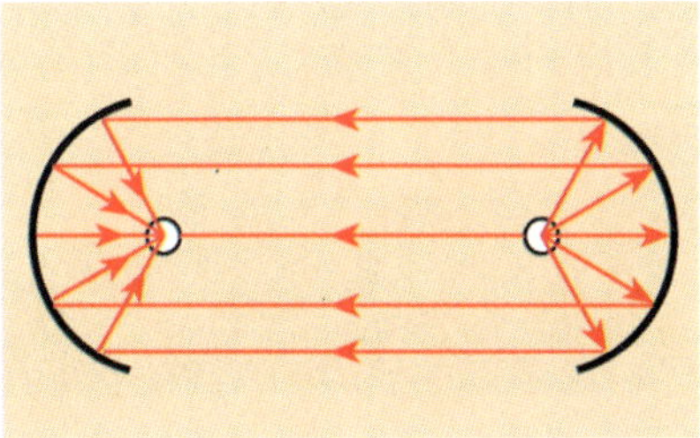

cher Schallwellen ab, so beginnt die Kerze plötzlich heftig zu flackern – obwohl sie 10 m entfernt ist! Auch hier passiert das gleiche wie beim Licht. Die Schallwellen im Brennpunkt treffen auf den Hohlspiegel, werden von ihm reflektiert, treffen auf den gegenüberliegenden Hohlspiegel und konzentrieren sich in dessen Brennpunkt. Und dort bringt der Druck der Schallwellen die Kerzenflamme zum Flackern.

Hohlspiegel für Schallwellen kann

man auch einsetzen, um zum Beispiel Vogelstimmen zu belauschen. Verblüffend ist ein Experiment mit einer gebogenen Wand. Im Brennpunkt befindet sich das Mikrofon, so daß selbst schwache Geräusche noch über große Entfernungen hörbar sind. Auf der einen Seite steht eine brennende Kerze. Hält man einen Lautsprecher an die gegenüberliegende Seite, so beginnt die Kerze zu flackern. Auch hier werden die Schallwel-

len – wie beim Licht – entlang der gebogenen Wand reflektiert. Hält man eine Holzplatte vor die Kerze, so brennt sie wie vorher ruhig weiter. Ein Beweis dafür, daß die Schallwellen das Flackern verursachen. Dieses Wissen um das Verhalten des Schalls hat man schon seit der Antike genutzt. Theater wurden so gebaut, daß auch die Zuschauer hoch droben in den letzten Reihen die Schauspieler verstehen konnten. Genauso wie bei unseren Experimenten wurde hier die Möglichkeit genutzt, Schallwellen geschickt zu reflektieren. Auch Kuppelbauten sind bekannt, in denen man an verschiedenen Punkten die Gespräche durch Reflexion an dem „Kuppel-Hohlspiegel“ belauschen konnte.

## *Tricks und Tips:*

Schallwellen transportieren Energie. Treffen sie zum Beispiel auf unser Trommelfell, so wird es durch den Schalldruck in Schwingungen versetzt, und wir können über einen Mechanismus im Innenohr hören. Oft ist dieser Schalldruck sehr hoch – und in extremen Situationen kann deshalb das Hörsystem geschädigt werden. Eine überlaute Disco kann daher recht ungesund sein. Wie stark ein solcher Schalldruck ist, zeigt ein Experiment mit einem Lautsprecher und einer Folie. Wird die Folie über den Lautsprecher gezogen und Musik abgespielt, so bewegt sich die Folie heftig hin und her. Diese Energie pflanzt sich durch die Luft fort und erreicht unser Ohr. Die Auswirkungen von Schallwellen werden in einem Kunststück mit einer Röhre, durch die Gas strömt, sichtbar. Ein Lautsprecher gibt einen reinen Sinuston ab, und die Wellenberge und -täler – d. h. die Druckverteilung – ist an den höheren oder kürzeren Gasflammen genau zu sehen.

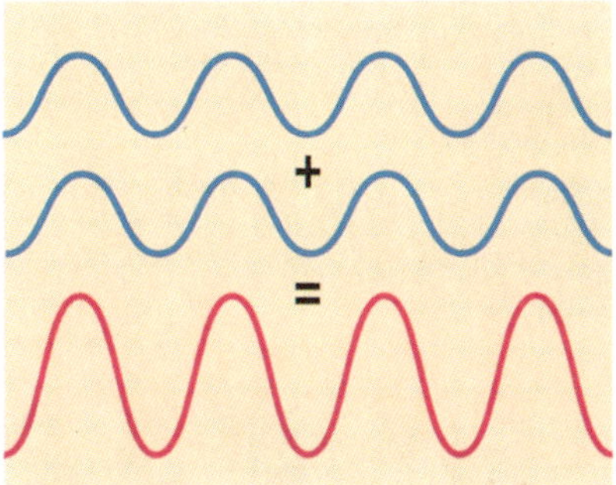


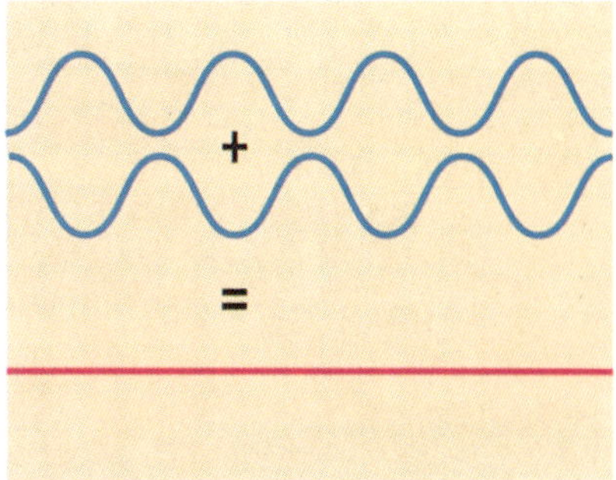


Diese Druckverteilung brachte Techniker auf die Idee, eine neue Methode der Lärmbekämpfung zu entwickeln. Überlagern sich zwei Wellen so, daß Wellenberg über Wellenberg zu liegen kommt, so verstärken sich diese Wellen. Strahlt man nun auf eine Tonquelle Schallwellen mit entgegengesetzter Phase, so trifft das Wellental der einen Welle auf einen Wellenberg der anderen Welle. Als Ergebnis löschen sich beide Wellen aus. Mit reinen Tönen funktioniert das ganz gut – aber der Lärm, den es zu bekämpfen gilt, besteht ja aus einem Gemisch verschiedener Frequenzen. Deshalb übernimmt bei dieser neuartigen Methode zur Lärmbekämpfung ein Computersystem die Aufgabe, der Lärmquelle jeweils das entgegengesetzte Frequenzgemisch entgegenzuschicken. Damit ist es möglich, einen erheblichen Teil des Lärms auszulöschen. Piloten zum Beispiel setzen dazu Kopfhörer auf, um mit den Antifrequenzen den Kabinengeräuschpegel durch Auslöschung der Schallwellen niedrig zu halten. Dieses Verfahren hilft auch beim Autofahren. Um den Autolärm zu mindern, sind bei diesem Modell am Auspuff zwei Lautsprecher angebracht. Ein Computer steuert je nach Frequenzzusammensetzung des Lärms, welche Frequenzen abgegeben werden müssen, um die Schallwellen

am Auspuff auszulöschen. Welch hohe Druckwellen Schall erzeugen kann, zeigt sich bei einer Explosion. Will man in einem Bergwerk eine größere Wand absprengen, so macht man das nicht mit einer einzigen gro-

ßen Sprengladung. Die entstehende Druckwelle könnte so groß sein, daß sie unbeabsichtigt Zerstörungen in der Umgebung anrichtet. Die Sprengladung wird in kleine Portionen zerlegt und dicht nebeneinander plaziert. Die Zündung erfolgt dann zeitlich versetzt, so daß statt einer großen, zerstörerischen Druckwelle kleinere Einzeldruckwellen durch die Luft laufen, die sich gegenseitig beeinflussen und auch teilweise auslöschen können. So wird der Schaden durch die Druckwelle gering gehalten. Wie groß der Schalldruck von einem Lautsprecher sein kann, zeigt dieses Experiment. Eine Schüssel aus Kunststoff ist über einer Lautsprechermembran plaziert. Strahlt der Lautsprecher Schallwellen ab, so hebt sich die Schüssel in die Höhe. Die Stäbe an den Seiten dienen nur der Stabilisierung der Schüssel.

# 53

## Warum mancher Fisch rot ist

### *Das Kunststück:*

Wenn Sie den roten Riff-Fisch durch eine blaue Folie betrachten, so sieht er dunkel aus – er ist vom Hintergrund kaum zu unterscheiden. Ist der Fisch deshalb rot? Wir haben ihn einmal mit Unterwasserlampen fotografiert und zum anderen im natürlichen Licht des Ozeans.

### *Das knoff-hoff:*

Das nebenstehende untere Foto wurde mit einer blauen Folie projiziert. Diese Lichtverhältnisse sind in der Natur wirklich vorhanden. Taucher wissen, daß nach drei bis vier Metern Tauchtiefe auch das klarste Wasser blau aussieht. Das liegt daran, daß die roten Anteile des weißen Sonnenlichtes vom Wasser eher verschluckt werden als die blauen. Erst mit Lampen unter Wasser erscheint die Tierwelt so farbig und knallig bunt, wie wir es von Unterwasserfilmen gewohnt sind. Ein roter Fisch ist also im tiefen Wasser bestens getarnt, denn rot ist er deshalb, weil er alle anderen Farbanteile des weißen Lichts – Grün und Blau – mit seinen Pigmenten verschluckt und nur den roten Anteil reflektiert. Ist aber kein roter Lichtanteil mehr in drei bis fünf Metern Tiefe im Wasser vorhanden, erscheint er grau oder schwarz wie die Nacht und ist von den grauen Felsen im Riff kaum zu unterscheiden. Aber es gibt auch blaue Fische unter Wasser. Wie sie wirken, kann man auch in dem blau gehaltenen Foto sehen. Ein blauer Fisch hebt sich hier besonders gut ab. Der Fisch ist ja deshalb blau, weil er grüne und rote Farbanteile verschluckt, die blauen aber reflektiert. Wie immer in der Natur ist das Verstecken nicht die einzige Schutzmöglichkeit – einige Fische wollen sogar auffallen, um auf ihre Abwehrfähigkeit hinzuweisen. Und diese Fische müssen im tiefen Wasser deshalb blau sein.

## *Tricks und Tips:*

Auffallen will auch ein Metzger mit seiner Ware. In den Köpfen der Konsumenten hat sich nun einmal festgesetzt, daß rotes Fleisch besonders frisch und appetitlich ist. Normalerweise ist Fleisch ja rot. Das liegt an dem Muskelfarbstoff Myoglobin, der den roten Anteil des weißen Lichts reflektiert – die anderen Farben (Grün und Blau) verschluckt. Um nun den Eindruck des roten Fleisches zu verstärken, benutzen einige Metzger in ihrer Ladentheke Leuchtstoffröhren, die besonders viel Rot abstrahlen – obwohl der Gesamteindruck für unser Auge noch fast weiß ist. Der Effekt: Unter der Ladentheke sieht das Fleisch appetitlich rot aus, darüber – im normalen Licht – nicht mehr. Deshalb wird es auch schnell eingepackt. Auf dem Foto ist derselbe Wurstteller auf der einen Seite mit normalem weißen Licht aufgenommen, die andere Seite wurde mit rotem Licht bestrahlt.

Bis zu einer bestimmten Grenze ist diese Verschönerung mit dem roten Licht erlaubt, aber es gibt auch hier Hersteller, die zuviel Rot in das weiße Licht ihrer Leuchtstoffröhren packen. Ein guter Tip ist es, die Hände des Verkäufers unter der Ladentheke zu beobachten. Erscheinen sie zu rot und darüber blaß, dann ist der Trick schnell durchschaut. Übrigens, auch Spiegelbeleuchtungen können einen höheren Rotanteil haben, damit die Damen besser aussehen.

*Die verschiedenen Farben – die Wellenlängen des Lichtes – werden vom Wasser unterschiedlich stark absorbiert.*

# 54

## Gläser zersingen – aber wie?

### Das Kunststück:

Die Geschichte vom (von der) Opernsänger(in), der (die) durch seine (ihre) Stimme ein Sektglas zum Zerplatzen bringen kann, hat schon jeder irgendwo gehört. Einige haben es sogar schon im Film gesehen. Aber im Film gelten andere Maßstäbe – dort wird getrickst. Auch zerpfeifen soll man Gläser angeblich können. Aber immer, wenn man nachhakt, war alles ganz anders. Wir haben in der knoff-hoff-Show die Zuschauer gefragt, ob sie so etwas können oder jemanden mit dieser Fähigkeit kennen, aber keiner hat sich gemeldet – bei immerhin etwa 20 Millionen Zuschauern im In- und Ausland. Verführerisch ist die Idee schon, durch die Schallwellen das Glas zum Zerplatzen zu bringen. Wir haben es sehr lange mit einer Dame vom Fach und langanhaltender Stimme probiert – aber zu mehr, als das Glas zum Zittern zu bringen, hat es nicht gereicht. Offensichtlich fehlt beim Zersingen oder Zerpfeifen eines Glases einfach die Puste. Endlich, als ein Lautsprecher die Funktion der menschlichen Stimme übernommen hatte, klappte es – wie auf der Momentaufnahme zu sehen ist.

### Das knoff-hoff:

Wichtig ist der Lautsprecher. Er muß eine hohe Ausgangsleistung abstrahlen. Wir haben einen Druckkammerlautsprecher benutzt. Ein Trichter bündelt die Schallwellen. Der Trick ist, daß man die Eigenfrequenz (Resonanz) des Glases findet, d. h. bei welcher Frequenz das Glas in Schwingungen gerät, die dann leicht aufzuschaukeln sind. Diese Frequenz hängt vom Volumen, der Dicke der Glaswand und anderen Gegebenheiten ab. Stellt man einen Bleistift in das Glas und fährt mit einem Frequenzgenerator die verschiedenen Frequenzen ab, so beginnt der Bleistift bei der richtigen Frequenz – der Eigenfrequenz – zu vibrieren und dreht sich sogar im Kreis – ein Zeichen dafür, daß das Glas jetzt richtig „durchgeknetet" wird. Bei dieser Frequenz ist es nur noch ein Frage der Zeit, wann das Glas diese Belastung durch die Schallwellen nicht mehr aushält und zerspringt. Klar wird aus diesen Experimenten, daß der menschliche Atem einfach nicht ausreicht, um die richtige Frequenz so lange zu halten. Deshalb kann man

den Geschichten über das „Zersingen" oder „Zerpfeifen" von Gläsern nicht glauben.

## *Tricks und Tips:*

Um ein Gefühl für die Eigenfrequenz zu bekommen, ist das folgende Kunststück ganz nützlich. Ein Lautsprecher strahlt Schallwellen ab. Aber obwohl Schallwellen ja Druckschwankungen in der Luft sind, reagiert die Kerzenflamme kaum darauf. Wunder wirkt jedoch eine hohle Glaskugel, die auf der einen Seite eine größere Öffnung besitzt und auf der entgegengesetzten einen spitz zulaufenden Auslaß hat. Stellt man diese Glaskugel zwischen Lautsprecher und Kerzenflamme und verändert mit einem Generator die Frequenz, so beginnt bei einer bestimmten Frequenz die Kerzenflamme zu flackern. Die Schallwellen werden in dem Hohlraum der Glaskugel offensichtlich verstärkt. Der dabei austretende Luftstrom reicht aus, um die Flamme auszulöschen. Wie groß diese Resonanz- oder Eigenfrequenz ist, hängt weitgehend von der geometrischen Dimension, d. h. von der Form der Glaskugel, ab. Eine kleinere Glas-

kugel zeigt bei einer anderen Frequenz diese Resonanz. Bei der Resonanzfrequenz werden die ankommenden Schallwellen in der Glaskugel reflektiert und verstärken sich dadurch. Ein Effekt, der vergleichbar mit dem Singen im Badezimmer ist. Bei der richtigen Frequenz und bei der richtigen Stimmlage scheint der ganze Raum zu vibrieren.

# 55

# *Stromfestes Wasser*

## *Das Kunststück:*

Mit elektrischem Strom aus der Steckdose zu hantieren ist äußerst gefährlich. Der Strom, der unter hoher Spannung steht, sucht sich überall seinen Weg – sogar durch die Luft. Bei unserem Experiment ist die elektrische Spannung so hoch, daß die Elektronen den Weg durch die Luft zwischen den beiden Elektroden überbrücken. Dabei treffen sie auf Luftmoleküle und bringen sie zum Leuchten. In diesem Bereich erwärmt sich die Luft und steigt nach oben. Deshalb bewegt sich die Leuchterscheinung, die den Entladungsweg markiert, zwischen den V-förmigen Elektroden nach oben. Weil der elektrische Strom mit einer hohen Spannung so gefährlich ist, bedarf es eigentlich keines Versuches mehr, der zeigt, was passiert, wenn ein Fernsehgerät ins Wasser fällt. Es zischt einmal ganz kurz, und die Sicherungen schalten den Stromkreis ab. Ein gefährliches Experiment, das keiner wagen sollte! Aber mit einer anderen „klaren Flüssigkeit" gelingt das Kunststück offenbar, mit einem wasserdurchlässigen Fernsehapparat und seinen offenen elektrischen Leitungen, auch unter „Wasser" fernsehen zu können.

## *Das knoff-hoff:*

Daß Strom durch Wasser fließen kann, ist jedem bekannt, und das macht ja auch den Umgang mit elektrischen Geräten im Badezimmer so gefährlich. Im Wasser befinden sich gelöste Salze, die in Ionenform elektrisch geladen sind, und zudem besitzen die Wassermoleküle selbst Dipolcharakter, d. h. sie zeigen an ihren Enden elektrisch unterschiedliche Ladungsbereiche. Und das sind gute Voraussetzungen für einen elektrischen Strom. Eine alte Frage ist ja immer, was passiert, wenn ein Wanderer seine Notdurft an einem elektrisch geladenen Weidezaun verrichtet. Er bekommt einen elektrischen Schlag, weil in seinem Urin viele Salze gelöst sind, sein Strahl also elektrisch leitend ist und der Strom deshalb leicht vom Weidezaun über den Strahl durch seinen Körper in den Boden fließen kann. Auf unserem Foto ist das etwas übertrieben dargestellt. Zur Explosion kommt es dabei nicht.

Viele Erfinder haben sich mit der Stromleitung in Flüssigkeiten beschäftigt. Erst kürzlich wurde wieder in England die Idee vorgestellt, den elektrischen Strom dazu zu benutzen, um zum Beispiel Suppen direkt zu erwärmen. Dazu werden zwei Elektroden in die Suppe gehängt und eine elektrische Spannung angelegt. Beim Durchfließen der Suppe treffen die Elektronen auf einen elektrischen Widerstand, und dadurch erwärmt sich die Suppe. In der Suppe sind ja genügend Salze gelöst, die die elektrische Leitfähigkeit erhöhen. Aber diese Methode der Kochkunst konnte sich noch nicht durchsetzen. Gedacht wäre sie für Großküchen, die es mit riesigen Mengen zu tun haben. Bei den konventionellen Methoden der Erwärmung geht ja ein großer Teil der Energie verloren. Die Idee ist sicher ganz interessant – das Experiment im Suppenteller aber lebensgefährlich! Genauso wie der Versuch, einen Fernseher unter Strom ins Wasser zu werfen. Das Wasser verursacht wegen seiner leitenden Eigenschaft sofort Kurzschlüsse. Warum aber gelingt das Kunststück mit der anderen glasklaren Flüssigkeit? Selbstverständlich ist das kein Wasser, sondern fluorierter Kohlenwasserstoff. Diese Substanz leitet elektrischen Strom nicht. Der Fernseher läuft also in dieser Flüssigkeit ohne Kurzschluß weiter. Wegen dieser Eigenschaft wird diese Flüssigkeit für eine spezielle technische Anwendung benutzt. In Großrechnern fließen ja Elektronen blitzschnell hin und her.

Wegen des elektrischen Widerstandes erhitzen sich deshalb die Leiterbahnen auf den elektronischen Chips. Bei bestimmten Anwendungen reichen sogenannte Kühltürme nicht aus, um unterhalb einer bestimmten Arbeitstemperatur zu bleiben. Diese Kühltürme bestehen aus Metallstükken, die die Wärme von den erhitzten Chips nach außen leiten.
Die notwendige Kühlung in Großrechnern übernimmt nun diese klare Flüssigkeit. Sie umspült die Chips, ohne daß Kurzschlüsse entstehen, und führt dadurch die Wärme ab. Für kleinere Computer wird sie in Beutel abgefüllt und in den temperaturerzeugenden Bereichen in Kontakt mit den Chips gebracht, um die Wärme aufzunehmen.

## *Tricks und Tips:*

Welchen Einfluß elektrische Spannungen auf lebende Organismen haben können, zeigt auch eine recht unfaire Methode von Anglern, die Regenwürmer sammeln. Sie stecken zwei Metallstäbe als Elektroden in den Boden und legen eine hohe elektrische Spannung ein. Dadurch werden die Regenwürmer aus dem Boden getrieben. Dieses Verfahren ist übrigens verboten und lebensgefährlich!

Welchen Weg der Strom bevorzugt nimmt, ist übrigens leicht an einer elektrischen Eisenbahn zu sehen. Bei diesem System führen beide Schienen den Strom, und der elektrische Strom fließt durch den Elektromotor der Lo-

komotive von einer Schiene zur anderen. Legt man einen Kupferpfennig auf die Schienen, so fließt jetzt der Strom durch den Pfennig – die Lokomotive bleibt sofort stehen. Der elektrische Strom erwärmt den Kupferpfennig – ein Zeichen dafür, welchen Weg er nimmt. Daß er jetzt nicht mehr durch die dünnen Drahtwindungen des Elektromotors in der Lokomotive fließt, liegt daran, daß dort der elektrische Widerstand größer ist als auf seinem Weg durch das dicke und gut leitende Kupfermaterial des Pfennigs. Der elektrische Widerstand ist ja auch vom Durchmesser des Materials abhängig. Es ist sogar möglich, den Weg der Elektronen sichtbar zu machen. Dazu benötigt man einen Kaliumchloridkristall, an dem zwei Drähte befestigt sind. Dieser Kristall ist durchsichtig. Legt man jetzt eine elektrische Spannung an den Kristall, so ist eine Farbwolke zu beobachten, die sich im Kristall ausbreitet. Wird die Spannung ausgeschaltet, so zieht sich die Wolke wieder zurück. Dieses Experiment funktioniert übrigens nur in einem Ofen bei etwa 600° C. Die Elektronen besetzen beim Anlegen einer Spannung sogenannte Fehlstellen im Kristall. Der Kristall ändert dadurch seine optische Eigenschaften und färbt sich in diesem Bereich blau. Und das zeigt dann die Ausbreitung der Elektronenwolke an.

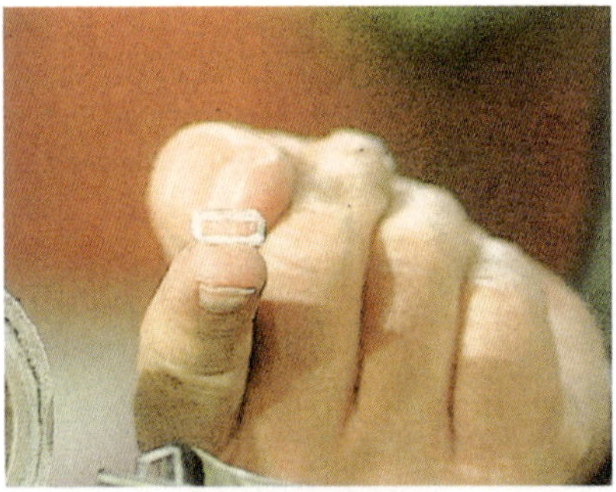

Der elektrische Widerstand, den die Elektronen überwinden müssen und die dabei das Leitermaterial erwärmen, hat ja auch seine guten Seiten. Man kann dadurch zum Beispiel Metalldrähte zum Glühen bringen. Das wird bei elektrischen Glühbirnen auch ausgenutzt. Aber nur ein relativ kleiner Teil der hineingesteckten elektrischen Energie wird dabei in Lichtenergie umgewandelt. In den letzten Jahren wurden deshalb sogenannte Energiesparlampen entwickelt. Dabei wandern die Elektronen durch ein Gas – es entsteht ein Plasma, eine Ansammlung von elektrisch geladenen Teilchen, die auf eine Leuchtschicht an der Innenseite der Lampe treffen und diese zum Leuchten bringen. Wie bei der direkt elektrisch erwärmten Suppe ist bei dieser Methode die Energieausbeutung besser – die Lampe erwärmt sich weniger stark als eine herkömmliche Glühlampe. In der Schlierenfotografie ist das deutlich zu erkennen. Weniger erwärmte Luft befindet sich über der Sparlampe (rechts). Allerdings wird sie auch teurer verkauft. Diese Sparlampen sind prinzipiell nichts anderes als die schon lange bekannten Leuchtstoffröhren. In den letzten Jahren ist es nun gelungen, die Glasröhren in dieser kleinen, gefalteten Form herzustellen und auch kleinere Zünder für das Plasma zu entwickeln.

# 56

## Die Geschichte mit den breiten Reifen

### *Das Kunststück:*

Breite Reifen am Auto sehen „stark" aus – für die rennbegeisterten Fans. Ihr Ziel ist es, auch den Privatwagen mit breiteren Reifen auszustatten. Nicht nur, um dem Rennfahrerideal näher zu sein – nein – mehr Sicherheit sollen die breiten Reifen bringen. Der Wagen haftet angeblich mit breiten Reifen besser als mit schmalen, weil ja mehr Fläche den Boden berührt, die dann mit der damit vergrößerten Reibung den Wagen nicht wegrutschen läßt. Auf der Straße ist die Wahrheit dieser Behauptung schwer nachzuprüfen. Zum einen verursacht das Experiment unnötige Gefahren – zum anderen sind die Ergebnisse sehr stark von Straßenoberfläche, Gewicht des Autos und anderen Einflüssen abhängig. Zur Klärung der Frage ist dieses Kunststück hilfreich: Zwei gleiche Holzklötze werden mit der gleichen Kraft über einen Tisch gezogen. Dazu sind Gewichte mit einer Schnur an den Klötzen befestigt und sinken über die Rollen nach unten. Der eine Holzklotz liegt auf der breiten Seite, der andere auf der schmalen. Das Erstaunliche am Ausgang dieses Rennens ist, daß beide Holzklötze gleich schnell sind. Wohlgemerkt, beide Holzklötze haben dasselbe Gewicht, dieselbe Oberflächenbeschaffenheit usw. Ungläubige können im zweiten Versuch die Holzklötze umdrehen, so daß der vorher auf der schmalen Seite gerutschte Holzklotz jetzt auf der breiten – gleitet.

### *Das knoff-hoff:*

Dieses Spiel zeigt, daß die breiten Reifen dieselbe Reibung auf der Straßenoberfläche haben wie die schmalen. Es ist also falsch, bei den breiten Reifen eine bessere Haftung des Autos auf der Straßenoberfläche zu vermuten; denn die Haftreibung ist von der Größe der Berührungsfläche unabhängig. Sie wird nur von dem Gewicht und der Beschaffenheit der Reibungsfläche bestimmt. Erhöht man das Gewicht, so vergrößert sich auch die Reibungskraft. Das ist mit den Klötzen nachzuprüfen. Legt man ein Gewicht auf den einen Klotz und läßt beide Holzklötze auf der gleichen Seite gleiten, so bleibt der mit dem Gewicht beschwerte Klotz zurück, die Reibung ist für ihn größer geworden. Rennautos fahren mit breiten Reifen, weil sie dadurch eine bessere Seitenstabilität bekommen – aus rein mechanischen Gründen also. Breite Reifen haben niedrigere Seitenwände, so daß sie sehr schnell auf Lenkbewegungen reagieren. Je breiter der Reifen, desto geringer die Verformung durch seitlich auftretende Kräfte – bei Kurvenfahrten etwa. Im Extremfall sind die Zusammenhänge jedoch nicht so einfach; denn ganz genau simuliert der Versuch mit den Holzklötzen die Wirklichkeit nicht. Messungen haben gezeigt, daß sich durch die unterschiedliche Rauhigkeit des Straßenbelages der Druck auf die Reifenfläche punktweise erhöhen kann. In Extremsituationen kommt es dabei zu lokalen Temperaturerhöhungen, die ab einem bestimmten Wert die Reifenoberfläche und damit den Reibungskoeffizienten verändern. In unserem Experiment war dieser Faktor ja konstant. Bei schmalen Reifen kann diese Veränderung leichter auftreten als bei breiten; denn der Anpreßdruck ist bei breiteren Reifen geringer, weil sie die Kräfte besser verteilen. In diesem Extremfall ist dann die Haftreibung bei den breiten Reifen durch die veränderten Oberflächenbedingungen tatsächlich höher als bei schmalen Reifen. Ein privater Autofahrer kommt jedoch nicht in diese Extremsituation.

Die Haftreibung ist nicht die einzige Reibung, die beim Autofahren auftritt. Wenn Sie Ihr Auto plötzlich stark abbremsen und dabei die Räder blockieren, so scheinen Sie sogar schneller zu werden. Rollt das Rad nicht mehr, so kommt ein anderer Reibungsfaktor ins Spiel, der weitaus geringer als der

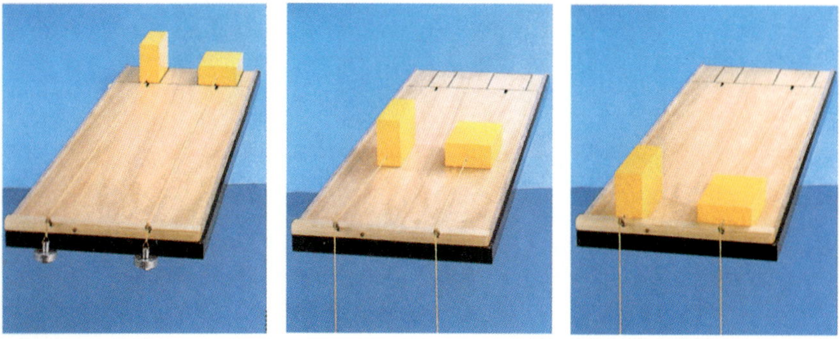

***Beide Klötze sind gleich schwer und deshalb hier gleich schnell. Die Haftreibung ist unabhängig von der Größe der Auflagefläche.***

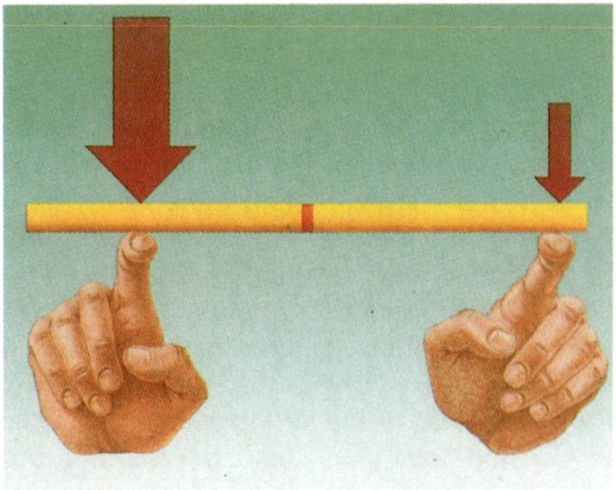

*Links ist bei dieser Belastung die Haftreibung am größten.*

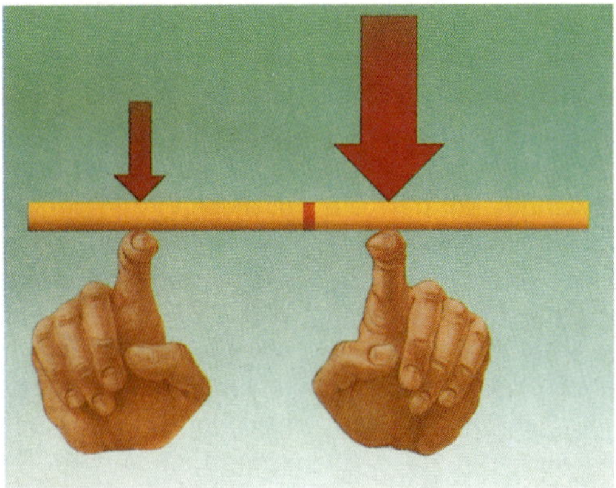

*Jetzt hakt der Finger – rechts.*

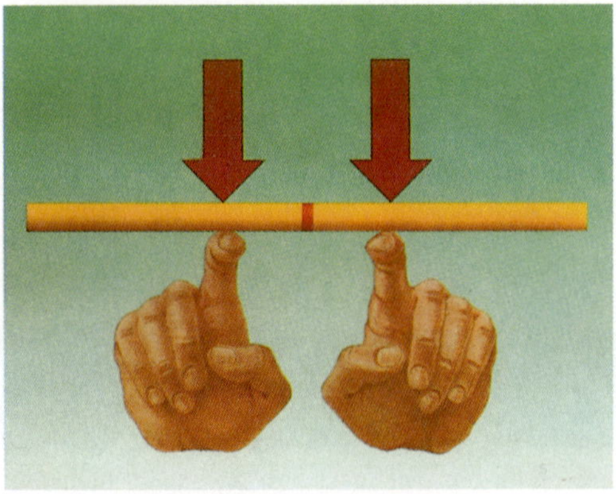

*In der Mitte ist das Gewicht gleichmäßig verteilt.*

beim rollenden Rad sein kann. Diese „Gleitreibung“ entsteht durch Abschmelzen des Reifen- und Straßenbelages bei hohen Temperaturen. Um diesen dünnen „Gleitfilm“ zu vermeiden, versucht man in Notsituationen mit den Bremsen zu „pumpen“. Die Bremse wird dabei immer wieder entlastet, um das gefährliche Blockieren der Räder zu verhindern. Heute übernehmen das automatisch elektronische Sensoren im Antiblockiersystem (ABS).

## *Tricks und Tips:*

Dieses unterschiedliche Verhalten von Haft- und Gleitreibung ist gut mit diesem Kunststück zu demonstrieren. Ein Holzstab wird an seiner Mitte markiert und auf die beiden Zeigefinger gelegt. Bewegt man die Hände nach innen, so ist das erstaunliche Ergebnis, daß sich die Zeigefinger in der Mitte treffen. Selbst wenn wir dieses Kunststück vollkommen unsymetrisch beginnen, treffen sich die Finger in der Mitte. Wie Zauberei mutet es an, wenn zunächst der eine Finger gleitet – dann plötzlich am Stab zu kleben scheint, während sich der andere Finger zu bewegen beginnt. Dieses abwechselnde Gleiten wiederholt sich, bis die Finger exakt in der Mitte des Stabes angekommen sind. Wenn das Gewicht des Stabes ungleichmäßig verteilt auf den Fingern lastet, trägt der eine Finger mehr vom Stab als der andere. Die Reibung ist ja – wie wir gesehen haben – vom

Gewicht abhängig. Deshalb scheint in diesem Augenblick dieser Finger am Stab zu kleben. Der andere Finger beginnt zu gleiten, weil ja zur Zeit – wegen des kleineren Gewichts – seine Reibung geringer ist. Schießt er über den Punkt, an dem beide Finger gleich belastet sind, hinaus, so trägt er plötzlich das größere Gewicht, und der andere Finger beginnt wieder zu gleiten. Das geht so lange, bis sich die Finger in der Mitte treffen. Übrigens – auch der Bogen einer Geige bringt auf ähnliche Weise die Saite zum Schwingen. Zunächst lenkt er die Saite aus – das funktioniert wegen der Haftreibung. Ist die Auslenkung zu groß, so reicht die Haftreibung zum Mitnehmen der Saite nicht mehr aus – sie gleitet zurück in die Ausgangsposition. Sie beginnt zu schwingen und regt dadurch Schallwellen in der Luft an. Die Gleitreibung ist zwar geringer als die Haftreibung, bremst aber dennoch die Saite nach einiger Zeit ab. Der Bogen kann die Saite wieder mitnehmen, der Vorgang wiederholt sich.

# 57

## *Wie Metall schwingt*

### *Das Kunststück:*

Mit einem Geigenbogen kann man nicht nur eine Geigensaite zum Schwingen bringen, sondern auch eine Metallplatte. Dazu wird sie in der Mitte durchbohrt und mit einem Stab befestigt. Die Metallplatte wird dann mit einem Geigenbogen zum Klingen gebracht. Auf die Platte gestreuter Sand macht die Schwingungen sichtbar. Der Sand sammelt sich an bestimmten Stellen. Je nach der Beschaffenheit der Metallplatte und dem Festhaltepunkt entstehen auf der Metallplatte sehr interessante Figuren.

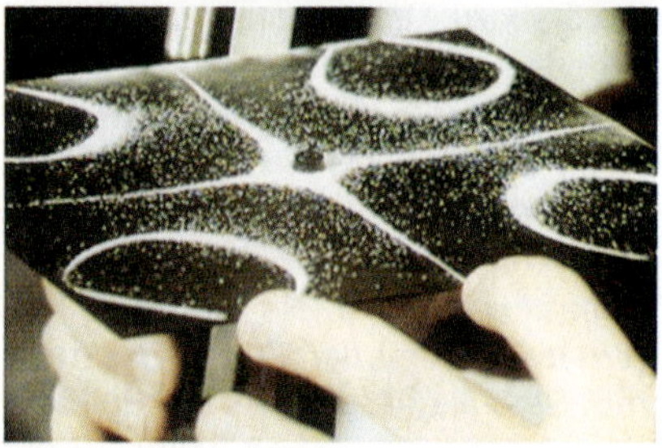

### *Das knoff-hoff:*

Der Geigenbogen reibt an der Metallplatte und bringt sie zum Schwingen. Die Schwingungen sind auch hörbar, denn die Luft wird durch die Metallplatte in Bewegung gesetzt – sie quietscht. Diese Schwingungen auf der Metallplatte sind sehr regelmäßig. An bestimmten Stellen wechselt die Metallfläche ständig zwischen sogenannten Schwingungsbergen und Schwingungsbäuchen. An anderen Stellen – den Knotenlinien – bleibt die Fläche in Ruhe. Hier sammeln sich die Sandkörner, die von den bewegten Metallbezirken herunterrutschen. Deshalb sind die sehr symmetrischen Figuren, die Sandlinien, so deutlich zu sehen. Je nach der geometrischen Form und je nach Material, aus dem die Platte gemacht ist, entstehen ganz bestimmte Schwingungen – die Resonanzschwingungen der Platte. Diese

Eigenschwingungen der Platte können durch Berührung beeinflußt werden. So ergibt sich beim Festhalten mit dem Daumen an einer Ecke der Platte eine andere Figur als beim Festhalten in der Mitte.

## *Tricks und Tips:*

Jedes schwingfähige Material zeigt diese Klangfiguren – auch Glasscheiben.

Der Geigenbogen sollte gut mit Kolophonium bestrichen werden, damit die Metallplatte richtig in Schwingung gerät. Eigentlich ist es egal, wie die Schwingungen erzeugt werden. Man kann das auch durch Singen tun, wie dieser Schweizer Spezialist es mit seinem Tonoskop – so nennt er das – erfolgreich kann. Durch die Schallwellen, die er mit seinen Stimmbändern erzeugt, gerät die Luft in dem Hohlraum unter der Membran aus Gummi in Schwingung. Wiederum bestimmt die Form des Hohlraums – des Resonanzraums –, welche Schwingungen dominieren und wie die Sandfigur aussieht. Schallwellen erzeugt auch ein Lautsprecher. Spannt man über diesen Lautsprecher eine Seifenhaut, so gerät auch diese in Schwingungen. Die Dicke der Seifenhaut verändert sich dabei, je nach der Stärke der Ausbeulung. Diese Änderung der Schichtdicke ist wiederum durch verschiedene Farben, die sich an den unterschiedlich dünnen Schichten der Seifenhaut bilden, zu sehen.

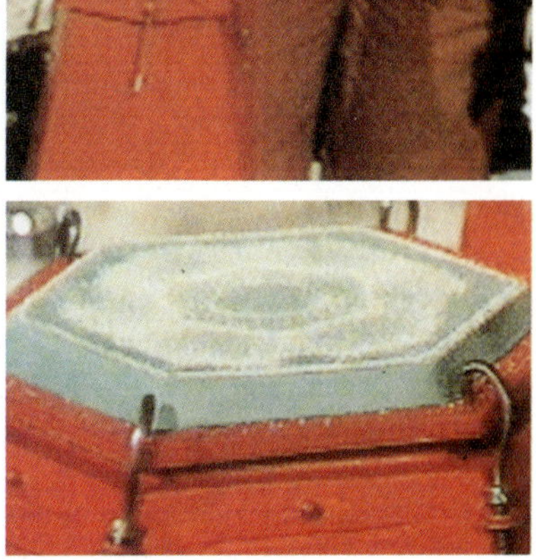

Auch eine Seifenblase kann man zum Schwingen bringen. Über einen sogenannten Schwinger wird eine Seifenblase aufgeblasen. Bewegt sich der Schwinger hin und her, so reagiert die Seifenblase auf diese Bewegungen. Es sind erstaunliche Ausbuchtungen zu sehen, die von der jeweiligen Frequenz des Schwingers abhängen. Es kann manchmal sogar soweit kommen, daß sich neue Seifenblasen ablösen.

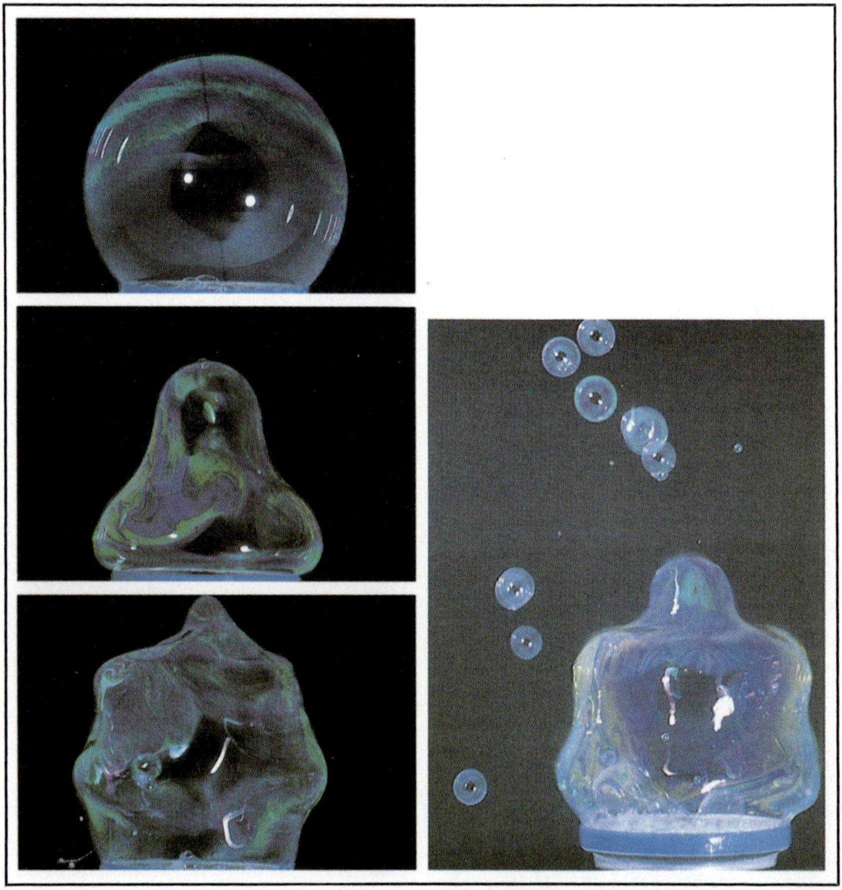

# 58

# *Über Suppe laufen*

## *Das Kunststück:*

Über Flüssigkeiten zu laufen – ohne einzusinken – ist offenbar ein Wunder, das die Menschen seit Urzeiten beschäftigt hat. Mit einigem Geschick und guter Vorbereitung kann das sogar gelingen. Wir haben in einer großen Wanne Stärkepulver mit Wasser verrührt. Heraus kommt eine weiße Suppe, in der alle schweren Teile sofort – wie in jeder Flüssigkeit – versinken. Auch wenn man in dieses Gemisch hineinsteigt, ist zunächst nichts davon zu merken, daß man auf der Oberfläche entlang spazieren kann – die Füße versinken sofort bis auf den Grund. Dann aber kommt die Überraschung. Beginnt man beim Berühren des Stärke-Wasser-Gemisches sofort zu laufen und damit starken Druck auf die Oberfläche auszuüben,

so spürt man plötzlich einen Widerstand wie beim Betreten eines festen Körpers – die Flüssigkeit kann den Körper tragen, und das Überschreiten des launischen Naß ist möglich. Allerdings muß man immer heftig laufen und damit Druck ausüben.
Bleibt man stehen, so versinkt man sehr schnell. Wie kommt es zu solch mystischen Qualitäten der weißen Suppe?

## *Das knoff-hoff:*

Wichtig bei diesem Kunststück ist, daß kurzzeitig auf die Flüssigkeit Druck ausgeübt wird – erst dann bildet sie für diesen Zeitraum eine feste Unterlage. Die Ursache liegt in dem Gemisch aus Stärke und Wasser. Die Stärkekörner lösen sich nicht in Wasser. Sie bilden vielmehr eine Suspension, d. h. sie umgeben sich mit einem Wasserfilm. Dadurch können die Stärkekörner sehr leicht aneinander vorbeigleiten und das Gemisch verhält sich wie eine Flüssigkeit. Jetzt kommt aber der entscheidende Augenblick. Drückt man auf die Mischung, so wird das Wasser in diesem Bereich aus der Stärke herausgedrückt. Die Stärkekörner verhaken miteinander und bilden eine feste Masse, auf der man laufen kann. Deshalb ist es wichtig, beim Betreten der Flüssigkeit sofort fest aufzutreten und mit dieser Technik weiterzulaufen. Bleibt man stehen, reicht der Druck nicht aus, um das Wasser aus der Stärke herauszupressen – man sinkt einfach nach unten. Bei der Zusammenstellung dieses Gemisches muß man auf das Verhältnis von Wasser und Stärke achten – ein Gemisch von 100 g Stärke und 83 g Wasser – das entspricht einem Volumenverhältnis von 1:1 – hat sich für dieses Kunststück gut bewährt. Bereitet man größere Mengen vor, muß man die Mischung öfter umrühren – sonst funktioniert das Laufen über Wasser nicht. Wie intensiv sich die Fließfähigkeit des Gemisches

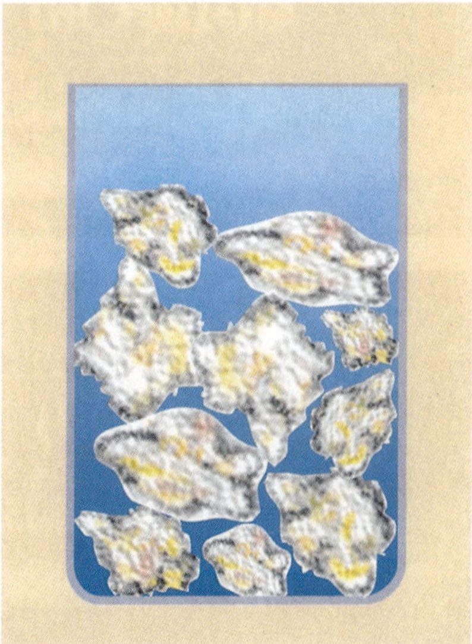

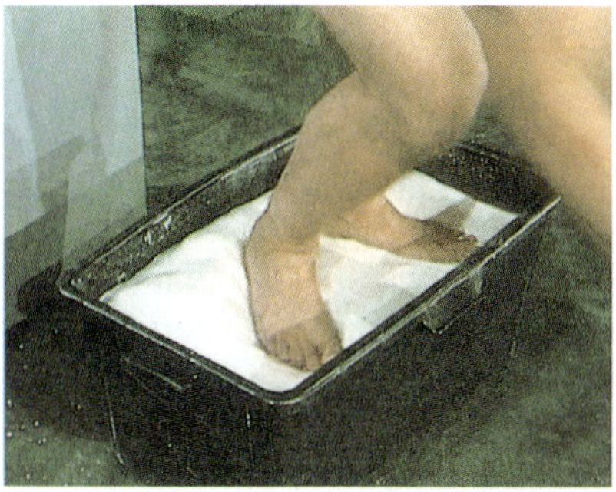

bei angewandtem Druck verändert, zeigt sich, wenn man in eine Wanne mit dieser Flüssigkeit springt. Härter kann beim Aufprall eine Oberfläche gar nicht reagieren – sie wirkt wie eine Felsplatte. Hört der Druck jedoch auf – so schwappt sie wieder wie eine sehr flüssige Soße hin und her. Es ist möglich, auf diese Suppe mit der flachen Hand zu schlagen – ohne daß sie verspritzt. Wiederum wird der Wasserfilm, der die Stärkekörner umgibt, herausgedrängt – die Stärke wird für den kurzen Zeitraum des Schlages steinhart. Läßt man eine Stahlkugel auf die Stärkesuppe fallen, so springt sie zunächst wie von einem harten Steinboden wieder hoch. Verliert sie nach mehrmaligem Hochspringen Energie, so reicht der von ihr ausgeübte Druck bald nicht mehr aus, um die Unterlage zu verfestigen – die Kugel versinkt dann sehr schnell in der Flüssigkeit. Man kann auch in dem Stärke-Wasser-Gemisch mit der Hand wie in einer Suppe herumrühren. Hebt

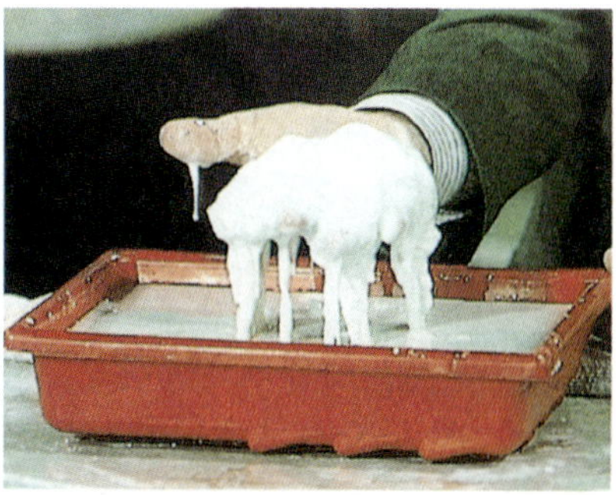

man mit der hohlen Hand etwas aus dem Gemisch heraus, so bildet sich ein fester Stärkehaufen. Hält man mit der Bewegung der Hand inne, so verläuft der Haufen sehr schnell. Durch

das Hochheben wird Druck auf das Gemisch ausgeübt; das Wasser wird verdrängt und die Stärke dadurch steinhart. Hört der Druck auf – so umgeben sich die Stärkekörner wieder mit dem Wasserfilm, der sie fließfähig wie eine Suppe macht.
Ein Zuschauer hat den Vorschlag für ein neues Trimmgerät gemacht. Solange man auf dem Stärkegemisch läuft, bleibt man an der Oberfläche; ist man erschöpft und hört auf, so versinkt man in der Tonne.

## Tricks und Tips:

Die Fließfähigkeit von Flüssigkeiten kann man auf verschiedene Weise verändern, z. B. durch Temperaturerhöhung. Öl fließt in der Wärme leichter als in der Kälte. Die innere Reibung – die Viskosität – sinkt mit höher werdender Temperatur. Bei dem Stärke-Wasser-Gemisch ändern von außen wirkende Kräfte das Fließverhalten des Gemisches. Aber auch eingelagerte Teilchen können aus einem

festen Körper eine Flüssigkeit machen und umgekehrt. Ein eindrucksvolles Beispiel dafür gab es in Norwegen. Ein Experiment der Natur in riesigem Maßstab. Eine Siedlung am Rande des Meeres war auf abgelagertem Schlamm gebaut. Dieser Boden war ursprünglich Meeresboden und ragte durch eine Hebung der Landplatte über den Meeresspiegel heraus, so daß er besiedelt werden konnte. Über Jahrhunderte haben dort die Häuser gestanden, aber plötzlich rutschten sie wie auf einem flüssigen Pudding ins Meer. Diese Katastrophe – bei der kein Mensch zu Schaden kam – wurde von einem Amateur gefilmt. Wie Spielzeugschachteln glitten die Häuser auf dem flüssig gewordenen Boden ins Meer. Was war passiert? Ein Experiment in einem Glas macht

Kochsalzes zusätzlich in die Tonmischung gebracht werden. Die Tonpartikel sind leicht elektrisch negativ geladen. Sie stoßen sich deshalb ab und neigen zum Flüssigwerden. Die positiven Natriumionen aus dem Kochsalz kompensieren das und geben dem Gemisch einen stärkeren Zusammenhalt. Genau das – aber in umgekehrter Richtung – geschah in Norwegen. Der ursprüngliche Meeresboden war mit Salz des Meerwassers versetzt – also fest. Über die Jahrhunderte hat der Regen dieses Salz ausgewaschen, und damit änderte sich die Viskosität des Bodens. An dem Tage des Abrutschens wurde von Baggern eine Grube ausgehoben. Dieser kleine Auslöser reichte aus, um den „flüssig" gewordenen Boden abrutschen zu lassen.

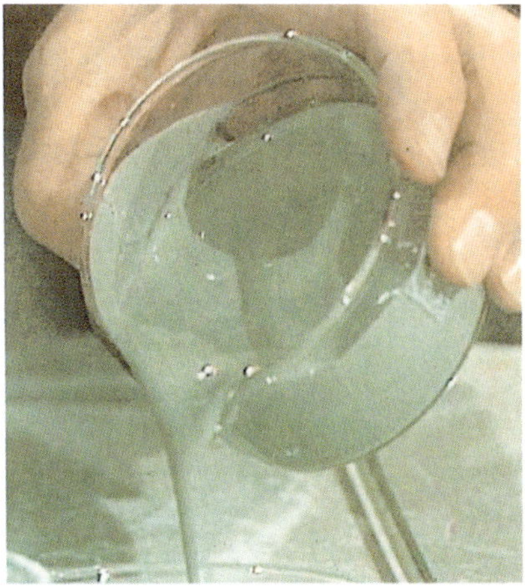

die Ursache deutlich. Wir haben den Tonboden mit Wasser gemischt, und diese Mischung kann leicht wie eine Flüssigkeit ausgegossen werden. Jetzt geben wir Kochsalz hinzu und plötzlich wird die Erdmischung fest. Die Ursache dafür sind elektrostatische Kräfte, die durch die Ionen des

Mit einem Lautsprecher kann demonstriert werden, daß auch Schallwellen das Fließverhalten von Stoffen beeinflussen können. Dieser Behälter ist mit Glyzerin gefüllt und auf einer Lautsprechermembran befestigt. Hält man den Behälter schief, so würde das Glyzerin ausfließen. Wird die Membran in

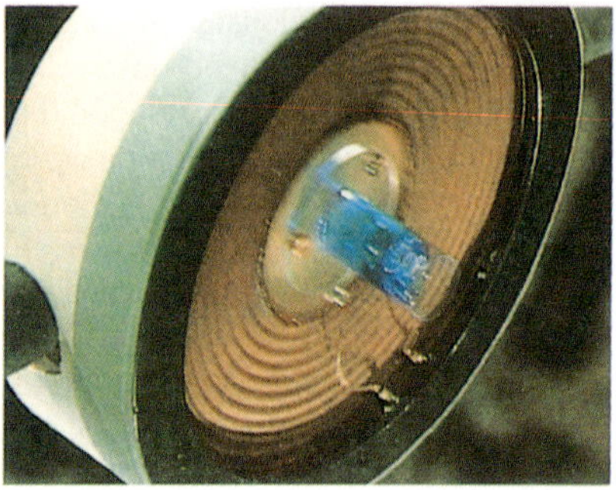

Schwingungen versetzt, so kann man jetzt das Gefäß auf den Kopf stellen, ohne daß die Flüssigkeit ausläuft. Schaltet man die Schwingungen ab, so fließt die Flüssigkeit aus. Ein Beispiel, wie durch äußere Kräfte – die Schwingungen – das Verhalten einer Flüssigkeit entscheidend beeinflußt werden kann. Hier kommt es allerdings nicht zu einer Änderung der Molekularstruktur, sondern die Schwingungen deformieren die Oberfläche des Glyzerins so geschickt, daß es in der Schräglage nicht ausfließen kann.

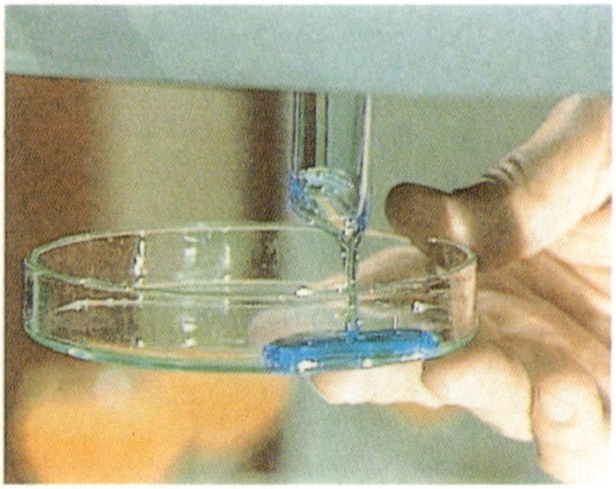

# 59

## *Seltsames vom Licht*

### *Das Kunststück:*

Mit Laserlicht lassen sich erstaunliche Dinge zeigen. Zum Beispiel wie ein Luftballon, der sich in einem anderen befindet, zerplatzt. Wenn ein grüner Laser zur Verfügung steht, stecken wir einen roten Luftballon in einen durchsichtigen Luftballon. Der Laser muß eine Leistungsdichte von etwa 1 Watt pro 1 mm$^2$ haben. Halten wir das Gebilde aus Luftballons in den grünen Laserstrahl, so platzt der rote Luftballon, der durchsichtige Ballon bleibt unverletzt. Bringen wir einen grünen Luftballon in den grünen Laserstrahl, so passiert nichts. Der grüne Luftballon leuchtet höchstens schön grün auf.

*Der rote Luftballon …*

*… wird von einem grünen Laser zerstört.*

### *Das knoff-hoff:*

Wenn wir weißes Licht betrachten, so besteht es prinzipiell aus den Farben Rot, Grün und Blau. Alle drei Farben zusammen ergeben in unserem Auge-Gehirn-System den Farbeindruck Weiß. Sehen wir einen Gegenstand rot, so werden von ihm Blau und Grün verschluckt, und nur die Farbe Rot reflektiert. Licht besteht ja aus elektromagnetischen Wellen. Ein bestimmter Wellenlängenbereich aus diesem Spektrum wird von uns als bestimmte Farbe wahrgenommen. Grünes Laserlicht entspricht z. B. einer ganz scharf begrenzten Wellenlänge, die in unserem Auge einen bestimmten Grünfarbton hervorruft. Der durchsichtige Luftballon läßt dieses Licht passieren, deshalb ist er ja durchsichtig. Der sich im Inneren befindende grüne Luftballon reflektiert das grüne Licht – deshalb erscheint er uns ja grün. Er leuchtet jetzt sogar auf, weil viel mehr grünes Licht zum Reflektieren zur Verfü-

*Etwas ist deshalb rot, weil es aus dem weißen Licht die Grün- und Blauanteile absorbiert und der Rotanteil reflektiert wird.*

gung steht, als im weißen Licht vorhanden ist. Ein roter Luftballon jedoch verschluckt das grüne Licht – deshalb ist er ja rot. Die Energie wird in Wärme umgewandelt – in den roten Luftballon bohrt der grüne Laserstrahl blitzschnell ein Loch – der Luftballon zerplatzt. Arbeiten Sie mit einem roten Laser, so müssen Sie selbstverständlich die Farben der Luftballons umkehren, um dieses Kunststück vorführen zu können.

## Tricks und Tips:

Solche Kunststücke, bei denen Strahlen selektiv absorbiert und durchgelassen werden, kann man auch mit anderen Wellenlängen des Lichtes machen. Neben den für uns sichtbaren elektromagnetischen Wellen werden ja von der Sonne z. B. auch ultraviolette oder infrarote Wellen abgestrahlt. Sie werden vom Auge nicht registriert (siehe Kap. 38), zeigen jedoch ihre Wirkung, wenn sie die Haut bräunen (UV) oder auf unserer Haut ein Wärmegefühl hervorrufen (IR). An kalten, aber dennoch sonnigen Tagen versuchen manche Leute – windgeschützt hinter Fenster- und Autoscheiben – braun zu werden. Leider ist dieses Bemühen vergebens, weil normales Glas keine UV-Strahlung durchläßt. „Durchsichtig" ist es nur für einen schmalen Wellenlängenbereich, den unsere Augen registrieren können. Aber auch hier

gibt es eine Überraschung. Diese Sonnenstrahlen werden im Inneren des Autos absorbiert. Die Gegenstände im Inneren erwärmen sich und strahlen jetzt Wärmewellen (IR) ab. Diese Wellen werden vom Glas wiederum nicht durchgelassen, so daß sich das Innere des Autos stark aufheizt. Treibhäuser z. B. nutzen diesen Effekt aus. Selbst an kühlen Tagen kann es im Inneren eines Hauses sehr heiß sein. Auch in der Architektur wird dieser energiesparende Trick immer häufiger angewendet.

***Das Sonnenlicht wird vom Boden absorbiert. Das Treibhausglas reflektiert die abgegebene Wärmestrahlung.***

Einen Erfinder hat dieses Aufwärmen ohne braun zu werden mächtig geärgert. Er hat Skianzüge aus einer Plastikfolie entworfen, die durchsichtig ist und auch die bräunenden UV-Strahlen durchläßt. Die Wärmestrahlung wird an der Innenseite der Folie – wie im Treibhaus – reflektiert, so daß es im Innern warm ist. Die Idee: Skifahren im Bikini – geschützt durch diese Folie – Braunwerden inbegriffen. Allerdings knistert die Folie sehr stark. Bis zu – 30 °C soll der Anzug verwendbar sein – innen ist es dann 22 °C warm. Auch Gase können die Wärmestrahlung reflektieren. Obstbauern versuchen, ihre Ernte vor Nachtfrösten zu schützen, indem sie stark qualmende Feuer zwischen den Bäumen legen. Der Qualm verhindert die Abstrahlung der Wärmestrahlen in den kalten Herbsthimmel. Diesen Effekt kennen wir auch im größeren Maßstab. Bleibt der Himmel über Nacht bedeckt, so ist es am nächsten Tag wärmer, als wenn der Nachthimmel klar gewesen wäre. Bei klarem Himmel strahlt die Erde die Wärme in das Weltall ab. Wenn die Gase in der Luft die Wärmestrahlung reflektieren, ist das nicht nur positiv für das Leben auf der Erde. Wir sind ja von einer dünnen Atmosphäre umgeben. Das sichtbare Licht gelangt relativ ungestört auf die Erdoberfläche und wird dort – je nach der Farbe – absor-

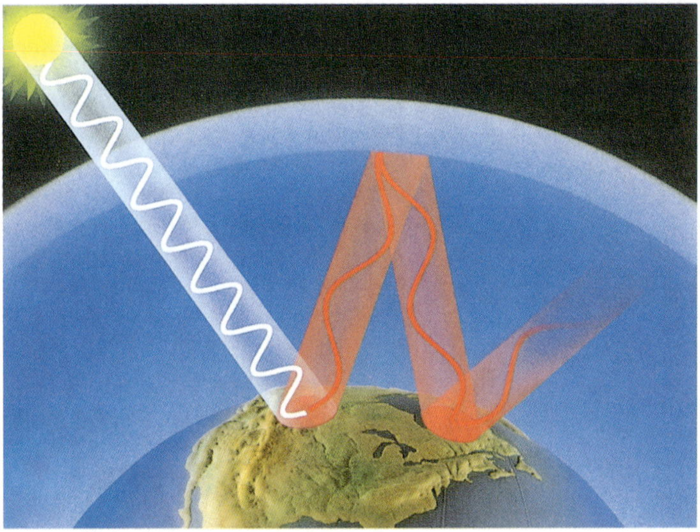

*Wie in einem Treibhaus absorbiert die Erde das auftreffende Sonnenlicht. Die langwellige Wärmestrahlung wird vom Kohlendioxid nicht durchgelassen. Die Erdatmosphäre erwärmt sich.*

biert. Die Erdoberfläche wärmt sich dadurch auf. Die Wärme wird normalerweise teilweise in das Weltall abgestrahlt. In der Luft befindet sich jedoch ein Gas, das Kohlendioxid, das die abgegebene Wärmestrahlung zur Erdoberfläche reflektiert. Über die Jahrtausende hat sich bei diesem Wärmehaushalt ein Gleichgewicht eingestellt. Wir verbrennen jedoch immer mehr sogenannte fossile Brennstoffe, die Kohlenstoff enthalten und sich deshalb während der Verbrennung mit Sauerstoff zu Kohlendioxid verbinden. Dieses Kohlendioxidgas gelangt in die Atmosphäre, und durch den steigenden Anteil wird weit mehr Wärmestrahlung als früher auf die Erde reflektiert. Die Befürchtung ist, daß sich die Erde – ähnlich wie ein Treibhaus – aufheizt und dadurch all die nachteiligen Folgen einer Klimaveränderung auftreten.

Auch mit der UV-Strahlung gibt es Probleme – sie wird weitgehend von der Ozonschicht absorbiert –, nur ein geringer Anteil gelangt auf die Erde. Durch den Gebrauch von chlorierten Kohlenwasserstoffen in Sprühdosen, Kühlschränken oder zur Herstellung von elektronischen Chips z. B. gelangen diese Substanzen zur Ozonschicht in etwa 20–50 km Höhe und zerstören sie. Mehr UV-Strahlung kann deshalb auf die Erdoberfläche gelangen. Weil es sich bei dieser Strahlung um eine sehr energiereiche Strahlung handelt, führt das bei biologischen Systemen zu Schäden führen, z. B. bei Menschen zum Hautkrebs.

Schwierigkeiten mit den UV-Strahlen gab es auch bei einigen billigen Sonnenbrillen aus Plastik. Sie dunkeln das Auge ab – verschlucken damit den sichtbaren Bereich des Sonnenlichtes –, sind aber für die gefährlichen UV-Strahlen – anders als Glas – durchlässig. Durch das Abdunkeln öffnet sich die Pupille – so daß sogar noch mehr UV-Strahlen in das Augeninnere eindringen können und die Sehzellen schädigen. Ein gefährliches Produkt, weil oft Kinderbrillen aus diesem Material angefertigt werden.

# 60

## *Warum das Auto klappert*

### *Das Kunststück:*

Auf einer Platte werden Metallstreifen verschiedener Länge senkrecht befestigt. An einem Elektromotor befindet sich eine Unwuchtscheibe, so daß bei der Drehung die ganze Platte in Schwingung gerät. Die Beobachtung ist, daß je nach Drehzahl des Motors entweder der eine oder der andere Metallstreifen in Bewegung gerät, während die übrigen in Ruhe bleiben.

### *Das knoff-hoff:*

Die Resonanz- oder sogenannte Eigenschwingung hängt vom Material und von der geometrischen Abmessung des Metallstreifens ab. Bei einer bestimmten Schwingungsfrequenz der Bodenplatte beginnt z. B. der längste Metallstreifen zu schwingen. Er nimmt die Energie der sich bewegenden Bodenplatte auf. Bei einer höheren Frequenz wiederum ist der lange Metallstreifen zu träge, um anzukoppeln. Jetzt nimmt der kürzere Metallstreifen die Energie auf und gerät in Bewegung, während die anderen in Ruhe bleiben.

Autofahrer wissen ein Lied über die Eigenschwingungen ihres Autos zu singen. Nicht immer ist das Ergebnis so extrem wie in unserem nicht ernst gemeinten Versuch. Jedoch hat jeder von uns schon beobachtet, daß bei einer bestimmten Geschwindigkeit

plötzlich ein Geräusch zu hören ist, bei einer anderen Geschwindigkeit hört diese Schwingung auf, und eine andere beginnt. Auch hier spielen Eigenschwingungen eine Rolle. Für das eine Metallstück ist gerade diese Frequenz ideal, um in Schwingung zu kommen, für ein anderes ist es eine höhere oder tiefere Schwingung. Das liegt an den geometrischen Abmessungen und Materialeigenschaften. Die Behebung dieses Mangels kann Techniker zur Verzweiflung treiben. Unser Modellauto zeigt im Versuch, daß bei verschiedener Drehzahl des Motors, der bewußt mit einer Unwuchtscheibe ausgerüstet wurde, verschiedene Teile in Schwingungen geraten. Erst der vordere Kotflügel, dann, bei einer anderen Drehzahl, der hintere.

Der TÜV benutzt übrigens solche Schwinger auf seinem Prüfstand, um an einem Auto das Schwingverhalten bestimmter Teile zu überprüfen.

## *Tricks und Tips:*

Wenn die Erde bebt, geraten auch die Gebäude ins Schwingen – Hochhäuser sind besonders gefährdet. Wie bei dem Kunststück mit den Metallstreifen nehmen auch die Hochhäuser die Energie der schwingenden Erde auf. Zwei Möglichkeiten realisieren die Techniker, um die Gebäude von der schwingenden Erdkruste zu entkoppeln. Einmal bauen sie zwischen die Stockwerke eine Art Gelenk ein, so daß die ankommende Energie durch das jetzt elastische Gebäude aufgenommen werden kann, ohne Schaden anzurichten. Bei der anderen Lösung bauen sie die Hochhäuser in ein Sandbett, so daß die Koppelung mit der

Erdkruste nicht sehr gut ist und die Schwingungsenergie wortwörtlich im Sande verläuft.

Beim Auto gibt es Schwingungen, die nicht nur zeitweise auftreten, z. B. an

den Reifen oder am Motorblock. Diese Schwingungen sind relativ gleichmäßig und sind Ursache für den Lärm, mit dem Autofahren verbunden ist. Denn ein schwingendes Teil koppelt ja mit der Luft, bringt sie in Bewegung – Schallwellen entstehen. Techniker versuchen, diese Lärmquellen einzuschränken. Sie benutzen Laserstrahlen, um überhaupt erst einmal die Ursachen ausfindig zu machen. Dabei wird eine Aufnahme von dem ruhenden Objekt – z. B. einem Reifen – in Laserlicht gemacht. Dieses Bild wird mit dem bewegten Reifen, der auf dem Prüfstand schwingt und mit Laserlicht beleuchtet wird, überlagert. Durch die Abweichungen der beiden Laserbilder entstehen Interferenzlinien. Das Laserlicht wird durch die Ausbuchtungen des schwingenden Reifens so reflektiert, daß es sich z. B. mit Laserwellen der ersten Aufnahme an bestimmten Stellen auslöscht. Das

passiert dann, wenn sich ein Wellenberg mit einem Wellental überlagert.

Auslöschung bedeutet: Dieser Bereich ist schwarz. Interferenzlinien zeigen so, wo die feinen Schwingungen, die es bei der Lärmbildung in sich haben, am fahrenden Auto zu finden sind. Mit dieser Methode können auch die Schwingungen einer Geige sichtbar gemacht werden.

# 61

## Wenn Licht gebrochen wird

### Das Kunststück:

Wenn ein Lichtstrahl von Luft ins Wasser dringt, wird er abgewinkelt – oder wie man auch sagt: gebrochen. Diese Eigenschaft des Lichtes hat viele ungewöhnliche Effekte zur Folge. Wenn man ins Wasser schaut, so befinden sich die Dinge unter Wasser nicht dort, wo man sie „sieht". Sie sind wegen der Lichtbrechung verschoben. Will man zum Beispiel eine Forelle fangen, so muß man beim Zielen diese Verschiebung mit einbeziehen. Auf dem Foto ist das gut zu erkennen. Die Beine und Arme scheinen – von außen betrachtet – verschoben. Aber mit diesem Kunststück kann man offenbar dieses Naturgesetz außer Kraft setzen. Die Latte erscheint nicht abgeknickt, obwohl sie aus der Luft ins Wasser taucht.

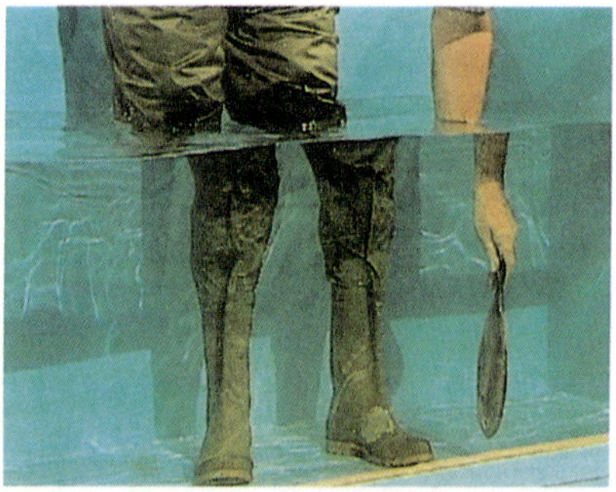

### Das knoff-hoff:

Die Lösung für dieses Kunststück ist recht einfach. Die Latte ist so konstruiert, daß sie durch einen Knick die Lichtbrechung im Wasser genau ausgleicht. Man muß nur darauf achten, daß sich bei der Vorführung die Knickstelle gerade am Wasserspiegel befindet.

Die Möglichkeit, die Lichtbrechung zu berechnen, bringt Vorteile. Denn so kann man Augenfehler mit Hilfe von Linsen korrigieren. Das Licht wird ja nicht nur beim Übergang von Luft in Wasser gebrochen, sondern allgemein beim Übergang von einem optisch dünneren Medium zu einem optisch dichteren – von Luft zu Glas zum Beispiel. Durch diese Brechung werden die Lichtstrahlen in eine andere Richtung gelenkt.

Es gibt Menschen, bei denen die Lin-

sen ihrer Augen nicht gleichmäßig gekrümmt sind. Zum Beispiel kann die waagerechte Krümmung schwächer sein als die senkrechte. Dadurch werden die Lichtstrahlen unterschiedlich stark gebrochen, denn der Grad der Ablenkung ist ja davon abhängig, wie dick das Medium ist, das durchlaufen wird. Diese Menschen sehen durch diese Ungleichmäßigkeit Punkte als Stäbchen. Dieser Astigmatismus – diese „Nicht-Punktmäßigkeit" des Sehens – kann mit einer entsprechenden Linse, die die Unregelmäßigkeiten ausgleicht, behoben werden. Diese Linse hat die Form eines aufgeschnittenen Zylinders.
Solche Zylinderlinsen sind auch für die Filmtechnik wichtig. Cinemascope Filme müssen mit solchen Linsen aufgenommen und projiziert werden, um den Breitwandeffekt unverzerrt und scharf erreichen zu können.

## Tricks und Tips:

Eine Linse muß nicht immer besonders dick und ausladend sein, um ihre Wirkung zu entfalten. Auch flache Folien können offensichtlich eine lichtbrechende Wirkung haben. Schaut man sich diese Folien genauer an, so ist zu erkennen, daß die Oberfläche in sägezahnartige Segmente zerlegt ist.

Die vorher berechnete Krümmung wird nicht von einem durchgehenden Glaskörper übernommen, sondern diese Sägezähne sind jeder für sich entsprechend gekrümmt und liegen als Ringe um das Zentrum. Die Wir-

kung dieser „Flachlinsen“ entspricht einer kompakten Linse, die jedoch ein weitaus größeres Volumen besitzt. Diese „Fresnel-Linsen“ werden seit einiger Zeit in der Augenheilkunde eingesetzt. Bei Erkrankungen, die einen Linsenersatz erfordern, kann man eine solche „Mini-Fresnel-Linse“ einpassen.

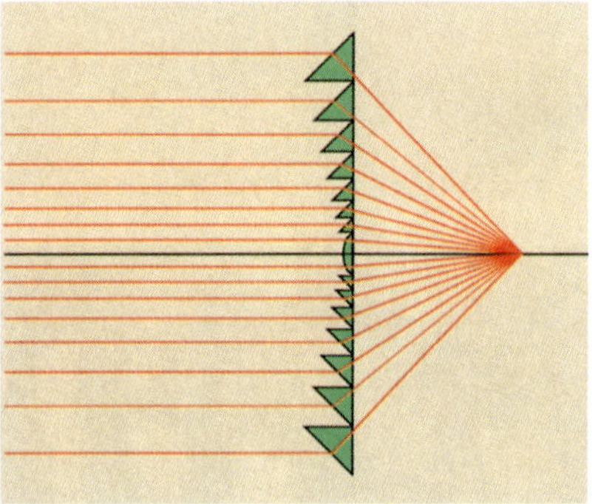

# 62

## *Zauberei mit Rädern*

Das Rad mit den Gummispeichen.

Ein Bimetallrad dreht sich nach Bestrahlung mit Licht.

### Das Kunststück:

Ein Metallring wird mit Speichen aus Gummibändern versehen und auf eine Achse gesteckt. Dieses Rad kann man mit einer Lampe bestrahlen, und plötzlich beginnt sich das Rad zu drehen. Was verursacht die Bewegung?

### Das knoff-hoff:

Eigentlich dehnen sich die Materialien bei Erwärmung aus. Gummi bildet aber eine Ausnahme. Es zieht sich zusammen – dadurch verschiebt sich mit den Gummispeichen der Mittelpunkt des Rades, es gerät aus dem Gleichgewicht und beginnt sich zu drehen. Andere „Speichen" aus Gummi kommen dadurch in die durch die Lampe erhitzte Zone und ziehen sich dort zusammen. Auf der anderen Seite kühlen sich die Gummibänder wieder ab und dehnen sich dabei aus. Die Asymmetrie des Rades bleibt damit erhalten, und solange die Lampe die eine Seite erhitzt, dreht sich das Rad.

Ähnlich kann man ein Rad aus Bimetallstreifen zum Drehen bringen. Ein Bimetallstreifen besteht aus zwei Metallen mit verschiedenem Ausdehnungsverhalten. Das eine Metall dehnt sich bei Erwärmung sehr stark aus, das andere verändert seine Länge nur wenig. Klebt man diese beiden Metalle zusammen, so krümmt sich bei Erwärmung der Bimetallstreifen.

Die Bimetallstreifen werden auf einen Korken gesteckt, und das entstehende Rad wird zentriert. Wenn man eine Kerze unter die Speichen stellt, beginnt das Rad sich zu drehen. Die Bimetallstreifen krümmen sich bei der Erwärmung – der Schwerpunkt des Rades verlagert sich, und das wird durch eine Drehbewegung des Rades ausgeglichen. Auf der kühleren Seite strecken sich die Bimetallspeichen wieder. Der längere Hebelarm der Speichen auf dieser Seite zieht das Rad nach unten usw. Eine kontinuierliche Drehbewegung ist so zu erreichen.

### *Tricks und Tips:*

Und noch ein seltsames Rad kann man durch Wärme zum Drehen bringen. Gebaut wird es aus einem Weicheisenband und gelagert ist dieses Rad auf einer Nadelspitze. Auf der einen Seite stellen Sie einen Magneten und einen Gasbrenner auf. Wird das Eisen an der Stelle, wo es auf die Flamme trifft, rotglühend, so beginnt sich das Rad zu drehen. Eine Erklärung für diese Zauberei ist mit diesem Experiment möglich. Ein Eisennagel ist an einen Faden

angebunden und wird von einem Magneten angezogen. Erwärmt man den Nagel, so verschwindet plötzlich die magnetische Anziehung, und der Nagel fällt nach unten. Eisen zeigt eine

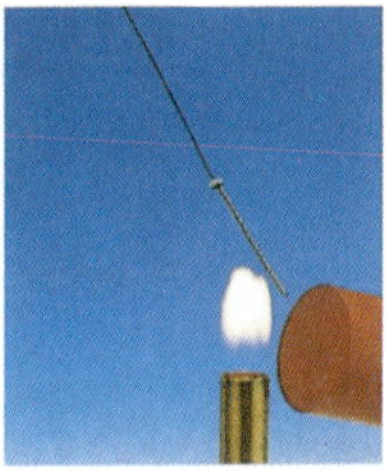

starke magnetische Wirkung. Bezirke im Eisen richten sich im äußeren Magnetfeld aus, und diese kleinen „Magneten" verursachen durch ihre Ordnung diese starke magnetische Wirkung des Eisens. Ab einer bestimmten Temperatur verliert sich diese Eigenschaft jedoch sprunghaft. Die Wärmebewegung wirbelt dann die kleinen Magneten im Eisen, die diese ferromagnetische Eigenschaft verursachen, durcheinander. Die magnetische Wirkung, die ja von einer bestimmten Anordnung abhängig ist, wird dadurch schwächer. Deshalb fällt der Nagel nach unten. Ebenso verliert der erhitzte Bereich des Eisenrades seine magnetische Wirkung. Der kühlere Rest des Rades ist jedoch weiterhin stark magnetisch. Der Magnet zieht deshalb das Eisenrad zu sich heran. Ein anderer Bereich wird jetzt erwärmt, und der Vorgang wiederholt sich. Das Rad dreht sich kontinuierlich.

***Die Flamme bringt die magnetischen Bereiche durcheinander.***

# 63

## Das platzende Ei

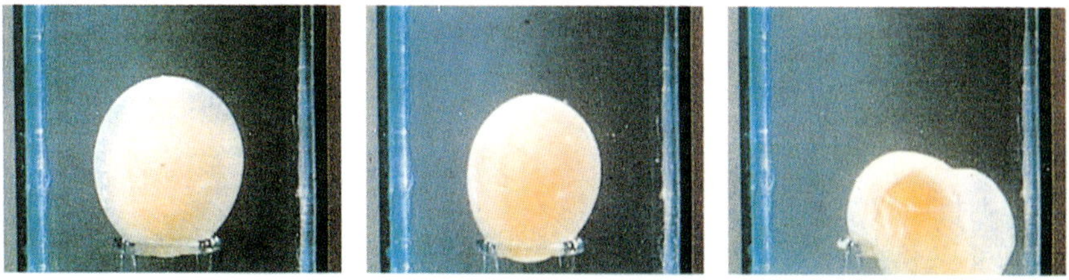

### Das Kunststück:

Mit Hühnereiern sind viele erstaunliche Kunststücke möglich. Wenn man sie dreht, zerdrückt, rollen läßt oder gar wirft – immer wieder gibt es Überraschungen. Für dieses Kunststück muß man das Hühnerei etwas vorbereiten. Mit Essigsäure lösen Sie vorsichtig von einem rohen Ei die Kalkschale. Übrig bleibt eine dünne Haut, die den Inhalt des Eies schützt und zusammenhält. Legen Sie jetzt dieses Ei ins Wasser, so ist zu beobachten, daß es in einigen Stunden anschwillt und schließlich zerplatzt. Wird ein anderes genauso vorbereitetes Ei in Salzwasser gelegt, so schrumpft es zusammen. Geheimnisvolles Leben?

### Das knoff-hoff:

Offensichtlich haben Salze mit dem Anschwellen und Schrumpfen der Eier etwas zu tun. Denn verschließen wir ein Glas mit einer Schweinsblase, füllen das Gefäß mit einer gefärbten Kochsalzlösung und tauchen es in Wasser, so beginnt der Wasserspiegel im Gefäß zu steigen. Die Schweinsblase besitzt die Eigenschaft, die Wasserteilchen passieren zu lassen, hält jedoch die Salzmoleküle zurück. Der Flüssigkeitsspiegel steigt, weil die Wassermoleküle durch die Schweinsblase in die Salzlösung dringen. Offenbar unterliegen die Lösungen dem Zwang, in Richtung der höheren Salzkonzentration zu wandern, sie wollen die Flüssigkeit gleichmäßig verwässern. Solch ein Konzentrationsausgleich ist uns ja allen vertraut, wenn wir z. B. einen Tropfen Farbe in klares

*Gefärbtes Salzwasser steigt in einer Glasröhre, die mit einer Schweinsblase verschlossen ist, und sich im destillierten Wasser befindet.*

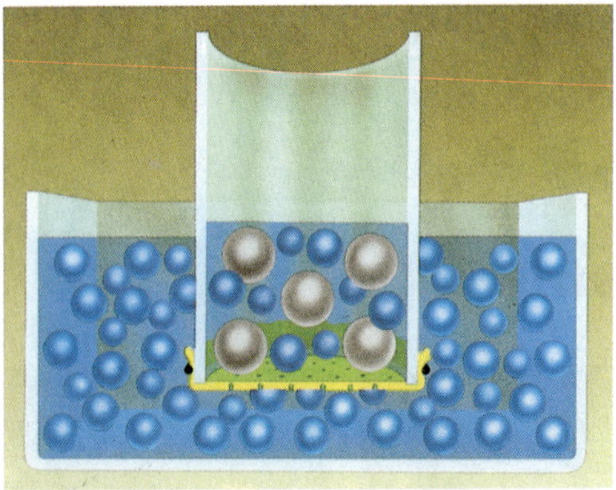

*Salz- und Wasserteilchen sind durch die Schweinsblase vom reinen Wasser getrennt.*

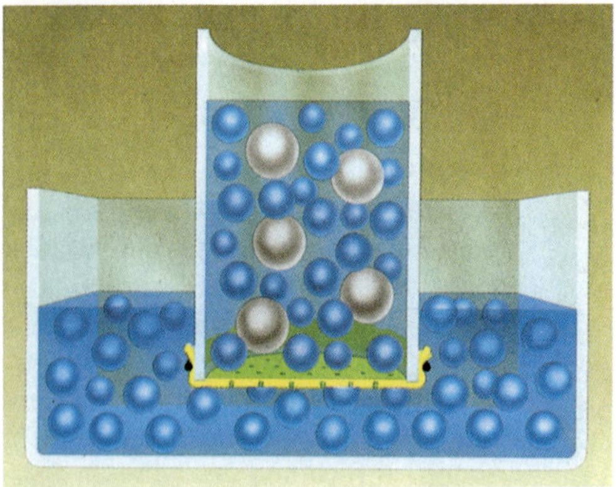

*Zum Konzentrationsausgleich dringen die Wasserteilchen durch die Membran nach innen. Die Salzlösung steigt nach oben.*

Wasser geben. Nach kurzer Zeit ist die Farbe gleichmäßig verteilt – auch ohne Umrühren. Die Teilchen in einer Flüssigkeit sind ständig in Bewegung – je höher die Temperatur, um so schneller die Bewegung. Diese Bewegung ist das Motiv für die Gleichverteilung der Moleküle. Ohne trennende Schweinsblase würden das Wasser und die Salzlösung ineinander fließen und die Salzteilchen gleichmäßig verteilen. Der Trick mit der nur für die Wasserteilchen durchlässigen Membran verhindert, daß sich die Salzmoleküle ausbreiten. Der angestrebte Konzentrationsausgleich kann nur erreicht werden, wenn das Wasser durch die Haut in das Gefäß wandert – gegen die Schwerkraft. Die Flüssigkeit steigt nicht beliebig hoch. Wenn sie zu schwer ist, kann auch dieser Zwang zum Konzentrationsausgleich nicht mehr gegen die Schwerkraft und den Luftdruck ankommen. Erstaunlich ist es schon, daß es Häute (oder Membranen) gibt, die sehr genau unterscheiden, wen sie durchlassen und wen nicht. Im Ei befinden sich Wasser, Salze und noch einige andere Substanzen. Das umgebende Wasser besitzt eine erheblich niedrigere Salzkonzentration als die Flüssigkeit im rohen Ei. Die Eihaut ist nur für Wasserteilchen durchlässig, jedoch nicht für die Salzmoleküle. Der angestrebte Konzentrationsausgleich kann damit nur so erfolgen, daß die Wassermoleküle in das Ei wandern und die Lösung dort verwässern. Das Ei schwillt an. Die Eihaut hält nur einen bestimmten Druck aus und zerplatzt deshalb bei Überbeanspruchung. Ins Salzwasser gelegt, kehren sich die Verhältnisse um. Die höhere Salzkonzentration, die es auszugleichen gilt, liegt außerhalb des Eies. Deshalb wandern die Wassermoleküle in die umgebende Salzlösung – das Ei schrumpft. Eine in Salzwasser gelegte Gurke verhält sich genauso – auch ihre Zellwände sind nur für bestimmte Moleküle durchlässig. Deshalb ist die Salzgurke so verschrumpelt. Für Biergartenbesucher ist dieser Drang zum Konzentrationsausgleich nichts Neues. Denn schneiden Sie sich Ihren Rettich in Scheiben und streuen darauf Salz, so bilden sich nach wenigen Minuten Wassertröpfchen um die Salzkörner. Das Salz „zieht" das Wasser aus dem „Radi". Bei Kirschen wiederum können die Konzentrationsverhält-

Ausgetrocknete Blumen.

In wenigen Minuten richten sich die Blumen nach dem Gießen auf.

nisse genau umgekehrt sein. In der Kirsche befinden sich viele Zuckermoleküle. Bleibt ein Regentropfen auf der reifen Kirsche haften, so ist er nur durch die Haut der Kirsche von der Zuckerlösung im Inneren getrennt. Die Haut ist für die Wassermoleküle durchlässig – für die Zuckerteilchen jedoch nicht. Zum Konzentrationsausgleich dringt das Wasser in das Innere vor – die Kirsche schwillt an und platzt deshalb. Regen zur Zeit der Kirschenernte bereitet deshalb den Obstbauern Kummer.

Wird unsere Atmosphäre aber noch mehr mit Schadstoffen belastet, so könnte sich das Verhältnis umkehren – der „salzige" Regen würde dann Schrumpfkirschen produzieren.

Das Keimen von Samen hängt von dem Drang zum Konzentrationsausgleich durch eine Membran – übrigens nennt man das „Osmose“ – ab. Eine Dose ist mit trockenen Erbsen und Wasser gefüllt. Die Erbsen „quellen“ auf und schieben die trockenen Erbsen im oberen Bereich aus dem Glas. Sie springen über den Boden und sind deshalb als Kinderscherz beliebt. Denn stellt man ein so vorbereitetes Glas auf den Schrank, ist es mit der Nachtruhe vorbei.

## *Tricks und Tips:*

Auch in der Medizin wird das Wissen über die Osmose benutzt. Bei einer Infusion in den Blutkreislauf darf man nicht destilliertes Wasser benutzen, sonst platzen die Blutkörperchen. Sie besitzen eine höhere Salzkonzentration und „quellen“ deshalb auf. Deshalb werden Infusionen mit Kochsalzlösungen durchgeführt, deren Konzentration den Bedingungen des menschlichen Körpers angepaßt ist. Zuviel Salz in der Lösung läßt die Blutkörperchen schrumpfen – die richtige Konzentration der physiologischen Kochsalzlösung ist deshalb wichtig.

Medikamente können – wohl dosiert – mit Hilfe der Osmose verabreicht werden. Dabei befinden sich im Inneren der Kapsel zwei Kammern, die durch

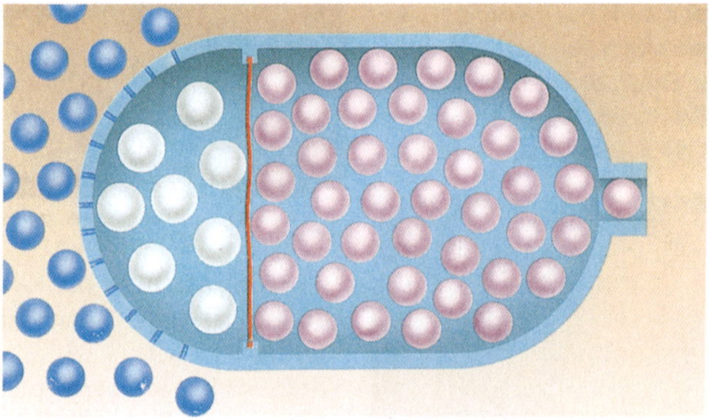

*Zum Konzentrationsausgleich dringen die Wasserteilchen in das Salzreservoir ein . . .*

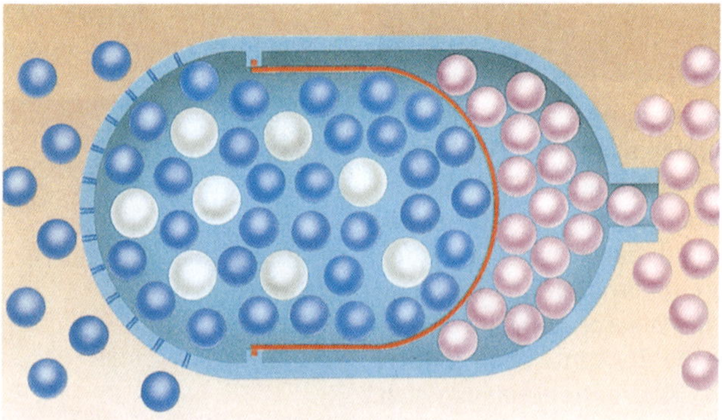

*. . . und drücken das Medikament mit der Membran nach außen.*

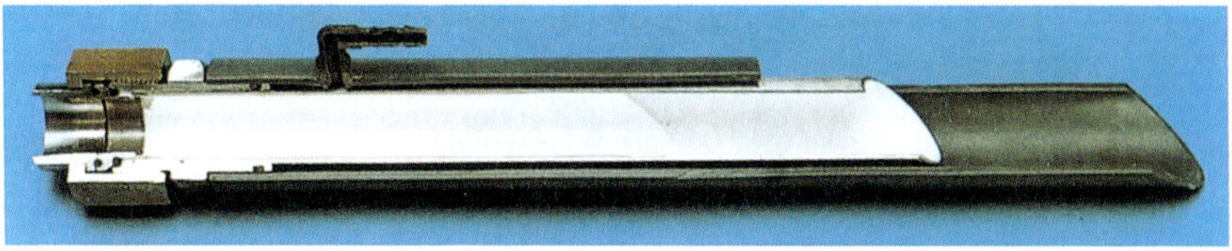

*Das Salzwasser wird durch die Röhre und damit durch die weiße Membran gepreßt. Das entsalzte Wasser läuft an der Röhreninnenseite nach außen.*

eine Folie getrennt sind. Die Kammer mit dem Medikament besitzt kleine Löcher, die mit Laserstrahlen gebohrt wurden. Die andere Kammer ist mit einem Salz gefüllt. Bringt man diese Kapsel in den Körper, so dringen durch die Außenhaut Wassermoleküle ein und blähen die Kammer mit dem Salz auf. Dadurch wird das Medikament langsam aus den Löchern gedrückt. Die Hoffnung ist, daß dadurch über einen längeren Zeitraum die richtige Dosierung eines Medikamentes möglich wird. Versuche im Magen haben jedoch gezeigt, daß sich das herausgedrückte Medikament in der Umgebung der Kapsel konzentriert, weil es in den Magenfalten hängen bleibt. Wie so oft in der Natur, läßt sich auch die Osmose umkehren. Drückt man auf die in der Schweinsblase hochgestiegene Flüssigkeit, so werden die Wassermoleküle durch die Membran durchdringen können – die Salzteilchen bleiben zurück. Dieser Weg der Wassermoleküle durch die Membran ist äußerst kompliziert und nur wenig erforscht – elektrische Kräfte spielen dabei eine Rolle. So einfach wie ein Filter, das auf mechanischem Wege Teilchen wegen ihrer Größe zurückhält, ist es nicht. Benutzt wird diese „Reversosmose" zur Entsalzung von Meereswasser. Das Salzwasser wird dabei durch Röhren gedrückt, die mit speziellen Membranen ausgestattet sind. Hinter den Membranen kann das entsalzte Wasser aufgefangen werden.

Das Wasser des Colorado-Rivers wird so wieder brauchbar gemacht. Der Fluß nimmt auf dem Weg durch die Halbwüste Colorados sehr viel Salz auf, so daß sein Wasser an der amerikanisch-mexikanischen Grenze nicht mehr zur Bewässerung der Felder benutzt werden kann. Erst die Umkehrosmose macht das wieder möglich.

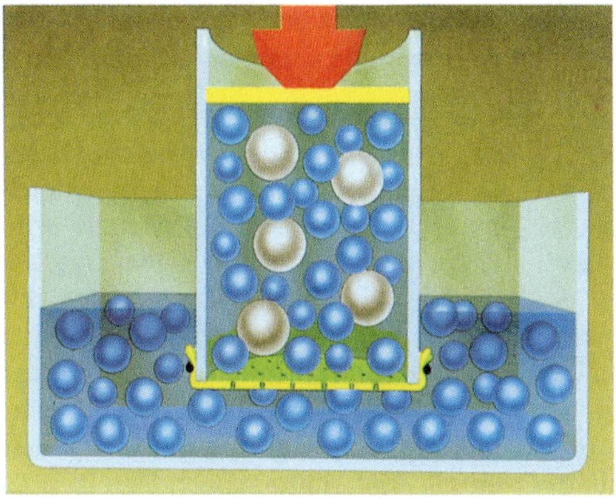

*Wird Druck auf die mit einer Membran verschlossene Glasröhre ausgeübt, so dringen die Wasserteilchen nach außen – das Salz wird zurückgehalten.*

# 64

## Die Batterie im Mund

### *Das Kunststück:*

Wenn Sie eine Goldfüllung und eine Amalgamfüllung in Ihrem Mund haben, so gehen Sie zu einem schlechten Zahnarzt. Aber Sie haben den Vorteil, mit diesem Kunstfehler elektrischen Strom erzeugen zu können. Haben Sie einen besser ausgebildeten Zahnarzt, so können Sie das Kunststück leicht auch anders nachmachen. Zwei verschiedene Metalle, z. B. Kupfer und Zink, werden mit Drähten versehen. Löschpapier, mit Essigsäure getränkt, wird zwischen die Metalle gepreßt. Mit einem Meßgerät ist leicht zu sehen, daß ein elektrischer Strom fließt. Diesen Strom können Sie z. B. benutzen, um über eine Elektronik einen Roboter zu steuern. Der elektrische Strom ist jedoch zu schwach, um einen Elektromotor direkt anzutreiben.

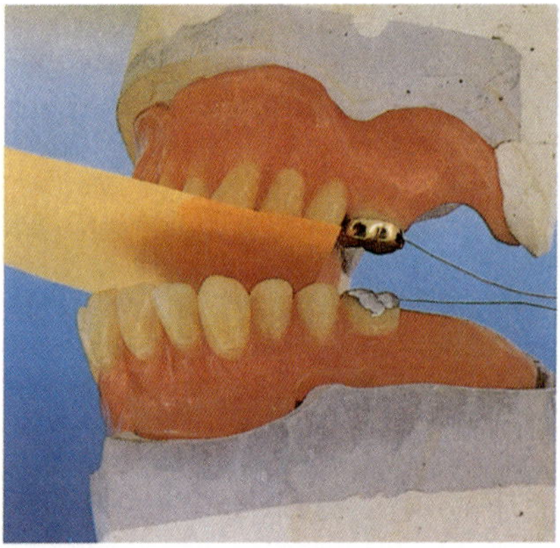

### *Das knoff-hoff:*

Werden zwei verschiedene Metalle zusammengebracht, so geben sie Elektronen ab. Essigsäure (oder der Mundspeichel) enthält selbst elektrische Ladungsträger, so daß bei der Berührung der beiden Metalle Elektronen fließen können. Das geschieht immer von dem sogenannten „unedlen" Metall zum „edleren". Wie groß die elektrischen Spannungen sind, die sich zwischen den Metallen aufbauen, hat man gegenüber einer Wasserstoffelektrode gemessen, die den Bezugspunkt bildet. Zwischen Gold und Quecksilber ergibt sich eine elektrische Spannung von etwa 0,5 Volt, zwischen Zink und Kupfer beträgt diese Spannung schon etwas über 1 Volt.

Die Metalle kann man nach den Meßergebnissen mit der Wasserstoffelektrode in eine Spannungsreihe einordnen. Dabei werden die Metalle vom Gold ab in folgender Reihe unedler: Quecksilber, Silber, Kupfer, Zinn, Eisen, Zink, Aluminium. Die Elektronen fließen also vom Zink zum Kupfer oder vom Amalgam (einer Quecksilberlegierung) zum Gold. Damit verbunden ist ein Materialtransport. Das Queck-

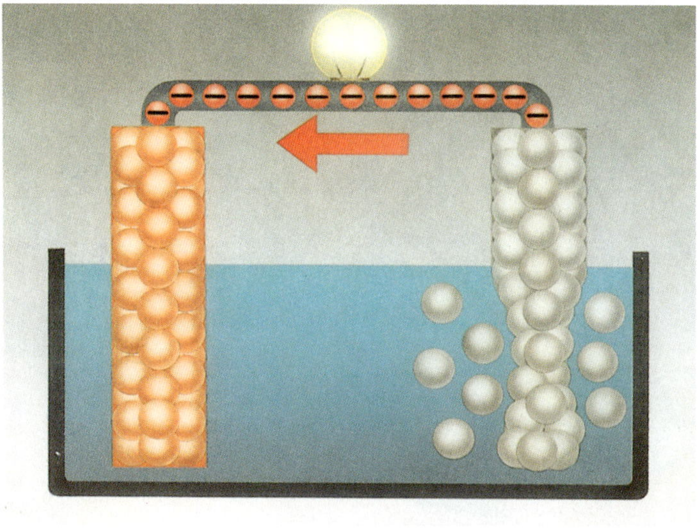

*Mit Zink und Kupfer in einer Säure kann elektrischer Strom erzeugt werden. Das unedle Zink geht dabei in Lösung – die Elektronen fließen über den Kontaktdraht zum Kupfer.*

silber, das durch diesen Prozeß im Mund frei wird, ist gesundheitsschädlich. Diesen Batterieeffekt haben Sie sicher auch schon gespürt, wenn Sie beim Schokoladeessen zufällig ein Stückchen Aluminiumpapier in den Mund bekommen haben. Der elektrische Strom, der dann fließt, reizt unangenehm den Zahnnerv.

Wieso kann eigentlich in ein und demselben Metall – in der Aluminiumfolie – ein Strom fließen? Ein Metall ist beim genaueren Hinschauen recht unterschiedlich aufgebaut. Es gibt im gleichen Metall lokal unterschiedliche Zusammensetzungen. Ursache dafür sind Verunreinigungen, Oxidationsstellen, Unterschiede in der Mikrostruktur usw. Damit bilden sich auch örtlich konzentriert „edle" und „unedle" Bezirke aus. Mit Hilfe des Mundspeichels kann so ein Strom zwischen diesen „Lokalelementen" fließen.

## *Tricks und Tips:*

Die Lokalelemente erklären auch, warum z. B. ein Metall unter Salzeinwirkung so rasend schnell zerstört wird. Zwischen den mikroskopisch feinen Unterschieden im Metall fließt ein Strom. Die im Wasser gelösten Salzteilchen, die selbst elektrisch geladen sind, unterstützen den Stromfluß. Dabei gehen die „unedlen" Bereiche in Lösung – das Metall zersetzt sich. Das Leid eines jeden Autofahrers, wenn er nach der intensiven Salzstreuung im Winter sein Auto betrachtet. Bekannt ist der Trick, mit Kupfer- und Zinkplättchen und einer Zitrone eine Batterie zu bauen. Das funktioniert auch über den Elektronenaustausch zwischen edlem (Kupfer) und unedlem (Zink) Metall. Heute kann man „Kartoffeluhren" kaufen, die eine Flüssigkristallanzeige besitzen. Diese Anzeige hat den Vorteil, sehr wenig Strom

zu verbrauchen, so daß der durch den Elektronenfluß zwischen den Zink- und Kupferelektroden entstehende elektrische Strom ausreicht, die Uhr in Gang zu setzen. Übrigens, wenn Sie eine Zinkdachrinne mit Kupferstiften vernieten, so ist das auch eine Batterie – das Zink zersetzt sich dabei. Der Vorgang funktioniert deshalb so gut, weil im Regenwasser ja auch elektrisch geladene Teilchen – Ionen der Kohlensäure z. B. – vorhanden sind.
Heute ist dieser Effekt stärker als je zuvor, wenn man an den Säureregen denkt, der durch im Regenwasser gelöste Schadstoffe ja oft der Batteriesäure gleichkommt. Warum sich keine großen Löcher entwickeln, liegt daran, daß sich das Kupfer schnell mit einer Schicht des transportierten Materials überzieht und der Vorgang deshalb gestoppt wird. Weitaus größer kann der Schaden sein, wenn Ihr Dachdecker aus Unkenntnis z. B. die Schornsteinumkleidung aus Kupfer macht, die Dachrinnen aber aus Zink. Bei den Säuregraden unseres Regens müssen Sie nach zwei Jahren die Dachrinne austauschen. Mikroskopisch kleine Kupferteile gelangen mit dem Regen in die Dachrinne, und die wird durch diese Lokalelemente zerfressen.

*Dachrinne mit Kupfer genietet*

# 65

## Die verkehrte Welt

### Das Kunststück:

Wenn man das untenstehende Bild betrachtet, so scheint es klar, daß der hintere Balken oder Strich größer als der vordere ist. Beim Nachmessen erkennt man jedoch, daß beide Balken exakt gleich groß sind. Warum können wir uns in diesen Beispielen nicht auf unsere Augen verlassen?

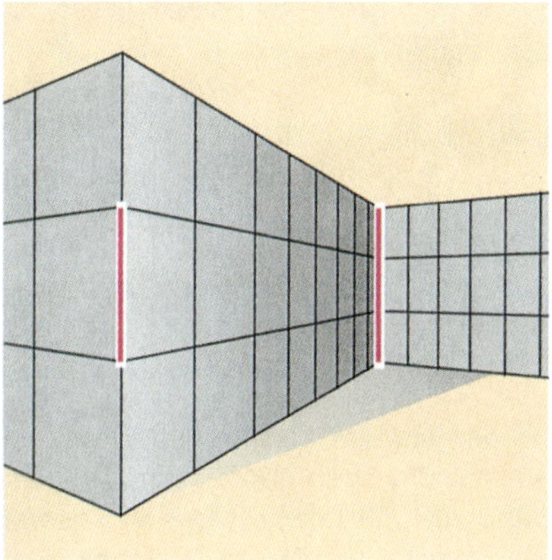

### Das knoff-hoff:

Wir haben uns daran gewöhnt, bei Größenvergleichen die Entfernung der Gegenstände vom Auge mit einzubeziehen. Weil der weiter entfernte Gegenstand in der Projektion auf die Netzhaut des Auges durch seine Entfernung auch kleiner ist, halten wir uns beim Abschätzen von Größen an diese Gesetzmäßigkeit der geometrischen Optik. Dieses Hilfsmittel dient uns auch beim Betrachten von Fotos oder Zeichnungen als Maßstab. Deutet alles darauf hin, daß wir uns Tiefe vorzustellen haben – z. B. durch die perspektivisch zusammenlaufenden Linien der Eisenbahnschienen –, so verkleinern sich für unser Erkennungssystem automatisch auch die scheinbar weiter hinten liegenden Gegenstände. Maler haben diese Kunst der Perspektive über Jahrhunderte entwickelt und sich so mit ihren Gemälden unseren Sehgewohnheiten angepaßt. Werden nun zwei gleich große oder lange Objekte in einer perspektivischen Zeichnung angeboten, wobei das eine scheinbar weiter hinten liegt als das andere, so „addieren“ wir beim Vergleich mit dem vorderen etwas zu seiner Größe, um die automatisch erfolgende Verkleinerung durch die Entfernung auszugleichen. Deshalb kommt es zu diesen erstaunlichen Täuschungen, in denen der Zeichner die perspektivischen Regeln nicht beachtet hat.

Wie wir uns in der Größen- und Tiefenabschätzung täuschen können, zeigt das folgende Experiment. Zwei weiße Kreise scheinen sich in unsere Richtung zu bewegen und wieder nach hinten zu treiben. Um diesen Eindruck wahrnehmen zu können, muß man in einem dunklen Raum zwei weiße Luftballons auf eine schwarze Platte montieren und etwas beleuchten. Ein weißer Luftballon wird nun vor dem schwarzen Hintergrund aufgeblasen, und dann wird ihm die Luft abgelassen. Vergrößert er sich durch das Aufblasen, so scheint er auf uns zuzukommen. Das liegt daran, daß wir Gegenstände auch in Relation zueinander einschätzen. Bei den vorher gleich großen Ballons kann es ja – ohne weiteren Bezugspunkt im Raum – nur so sein, daß „größer werden“ „näherkommen“ bedeutet, und das Schrumpfen des Ballons wird als „nach hinten bewegen“ interpretiert. Erst die vollständige Beleuchtung der Vorrichtung erlaubt es unserem Auge-Gehirn-System, die Täuschung zu erkennen.

Baumeister haben immer schon optische Täuschungen für ihre Werke genutzt. Der Fußgänger scheint hier über einen wellenförmigen Platz zu laufen. In Wirklichkeit ist dieser Platz

– der sich in Lissabon befindet – vollständig eben gepflastert. Die Färbung der Platten läßt uns in unserer Beurteilung wiederum unsicher werden, was vorne und was hinten ist. Heute versucht man diesen Effekt in Städten zu nutzen, um Autofahrern eine unebene Fahrbahn vorzutäuschen. Die Hoffnung ist, daß sie in Sorge – wenn nicht schon um die Fußgänger, sondern um ihr Auto – abbremsen.

## *Tricks und Tips:*

Maler haben ja mit diesen Problemen bei ihren Werken zu kämpfen. Auf der nebenstehenden Abbildung ist es offenbar eindeutig, daß der Abstand von 1 bis 2 größer ist als der von 1 bis 3. Beim Nachmessen zeigt sich aber, daß die Linien genau gleich lang sind. Besonders eindrucksvoll zeigt sich die Täuschung beim Größenvergleich, wenn man auf der Grafik beide Figuren ausschneidet und auf das Raster legt. Selbst wenn man durch Nachmessen weiß, daß beide Figuren gleich groß sind, wechseln diese für uns beim Verschieben jedesmal ihre Größe. So eingefahren ist unser Auge-Gehirn-System! Genauso wie wir uns durch angedeutete Perspektiven überlisten lassen, fällt es uns schwer, Höhen vernünftig abschätzen zu können. Ein Springer auf einem 10-m-Turm erscheint uns in schwindelnder Höhe – und ebenso sieht er die Wasseroberfläche sehr tief unten. 10 m

auf einer horizontalen Ebene betrachtet sind jedoch keine besonders große Entfernung. Wie kommt es nun zu einer solchen Fehleinschätzung bei den horizontalen und vertikalen Linien? Unsere Augen sind ja horizontal – nebeneinander – angeordnet. Diese Blickrichtung – das Bewegen der Augen in horizontaler Richtung, also seitlich hin und her – ist uns ver-

trauter als in vertikaler, von oben nach unten. Das zeigt sich auch in den Muskelausbildungen, durch die die Augen sich bewegen können. Bei horizontaler Bewegung gelingt das leichter, als bei der ungewohnten Auf- und Abbewegung. Diese Drehung verursacht eine größere Anstrengung, und offenbar auch deshalb schätzen wir Höhen und Tiefen so unterschiedlich ein. Abstände in horizontaler Richtung lassen sich deshalb für uns genauer miteinander vergleichen als Längen in vertikaler Richtung. Vielleicht liegt diese Eigenschaft auch in der Geschichte unserer Entwicklung begründet: Von oben drohte uns nie Gefahr,

denn unsere Feinde und auch die Beute zeigten sich immer in unserem horizontalen Erlebnisbereich.
Wie stark wir uns verschätzen, ist an dem klassischen Bild eines Zylinders zu sehen. Für uns erscheint er weitaus höher als breit zu sein. Das Nachmessen zeigt uns jedoch auch hier, daß Höhe und Breite gleich sind. Diese Schwierigkeit beim Abschätzen von Höhen merkt man vor allem auch beim Hausbau, wenn es darum geht, die Höhe von Räumen festzulegen oder Treppen zu entwerfen, die in der richtigen Relation zum Gesamtbild stehen.

# 66

## Geheimnisvolle Kräfte

### Das Kunststück:

Wenn sich etwas geheimnisvoll bewegt, z. B. ein Gegenstand auf dem Tisch, oder ein Automodell in der Luft schwebt, dann wird sehr schnell von Zauberei oder mystischen Kräften gesprochen. Clevere Leute nutzen das aus, um sich einen Spaß zu machen. Bei sehr Leichtgläubigen entsteht mit solchen Tricks allerdings oft auch Verwirrung darüber, was wirklich möglich ist – und was nicht.

Zu solchen Tricks gehört auch dieses Kunststück: In Öl mischt man Eisenfeilspäne. Beschwört man mit der Hand irgendwelche Geister, so erhebt sich aus dem Öl plötzlich ein Gebirge. Auf die entsprechende Gegenbewegung fällt das Gebirge in sich zusammen.

### Das knoff-hoff:

Die Eisenfeilspäne reagierten auf starke Elektromagneten, die unter der Schale mit dem Öl angebracht sind. Mit dem Fuß schaltet man den Magneten ein, die Eisenfeilspäne sammelten sich entsprechend der magnetischen Feldlinie um diesen Bereich. Ebenso kann man 4 Schwimmer, die auf Ma-

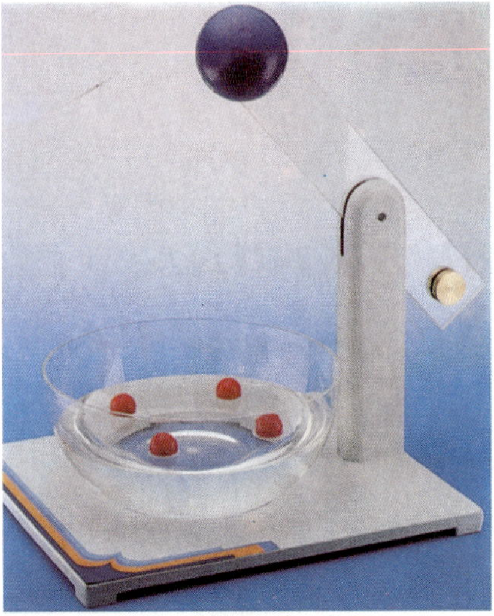

*Senkt sich der Magnet nach unten, . . .*

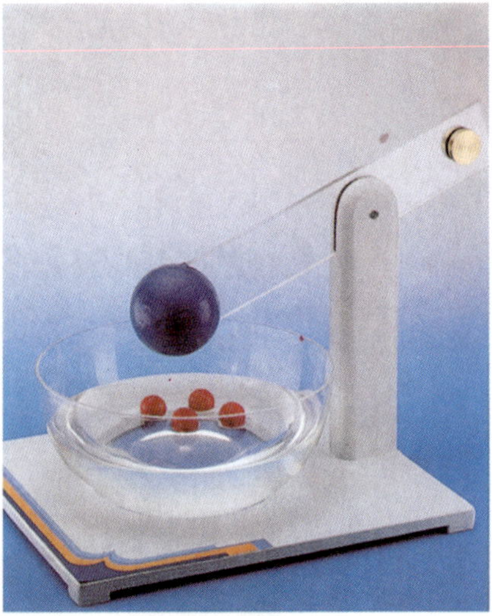

*. . . sammeln sich die Kugeln in der Mitte.*

gnet reagieren, in einer Flüssigkeit bewegen. Kippt man den Magneten herunter, so bewegen sich die Schwimmer auf das Zentrum zu. Wird der Magnet wieder hochgezogen, so wandern die Schwimmer genau wieder auf ihre Position zurück. Am Boden unter der Schüssel befinden sich schwache Magneten, die die Schwimmer in dieselbe Position zurückziehen.
Heute hat sich auf dem Gebiet der Magneten viel getan. Es ist möglich, mit neuen Materialien auf kleinstem Raum starke Magnetfelder zu konzentrieren. Lautsprecher in Miniradios oder Antriebsmotore in CD-Spielern konnten deshalb verkleinert werden. Aber auch Zauberer vervollkommnen durch starke Magnete ihre Tricks. Mußte man früher unter den Tisch greifen, um auf einer dünnen Tischplatte mit einem Magneten etwas zu bewegen, können heute Zauberer einen starken Magneten am Knie z. B. verdeckt anbringen. Bewegen sie unter dem Tisch das Knie, so reagieren auf der Tischplatte Gegenstände, die magnetisch sind. Geheimnisvolle Bewegungen sind so möglich. Auch das Automodell auf unserem Foto schwebt in einem Magnetfeld.

*Zauberer arbeiten zwar mit kleineren Magneten – aber erstaunlich ist das Aufstellen der Nägel auch so.*

## *Tricks und Tips:*

Aber nicht nur als Spielerei sind starke Magneten gedacht. Eine Konzeption einer Magnetbahn beruht darauf, daß die Waggons der Bahn über den Schienen schweben. Dabei befindet sich an Stelle der Räder ein Winkel an der Unterseite der Waggons. An diesem Winkel ist ein starker Magnet angebracht, der von der Schiene angezogen wird. Dadurch hebt sich der Waggon nach oben und schwebt. Angetrieben wird diese Magnetbahn über einen Linear-Motor – das sind Kupferspulen, die entlang der Schienen laufen und durch die ein elektromagnetisches Wechselfeld läuft, das den Zug nach vorne treibt.

Diesen Linear-Motor kann man sich als aufgeschnittenen Elektromotor vorstellen. Weil die Rollreibung der Räder auf der Schiene wegfällt, kann dieser Zug hohe Geschwindigkeiten erreichen (ca. 500 km/h).

***Die unten liegenden Magnete werden von der Eisenschiene angezogen – dadurch hebt sich die Magnetbahn.***

***Beim Transrapid sind die Elektronenmagneten deutlich zu erkennen.***

# 67

## Weißes noch weißer machen...

### Das Kunststück:

Etwas Weißmacher, auf ein Stück Stoff aufgetragen, läßt dieses Kunststück möglich werden. Unter normalem Licht betrachtet, sieht man keine Veränderung des Stoffes. Beleuchtet man aber den Stoff mit einer UV-Lampe, so sind die Bereiche, auf die das Pulver aufgetragen wurde, leuchtend weiß zu sehen.

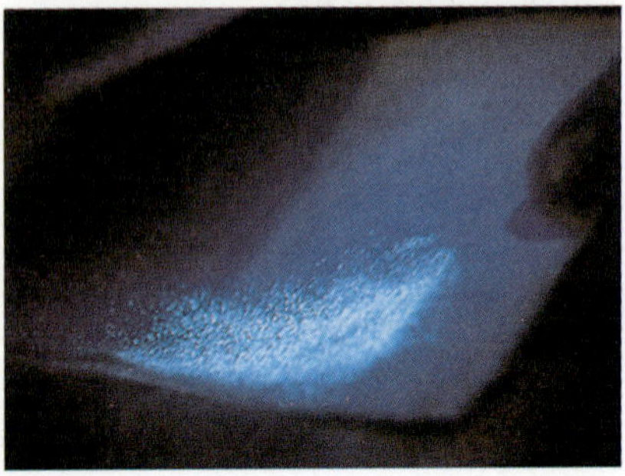

### Das knoff-hoff:

Unser Auge kann ultraviolettes Licht nicht sehen. Die Sonne strahlt jedoch diese Wellen neben dem für uns sichtbaren Licht ab. Das Weißmacherpulver wandelt das UV-Licht in sichtbares Licht um. Das energiereiche ultraviolette Licht hebt Elektronen auf energiereichere Umlaufbahnen um den Atomkern. Nach einiger Zeit fallen die Elektronen nicht auf die ursprünglichen Bahnen, sondern auf Zwischenbahnen zurück und strahlen die freiwerdende Energie dann als sichtbares Licht ab. Die mit Weißmachern bestäubte Fläche erscheint uns dadurch heller. Waschmittelhersteller wollen ja immer weißer als die Konkurrenz sein – sie mischen unter ihre Waschmittel solche Weißmacherpulver. Im Sonnenlicht betrachtet, kommt also neben dem schon vorhandenen Anteil sichtbaren Lichts etwas weißes Licht hinzu. Das ist der ganze Trick, der mit Sauberkeit nur höchstens indirekt etwas zu tun hat. 1000 Tonnen dieser Weißmacher kommen allein von den Waschmitteln in der BRD jedes Jahr in die Umwelt. Diesen Trick nutzen auch UV-Signierkreiden aus. Mit ihnen kann man z. B. Wäschestücke

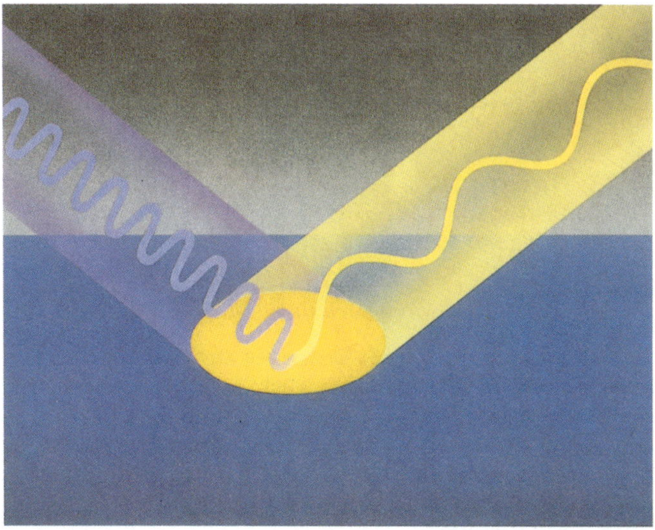

*Das energiereiche – und damit kurzwellige – Ultraviolettlicht wird durch „Weißmacher" in langwelliges und dadurch für uns sichtbares Licht umgewandelt.*

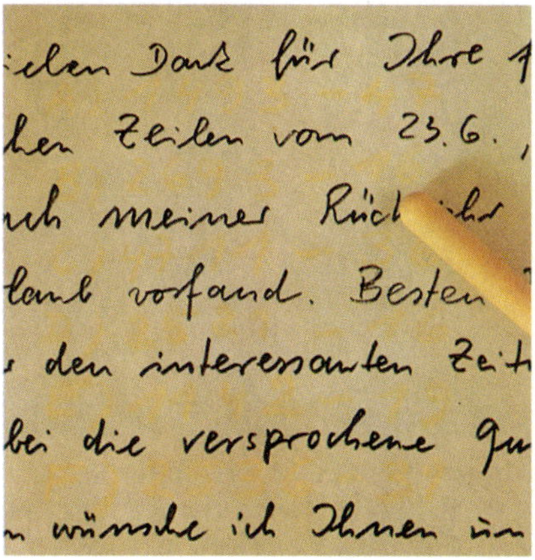


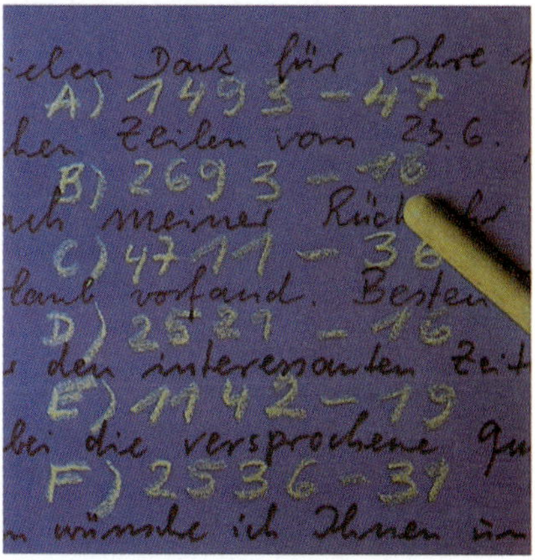


kennzeichnen. Die Markierung ist nur unter UV-Licht für uns zu sehen. Auf den Fotos wird diese Substanz als Geheimschrift zwischen den Zeilen benutzt.

## Tricks und Tips:

In Diskotheken findet man häufig eine Lichtquelle mit hohem UV-Anteil. Das sogenannte „Schwarzlicht" schimmert mit seinem sichtbaren Lichtanteil

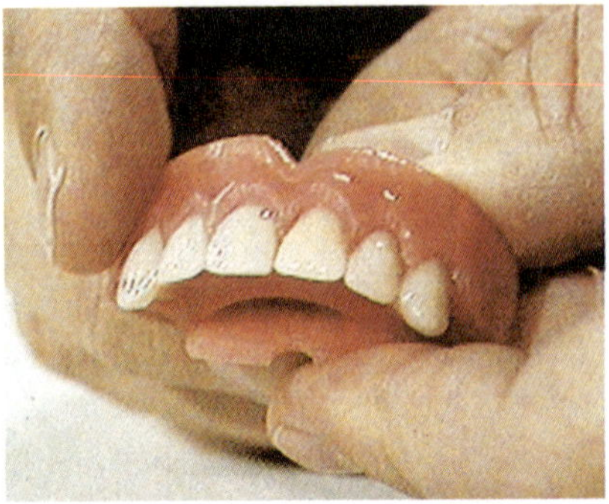

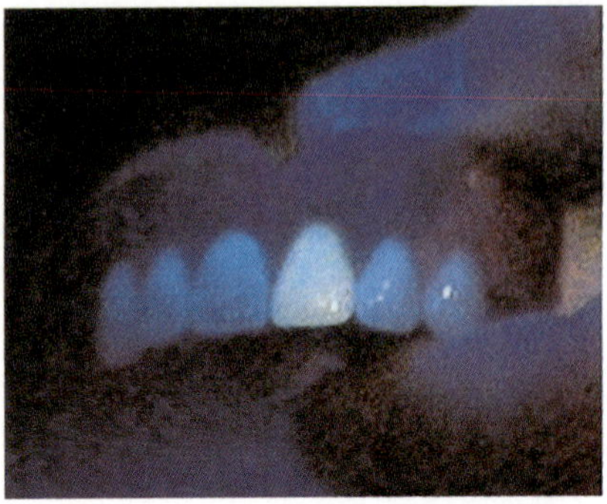

sehr seltsam in den Augen. UV-Schminken werden in Diskotheken getragen. Sie sind, im normalen Licht betrachtet, nicht besonders eindrucksvoll – erst im UV-Licht entfalten sie ihre Wirkung. Sie wandeln das UV-Licht in verschiedenfarbig sichtbares Licht um. Auch die weißen Hemden und die Zähne leuchten sehr schön weiß. Hat nun ein Besucher einen falschen Zahn im Mund, so kann es peinlich werden.

Der falsche Zahn ist im normalen Licht nicht von den echten Zähnen zu unterscheiden – so weiß ist er. Im UV-Licht reagiert er aber ganz anders. Er erscheint entweder schwarz, weil in der Mischung die Anteile fehlen, die das UV-Licht in sichtbares weißes Licht umwandeln, oder noch strahlender weiß als seine natürlich gewachsenen Nachbarn. Auf die richtige Mischung kommt es also bei falschen Zähnen an. Früher hat man versucht, durch Zumischung von radioaktiven Substanzen die Materialien so zu verändern, daß das UV-Licht in sichtbares weißes Licht umgewandelt werden kann. Dabei helfen die Strahlungspakete aus dem radioaktiven Uranoxid den Elektronen auf höhere Umlaufbahnen. Jetzt reicht die Energie des UV-Lichts aus, die Elektronen auf noch höhere Bahnen zu heben. Fallen die Elektronen dann auf die Zwischenbahn zurück, so strahlen sie sichtbares weißes Licht ab.

Die für uns unsichtbaren Strahlen aus radioaktiven Substanzen werden in einer „Nebelkammer" sichtbar gemacht. Die Strahlen ziehen Kondens-

streifen hinter sich her. Sie treten aus der Leuchtsubstanz einer Uhr aus, die man früher auch mit radioaktiven Substanzen gemischt hat, um das Zifferblatt der Uhr im Dunkeln zum Leuchten zu bringen. Die Strahlen regen Elektronen an, die beim Zurückfallen in die Ausgangsenergie Licht abstrahlen.

Die gesundheitsgefährdenden Zähne gibt es heute kaum noch. Glücklicherweise sind heute die falschen Zähne unter Zumischung anderer Substanzen zum „weißen Zahn", auch im UV-Licht, geworden.

# 68

## *Der kontrollierte Luftdruck*

### *Das Kunststück:*

Viele Menschen haben offenbar den Wunsch, etwas geheimnisvoll schweben zu lassen. Dafür gibt es mehrere Möglichkeiten, und hier ist eine neue, die sogar noch das Flair des besonders Wagemutigen aufzubauen vermag. Um dieses Kunststück vorzuführen, faltet man eine Papierserviette oder ein Stück Seidenpapier zu einer Röhre. Um die Spannung zu erhöhen, kann man diesen kleinen Papierschornstein auf eine besonders gute Tischdecke setzen. Dann wird der obere Rand angezündet, und die spannende Frage ist nun, ob das Tischtuch durch die sich nach unten fressende Flamme angebrannt wird oder nicht? Die Flamme brennt zunächst – wie erwartet – gemächlich nach unten.

Jeder denkt, daß nun das Tischtuch angebrannt wird. Aber wie durch ein kleines Wunder schnellt plötzlich der brennende Papierschornstein nach oben und die Tischdecke bleibt unversehrt. Hier soll noch einmal deutlich gesagt werden, daß dieses Kunst-

stück seine Gefahren in sich birgt – und wenn überhaupt, soll man es unter kontrollierten Bedingungen machen. Durch die aufsteigenden brennenden Papierreste kann es zum Entzünden leicht entflammbarer Gegenstände kommen oder, wenn der Schornstein zu schwer ist, verbrennt die Tischdecke tatsächlich.

## *Das knoff-hoff:*

Was die Tischdecke rettet, ist der sogenannte „Schornsteineffekt". Wenn eine Kerze brennt, dann flackert die Flamme entweder hin und her oder durch die konstant aufsteigende warme Luft brennt sie ruhig nach oben gerichtet vor sich hin. Die Situation ändert sich aber blitzschnell, wenn eine Glasröhre über die Flamme gehalten wird. Plötzlich wird die Flamme wie von unsichtbaren Kräften heftig nach oben gezogen! Die Röhre trennt zwei Luftschichten, die unterschiedliche Dichte zeigen. Die entstandene Druckdifferenz zwischen der äußeren kalten und damit dichteren Luft und der erwärmten dünneren Luft reicht aus, um die erwärmte Luft im Inneren der Röhre rasch aufsteigen zu lassen. Sie wird von der am unteren Ende der Röhre nachdrängenden Luft nach oben gedrückt. Diesen „Schornsteineffekt" nutzt man in der Technik aus. Schornsteine werden ja überhaupt deshalb gebaut, damit der Ofen besser „zieht" – mit dem Vorteil, daß die Abgase rasch nach oben abgeführt werden und unten neuer Sauerstoff nachströmen kann, der die Verbrennung fördert. Die Röhre umhüllt eine große Luftsäule hoher Temperatur. Ohne Schornstein bilden sich nur kleine erwärmte Luftpakete, die es schwer haben, aufzusteigen. Deshalb brennen die Petroleumlampen nach Aufsetzen des Glaszylinders so hell. Ohne diese Glasröhre flackert die Flamme lustlos hin und her, mit dem Minischornstein steigt der Luftstrom schnell nach oben. Bei dem Kunststück mit der Papierserviette wird dieser Schornsteineffekt ausgenutzt. Kurz vor dem Erreichen der Tischdekke zieht die Luft plötzlich durch die verbleibende Röhre schnell nach oben und reißt dabei den Restschornstein mit. Dadurch wird auch die Tischdekke (meistens) vor dem Verbrennen gerettet.

## *Tricks und Tips:*

Mit einem Spielzeugschornstein ist dieser Effekt gut zu beobachten. Legt man die Hand an die untere Öffnung,

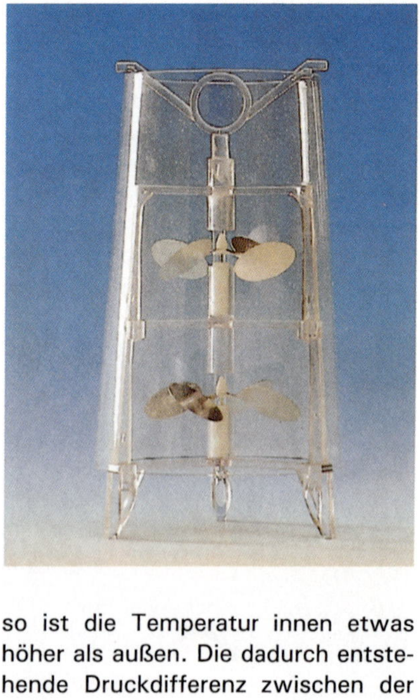

so ist die Temperatur innen etwas höher als außen. Die dadurch entstehende Druckdifferenz zwischen der äußeren und inneren Luftsäule reicht

aus, um „Luftpakete" durch den Schornstein strömen zu lassen. Dadurch dreht sich in der Röhre ein Ventilator.

Erhitzt man eine feuerfeste Glasröhre, so steigt in ihr die warme Luftsäule ständig nach oben. Wird die heiße Röhre über Rußflocken gehalten, so zieht der Luftstrom durch diesen „Schornstein" die Teilchen nach oben. Es wurde versucht, dieses Prinzip für ein Kraftwerk auszunutzen. Über der Erde wurden in etwa 2 m Höhe Plastikplanen gespannt, die in der Mitte in einem Schornstein mündeten. Die Sonne erwärmte die Luft im Bereich der Plastikplanen, die dann heftig durch den Schornstein nach oben strömte. Im Schornstein hat man – wie bei unserem Spielzeug – einen Ventilator untergebracht, der einen Generator betreiben konnte. Eine spezielle Form eines Sonnenkraftwerkes, das allerdings über eine Versuchsanlage in Spanien nicht hinauskam, wurde vor einigen Jahren

wieder geschlossen. Prinzipiell hat eine solche Anlage einen geringen Wirkungsgrad, und außerdem ist der Flächenbedarf recht groß. Für ein 100-Megawatt-Kraftwerk benötigt man etwa 11 km² Überdachungsfläche.

Die Druckdifferenz zwischen leichteren und schwereren Gasen spielt auch bei der Gasversorgung eine Rolle. Ist der Druck, den das Gaswerk anbietet, zu gering, so strömt bei den Verbrauchern im Erdgeschoß kein Gas gegen den äußeren Luftdruck aus. Die Bewohner der oberen Etagen desselben Hauses haben jedoch keine Schwierigkeiten, sie können das Gas noch intensiv nutzen. Bei ihnen strömt bei gleichem Gasdruck das Gas des Werkes aus der Leitung – das ist in dem Modellhaus gut zu sehen. Mit der Höhe nimmt der Druck verschieden dichter Gase unterschiedlich stark ab. Im Erdgeschoß ist in diesem Spezialfall zwischen dem Gas und der äußeren Luft keine Druckdifferenz vorhanden. Deshalb kann das Gas auch nicht ausströmen. Im Obergeschoß kommt es hingegen wegen der unterschiedlichen Schweredruckabnahme mit der Höhe bei den verschiedenen Gasen zu einer Druckdifferenz, so daß das Gas ausströmen kann.

Wie empfindlich diese Druckabnahme bei den verschiedenen Gasen ist, zeigt dieses Experiment mit der Glasröhre. Durch das Rohr strömt Gas und kann an den Öffnungen am Ende des Rohres austreten. Wird es entzündet, so brennen die Flammen bei waagerechter Stellung des Rohres gleich hoch. Dreht man das Rohr leicht schräg, so wird die Flamme an der jetzt nur 10 cm tiefer liegenden Öffnung merklich kleiner. Das leichte Gas steigt in der Röhre nach oben und drückt sich deshalb stärker aus der oberen Öffnung heraus. Eine eindrucksvolle Demonstration des Verhaltens der unterschiedlichen Gase.

Wie so oft kann man die einmal ge-

machte Erfahrung auch gleich wieder in Frage stellen. Bei dem unten angebrachten Glasrohr ist es genau umgekehrt. Die untere Flamme brennt höher als die obere! Die Erklärung ist einfach. Diesmal strömt ein Gas in die Röhre, das schwerer als Luft ist. Die Druckdifferenz zwischen diesem Gas und der Luft ist jetzt anders als vorher bei dem leichten Gas – sie hat sich umgekehrt. Durch die Schrägstellung „fließt" das schwere Gas nach unten

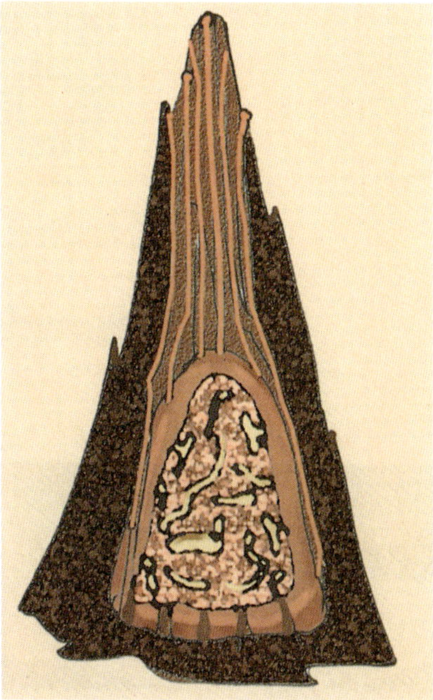

und wird dadurch hier stärker aus der Öffnung gepreßt als am oberen Ende.

Übrigens findet man auch in der Natur Beispiele, in denen der Schornsteineffekt zum Tragen kommt. Termiten z. B. sind in der Savanne wegen ihres hohen, turmartigen Bauwerkes leicht zu finden. Das eigentliche Termitennest liegt jedoch etwa 2 m unter der Erde. Durch die körperlichen Aktivitäten erhitzt sich dieses Nest. Die bis zu 4 m hohen Türme der Termiten sind innen hohl und über ein Röhrensystem mit dem tiefer gelegenen Nest verbunden. Über diese „Schornsteine“ wird die warme Luft abgeführt und das Nest klimatisiert.

# 69

# Das Ei in der fliegenden Pfanne

*Ramona „beschwört" einen Aluminiumring.*

## Das Kunststück:

Über Kupferspulen wird eine Aluminiumpfanne gestellt. Fließt durch die Kupferspulen Strom, so beginnt die Pfanne plötzlich zu schweben. Magnetfelder werden Sie sofort sagen, heben die Pfanne an. Aber Aluminium reagiert nicht auf einen Magneten. Das können Sie mit einem Permanentmagneten sofort ausprobieren. Überdies wird die schwebende Pfanne auch noch heiß, so daß Sie darin ein Ei braten können. Überirdische Kräfte?

*Die Erklärung: Im Magnetfeld werden in dem Aluminiumring Wirbelströme induziert.*

## Das knoff-hoff:

Mit Magnetfeldern hat dieses Kunststück zu tun, selbst wenn Aluminium nicht magnetisch ist. Bewegt man einen Aluminiumring in einem Magnetfeld, so werden in dem Aluminium Elektronen bewegt. Es fließt ein Strom, der wiederum von Magnetfeldern umgeben ist. Diese Ströme fließen in kleinen Kreisen und man nennt sie Wirbelströme. Das Magnetfeld, das diese Ströme umgibt, ist stets dem Magnetfeld, durch das diese Ströme induziert wurden, entgegen gerichtet, d. h. die beiden Magnetfelder stoßen sich ab. Setzt man einen Aluminiumring über den Eisenkern einer Kupfersäule durch die Strom geschickt wird, so schießt der Ring regelrecht heraus. Bei der entsprechenden Wahl des Gewichts des Ringes und der Stromstärke in den Spulen kann man den Ring zum Schweben bringen. Er fällt etwas nach unten – dadurch entstehen die Wirbelströme mit entgegengerichtetem Magnetfeld – der Ring wird nach oben gehoben – die Induktionswirkung schwächt sich am Ruhepunkt ab, der Ring fällt deshalb wieder nach unten usw. Für unser Auge scheint der Ring zu schweben. Und genauso funktioniert unsere schwebende Aluminiumpfanne. Heiß wird sie deshalb, weil die Wirbelströme – wie jeder elektrische Strom – einem elektrischen Widerstand entgegenarbeiten müssen. Es ist möglich, in dieser Pfanne ein Ei zu braten. Diese Ströme, die in dem Metall induziert werden, können soviel Wärme entwickeln, daß sie Metall zum Schmelzen bringen. Dabei schwebt die Probe wiederum in einem von der Spule aufgebauten Magnetfeld, Wirbelströme werden induziert, die gegen den elektrischen Widerstand fließen müssen und dadurch das Metall so stark erhitzen, daß es schmilzt. Die Energie dazu kommt aus dem Magnetfeld der Spulen. Dieses berührungsfreie Schmelzen ist z. B. im Weltraum wichtig, wenn man bei Untersuchungen von Metallen in der Schwerelosigkeit den Einfluß von Tiegelwänden vermeiden will.

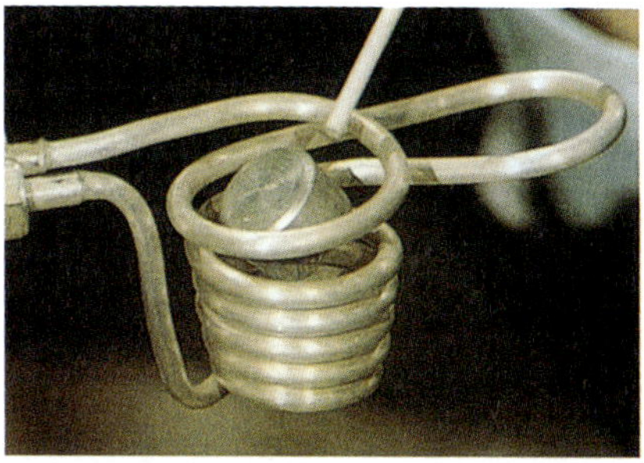

***Eine Metallprobe schwebt im Magnetfeld einer elektrischen Spule.***

***Das Metall beginnt zu schmelzen.***

***Nach dem Abschalten fällt die Metallschmelze nach unten.***

## Tricks und Tips:

Diese Wirkung der Wirbelströme kann man auch mit diesem Kunststück eindrucksvoll zeigen. Auf einer Aluminiumplatte liegt ein Hufeisenmagnet, der an einem Hebel befestigt ist. Das Aluminium ist ja nicht magnetisch. Wenn wir aber die Scheibe drehen, so

**Der Magnet liegt auf einer Aluminiumscheibe.**

**Beginnt sich die Scheibe zu drehen, so schwebt der Magnet über der Scheibe.**

hebt plötzlich der Magnet ab und schwebt über der sich drehenden Scheibe. Klar, warum? Das Magnetfeld induziert in der sich bewegenden Scheibe Wirbelströme, deren Magnetfeld wiederum dem ursprünglichen entgegengerichtet ist. Deshalb kommt es zur Abstoßung.

Ein Konzept der Magnetschwebebahn baut auf die induzierten Wirbelströme. Dabei müssen die Schienen aus Aluminium sein. In der Lokomotive befinden sich starke Magneten. Wenn sich die Bahn bewegt, induzieren die Magneten Wirbelströme in den Aluminiumschienen. Deren entgegengerichtetes Magnetfeld hält die Bahn in Schwebe. Ein Effekt wie bei unserem Kunststück mit dem Hufeisenmagneten und der Aluminiumscheibe. An Haltestellen jedoch sinkt diese Magnetbahn auf die Schienen. Als Starthilfe wurden deshalb Räder konstruiert. Dieses Konzept wurde in Deutschland als zu kompliziert empfunden. Man stellte die Versuche ein.

# 70

# Die Kraft, die im elektrischen Strom steckt

## Das Kunststück:

Professionell kann man dieses Kunststück so präsentieren: Am Boden liegt eine Drahtschleife, durch die man

einen elektrischen Strom schicken kann. Riesige Kondensatoren in Kästen untergebracht, speichern elektrische Ladungen, und auf „Knopfdruck" kann man diese Ladungen als elektrischen Strom durch die Leiterschleife fließen lassen. Sichtbar wird das durch das plötzliche Aufreißen der Drahtschleife. Mit geringerem technischen Aufwand kann man das Kunststück auch mit einer Kupferlitze durchführen, die eine Schlaufe bildet und nach unten hängt. Eine Batterie versorgt diese Kupferschleife mit elektrischem Strom. Wird dieser Stromkreis geschlossen, treibt es auch hier die Drähte auseinander, wenn auch nicht so eindrucksvoll wie vorher.

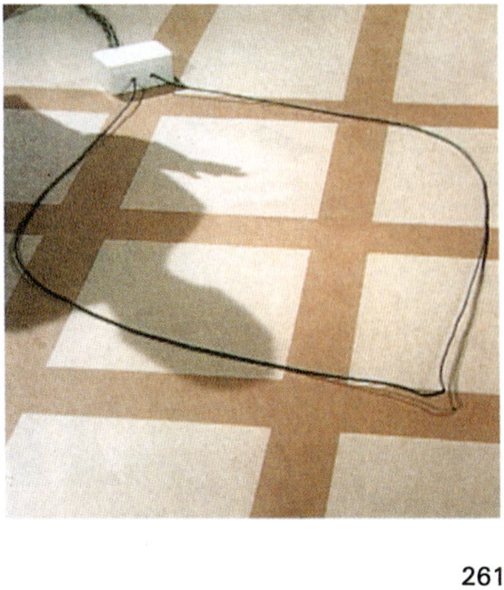

## Das knoff-hoff:

Wenn ein elektrischer Strom fließt, so umgibt er sich mit einem elektromagnetischen Feld. Die Richtung dieses Feldes ist von der Stromrichtung abhängig. In einer Schlaufe entstehen so auf jeder Seite Felder, die miteinander wechselwirken und so gerichtet sind, daß sich die Leiter gegenseitig abstoßen. Die Kästen mit den Riesenkondensatoren benötigt man übrigens in der Technik zum Magnetisieren von Materialien, deshalb die hohen Stromstärken.

## Tricks und Tips:

Mit diesen Magnetfeldern, die einen stromdurchflossenen Leiter umgeben, kann man noch andere Kunststücke vorführen. Aus einem Draht wird eine Spirale gebogen, daran eine Metallkugel befestigt und in eine Schale mit Quecksilber getaucht. Schickt man einen Strom durch die

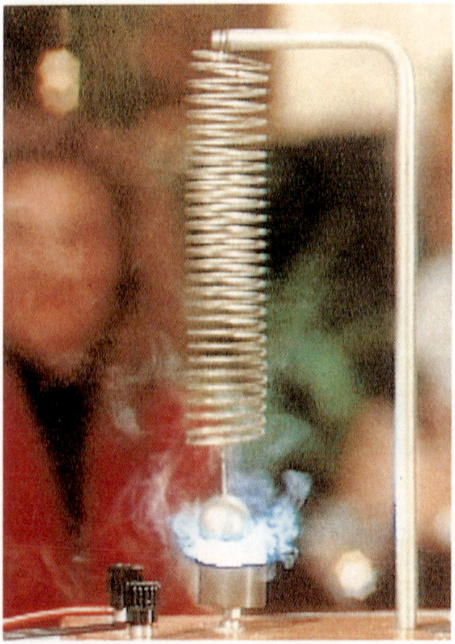

Spirale, so zieht sie sich zusammen, entspannt wieder, und die Kugel hüpft so ständig auf und ab. Auch hier spielt das durch den elektrischen Strom aufgebaute Magnetfeld seine Rolle. Die Feder ist so aufgehängt, daß die Metallkugel gerade das Quecksilber berührt. Dadurch wird der Stromkreis geschlossen. Fließt der elektrische Strom, so sind die Magnetfelder in den Spiralwindungen so gerichtet, daß sich die Spirale zusammenzieht. Die Kugel wird aus dem Quecksilber gehoben und der Stromkreis dadurch un-

terbrochen. Die Feder entspannt sich, dadurch taucht die Kugel wieder in das Quecksilber, und der Vorgang beginnt erneut. Vorsicht, Quecksilber ist giftig, und deshalb sollte man das Experiment nur unter einem entsprechend eingerichteten Abzug machen! Besonders eindrucksvoll ist das Experiment mit dem hängenden Draht. Michael Faraday (1791 – 1867) hat dieses Kunststück immer begeistert vorgeführt, um die Wirkung des elektrischen Stroms vorzuführen. Dazu wird ein Draht beweglich so aufgehängt, daß sein unteres Ende in Quecksilber taucht. Wieder ist die Konstruktion so eingerichtet, daß dadurch ein Stromkreis geschlossen ist. In der Mitte befindet sich – aus dem Quecksilber herausragend – ein Stabmagnet. Fließt jetzt ein elektrischer Strom, so beginnt der Draht um den Magneten zu kreisen. Auch hier baut sich um den Leiter ein Magnetfeld auf, das mit dem des Stabmagne-

ten in Wechselwirkung tritt, so daß der Draht abgestoßen wird. Durch seine bewegliche Aufhängung fällt er etwas zurück, wird dadurch wieder abgestoßen, so daß eine kreisende Bewegung entsteht.

Ein ähnliches Prinzip wird auch bei dem Speichenrad ausgenutzt, das Anfang des 19. Jahrhunderts Peter Barlow baute. Durch den Draht fließt über das Quecksilber ein elektrischer

Strom. Außen befinden sich Magneten, die in Wechselwirkung mit dem Magnetfeld der Drahtspeichen treten. Sie drücken das Rad nach oben, die Speiche verliert den Kontakt zum Quecksilber, aber inzwischen hat eine andere Speiche ihre Funktion übernommen, und dadurch beginnt sich das Rad kontinuierlich zu drehen.

Um das Magnetfeld, das einen elektrischen Strom umgibt, zu demonstrieren, kann man auch „Flickerlam-

pen" benutzen. Eigentlich sind das ganz normale Glühlampen, außer daß die Glühwendel sehr groß und instabil in ihrer Lage ist. Bringt man von außen einen Magneten in die Nähe einer solchen Glühlampe, so beginnt die Wendel heftig hin und herzuschwingen. Die Glühlampe wird ja mit Wechselstrom betrieben, der im 50 Hertz-Rhythmus seine Richtung ändert. Damit wechselt auch das damit verbundene Magnetfeld ständig seine Richtung. Der Draht wird ständig angezogen und abgestoßen, die Bewegung schaukelt sich auf und wird mit dem bloßen Auge gut sichtbar.

# 71

# Wie stabil ein Bogen ist

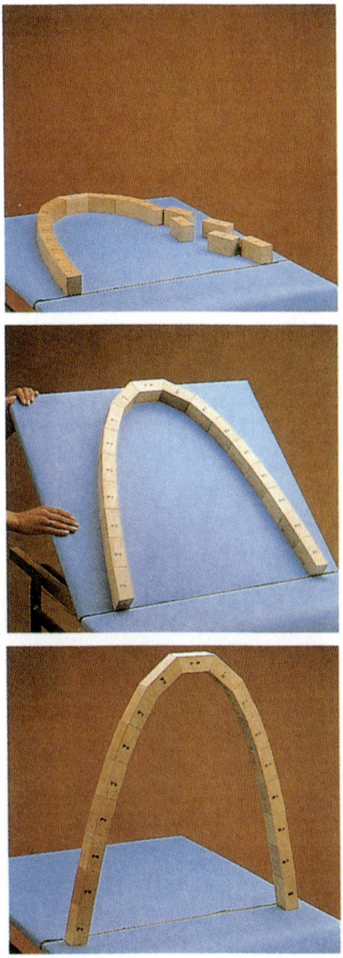

## Das Kunststück:

Ein Bogen aus Holz wird in einzelne Blöcke zersägt. Diese Blöcke werden numeriert. Legt man die Blöcke in der richtigen Reihenfolge auf ein Brett und richtet das Brett vorsichtig auf, so bleibt der Bogen stehen, obwohl er aus einzelnen Klötzen zusammengesetzt ist. Man kann sogar leicht auf den Bogen drücken, ohne daß er zerstört wird.

## Das knoff-hoff:

Daß ein Bogen stabil ist, haben schon die alten Römer gewußt. Sie haben deshalb für ihre Brücken Bogenformen benutzt.

Das Kräftediagramm zeigt, warum. Wird von oben eine Kraft ausgeübt, so verteilt sich diese Kraft über den ganzen Bogen. Die einzelnen Blöcke „verkanten" ineinander, um so stärker, je größer die Belastung ist. Unser Bogen aus den lose zusammengefügten Holzklötzen kann so der Anziehungskraft der Erde – der Schwerkraft – widerstehen. Wirkt jedoch eine Kraft auf das Bogeninnere, so bricht der Bogen in sich zusammen. In der Natur kommen solche runden Formen häufig vor – und sie sind sehr stabil. Ein Ei z. B. ist mit dem Bogen zu vergleichen. Es ist

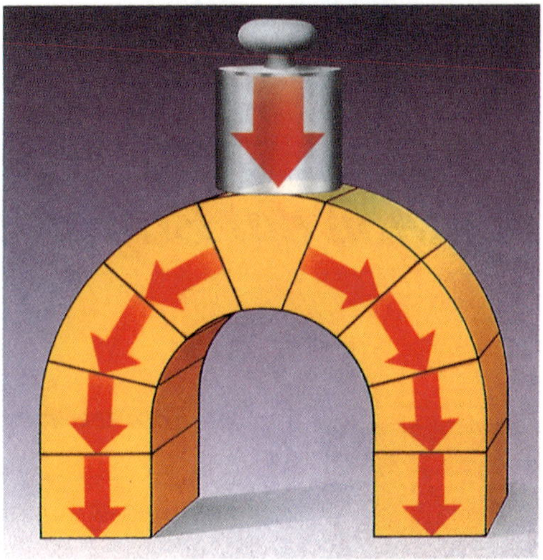

äußerst schwer, ein rohes Ei mit der Hand zu zerquetschen, eben weil die Kräfte in einer runden Form so gut verteilt werden. Das soll beim Ei ja auch so sein, weil der Inhalt geschützt sein muß. Klopft man mit einer leeren Eischale auf einen Nagel, so ist sie – obwohl äußerst dünn – recht stabil, dreht man die Eischale jedoch um und klopft mit der Innenseite auf den Nagel, so zerbricht sie sehr schnell. So muß es auch sein, denn Klopfen von außen bedeutet Gefahr für das Küken. Deshalb ist die Festigkeit sinnvoll. Von innen aber muß es herausschlüpfen, deshalb muß das Ei leicht aufbrechen. Ein kleines Wunderwerk – solch ein Ei.

## *Tricks und Tips:*

Das Brett, auf dem die numerierten Klötze zusammengelegt werden, befestigt man am besten mit einem Scharnier – so ist das Aufschichten der Konstruktion einfacher. Die Klötze müssen sorgfältig gesägt sein.

# 72

## Tricks aus dem Jenseits

### Das Kunststück:

Geheimnisvolle Sitzungen, bei denen man Kontakt zum Jenseits erlangen kann, sind modern, aber die Erfahrungen, die man dabei machen kann, sind enttäuschend. Die begnadeten Kontaktpersonen arbeiten mit Tricks, die mehr oder weniger leicht aufzudecken sind. Eine beliebte Sitzung dient dazu, mit übernatürlichen Kräften einen Tisch schweben zu lassen. Und wenn

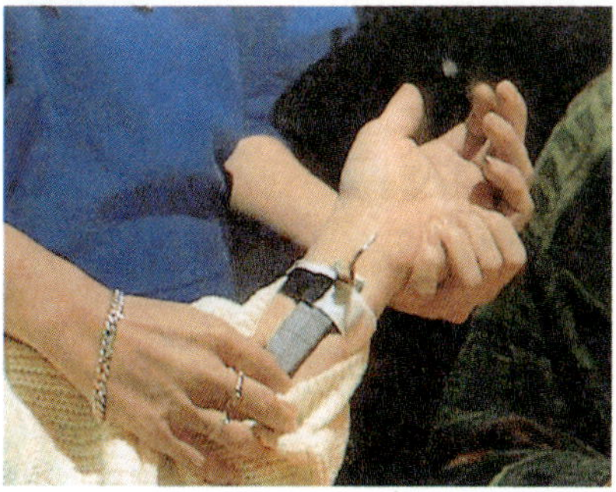

man an einer solchen Sitzung teilnimmt, traut man seinen Augen nicht: Das Kunststück scheint tatsächlich zu gelingen.

### Das knoff-hoff:

Der Trick, der hinter dem schwebenden Tisch steckt, ist recht einfach: Am Tisch sitzen zwei eingeweihte Personen. Zusammen mit dem Guru heben sie den Tisch an. Alle Hände schweben dabei über dem Tisch, ohne die Tischplatte zu berühren. Um die Handgelenke der eingeweihten Personen sind jedoch Armbänder gelegt, an denen sich Metallhaken befinden. Diese Konstruktionen sind vom Hemdsärmel überdeckt – allein die dünne Spitze des Hakens schaut am Unterarm heraus. Mit dieser mechanischen Hilfe kann man die Hände über der Tischplatte schweben lassen, der

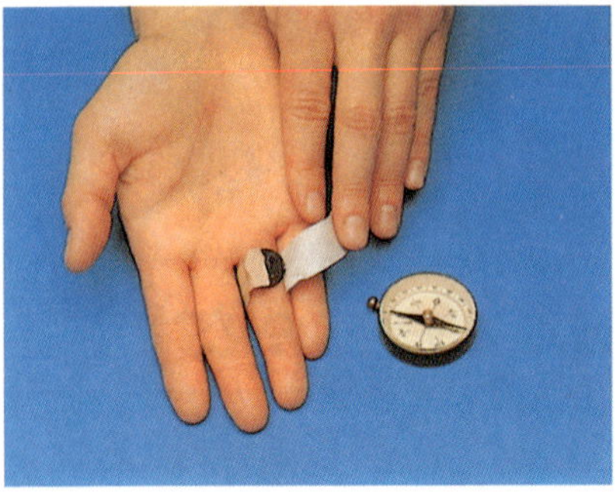

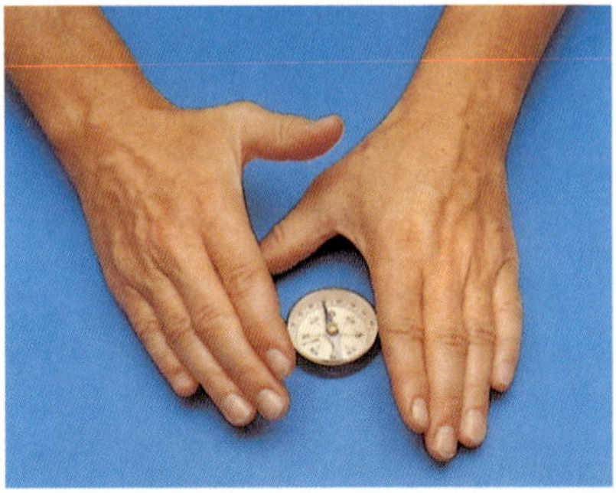

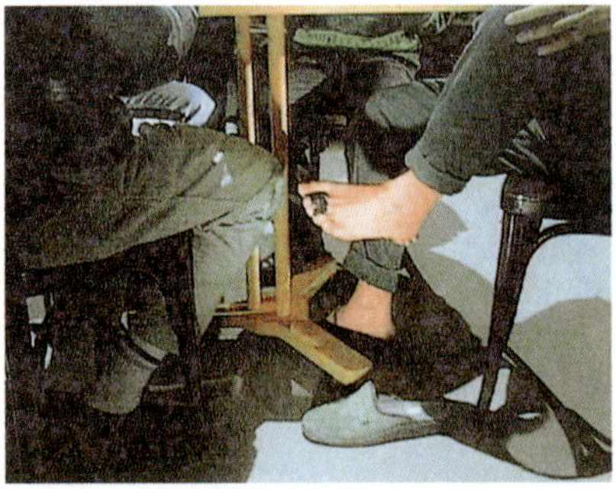

Metallhaken wird in den Tischrand gebohrt und der Tisch dadurch auf höchst simple Weise im geeigneten Augenblick bewegt oder angehoben.
Oft sind auch Klopfzeichen aus dem Jenseits zu hören. Die aber können geübte Spiritisten mit dem Schnippen der Zehen unter dem Tisch liefern. Oder Kompaßnadeln werden mit übernatürlichen Kräften bewegt. Das kann mit einem kleinen Magneten geschehen, der mit einem Heftplaster an der Innenhand befestigt ist, oder mit dem Fuß, der, ebenfalls mit einem Magneten versorgt, unter dem Tisch bewegt wird. Die Liste dieser Tricks ist endlos. Wenn man einen Nagel biegen will, so zeigt man einen schon krummen Nagel von seiner geraden Seite. Während der Vorführung wird er langsam so um seine eigene Achse gedreht, daß er jetzt dem Betrachter die krumme Seite zuwendet.
Einen Holzklotz soll man mit Hilfe der Kräfte aus dem Jenseits herunterfallen lassen können – ohne ihn zu berühren. Das gelingt auch, allerdings befinden sich im Klotz zwei Kammern, die über eine Röhre miteinander verbunden sind. Wird der Klotz auf die

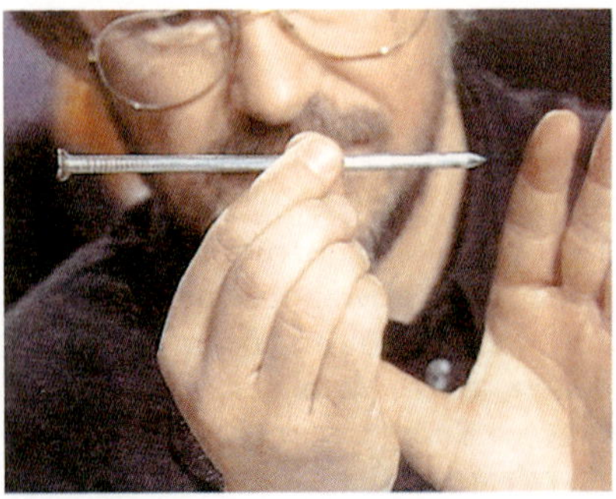

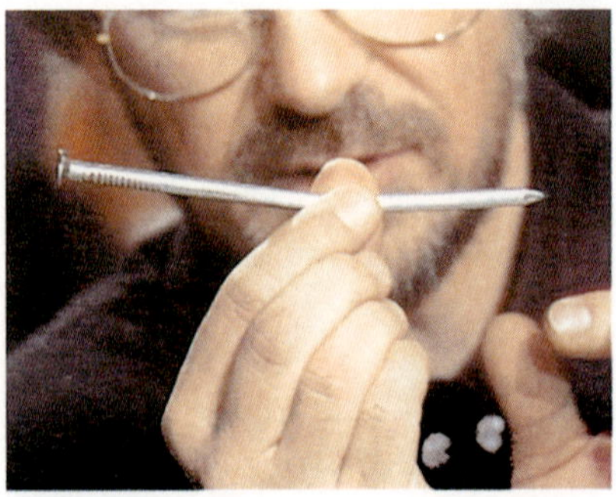

Tischkante gelegt, so läuft das Wasser im Klotz von der einen Kammer in die andere – dadurch verlagert sich der Schwerpunkt, und der Klotz fällt nach einiger Zeit von selbst nach unten. Gutes Timing ist bei diesem Kunststück notwendig.

## *Tricks und Tips:*

Bekannt ist der Trick mit der brennenden Glühlampe. Im Inneren dieser Birne befindet sich eine Batterie und ein Lämpchen. Der Metallsockel dient als Kontakt, um den Stromkreis schließen zu können. Meistens übernimmt dann ein Metallring am Finger die Aufgabe, im richtigen Augenblick die Kontaktstellen zu überbrücken

und die Lampe zum Aufleuchten zu bringen.

Nadeln kann man sich durch den Arm stechen, ohne daß Wunden zu sehen sind. Dazu dient eine Kunststoffmasse, die auf den Bereich, den es zu durchstechen gilt, aufgetragen wird. Sie ist fleischfarben und vom echten Arm kaum zu unterscheiden. Gestochen wird dann durch diese künstliche Haut. Danach kann man diese Haut mit einem Wattetupfer und der entsprechenden Bewegung geschickt abschälen. Ein Trick für gute Maskenbildner.

Auch Pendel spielen bei diesen Sitzungen eine Rolle. Wenn man vereinbart, daß bei einer weiblichen Person auf einem Foto das Pendel kreisförmig ausschlagen soll und bei einer männlichen gerade hin und her schwingen soll, so ist dies auch wirklich zu beobachten.

Das Pendel wird über die entsprechenden Fotos gehalten. Die gerade vorher suggerierte und immer wiederholte Bewegungsvorstellung wird von der Versuchsperson verinnerlicht – und die Vorstellung im Kopf setzt sich in winzige Bewegungen des Zeigefingers in der gewünschten Form um. Ein Beispiel für Autosuggestion.

# 73

## *Das Spiel mit dem Feuer*

### *Das Kunststück:*

Ein alter Lederhandschuh wird über die Hand gezogen und mit etwas Benzin beträufelt. Wenn man den Handschuh anzündet, dann brennt das Benzin lichterloh. Steckt man den brennenden Handschuh schnell unter die Jacke, so verlöscht zur Verblüffung der Zuschauer die Flamme, ohne Schaden anzurichten. Dieses Kunststück erfordert allerdings äußerste Vorsicht und auch die Bereitstellung von Löschmitteln. Kunststoffhemden oder -jacken dürfen dazu nicht verwendet werden.

### *Das knoff-hoff:*

Es brennen die Benzindämpfe dicht über dem Lederhandschuh. Die Hitze dringt in der kurzen Zeit nicht bis zur Hand vor – deshalb gibt es dort keine Verbrennungen. Unter der Jacke preßt man den brennenden Handschuh dicht an den Körper und unterbricht mit der Jacke die Sauerstoffzufuhr. Dadurch verlöscht die Flamme blitzschnell – ohne die Wolle oder das Leinen des Hemdes oder der Jacke zu verbrennen. Das totale Abschneiden des Luftstromes ist äußerst wichtig! Erfahrene Feuerkünstler halten den brennenden Handschuh nur kurz unter die Jacke – dann brennt er beim Herausziehen weiter. Dieses geplante Mißgeschick wird erst beim zweitenmal durch genügend langen Luftabschluß korrigiert.
Auch ein Wundertopf funktioniert mit der Unterbrechung der Sauerstoffzufuhr. Er ist als Ölwanne in der Werk-

statt gedacht. Sollte das Öl zu brennen anfangen, so läßt ein Bimetallverschluß am Deckel diesen einfach zuklappen. Die Flamme verlöscht, weil im Inneren kein Sauerstoff mehr zum Verbrennen zur Verfügung steht.

## Tricks und Tips:

Mit dieser Methode das Feuer zu löschen, indem die Sauerstoffzufuhr unterbrochen wird, können viele Brände an der Ausbreitung gehindert werden. Wenn der Adventskranz auf dem Tisch brennt, kann man diesen Brand löschen, indem man die Jacke oder eine Decke über den Brandherd wirft.

Wasser hilft nicht immer, Brände zu löschen. Das zeigt dieses Beispiel. Auf einen mit Wasser gefüllten Blechbehälter wird etwas Benzin gegossen und angezündet. Wenn man jetzt Wasser darauf sprüht, beginnt die langsam vor sich hin lodernde Flamme plötzlich lichterloh zu brennen. Das Wasser verteilt das Benzin erst richtig, mehr Sauerstoff kann an das Benzin gelangen und deshalb brennt es beim Löschen mit Wasser sogar noch besser! Erst eine Decke über den Metalltopf geworfen löscht diesen Brand. Wasser löscht ja normalerweise ein Feuer, weil es durch die Hitze in den dampfförmigen Zustand gebracht wird. Dabei entzieht es dem Brandherd Energie und kühlt ihn soweit ab, daß die Verbrennungstemperatur unterschritten wird. Bei Benzin ist jedoch die Brenntemperatur so hoch, daß das Absenken der Temperatur durch das Löschen mit Wasser nicht ausreicht.

# 74

# Der Yoghurtbecher mit Gedächtnis

## Das Kunststück:

Nehmen Sie einen leeren Yoghurtbecher aus Kunststoff, und stellen Sie ihn für einige Minuten in den warmen Backofen. Plötzlich beginnt er zu schrumpfen und wird zu einer Scheibe. Das alles sollte auf einer Aluminiumfolie und bei etwa 160 °C Ofentemperatur stattfinden.

## Das knoff-hoff:

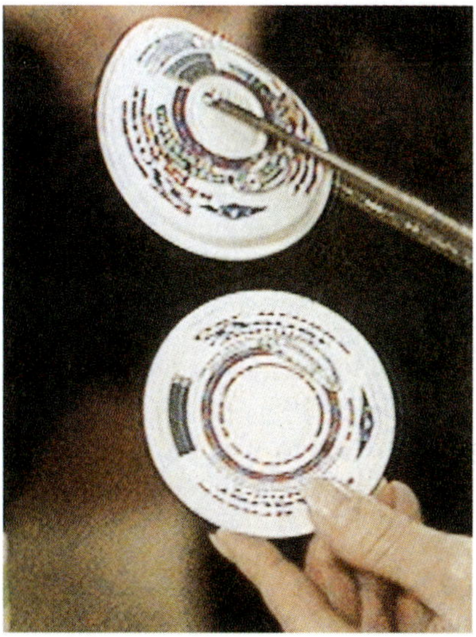

Die Becher werden in der Fabrik aus Kunststoffplatten unter Hitze mit einem Kolben ausgebeult. Das streckt zwar die langen, verknäulten Molekülketten, bringt sie jedoch nicht aus ihrer ursprünglichen Verankerung. Der Kunststoff erstarrt bei Abkühlung. Damit bleiben die Moleküle gestreckt und können ihre ursprüngliche Lage nicht wieder einnehmen. Der Becher ist also nur in diesem Zustand „eingefroren". Beim erneuten Erwärmen – und dem damit verbundenen Flüssigwerden – geht der Becher deshalb sehr schnell wieder in seine ursprüngliche Plattenform zurück. Je langsamer die Erwärmung beim „Kunststück" im Backofen ist, um so besser das Ergebnis.

## *Tricks und Tips:*

Solche erzwungenen Formen kann man auch gezielt herstellen. Eine Stange aus Polyvinylchlorid wird dazu in kochendem Wasser aufgewickelt und in dieser Form festgehalten. Die langen Molekülketten des Kunststoffs sind miteinander verknotet. Durch das Aufwickeln werden sie nur gestreckt. Sie lösen sich dabei aber nicht aus ihrer Verankerung – die ursprüngliche Stangenform ist damit gespeichert. Nach dem Abkühlen verhindert der feste Zustand das Zurückgehen in die ursprüngliche Form. Die Spirale dreht sich jedoch im heißen Wasser, in dem der Kunststoff weich wird, wieder auf. Der Kunststoff scheint ein „Gedächtnis" zu besitzen. Mit solchen Tricks können auch Spielzeuge hergestellt werden. Eine Methode ist es, Figuren zunächst aus Kunststoff zu pressen. Beschießt man danach diese Form mit Elektronen, so verknoten die Moleküle in dieser Position – es bilden sich Verankerungen. Beim anschließenden Pressen in Plättchenform werden die Moleküle nur gedehnt oder gestaucht. Sie sind zwar von diesen Ankerpunkten aus beweglich, lösen sich jedoch nicht aus ihrer Vernetzung mit den festgelegten Knotenstellen. Im warmen Wasser „erinnern" sie sich deshalb an ihre ursprüngliche Form. Die gedehnten oder gestauchten Moleküle gehen nun wieder in ihre Ausgangslage zurück. Deshalb entsteht aus dem Plättchen wieder die ursprüngliche Figurenform.

In der Technik benutzt man diese Methode bei sogenannten Schrumpfschläuchen. Werden zwei Kabel miteinander verbunden, so stülpt man ein präpariertes Schlauchstück aus Kunststoff über die beiden Enden.

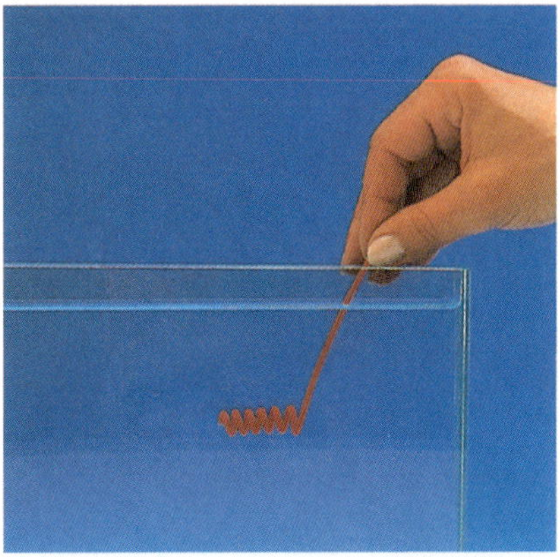

Beim Erwärmen schrumpft dieses Schlauchstück und verbindet dadurch die beiden Kabel miteinander. Dieser Schrumpfschlauch wird in der Phase mit dem kleinen Durchmesser mit Elektronen bestrahlt. Dadurch können sich die Verankerungszentren der Moleküle bilden. Anschließend weitet man den Schlauch unter Wärme aus und läßt ihn erstarren. Wird der Schlauch dann bei der Verbindung der beiden Kabel wieder erwärmt, „erinnert" er sich an die alte, schmälere Form und zieht sich zusammen.

# 75

## Das Leben in einem Luftballon

### Das Kunststück:

In einem Luftballon zu leben, das stellt man sich recht unangenehm vor. Einmal ist der Luftvorrat begrenzt, zum anderen scheint ja im Inneren des Ballons ein riesiger Druck zu herrschen, der einem Unannehmlichkeiten bereiten kann, wenn der Luftballon platzt. Aber die Wirklichkeit – wie so oft – ist anders. Mit einer entsprechenden Vorrichtung ist es möglich, in einen großen Luftballon zu schlüpfen. Dann kann man den Luftballon mit einer Maschine aufblasen. Das ist der einzige unangenehme Augenblick bei diesem Kunststück; denn die Luftballonhaut schmiegt sich an den Körper, der Ballon ist noch undurchsichtig, und die Luft zischt ins Innere. Ist das einmal überstanden und die Luftzufuhr abgestellt, dann fühlt man sich eigentlich ganz wohl im Luftballon. Wird der

Sauerstoff knapp, kann man auch einfach aussteigen, indem man den Luftballon platzen läßt. Der Druckabfall ist überhaupt nicht dramatisch – ein kleiner Windhauch, und das ist alles. Trotzdem sollte man dieses Experiment nicht selbst durchführen! Warum aber ist der Druckabfall so gering?

## *Das knoff-hoff:*

Vor diesem Experiment haben wir zunächst einmal den Innendruck in einem Luftballon gemessen, und der war nur minimal gegenüber dem Außendruck erhöht. 15 Millibar, das entspricht dem Luftdruckunterschied zwischen dem Meeresspiegel und einem Hügel von 120 Meter. Trotzdem waren die ersten Versuche ganz schön aufregend – mit „Mund auf" zum Druckausgleich, damit das Trommelfell nicht zerplatzt usw. Warum der Druck im Inneren des Luftballons so klein ist, leuchtet eigentlich ein. Denn mit der hineingepreßten Luft muß ja nur die Luftballonhülle gegen den herrschenden Außendruck „gestützt" werden – und dazu reichen schon einige wenige Millibar. Dieser Druck erhöht sich, wenn man gegen die Elastizität der Hülle einen Überdruck aufbaut, der dann von der Festigkeit des Materials abhängig ist.

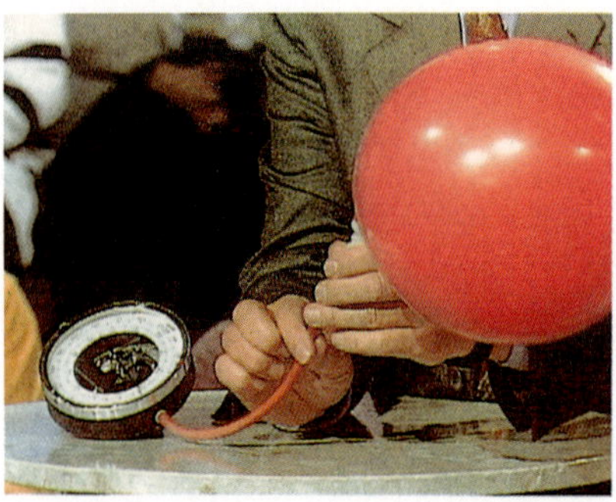

Warum im Prinzip schon ein geringer Innendruck ausreicht, um die Luftballonhülle zu spannen, erkennt man auch, wenn man einen Heißluftballon betrachtet. Dessen Unterseite ist ja offen, und dennoch zischt die Luft nicht heraus. Die warme Luft steigt im Ballon nach oben, baut dort einen geringen Überdruck auf, und der reicht aus, um die Ballonhülle zu spannen. Mit dem nötigen knoff-hoff kann man

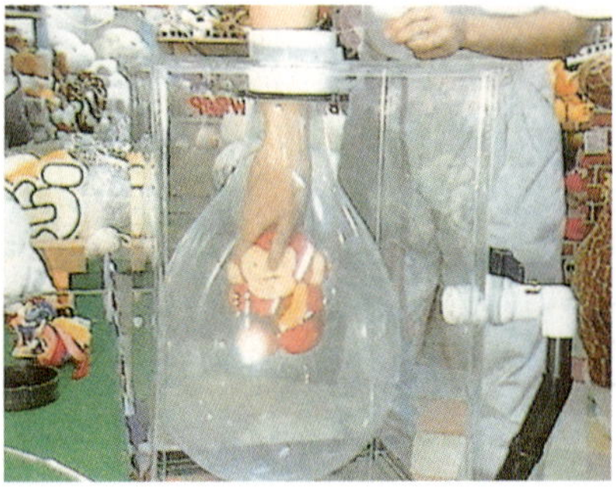

einen Luftballon auf höchst ungewöhnliche Weise „aufblasen". In diesem Kasten befindet sich ein Luftballon. Wird um ihn herum die Luft abgesaugt, so drückt die äußere Luftsäule durch die Öffnung und „bläst" den Ballon auf. Man benutzt dieses System dazu, um in dem Ballon Spielzeug unterzubringen. Dann wird er verschlossen – er schrumpft dabei zwar ein wenig –, doch so kommt man zu einer originellen Verpackung für ein Geschenk.

## *Tricks und Tips:*

Wie stark die Luftsäule auf uns drückt, kann man mit einigen Kunststücken leicht demonstrieren. Diese Glasscheibe liegt auf einer Gummimembran, aus der die Luft abgesaugt

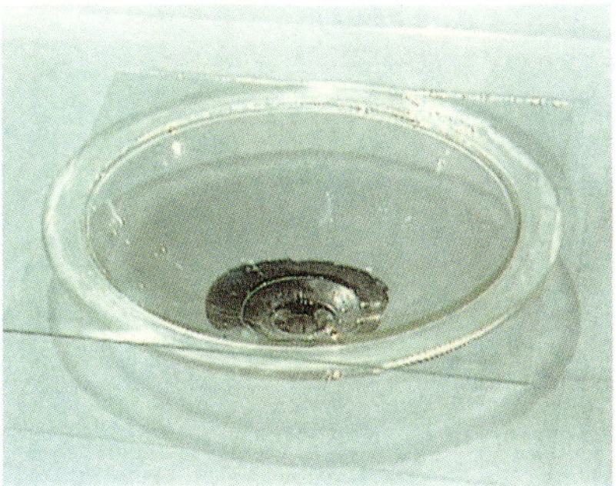

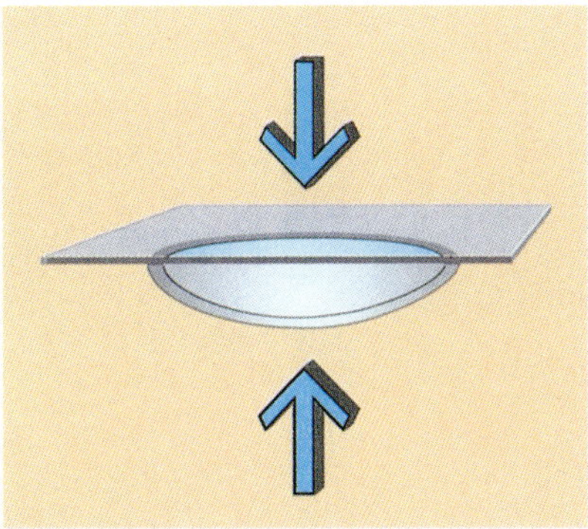

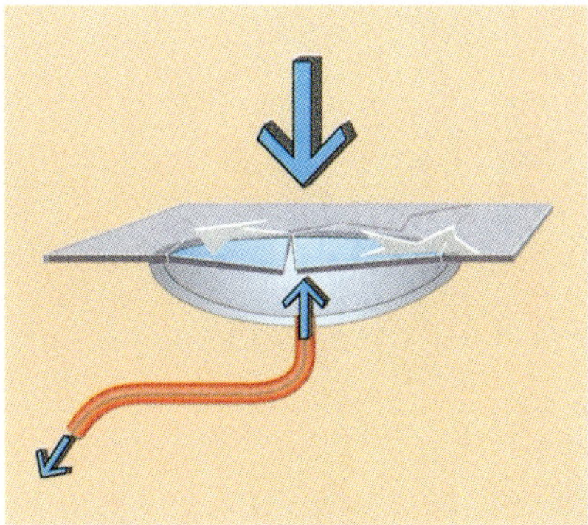

werden kann. Unter normalen Druckverhältnissen gleicht sich ja der Druck, der auf die Glasscheibe wirkt, aus. Dieselben Kräfte wirken von beiden Seiten – von oben nach unten – auf die Glasscheibe. Saugt man jedoch unter der Glasscheibe die Luft heraus, so ist dieses Gleichgewicht gestört. Die Glasscheibe hält den Druck der Luftsäule nicht mehr aus – immerhin 10 Newton pro Quadratzentimeter – und zerbricht. Genauso kann es einer Fernsehröhre gehen. Im Inneren der Bildröhre herrscht ja ein fast perfektes Vakuum, damit sich dort die Elektronen frei bewegen können. Um dem äußeren Luftdruck überhaupt standhalten zu können, ist die Röhre an der Frontseite nicht gerade, sondern – wie ein Brückenbogen – gekrümmt. Zerplatzt die Röhre, so explodiert sie nicht etwa, sondern implodiert.

Das Glas wird vom äußeren Luftdruck nach innen gedrückt. Die Glascherben treffen dann jedoch auf noch festverankerte Teile, werden an diesen zurückgestreut und spritzen dann doch nach allen Seiten gefährlich auseinander. Aus Ärger über das Programm einen Stein in den Fernseher zu werfen, ist deshalb keine gute Lösung.

# 76

## *Die Last mit dem Schütteln*

### *Das Kunststück:*

Wenn man morgens sein Müsli essen will, so präsentiert es sich in unterschiedlicher Qualität. Ist die Packung gerade geöffnet, so zeigen sich die vielen guten Dinge wie Rosinen oder Nüsse an der Oberfläche. Die nicht so beliebten Haferflocken finden sich in den unteren Bereichen. Will man durch Schütteln die Mischung homogener gestalten, so gelingt das trotz vieler Bemühungen nicht. Das Große bleibt oben, und je tiefer man geht, um so feiner werden die Teilchen.

### *Das knoff-hoff:*

Dieses Verhalten der Müsli-Mischung ärgert selbstverständlich die Hersteller, die ja gerne eine gleichmäßige Mischung anbieten würden. Ein Versuch mit Ringen zeigt, daß offenbar durch Schütteln immer der Größere nach oben gelangt. Zunächst befindet sich der rote Ring unten. Wird etwas geschüttelt, so steigt er schnell nach oben. Die kleinen Ringe besetzen schnell jeden Raum. Soll der große Ring nach unten gelangen, so müßte sich für ihn eine ziemlich große Lücke öffnen. Aber das ist unwahrscheinlich, vorher wird der Raum von den kleinen Ringen ausgefüllt. Dabei spielt das Gewicht des großen Rings keine Rolle.

Auch in der Natur kann man dieses Phänomen beobachten. Durch Erdbeben gelangen große Steine nach oben, und bei Lawinen ist zu beobachten, daß große Gegenstände oben treiben. Ausprobieren kann man das, wenn man in einem Gefäß mit Sand eine Figur versteckt und es kräftig rüttelt. Die Figur wird durch die Bewegung unweigerlich nach oben getrieben.

## *Tricks und Tips:*

Den Vergleich der Ringe mit dem Verhalten einer Flüssigkeit kann man noch enger ziehen, wenn z. B. Salz von Preßluft durchwirbelt wird. Salz in einem Gefäß ist nicht besonders beweglich. Bringt man jedoch am Boden Düsen an, aus denen Preßluft strömt, so fühlt sich beim Hineingreifen das Salz plötzlich wie eine „trockene" Flüssigkeit an. Die Salzkörper haben in diesem Luftbett plötzlich eine ungeahnte Beweglichkeit erhalten. In der Technik wird dieser Trick genutzt, um verschiedene Substanzen leichter miteinander mischen zu können. Im Brennofen eines Kraftwerks wird so z. B. Kohlestaub beweglich oder „flüssig" gemacht, damit er sich intensiver mit dem Sauerstoff der Luft vermischt und dadurch besser brennt. Selbstverständlich werden die großen Gegenstände in einem Salzbett auch wieder nach oben getrieben. Sie „schwimmen" auf der Oberfläche.

# 77

## Sehen wie ein Fisch

### Das Kunststück:

Eine Münze wird auf dem Boden einer Schüssel befestigt und die Schüssel so weit weggeschoben, daß die Münze gerade vom Schüsselrand verdeckt wird. Schütten Sie jetzt Wasser in die Schüssel, so wird die Münze plötzlich sichtbar.

### Das knoff-hoff:

Selbst wenn Materialien durchsichtig sind, können sie das Licht beeinflussen. Durchläuft ein Lichtstrahl zwei durchsichtige Medien mit unterschiedlicher optischer Dichte, wie z. B. Wasser und Luft, so wird er auf seinem Weg „gebrochen". Der Brechungsindex gibt das Maß dieser „Brechung" oder Wegveränderung an. Kommt der

**Die Strahlen zeigen, wo die Münze liegt und wie wir sie sehen.**

Lichtstrahl aus dem Wasser – z. B. das Bild der Münze – und gelangt durch die Luft zu unserem Auge, so erscheint uns alles etwas angehoben und verkürzt – deshalb wird die Münze plötzlich sichtbar. Den gleichen Effekt können wir beobachten, wenn ein Bleistift im Wasser steht. Nachteile hat das beim Fischefangen, denn die Fische erscheinen durch diesen Effekt nie an dem Ort, an dem man sie von oben

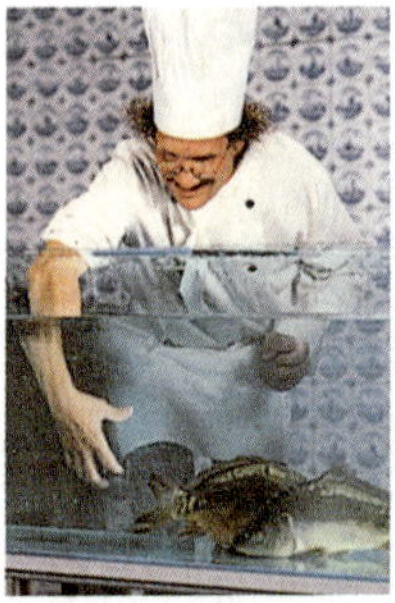

sieht. Erfahrene Speerfischer z. B. können diesen Unterschied abschätzen und werfen ihren Speer mit einer Korrektur auf die Beute unter Wasser. Auch beim Tauchen mit einer Maske muß man die unterschiedliche Lichtbrechung in Rechnung stellen. Weil sich ja in der Maske Luft befindet, wird der Lichtstrahl gebrochen. Alles erscheint um etwa ein Drittel größer und näher.

## *Tricks und Tips:*

Die Brechung, die das Licht erfährt, wenn es von Luft ins Wasser läuft, hat auch seine guten Seiten. Dadurch können wir scharf sehen. Die Lichtstrahlen aus der Luft werden in unserer Augenlinse, die ja eine Flüssigkeit enthält, gebrochen und dadurch ist es möglich, die Abbildung auf den Augenhintergrund scharf zu stellen. Die Wirkung einer Linse kann durch dieses Kunststück gezeigt werden. Eine hohle Linse wird unter Wasser gehalten. Die Lichtstrahlen werden gebrochen und konzentrieren sich in einem Brennpunkt, was ja für das Scharfsehen wichtig ist.

Wenn wir die Linse mit Wasser füllen, hebt sich diese Brechung auf, die Lichtstrahlen werden parallel. Das ist verständlich, weil ja jetzt innen und außen Wasser mit demselben Brechungsindex vorhanden ist. Und genau so geht es unserer Augenlinse, wenn wir unter Wasser sehen wollen.

Weil dieser Unterschied im Brechungsindex unter Wasser – beim Tauchen ohne Taucherbrille – nicht existiert, kann man unter Wasser mit nacktem Auge nicht scharf sehen. Zwar können wir die Krümmung der Augenlinse verändern und dadurch „scharfstellen" – der Löwenanteil der Lichtbrechung kommt jedoch von der Grenzfläche zwischen Luft und dem Wasser in der Linse. Weil bei Kurzsichtigen die Brechkraft des Auges zu groß ist und das Bild vor der Netzhaut entsteht, können sie unter Wasser besser sehen als in der Luft.

Fische haben sich mit ihren Augen auf die Situation unter Wasser eingerichtet. Ihre Linse ist kugelrund und konzentriert deshalb die Lichtstrahlen besonders gut. Weil die Linse nicht stärker gekrümmt werden kann, schiebt der Fisch zusätzlich seine „Linsenkugel" zum Scharfstellen hin und her. Dadurch findet er die richtige Brennweite zum Augenhintergrund.

Es gibt Fische, die ihre Beute über Wasser finden – also dort scharf sehen müssen. Gleichzeitig ist es wichtig, den Raum unter Wasser zu beobachten, um nach Feinden Ausschau zu halten. Dieses Problem wurde beim

*Durch die Lichtbrechung an der mit Flüssigkeit gefüllten Augenlinse kommt es zur „scharfen" Abbildung auf der Netzhaut.*

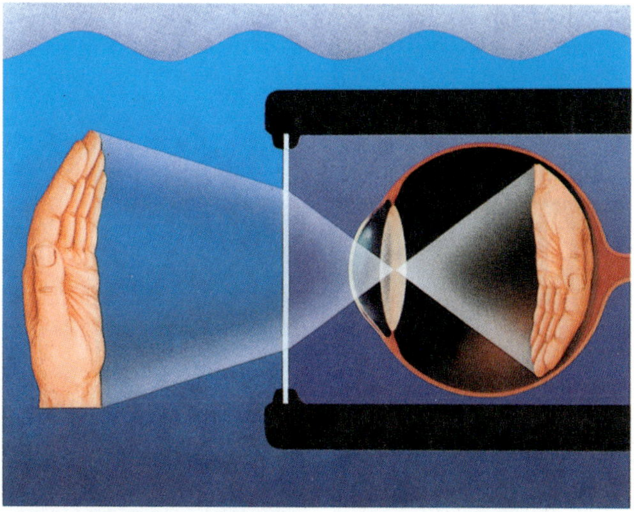

*Mit einer Taucherbrille sieht man unter Wasser alles um etwa ⅓ größer. Die Lichtstrahlen werden an den verschiedenen Grenzflächen gebrochen. Der „Sehwinkel" vergrößert sich dadurch – die Gegenstände scheinen näher zu sein, als in Wirklichkeit.*

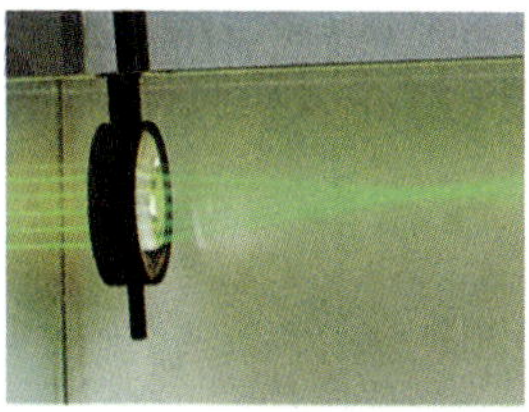

*Die Linse unter Wasser ist mit Luft gefüllt. Deshalb werden die Lichtstrahlen zum Brennpunkt hin „gebrochen".*

*Füllt sich die Linse mit Wasser, so fehlt der Unterschied zwischen Luft und Wasser . . .*

*. . . die Lichtstrahlen passieren dann die Linse nahezu unbeeinflußt.*

Vieraugenfisch elegant gelöst, er hat sein Auge „halbiert", in einem Auge befinden sich eigentlich zwei. Ein Augenhintergrund ist an die Beobachtung in der Luft adaptiert, der andere Teil des Auges für die Beobachtung unter Wasser.
Der Schützenfisch löst dieses Problem auf andere Weise. Er schießt sich seine Beute in der Luft. Dazu spuckt er einen Wasserschwall auf Insekten. Getroffen fallen sie ins Wasser und können vom Schützenfisch gefressen werden. Genauso wie ein Fischjäger die Täuschung durch die Lichtbrechung ausgleichen muß, hat es der Schützenfisch gelernt, aus dem Wasser sein Ziel anzupeilen und trotz der verschiedenen Medien Luft und Wasser sein Ziel zu treffen.
Auch beim Sonnenuntergang ist etwas von der Lichtbrechung zu beobachten. Die Strahlen vom unteren Rand der untergehenden Sonne laufen länger durch die Erdatmosphäre und werden deshalb stärker gebeugt als die Strahlen vom oberen Teil der Sonne.

*Dieser Fisch beobachtet mit einer Hälfte des Auges das Gebiet über Wasser – mit der anderen kann er gleichzeitig unter Wasser sehen.*

*Der Schützenfisch schießt mit einem Wasserstrahl eine Fliege ab.*

*Die Sonne erscheint uns durch die verschieden langen Wege der Lichtstrahlen durch die Atmosphäre deformiert.*

# 78

# Der sprechende Computer

## Das Kunststück:

Maschinen sprechen zu lassen war schon immer ein Traum der Erfinder. In Anlehnung an die menschliche Lautbildung haben sie dazu eine schwingende Membran, die den Stimmbändern beim Menschen entsprechen soll, und einen veränderlichen Resonanzraum miteinander gekoppelt. Das oben abgebildete Gerät – ein Nachbau aus dem 19. Jahrhundert – kann so „hurra" schreien, mehr nicht. Variabler ist dabei schon das folgende Modell. Die einzelnen Klötze sind in ihrer Stellung veränderbar. Der Resonanzraum verstärkt deshalb je nach seiner Form die eine oder andere Frequenz. Eine Membran, mit Preßluft betrieben, gibt Schwingungen ab. Mehrere Laute sind damit erzeugbar – auch Worte, wenn man die Klötze schneller verschieben könnte. Computer sind schnell. Mit ihrer Hilfe ist eine künstliche Spracherzeugung weitaus realistischer.

## Das knoff-hoff:

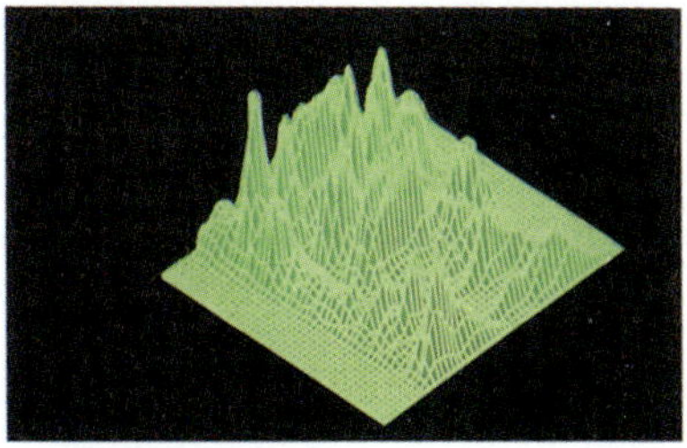

*Frequenzspektrum des Wortes „Finale" von einem Mann gesprochen*

Für einen Computer wichtig ist das Programm, die Anweisungen, nach denen er arbeiten kann. Mit einem Mikrofon und einer Elektronik werden zunächst einmal die Frequenzen, aus denen ein Laut oder ein Wort besteht, analysiert. So stellt sich z. B. das Wort

„Finale" in dem Frequenzbild wie ein regelrechtes Gebirge aus Schwingungen dar.

Für einen Computer muß dieses Frequenzspektrum in „Ja-Nein"-Aussagen umgewandelt werden, dann erst ist es möglich, die Information abzuspeichern. Es gibt tatsächlich Versuche, diese digitalisierten Frequenzbilder, die ja Worte darstellen, im Computer zu speichern und sie auf Befehl abzurufen. Ein kompliziertes Verfahren; denn es ist dazu ein sehr großer Speicher notwendig, und es dauert seine Zeit, bis in dem riesigen Reservoir immer das richtige Wort gefunden ist. Je mehr Wörter gespeichert sind, um so länger dauert die Suche.

In einer anderen Konzeption versucht man, das mechanische Klötzchenmodell elektronisch nachzubilden. Auf dem Foto wird die Sprache der Ver-

suchsperson über ein Mikrofon aufgenommen und erscheint auf dem Oszilloskop. Dieses Bild hat große Ähnlichkeit mit den Klötzchen in dem mechanischen Modell. Der Vorteil: Nicht mehr das komplizierte Spektrum eines Wortes oder Lautes muß jetzt vom Computer verarbeitet werden, sondern die Sprache ist jetzt auf die Stellung von etwa zehn Klötzchen reduziert, die den Hohlraum unseres Nasen-Rachen-Raumes nachbilden. Mit diesem Modell und seiner überschaubaren Zahl von Klötzchenstellungen kann der Computer weitaus leichter umgehen und Sprache erzeugen. Gibt man dazu den entsprechenden Befehl ein, so liefert der Computer das dazugehörige Lautmuster – er „spricht". Heute existieren Maschinen, die mit Hilfe eines solchen Computerprogramms einen Text laut vorlesen können. Eine Kamera registriert die Wörter, und das Worterkennungsprogramm erlaubt es, die entsprechenden Lautmuster zuzuordnen und über einen Lautsprecher auszugeben. Blinde können sich so Texte vorlesen lassen. Große Sprachcomputer liefern heute auch schon eine sogenannte Vollsynthese der Sprache, d. h., die Wörter werden aus einzelnen Lauten gebildet. So sind im Speicher z. B. mehrere „E" vorhanden; denn das „E" in „Bett" wird ja anders ausgesprochen als z. B. in „beten". Zusätzliche Programme ordnen jeweils das richtige „E" zu. Einfache Spielcomputer arbeiten etwas anders. Sie haben 200–300 vollständige Wörter auf dem Chip gespeichert, die jeweils abgefragt werden können.

## *Tricks und Tips:*

Ein Sprachcomputer spricht oft sehr abgehackt. Das liegt daran, daß man zwar die Laute an sich über meßbare Größen darstellen kann, Satzmelodie und Betonung sind jedoch kaum zu messen und daher schwer in das Computerprogramm einzubauen. Sprache erkennen ist ja auch ein Prozeß, der im Gehirn stattfindet, und diese Abläufe sind bis jetzt der Wissenschaft verborgen. So kann das Wort „Nacht-Eilzug" vom Computer auch als „Nachteil-Zug" ausgesprochen werden. An Zusatzprogrammen,

die solche Fehler vermeiden helfen, wird zur Zeit gearbeitet. Auch bestimmte Laute sind nur schwer darstellbar, so daß es noch Lücken in der Computersprache gibt.
Ein Computer kann auch Sprache erkennen. Das Frequenzspektrum wird dann digitalisiert, d. h. in einem Raster zu Ja-Nein-Aussagen zerlegt. Das ist ja genau das, was ein Computer versteht. Er überprüft die Speicherplätze in diesem Raster daraufhin, ob sie besetzt oder leer sind. Daraus baut er sich die Information zusammen.

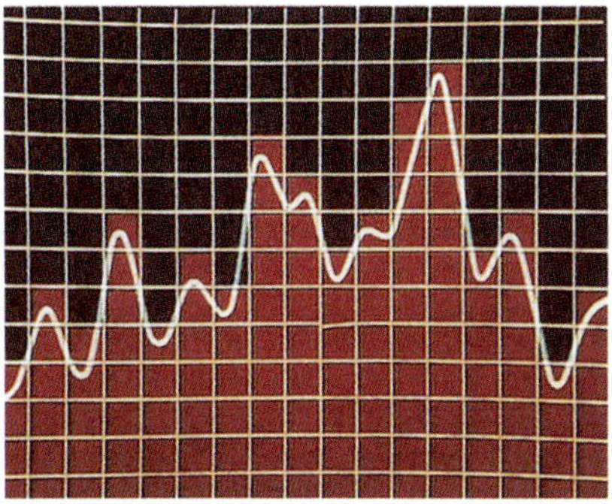

Das Wort „Finale“, dieses Mal von einer Frau gesprochen, sieht dann so wie im Foto (rechts o.) aus. Hat nun der Computer Sprachmuster von Wörtern

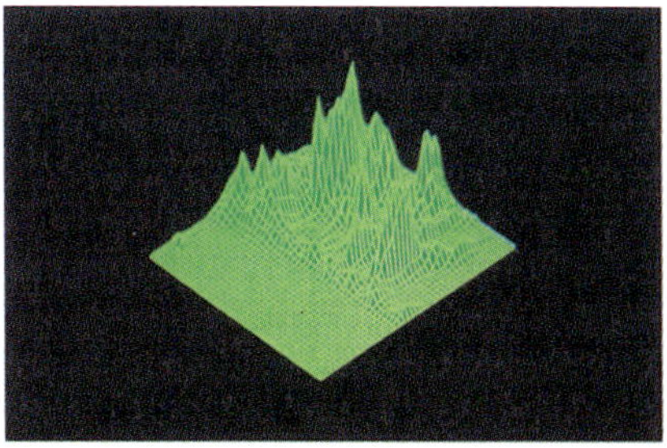

gespeichert, so kann er mit dem entsprechenden Programm die einlaufenden Muster vergleichen und erkennen. Das gerade über das Mikrofon hereinkommende Sprachmuster wird über das gespeicherte „gelegt“. Gibt es eine Übereinstimmung, so ist das Wort erkannt, und der entsprechende Befehl – z. B. das Schreiben des Wortes – kann ausgeführt werden.

*In der Aufsicht und gerastert wird das Spektrum im Computer gespeichert.*

*Das ankommende Sprachsignal wird von einer Elektronik computergerecht in „Ja-Nein“-Aussagen zerlegt. Im Computer sind auf gleiche Weise Wörter gespeichert. Durch Übereinanderlegen kann der Computer gleiche Muster und damit Wörter erkennen. Leichte Abweichungen werden dabei von ihm toleriert.*

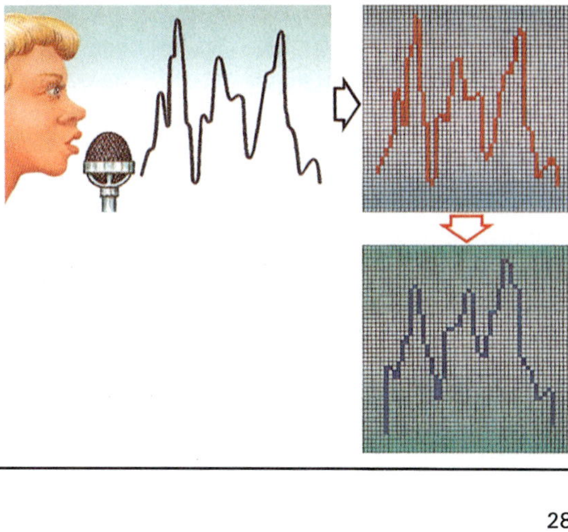

Die heutigen Sprachcomputer arbeiten fast alle nach dieser Methode. Bis zu 1000 Wörter in dem digitalisierten Muster sind im Computer zum Vergleich abgespeichert. Man muß mit diesen Computern ziemlich abgehackt sprechen, sonst fließen die Muster ineinander und sind schlecht erkennbar. Vielleicht steht irgendwann die Schreibmaschine der Zukunft zur Verfügung, in die über ein Mikrofon hineingesprochen wird; der Computer erkennt die Frequenzmuster und druckt die entsprechenden Wörter aus. Leider ist das mit dem Erkennen oft auch dann nicht so eindeutig, wenn man abgehackt spricht. Viele Wörter bieten ein ähnliches Frequenzmuster, und zudem sprechen wir oft nicht sehr deutlich. Manche Wörter eignen sich für das Erkennen von Frequenzmustern sehr gut. Das sind vor allen Dingen lange Wörter oder Wörter mit vielen Vokalen. Je signifikanter das Frequenzmuster ist, um so besser ist es zu erkennen und von anderen zu unterscheiden. Vielleicht werden wir in der Zukunft unsere Sprache auf diese Wörter reduzieren, um mit dem Computer sprechen zu können. Heute gibt es schon Systeme, mit denen man über Spracheingabe z. B. Roboter oder Produktionsabläufe steuern kann. Dazu muß der Benutzer vorher mit der Maschine trainieren, d. h. die Wörter zunächst vorsagen. Denn je nach Stimmung oder Temperament sprechen wir dasselbe Wort ja oft verschieden aus. Das ergibt Unterschiede im Sprachmuster. Der Computer errechnet sich aus den voneinander abweichenden Spektren einen Durchschnittswert und ist außerdem programmiert, kleine Abweichungen von diesem Muster zu akzeptieren. Ist diese Toleranzbreite zu groß, so kann

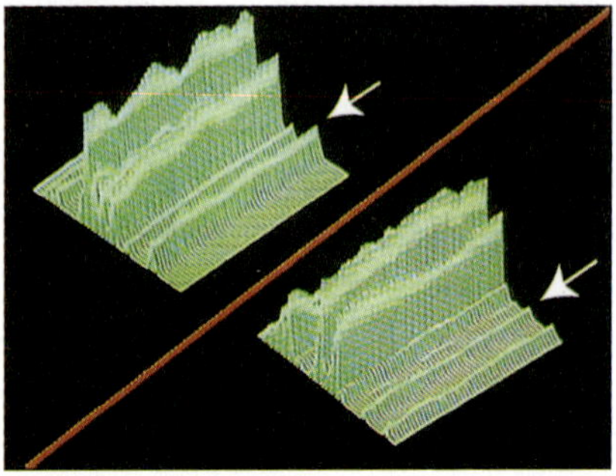

*Unterschiede im Frequenzmuster beim gleichen Wort – ausgesprochen von einer Frau (oben) und einem Mann (unten). Die tiefen Frequenzen fehlen in der weiblichen Stimme.*

er beim Vergleich ein Muster mit einem anderen verwechseln – das stiftet Verwirrung. Ziel ist es selbstverständlich, möglichst eine sprecherunabhängige Spracherkennung zu entwickeln. Dabei treten aber Probleme auf. Allein das Sprachmuster desselben Wortes ist bei Mann und Frau unterschiedlich. Beim Mann liegen die Grundfrequenzen niedriger als bei der Frau, weil seine Stimme tiefer ist. Erlaubt man nun eine sehr große Toleranzbreite für die Mustererkennung, kommt es sehr leicht und häufig zu Fehlern – das System ist unbrauchbar. Allein schon eine Erkältung kann die Stimme ein und derselben Person so verändern, daß das Frequenzmuster für den Computer nicht mehr erkennbar ist. Deshalb das morgendliche Training am Sprachcomputer, um ihn in die aktuelle Stimmlage „einzustimmen". Allerdings gibt es Wörter, die davon nicht so stark abhängig sind, und darauf setzen die Techniker ihre Hoffnung für ein sogenanntes sprecherunabhängiges System. Etwa 50 Wörter kann so ein Reservoir enthalten. Verführerisch ist es schon, die Anweisungen an den Computer oder Roboter nicht mehr durch Eintippen, sondern über die Sprache zu geben.

# 79

# *Totes zum Leben erwecken*

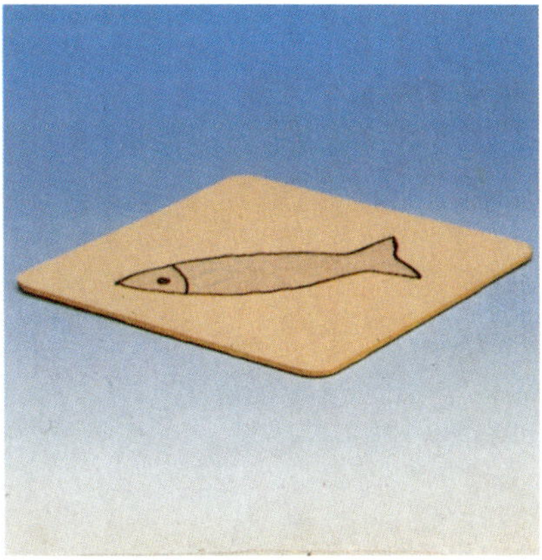

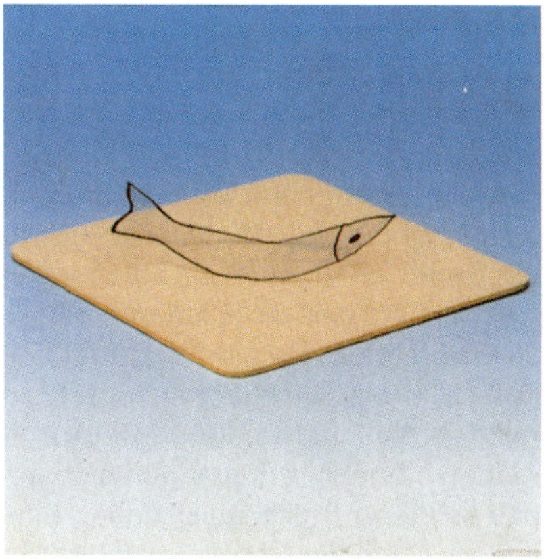

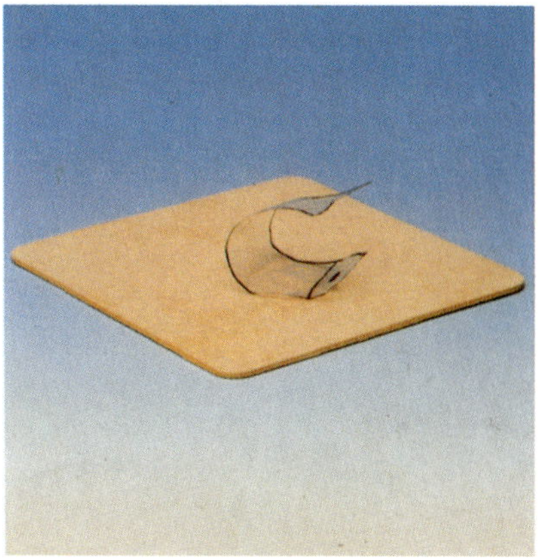

## *Das Kunststück:*

Einem toten Gegenstand Leben einzuhauchen, das bezeichnet man schlicht als ein Wunder. Und ein solches kann man recht einfach vorführen. Ein Fisch wird aus Zellophan ausgeschnitten. Legt man ihn auf einen Bierdekkel, so rollt er sich plötzlich aufgeregt hin und her. Was läßt den Fisch so „lebendig" erscheinen?

## *Das knoff-hoff:*

Zellophan nimmt sehr schnell Feuchtigkeit auf. Wenn das geschieht, so quillt es auf und dehnt sich an dieser Stelle sehr schnell aus. Geschieht das unregelmäßig, so bewegt sich der Fisch aus Zellophan. Der Bierdeckel ist feucht, so daß sich bei Berührung hier das Zellophan ausdehnt und dabei hebt. Dadurch verliert es an dieser Stelle Feuchtigkeit – zieht sich wieder zusammen usw. Auf diese

Weise bleibt der Fisch ständig in Bewegung. Der Bierdeckel weist schon darauf hin, wo dieses Kunststück erfunden wurde.

## *Tricks und Tips:*

Die unterschiedliche Ausdehnung von Materialien kann geschickt genutzt werden. Nicht nur durch unterschiedliche Feuchtigkeit dehnen sich Materialien aus, sondern auch durch unterschiedliche Temperaturen. Wenn man eine Glasflasche glatt abschneiden will, muß man diese Temperaturspannungen nutzen. Eine einfache Methode besteht darin, die Flasche bis zu der Stelle, an der man sie absprengen will, mit Wasser zu füllen und dieses zu Eis frieren zu lassen. Wird jetzt heißes Öl in die Flasche geschüttet, so reißt es die Flasche durch die auftretenden Temperaturspannungen genau an dieser Stelle auseinander. Eine andere Methode ist, einen Wollfaden um die gewünschte „Bruchstelle" zu knüpfen, ihn mit Spiritus zu tränken und anzuzünden. Schreckt man dann

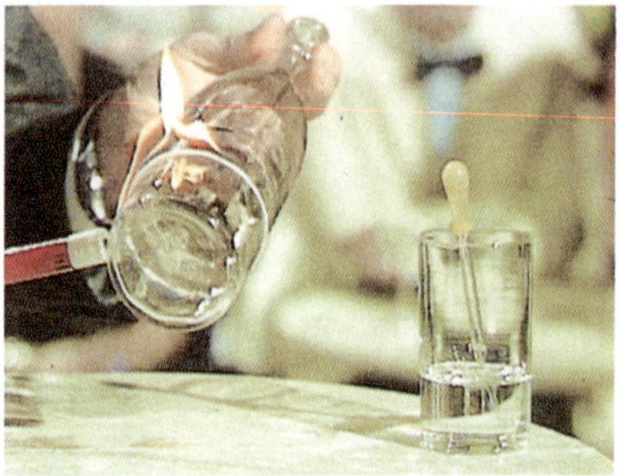

die Flasche im kalten Wasser ab, bricht sie an dieser Stelle glatt ab. Auch hier zerreißen die Temperaturspannungen das Material.

# 80

## *Der Stab mit der Tarnkappe*

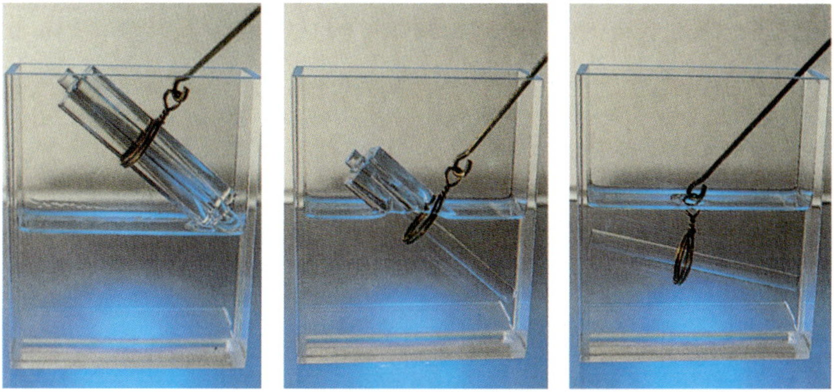

### *Das Kunststück:*

Ein Plexiglasstab wird in Wasser gehalten. Obwohl der Stab durchsichtig ist, kann man ihn im Wasser gut erkennen. Halten wir ihn aber in ein Glas mit Benzol, so scheint das in die Flüssigkeit getauchte Ende unsichtbar zu werden. Das Kunststück kann auch mit einem Bündel aus Glas- und Plexiglasstäben vorgeführt werden. Im Wasser sind alle Stäbe zu sehen, im Benzol verschwinden die Plexiglasstäbe – die Glasstäbe bleiben aber sichtbar.

### *Das knoff-hoff:*

Wenn etwas durchsichtig ist, kann man es mit unserem Auge dennoch erkennen; denn die Wege der Lichtstrahlen, die durch das durchsichtige Material laufen, werden verändert. Glas z. B. besitzt eine andere optische Dichte – oder Brechungsindex – als Wasser. Benzol jedoch hat dieselbe optische Dichte wie der Plexiglasstab, obwohl Benzol flüssig und das Plexiglas fest ist. Der Lichtstrahl wird beim Durchdringen vom Benzol zum Plexiglas nicht verändert. Deshalb ist für uns das Plexiglas im Benzol unsichtbar.

Das Kunststück wird plausibel, wenn man Wasser in Wasser schüttet. Auch hier können wir im Gemisch keine Unterschiede feststellen.

## *Tricks und Tips:*

Dieses Kunststück können Sie auch mit anderen durchsichtigen Materialien durchführen. Die optische Dichte der Flüssigkeit muß notfalls durch Hinzumischen dem Brechungsindex des festen Materials angepaßt werden. Ein gutes Beispiel ist das Kunststück mit dem Wollfaden. Im Xylol ist der Wollfaden gut zu sehen – ein Faden aus Acryl jedoch – beim Betrachten in der Luft vom Wollfaden kaum zu unterscheiden und deutlich zu erkennen – wird im Xylol unsichtbar. Acryl besitzt den gleichen Brechungsindex wie Xylol.

Solche Tricks benützt man z. B., um Diamanten auf ihre Echtheit zu prüfen. Eine Fälschung aus Glas besitzt den gleichen Brechungsindex wie Schwefelkohlenstoff. Das Glas verschwindet also beim Eintauchen in diese Flüssigkeit. Ein echter Diamant besitzt jedoch eine sehr große optische Dichte und ist deshalb im Schwefelkohlenstoff gut zu erkennen.

***Der Wollfaden ist im Xylol gut zu erkennen – ebenso der Acrylfaden in der Luft.***

***Beim Eintauchen in Xylol „verschwindet" der Acrylfaden.***

# 81

# *Aus Steinen Elektronen pressen*

## *Das Kunststück:*

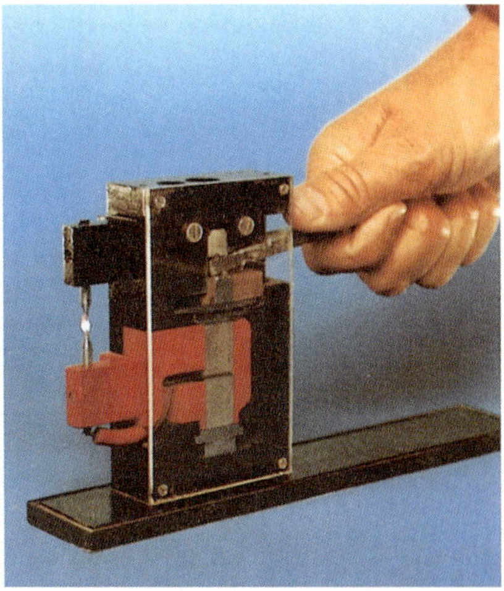

Selbstverständlich sind das keine normalen Steine, von denen hier die Rede ist. Diamanten z. B. liefern elektrische Spannungen, wenn man auf sie drückt – darauf beruht das ganze Prinzip der Abtastnadel bei einem Schallplattenspieler. Die Rillen in der Schallplatte drücken beim Umlaufen der Platte mehr oder weniger stark auf die Diamantenspitze. Dabei entstehen mehr oder weniger starke elektrische Spannungen, die in mechanische Schwingungen – in Töne – umgewandelt werden. Seit einiger Zeit sind Keramiken bekannt, die diesen Effekt viel stärker zeigen. Piezoelektrizität – „Elektrizität aus Steinen" – nennt man diese Art der Stromerzeugung. Auf der Abbildung sehen Sie eine Vorrichtung, die es erlaubt, über einen Hebel Druck auf die Keramiken auszuüben. Die abfließenden Elektronen erzeugen dann zwischen den Metallspitzen einen Blitz, ein Aufleuchten der Luftmoleküle, wenn sie mit den Elektronen zusammenstoßen. Heute ist diese Keramik überall im täglichen Leben zu finden. Feuerzeuge sind damit ausgerüstet oder Zünder für Gasöfen. Auch den Zündfunken im Auto kann man mit diesen Keramiken erzeugen. Diese Piezozünder können Sie in jedem Elektronikgeschäft kaufen.

## *Das knoff-hoff:*

Die Keramik besteht aus kleinen Dipolen, die bei der Herstellung im elektrischen Feld so ausgerichtet wurden, daß sie alle in eine Richtung zeigen. Dipol heißt, daß die eine Seite des Teilchens elektrisch positiv und die andere elektrisch negativ geladen ist. Wird nun Druck auf die so hergestellte Keramik ausgeübt, so konzentrieren

*In der Keramik sind die elektrischen Dipole ausgerichtet.*

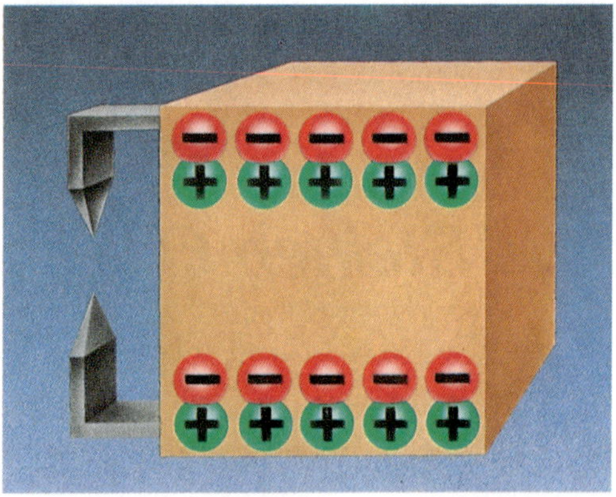

*Bei äußerem Druck fließen die dadurch an der Oberfläche konzentrierten elektrischen Ladungen ab.*

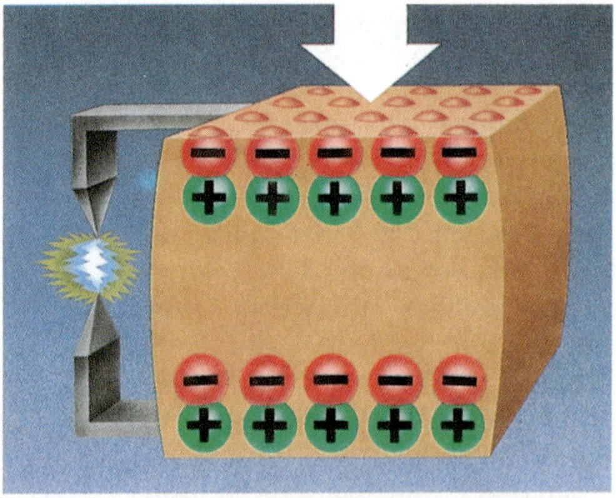

sich die Elektronen an der Oberfläche und fließen zum Ladungsausgleich über die Kontaktdrähte ab. Bei nachlassendem Druck schließt die Keramik die entstandene Ladungslücke aus den Elektronen der Umgebung. Der Funken kann beliebig oft aus der Keramik „herausgequetscht" werden. Unsere Keramik erzeugt ca. 20 000 Volt bei Stromstärken im Milliampere-Bereich.

Weniger bekannt ist, daß heute auch dünne Folien aus Kunststoff existieren, die diesen Effekt zeigen. Drückt man auf die Folie, so entstehen elektrische Spannungen, die als Steuersignal für einen Roboter benutzt werden können. Die Spannungs- und Stromstärkewerte dieser Folie sind allerdings hundertmal niedriger als die der Keramik.

Diese Folie kann auch den ewigen Streit beim Tennisspielen lösen, wenn es darum geht, ob der Ball nun im Aus war oder nicht. Hinter den Begrenzungslinien im Boden ausgelegt, reagiert die Piezofolie sofort auf den Druck des auftreffenden Balls mit der Abgabe einer elektrischen Spannung. Das kann elektronisch in eine Anzeige umgewandelt werden.

Auch als Sensor für Ultraschallwellen unter Wasser kann diese Folie dienen. Diese Wellen sind ja Druckschwankungen, die beim Auftreffen auf die Folie in elektrische Spannungsschwankungen umgewandelt werden.

Es ist denkbar, die Folien im Flugzeugbau einzusetzen. Belegt man die Flügel eines Flugzeugs mit dieser Folie, so kann man die Über- und Unterdruckverteilung in Form elektrischer Spannungsschwankungen aufzeichnen. Vielleicht eine Hilfe beim Test eines neuen Flugzeugtyps.

Es wurde auch schon darüber nachgedacht, die Folie in den Menschen zu implantieren – am Zwerchfell z. B. –, um mit Hilfe der Atembewegung Strom zu erzeugen. Ein Herzschrittmacher soll so mit Energie versorgt werden. Jedoch sind die entstehenden Stromstärken dafür zu klein, um mit den herkömmlichen Batterien zu konkurrieren.

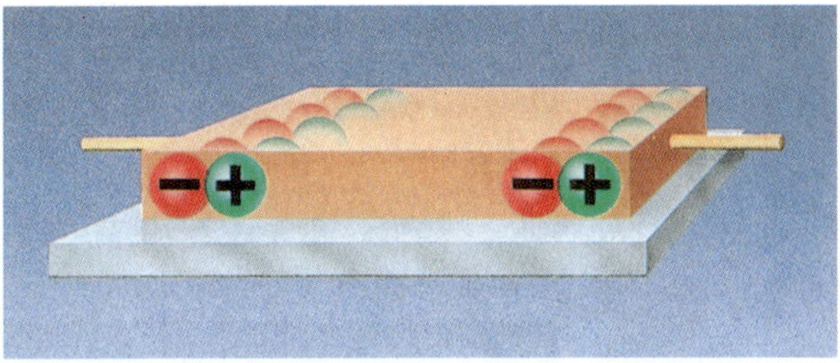

*Die Piezokeramik ist auf einen Metallstreifen geschichtet.*

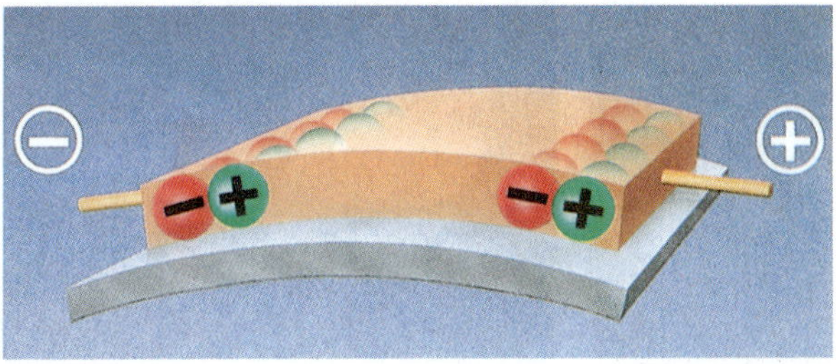

*Beim Anlegen einer elektrischen Spannung weichen die Dipole der gleichen Polung aus – der Metallstreifen krümmt sich.*

*Mit der Piezokeramik ist ein Motor ohne drehende Teile möglich. Der obere Bereich schwingt durch die senkrecht angeordneten Piezostreifen hin und her. Das untere Bild zeigt einen Lautsprecher aus der Piezofolie.*

## Tricks und Tips:

Wenn man bei diesen Substanzen durch mechanische Verformung elektrische Spannungen erzeugen kann, warum sollte nicht auch die Umkehrung gelingen – durch das Anlegen einer elektrischen Spannung eine mechanische Verformung zu erreichen. Das gelingt tatsächlich. Dazu wird ein Metallplättchen mit der Piezokeramik beschichtet. Legt man jetzt eine elektrische Spannung an, so versuchen die elektrisch geladenen Dipole der Spannung auszuweichen – die Keramik will sich verformen. Weil sie aber mit dem Metall verklebt ist, bleibt dafür nur die Möglichkeit, sich zu krümmen. Bei Umkehrung der Polung der äußeren Spannung zieht sie sich zusammen, und der Metallstreifen krümmt sich in die andere Richtung. Koppelt man einige dieser Plättchen, so entsteht ein Antrieb, der kräftig hin- und herschwingt, ohne daß sich Teile drehen. Auch mit der Piezofolie ist dieser Umkehrungseffekt möglich. Z. B. kann man damit einen superflachen Lautsprecher bauen. Denn aus der Elektronik kommen ja zunächst Spannungsschwankungen, die vom Lautsprecher in mechanische Schwingungen, in Schallwellen, umgewandelt werden sollen. Die Spannungsschwankungen verformen die Folie so stark, daß es möglich ist, Lautsprecher oder z. B. eine klingende Tapete zu bauen.

Verklebt man zwei Folien geschickt miteinander und verbindet sie mit einer Elektronik, die entsprechende Spannungsschwankungen erzeugt, kann man auch diesen Schmetterling aus Piezofolie zum Flattern bringen. Denn je nach der Polung dehnt sich die eine Schicht der Folie aus oder zieht sich zusammen.

# 82

## *Luft als Treibstoff*

### Das Kunststück:

Auf dem Foto ist ein erstaunlicher Motor zu sehen. Erhitzt man den Metallzylinder, so setzt sich der Motor in Bewegung. Die Überraschung ist, daß der Motor läuft, ohne daß in ihm etwas verbrennt oder zum Beispiel Dampf erzeugt wird. Alleine die Luft,

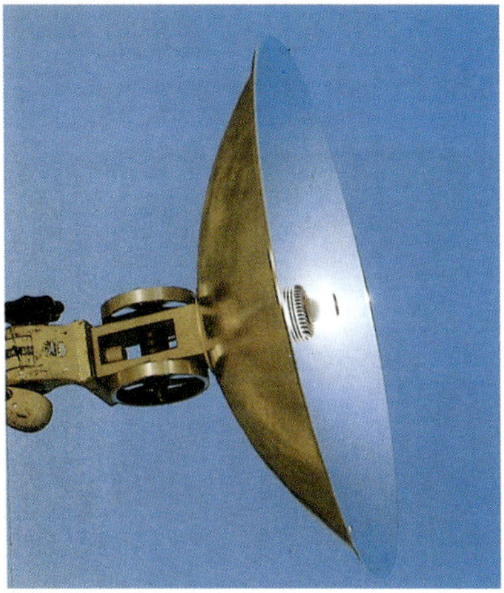

die sich im Zylinder befindet und die durch zwei Kolben geschickt verteilt wird, übernimmt den Antrieb des Motors. Die Energie wird über eine äußere Flamme zugeführt. Mit diesem ungewöhnlichen Motor kann man auch die Energie der Sonne anzapfen. Den Metallzylinder, der zum Antrieb erhitzt werden muß, befestigt man dazu im Brennpunkt eines Hohlspiegels. Die hier fokussierten Sonnenstrahlen erhitzen den Motor und bringen ihn zum Laufen. Die Lösung aller Energieprobleme der Zukunft?

### Das knoff-hoff:

Die Leistung aus dem „Sonnenmotor" ist relativ gering. Aber bei entsprechender Konzeption und einer stärkeren Energiequelle als Sonnenstrahlen kann man diesen Motor weiterentwikkeln – als Antrieb von Autos oder Schiffen zum Beispiel. Das Geheimnis des Stirling-Motors – so nennt man das Wunderwerk, seit ihn sein Erfinder, der Schotte Robert Stirling, 1816 zum Patent angemeldet hat – liegt in der Anordnung der Kolben. Im Inneren des Metallzylinders befinden sich zwei Kolben, die sich hin und her be-

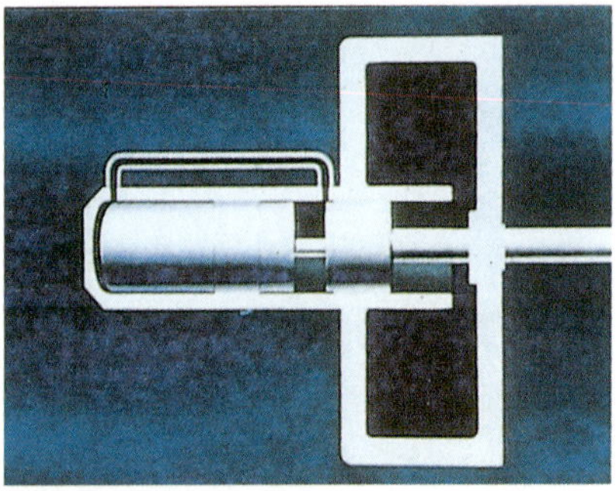

1

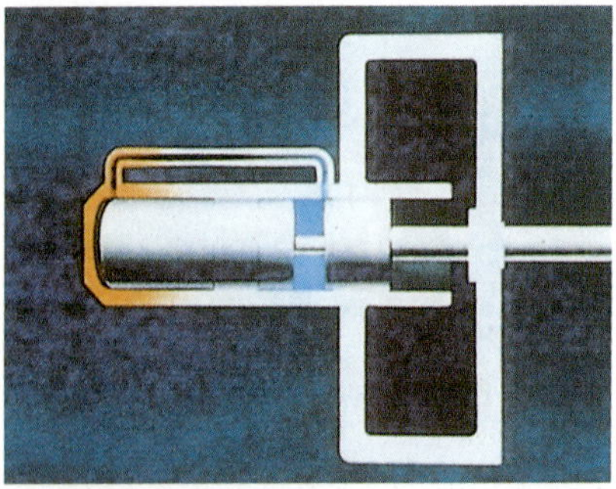

2

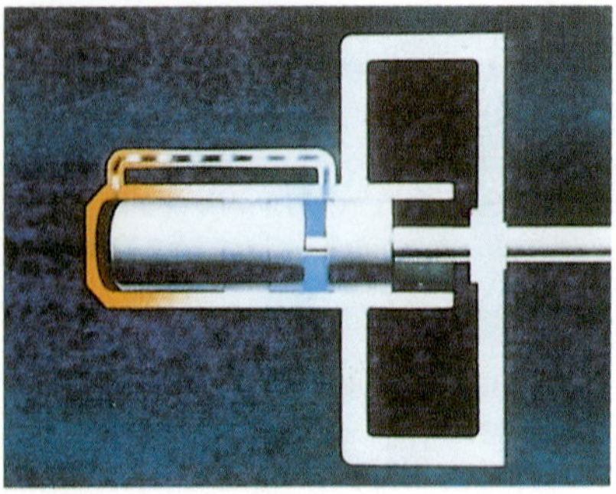

3

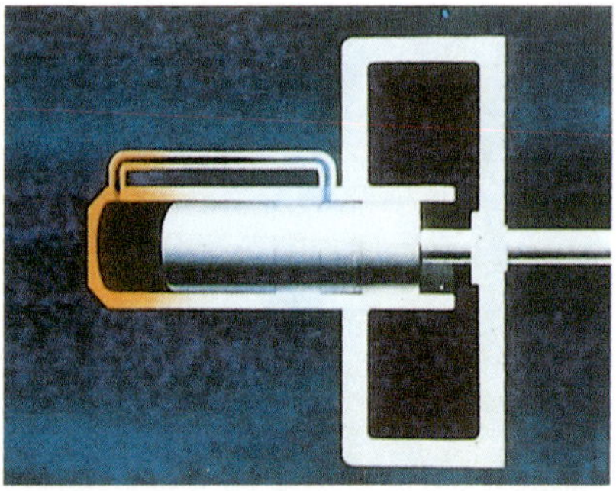

4

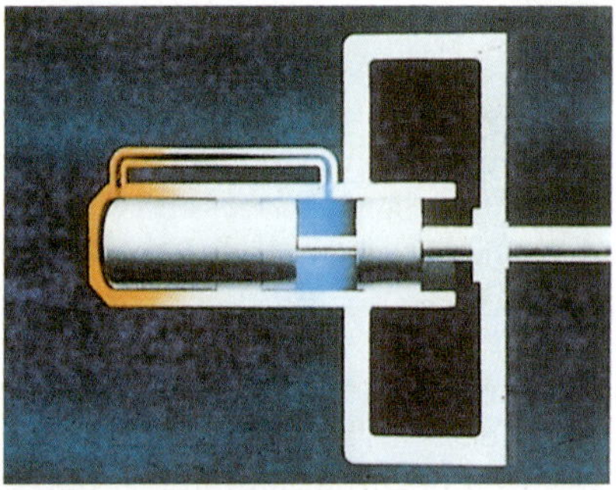

5

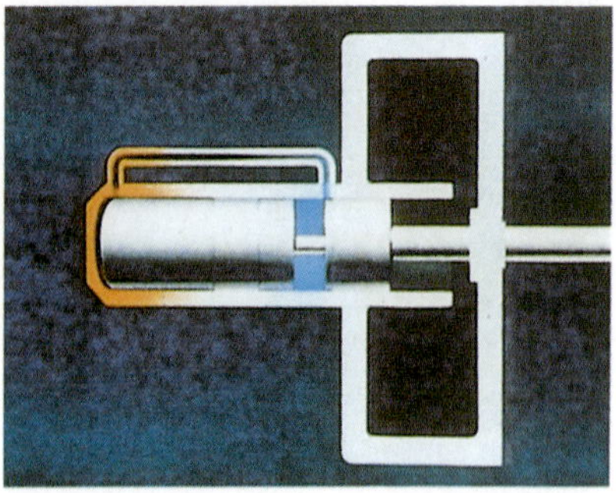

6

wegen können. Die Luft, die dabei verdrängt wird, strömt – je nach Kolbenstellung – in die Hohlräume. In der Grafik wird das durch die schmale Röhre dargestellt. Die Flamme erhitzt nun die linke Seite des Kolbenraumes. Der Kolbenraum in der Mitte bleibt dabei relativ kalt. Die warme Luft dehnt sich aus und drückt den großen Kolben nach rechts. Dadurch drückt er gleichzeitig noch mehr Luft aus dem mittleren Teil in den linken Kolbenraum. Diese Luft wird auch erhitzt und dehnt sich aus. Dadurch werden jetzt beide Kolben nach rechts geschoben. Die Kolbenstangen der beiden Kolben sind so konstruiert, daß diese Verschiebung möglich wird. Das

Schwungrad des Motors drückt nun den großen Kolben wieder nach links. Die warme Luft strömt in den mittleren Raum und kühlt sich dort ab. Dadurch entsteht ein Unterdruck, der den kleinen Kolben nach links zieht. Auf der linken Seite erwärmt sich wieder die Luft und schiebt dadurch den großen Kolben wieder nach rechts – und alles beginnt von vorne. Ein Motor, der als Arbeitsmedium Luft benötigt – ein Wunder der Mechanik. Auf dem Foto ist ein Tischmodell eines Stirlingmotors zu sehen und eine Version, in der der Kolbenraum durchsichtig aus Glas hergestellt wurde. Warum dieser Motor sich nicht durchsetzen konnte, ist eine der großen Fragen in der Technik. Er wurde parallel zur Dampfmaschine entwickelt, die ja Wasserdampf als Arbeitsmedium benutzt. Offenbar hat sich die Dampfmaschine deshalb durchgesetzt, weil dieser Weg, einen Antrieb zu schaffen, zielstrebiger begangen wurde. Hat sich dann eine Technik erst einmal durchgesetzt, so ist es für eine neue Technik schwer, Fuß zu fassen. Die Kenntnisse der älteren Technik sind weiter verbreitet, die Infrastruktur zur Herstellung der

Maschinen ist bereits geschaffen usw. Erst in den 50er Jahren unseres Jahrhunderts machte man sich erneut daran, den Stirling-Motor, mit neuen Werkstoffen ausgerüstet, in den Vordergrund zu schieben. Eine holländische Firma entwickelte Auto- und Schiffsmotoren und stellte die so ausgerüsteten Fahrzeuge auch als Prototypen her. Aber offenbar war es wieder die eingespielte Technik – dieses Mal statt der Dampfmaschine die Benzin- und Dieselmotoren, – die den Durchbruch der in ihren Eigenschaften vergleichbaren Stirling-Motoren verhinderten. Der Durchbruch für den Stirlingmotor fand nicht statt.

## *Tricks und Tips:*

Immer wieder hat die Idee Stirlings die Erfinder begeistert. Sie haben verschiedene Variationen der Kolben und Räume entwickelt, in denen sich die Luft erwärmen und abkühlen kann. Im Foto sieht man eine quadratische Platte, die die Luftmassen geschickt so bewegt, daß der Motor zu laufen beginnt. Die Wärmequelle ist eine Lampe auf der linken Seite.
Viele Abläufe in der Physik sind umkehrbar. Wenn man einen Stirlingmotor, anstatt ihn zu erwärmen und zu kühlen, von außen antreibt – die Kolben also mit Hilfe eines anderen Motors hin und her bewegt –, so müßte sich ja die eine Stelle, die ursprünglich für die Erwärmung vorgesehen ist, erhitzen und die andere Stelle abkühlen. Und tatsächlich ist der Stirling-Prozeß umkehrbar. Man kann diesen Effekt dazu benutzen, um Kühlmaschinen zu konstruieren. Damit verbunden ist allerdings, daß die andere Seite des „umgedrehten" Stirlin-Motors teuflisch heiß wird.

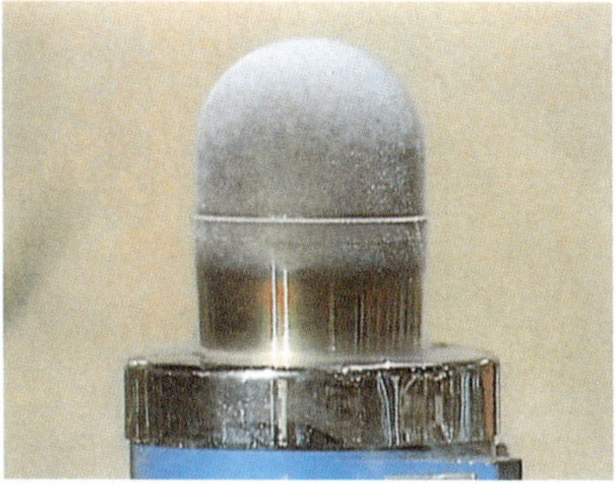

Wie sich ausdehnende Luft auch noch auf völlig andere Weise zum Antrieb eines Motors anwenden läßt, zeigt der Heißflammenmotor. Im Zylinder befindet sich eine Öffnung, davor steht ein Docht. Mit der Bewegung des Kolbens kann der Hohlraum mit einem Schieber verschlossen werden.
Bewegt sich der Kolben nach hinten, so wird die Flamme mit der heißen Luft eingesaugt. Am Umkehrpunkt des Kolbens schließt dann ein Mechanismus den Kolbenraum – die heiße Luft kühlt ab, es entsteht ein Unterdruck, der den Kolben wieder nach vorne saugt. Der Schieber öffnet sich, und der Vorgang beginnt von vorne. Ein Motor mit überraschendem knoff-hoff.

# 83

# *Strom durch Wärme*

## *Das Kunststück:*

Zwei Metalle sind zusammengelötet – das eine Ende wird in einem Wasserglas gekühlt – das andere erhitzt. Nach kurzer Zeit kann man ein Gewicht in die Nähe des Metalls bringen – und es bleibt dort „kleben“.

## *Das knoff-hoff:*

Elektrischen Strom kann man auf verschiedene Weise erzeugen. Wenn Sie zwei Drähte zusammenlöten – z. B. einen Kupfer- und einen Konstantandraht, die eine Kontaktstelle in einem Glas mit Eiswürfeln kühlen und die andere erhitzen, können Sie auf einem dazwischengeschalteten Meßgerät erkennen, daß eine elektrische Spannung entsteht. Die Elektronen aus dem einen Metall fließen in das andere – die Energie dazu entnehmen sie der Hitze der Flamme. Wichtig für die Spannungsdifferenz ist die gekühlte

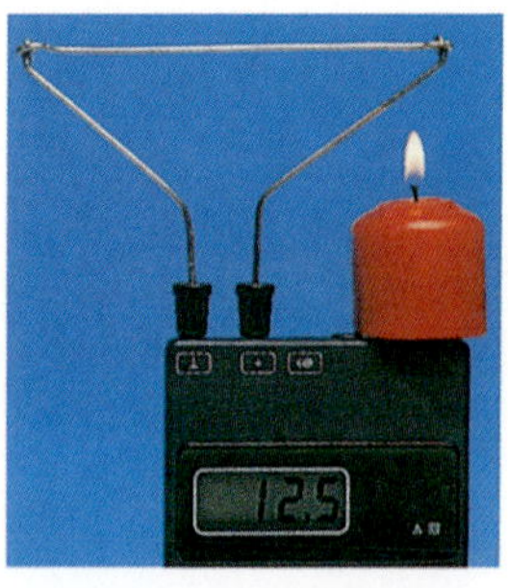

***Beim engen Kontakt zweier unterschiedlicher Metalle dringen Elektronen von dem einen Metall in das andere. An beiden Kontaktstellen geschieht das mit der gleichen Intensität – deshalb ist die elektrische Spannung zwischen den beiden Stellen gleich Null.***

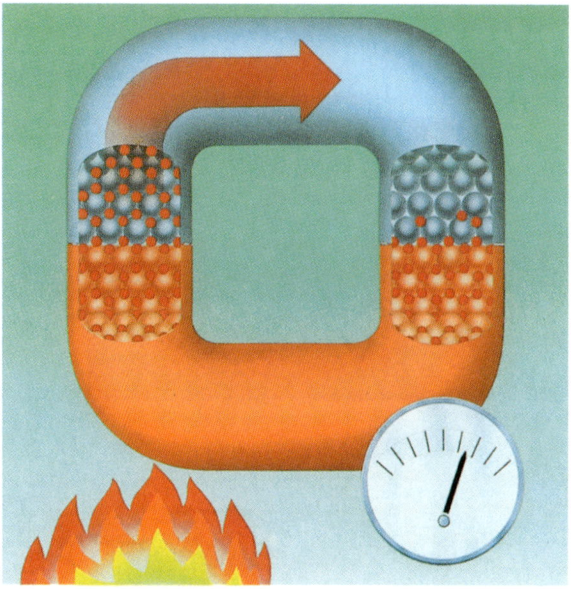

***Wird die eine Kontaktstelle erwärmt, so dringen an dieser Stelle mehr Elektronen in das Metall. Eine elektrische Spannung ist jetzt meßbar.***

zweite Kontaktstelle der Metalle; denn besitzen beide Kontaktstellen dieselbe Temperatur, so stellt sich ein Gleichgewicht zwischen den Elektronen an beiden Berührungspunkten ein. Gerade die unterschiedliche Elektronenkonzentration an den beiden Lötstellen macht aber die elektrische Spannungsdifferenz aus. Deshalb muß man mit Wärme die Elektronen „heraustreiben". Die erzeugten Spannungen sind nicht sehr hoch, sie liegen im Millivoltbereich. Dennoch, wenn man das richtige Material auswählt und auch durch die Dicke der Leiter den elektrischen Widerstand niedrig hält, können beachtliche Ströme von 100 Ampere fließen. Und das ist auch die Erklärung für unser Kunststück. Die Metalle sind als Thermoelement verlötet und durch sie fließt ein elektrischer Strom. Die dabei entstehenden Magnetfelder ziehen das Gewicht aus Eisen an. Unterbrechen wir die Erwärmung, so fällt das Gewicht einfach herunter.

Besonders eindrucksvoll ist dieses Kunststück mit einer Weltkugel aus zwei Metallen. Die eine Kontaktstelle wird mit einer starken Lampe erhitzt, die Rückseite bleibt kühl – die Voraussetzungen also für ein Thermoelement. Der fließende elektrische Strom baut wieder ein Magnetfeld auf, das sich an dem Permanentmagneten abstößt. Die Kugel beginnt sich zu dre-

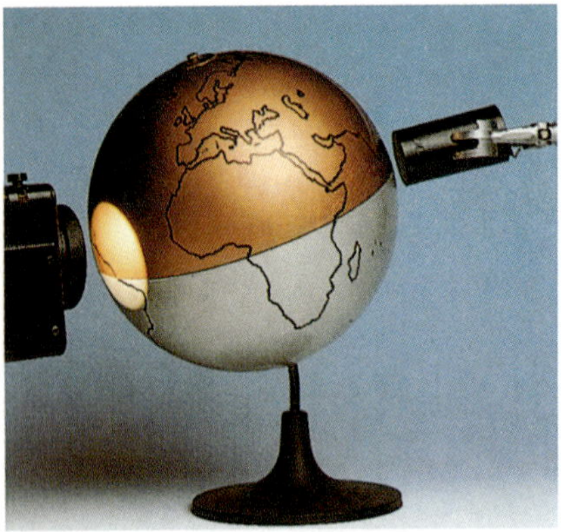

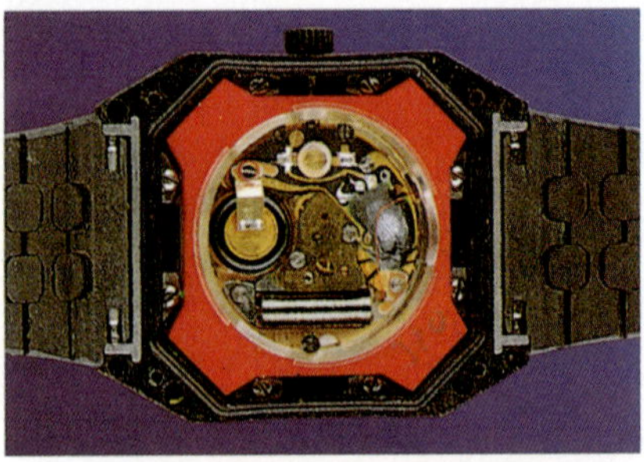

Ansicht einer Uhr mit Thermoelementen.

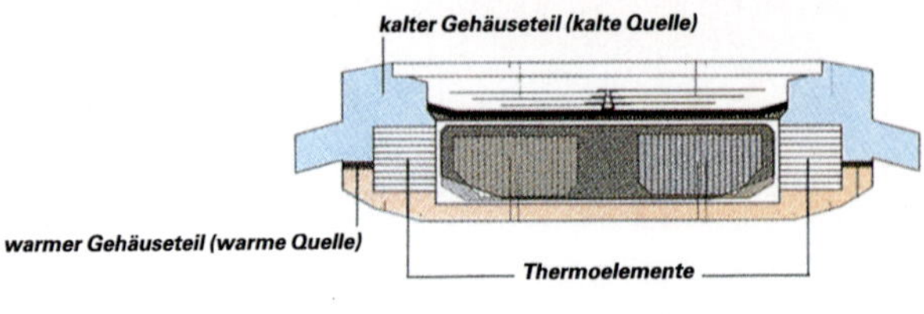


Im Querschnitt sind der warme Teil (rot) und die gekühlte Oberseite dargestellt. Die Thermoelemente liefern den Strom in den Batteriespeicher.

*Der Kühlschrank mit Thermoelementen.*

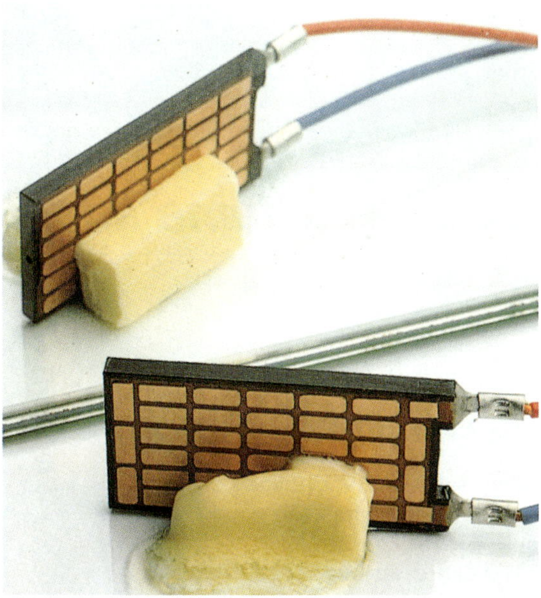

*Fließt durch ein Thermoelement ein Strom, so erwärmt sich die eine Seite – die Butter schmilzt. Mit einem Spiegel kann man gleichzeitig die Rückseite beobachten, die sich abkühlt.*

hen. Eine neue Stelle wird durch die Lampe erhitzt – die Erde bewegt sich auf diese wunderbare Weise.

## Tricks und Tips:

Angewendet wird so ein Thermoelement als Thermometer. Denn einer bestimmten elektrischen Spannung kann man ja – bei entsprechender Eichung – eine definierte Temperatur zuordnen.
Auch eine Uhr läßt sich mit Thermoelementen antreiben. Der obere Teil des Gehäuses ist dabei die gekühlte Seite. Eine Kunststoffschicht isoliert ihn von der Bodenplatte, die beim Tragen der Armbanduhr mit der Körperwärme (37 °C) in Kontakt kommt. Zwischen Ober- und Unterteil der Uhr entsteht so ein Temperaturunterschied von 5–7 °C. Mit Halbleitermaterialien anstelle von Metallen läßt sich die Thermospannung erhöhen. Die 700 Thermoelemente in 4 Modulen erzeugen bei dieser Uhr etwa 200 m V. Selbstverständlich funktioniert die Uhr nur mit einem Zwischenspeicher kontinuierlich.

Wie so oft in der Natur ist dieser Prozeß auch umkehrbar. Wird das Meßgerät in unserer Grafik durch eine Stromquelle ersetzt, so erwärmt der jetzt fließende elektrische Strom die eine Kontaktstelle, die andere kühlt jedoch ab. Mit den entsprechenden Stromstärken ist es möglich, dadurch einen Kühlschrank zu bauen. Das wird auch gemacht – solche Kühlschränke findet man z. B. in Eisenbahnen.
Auf dem Foto ist zu sehen, wie beim Fließen eines elektrischen Stromes die Butter auf der einen Seite schmilzt und auf der anderen gefriert.

# 84

## *Steine knacken*

### *Das Kunststück:*

Auch sehr große Gebäude müssen irgendwann einmal abgerissen werden. Kunstvolles Sprengen ist bis jetzt die erfolgreiche Methode. Die Gebäude stürzen in sich zusammen. Wie gut das klappt, hängt vom Können des Sprengmeisters ab. Gebrannter Kalk bietet eine andere Lösung. Wenn man in den Beton Löcher bohrt und dann in diese Löcher gebrannten Kalk mit Wasser füllt, so quillt diese Mischung auf, und der Klotz zerplatzt.

### *Das knoff-hoff:*

Schon von alters her wurde diese „Quellmethode" zum Steinbrechen benutzt. In Oberägypten haben die Steinmetze in Felsrisse Holzkeile getrieben und sie mit Wasser getränkt. Das Holz quoll auf und brachte die Felsschichten zum Auseinanderplatzen. Die Steine für die Pyramiden wurden so gebrochen. Dieses Verfahren funktioniert ja auch sonst in der Natur. Wenn im Winter Wasser in Gesteinsspalten läuft und friert, dann dehnt sich ja das Wasser aus, wenn es zu Eis wird. Das Gestein zerplatzt – eine Ursache für die Verwitterung.

### *Tricks und Tips:*

Im Studio haben wir zum Betonknakken ein kommerziell angebotenes, neues Mittel aus Japan benutzt. Das Granulat besteht zum großen Teil aus gebranntem Kalk. Mit Wasser gemischt, wandelt er sich in gelöschten Kalk um. Dabei dehnt er sich aus und verfestigt sich unter Verdoppelung seines Volumens. Zusatzstoffe steuern den Ablauf dieser chemischen Reaktion. Denn wenn die Umwandlung zu schnell geht, wird das Gemisch aus dem Bohrloch getrieben. Die Reaktion ist sehr stark temperaturabhängig. Deshalb werden verschiedene Mischungen für unterschiedliche Temperaturbereiche angeboten.

Der Druck durch das Aufquellen ist sehr hoch. 4000 Tonnen pro m² können erreicht werden. Nach dem Auffüllen der Bohrlöcher mit dem Wundermittel kann es einige Stunden dauern, ehe der Betonklotz bricht. Wie gut diese Methode ist, hängt auch von der richtigen Plazierung der Bohrlöcher ab.

# 85

## *Wie man unverletzlich wird*

### *Das Kunststück:*

Auf diesen Bildern zertrümmert immer jemand mit einem Hammer irgend etwas auf dem Körper eines anderen Menschen. Und offenbar kommt es dabei zu keinen Verletzungen. Die Kunststücke erfreuen sich schon seit Jahrhunderten großer Beliebtheit, wie das Schwarzweißfoto zeigt. Die Gegenstände, auf die der Hammer trifft, sind groß und schwer – vielleicht hat

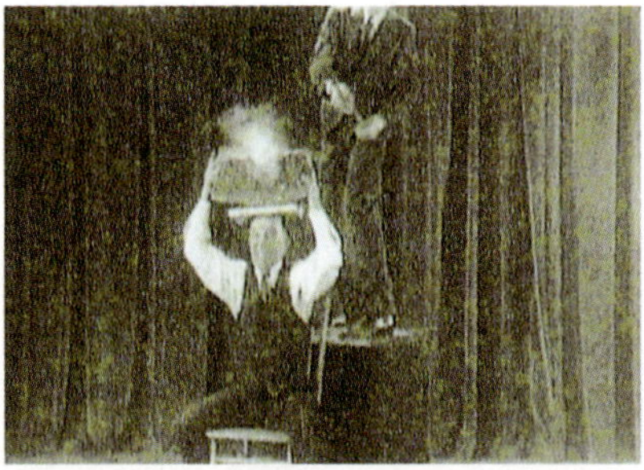

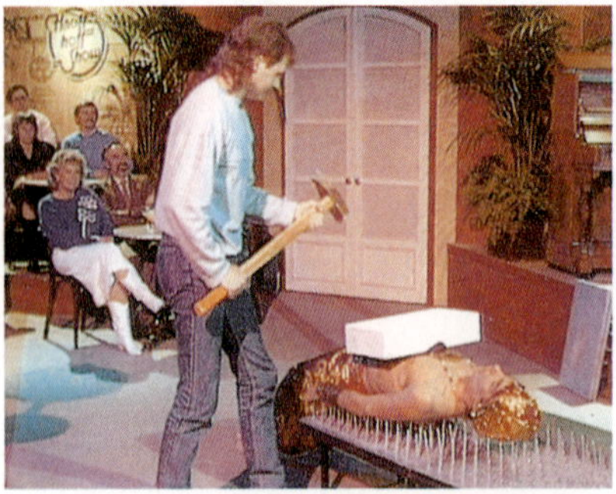

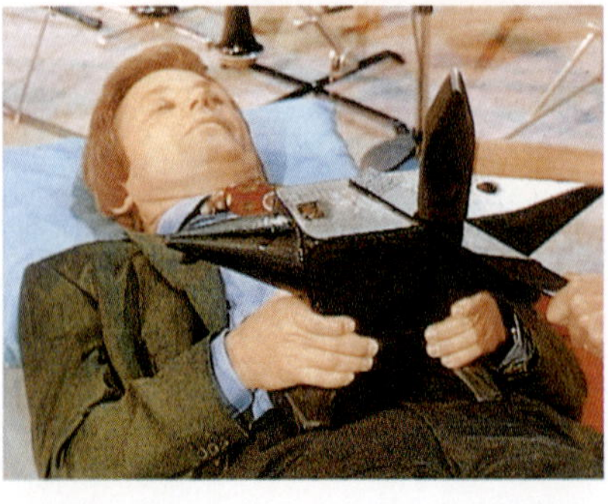

das etwas mit der Unverletzlichkeit zu tun. Zum Test kann man sich einen Amboß aus Eisen auf den Bauch legen und einen starken Mann mit einem Hammer draufschlagen lassen. Und tatsächlich – obwohl der Hammer mit voller Wucht den Amboß trifft, ist unter dem Amboß kaum etwas zu spüren. Allein das Eigengewicht des Ambosses ist etwas beschwerlich – der Schlag an sich ist leicht auszuhalten. Allerdings ist darauf zu achten, daß der Amateurschmied mit dem Hammer nicht abrutscht und sicher den Amboß trifft.

## Das knoff-hoff:

Bei diesem Kunststück spielt der Impuls die wichtige Rolle. Die Masse des Hammers besitzt beim Auftreffen eine bestimmte Geschwindigkeit. Das Produkt aus Masse und Geschwindigkeit nennt man den Impuls. Dieser Impuls bleibt erhalten und wird vom Hammer an den Amboß abgegeben. Nun besitzt der Amboß eine sehr große Masse. Bleibt der Wert des Impulses gleich, so wird die große Masse des Ambosses nur mit einer sehr kleinen Geschwindigkeit bewegt; denn das Produkt aus Masse und Geschwindigkeit muß ja gleich groß bleiben. Außerdem wird ein Teil der Bewegungsenergie des Hammers vom Amboß absorbiert. Der Amboß verformt sich kurzzeitig, ein Teil der Energie wird in Wärme umgewandelt. Der Amboß selbst bewegt sich kaum. Die elastische Verformung, die den Hammer wieder zurückschnellen läßt, erreicht nicht den Boden des Ambosses – dazu erfolgt der Ablauf zu schnell. Der Bauch der Versuchsperson ist also durch den schweren Amboß hervorragend abgepuffert.

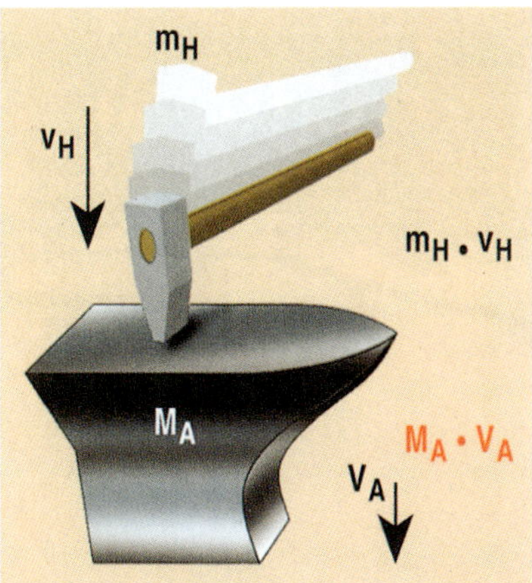


## Tricks und Tips:

Welche Rolle der Impuls beim Aufprall spielen kann, zeigt ein Experiment mit zwei Bällen. Legt man einen kleinen und einen großen Ball übereinander und läßt sie fallen, dann gibt es eine Überraschung. Liegt der kleine Ball

auf dem großen, so springt nach dem Aufprall der kleine Ball unglaublich hoch, während der große träge am Boden liegen bleibt. Betrachtet man sich den Vorgang in Zeitlupe, so prallt der große Ball zunächst vom Boden ab. Bei dieser Bewegung besitzt er einen bestimmten Impuls, das heißt, seine große Masse erreicht eine bestimmte Geschwindigkeit. Dieser Impuls wird auf den kleineren, darüber liegenden Ball weitergegeben. Der besitzt aber eine weitaus kleinere Masse als der große Ball. Damit das Produkt aus Masse und Geschwindigkeit, der Impuls also, gleich bleibt, erreicht der kleine Ball jetzt diese hohe Geschwindigkeit, die ihn so überraschend nach oben schnellen läßt. Dieses Spiel kann

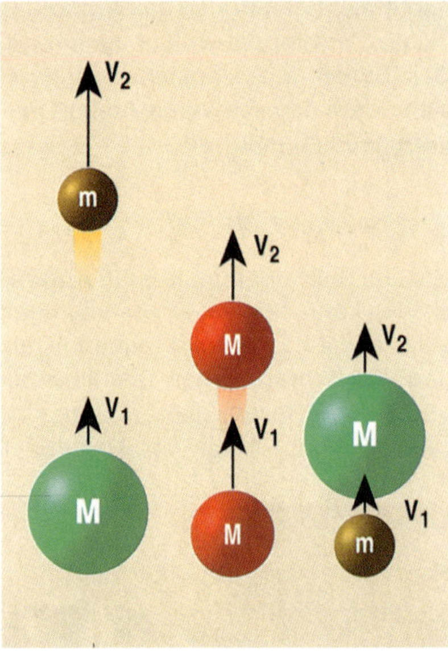


man mit verschieden großen Bällen treiben, den kleinen z. B. unter den großen setzen, zwei gleich große Bälle benutzen usw. Immer wird sich zeigen, daß durch das Impulserhaltungsgesetz die Massen der Bälle die Geschwindigkeit bestimmen. Damit die Bälle nicht so wild im Zimmer herumspringen, kann man Hartgummibälle durchbohren, durch das Loch einen Faden ziehen und diesen an Decke und Boden straff gezogen befestigen. Dadurch wird das Impulsspiel zu einem kontrollierten Experiment.

Wie sich der Impuls auf die Bewegung von Körpern auswirkt, läßt sich auch mit dem bekannten Kugelspiel zeigen, bei dem Stahlkugeln an Fäden nebeneinander hängen. Wird eine Kugel ausgelenkt und auf die übrigen fallen gelassen, so pflanzt sich dieser Impuls durch die Kugeln fort und lenkt am Ende eine Kugel der gleichen Masse genauso weit aus. Macht man das gleiche mit zwei Kugeln, so werden immer zwei Kugeln ausgelenkt. Der Impulssatz erlaubt die Vorausberechnung des Ausgangs dieser Experimente.

# 86

# *Das Spiel mit den Wunderkugeln*

## *Das Kunststück:*

Kleine Kunststoffperlen werden auf ein feinmaschiges Drahtnetz gelegt und über Wasserdampf gehalten. In wenigen Sekunden blähen sich diese Kunststoffkügelchen auf – vervielfachen ihr Volumen – und vor uns liegt ein Berg aus weißen Kugeln. Dieses erstaunliche Experiment kann man nicht mit beliebigen Kunststoffkugeln machen. Was treibt unsere Kugeln so auf?

## *Das knoff-hoff:*

Diese Kunststoffkugeln bestehen aus Polysterol und sie sind zusätzlich mit einem Treibmittel versetzt. Beim Erwärmen dehnt sich das in ihnen vorhandene Gas – Pentan – aus und bläst die Kügelchen auf. Das Volumen einer Kugel vergrößert sich um das 50fache. Nach dem Abkühlen behalten die Polysterolkugeln ihre Form – wir haben Schaumstoff erzeugt. Diese Schaumstoffe werden immer häufiger einge-

***Polysterolkugeln vor und nach dem Aufschäumen.***

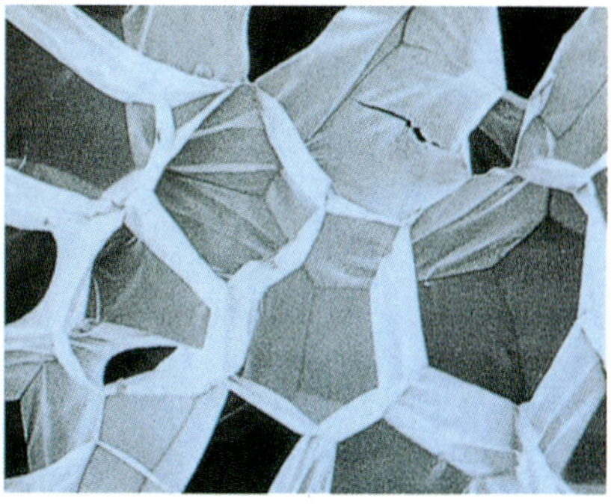

***Die Mikrostruktur einer aufgeschäumten Polysterolkugel.***

*Der berühmte „Hamburger" scheint auch über den Müllberg erstaunt zu sein, den er mit verursacht.*

setzt – z. B. als Isolierplatten oder Verpackungsmaterial. Nicht immer erscheint die Anwendung sinnvoll und als Verpackungsmaterial verwendet, entsteht viel Müll.
Schnellnahrung wird in diesen Kunststoffen angeboten – Millionen aufgeschäumter Packungen kommen so in die Umwelt. Die Verpackung dient nicht allein dem Vorteil des Kunden; denn der größte Teil dieser Kunststoffe wird in den Müllanlagen verbrannt. Bei unvollständiger Verbrennung können dadurch giftige Stoffe entstehen, die in die Atmosphäre gelangen.
Ein weiterer Nachteil ist, daß nicht alle Polysterole mit Pentan geschäumt werden, sondern auch mit chlorierten Kohlenwasserstoffen. Diese Gase sind äußerst reaktionsträge, deshalb benutzt man sie ja auch bei der Herstellung der Schaumstoffe. Chlorierte Kohlenwasserstoffe verursachen einen Abbau der Ozonschicht, die uns ja in 20–50 km Höhe vor der gefährlichen UV-Strahlung schützt. Erst jetzt beginnt man die Gefahr ernst zu nehmen und strebt Veränderungen an.

## Tricks und Tips:

Häufig wird bei der Produktion schon das Treibgas zum Aufschäumen in den Kunststoff eingelagert. Beim Erhitzen begrenzen Metallformen die Ausdehnung der Kunststoffkugeln, so daß damit geometrisch beliebig geformte Teile herzustellen sind. Beim Aufschäumen verkleben die Kügelchen miteinander und erstarren beim Abkühlen. Die gewählte Form bleibt deshalb erhalten. Die ganze Pracht kann man sehr einfach mit Ester zerstören. Auf Polysterol geschüttet löst sich der Kunststoff in wenigen Sekunden auf.

*Ester zersetzt Polysterol.*

Das ist jedoch keine Lösung für das Müllproblem, denn die Moleküle des Kunststoffes befinden sich ja immer noch im Ester und Ester ist keine umweltfreundliche Chemikalie. Polysterol wird nicht biologisch abgebaut – es besteht aus ringförmig angeordneten Kohlenstoffatomen, die keine Angriffsfläche für die Mikroorganismen bieten. Warum viele Kunststoffe so leicht den Verrottungsstrategien der Natur widerstehen, liegt an der enormen Länge der Molekülketten, aus denen sie aufgebaut sind. Die Mikroorganismen in der Natur können erst bei kurzen Molekülketten angreifen. Deshalb die riesigen Müllberge aus Kunststoff.

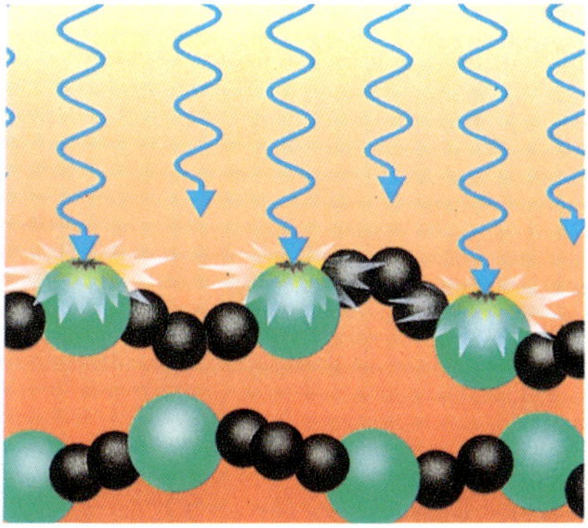

*UV-Strahlen zerstören die in den Molekülketten eingebauten „Sollbruchstellen".*

*Der Kunststoff zerfällt im Sonnenlicht zu kleineren Ketten, die von den Mikroorganismen leichter angegriffen werden können.*

*Zeitrafferaufnahmen von einer Schale aus dem neuen Kunststoff, der sich in 6 Wochen unter UV-Licht zersetzt.*

In Kanada wurde ein Kunststoff entwickelt, der gezielt Sollbruchstellen für die Kunststoffmoleküle eingebaut hat. Plastiktüten können daraus gefertigt werden, die im Sonnenlicht nach wenigen Wochen zerfallen. In die herkömmlichen Molekülketten sind Teilstücke (Polyketone) untergebracht, die empfindlich gegenüber dem ultravioletten Anteil des Sonnenlichtes sind. Die UV-Strahlung zerstört diese Bindeglieder, so daß die lange Molekülkette in biologisch angreifbare Längen zerfällt. Werden die Plastiktüten weggeworfen, so löst sich der Kunststoff im Sonnenlicht auf. Für die Verpackung von Getränken allerdings kann man diesen Kunststoff nicht einsetzen; denn sind die Flaschen dem Sonnenlicht ausgesetzt – zerfallen sie – auch wenn sie noch nicht verkauft und ausgetrunken wurden. Wird der Kunststoff vergraben, kann allerdings das UV-Licht seine Wirkung nicht entfalten. Welche Endprodukte beim biologischen Abbau letztendlich entstehen, ist noch unklar. Nach der Wunschvorstellung der Hersteller sollen die organischen Molekülketten zu Wasser und Kohlendioxid umgewandelt werden. Aber untersucht wurde das bisher noch nicht.

# 87

## *Die fotografierte Seele*

### *Das Kunststück:*

Mit einer Spulenanordnung kann man hochfrequente Wechselströme erzeugen, die für den Menschen ungefährlich sind. Prinzipiell ist dieser Apparat ein Teslatransformator, wird aber mit einigen Abänderungen zu einer Vorrichtung, um Kirlianfotografie zu betreiben. Semjon Davidowitsch Kirlian war ein russischer Wissenschaftler, der sich seit 1939 mit speziellen elektrischen Entladungen beschäftigt hat. Ziemlich unverständlich klingt das alles, aber uns sollen auch zunächst nur die Effekte interessieren, die man mit diesen hochfrequenten Wechselströmen erreichen kann. Funken springen von der Platte, die mit der Elektrode verbunden ist, auf den Finger – es bildet sich eine „Korona", ein Strahlenkranz, um die Fingerkuppe. Legt man Fotopapier auf die Platte, so sieht man nach dem Entwickeln herrliche Farben im Bereich der Fingerkuppe.

### *Das knoff-hoff:*

Dieser spezielle Strom dringt nicht tief in die Haut ein – die elektrischen Ladungen werden auf der Haut hin- und herbewegt. Funken springen über, dadurch wird das Fotopapier belichtet. Farbfotopapier besteht ja aus verschiedenen farbempfindlichen Schichten. Je nachdem, welche Schicht belichtet wird, entsteht die entsprechende Farbe. Einige glauben, aus dem Farbbild auf den Gesundheits- oder Seelenzustand des Menschen schließen zu können. Dagegen spricht, daß die Effekte von sehr vie-

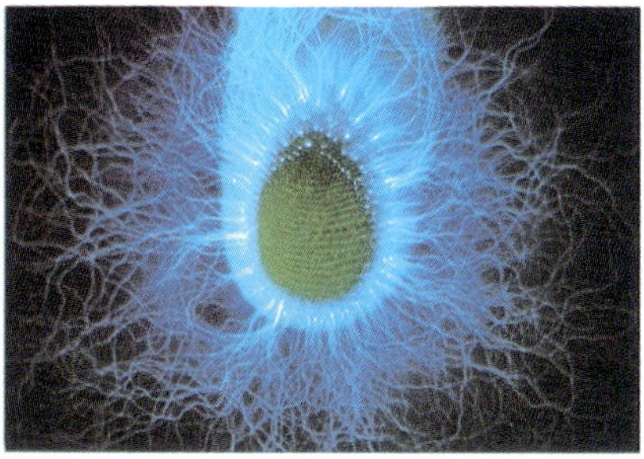

*Funkenkorona um einen Finger von unten betrachtet*

len Größen abhängig sind. Drückt man fest auf die Platte, so entsteht ein anderer Funkenkranz als beim lockeren Auflegen des Fingers. Hat man eine schwitzige Hand, dann sieht das Bild anders aus als bei trockener Hand, weil die elektrischen Ladungen durch die Feuchtigkeit andere Wege finden. Unregelmäßigkeiten auf der Haut liefern eine spezielle Funkenverteilung, weil die Ladungen bevorzugt von Spitzen ausgehen. Gesundheitsdeutungen mit diesen Bildern entbehren jeder naturwissenschaftlichen Grundlage.

## Tricks und Tips:

Bekannt ist das Foto, das angeblich das Seelenleben der Pflanzen dokumentiert. Es zeigt ein Blatt, von dem ein Teil abgeschnitten ist. Trotzdem zeigt sich als Funkenkorona die vollständige Form des Blattes. Sind hier geheimnisvolle Strahlen oder Kräfte am Werk?

Unser Foto wurde so gemacht, daß unter elektrischer Spannung zunächst das vollständige Blatt auf die Platte gelegt wurde. Danach haben wir ein Stück vom Blatt abgeschnitten und erneut die hochfrequente Wechselspannung angelegt.

Auf dem Fotopapier zeigten sich die vollständigen Umrisse des Blattes.

Die Erklärung: Beim ersten Versuch mit dem vollständigen Blatt wurden mit den Entladungen auch Wasser und Mineralsalze transportiert. Das geschieht vor allen Dingen an den Spitzen und am Rand.

Diese Verunreinigungen auf dem Fotopapier lassen auch nach dem Ab-

schneiden der Blatthälfte die Funken auf die ursprüngliche Blattbegrenzung, die durch die Mineralsalze angegeben wird, überspringen.

# 88

# Luft richtig strömen lassen

## Das Kunststück:

Ein Symbol in einem Wildwestfilm ist eine träge im Wind hin und her schwingende Tür. Der Kenner weiß dann, daß er sich in einer „Ghosttown“ befindet, in der gerade vorher etwas Schreckliches passiert ist. Einen Physiker interessiert vielmehr, warum bei konstantem Windstrom die Tür nicht einfach offen oder geschlossen bleibt. Warum pendelt die Tür immer hin und her? In dieser Puppenstube haben wir eine Tür am Ende des Raumes angebracht. Auch sie kann hin und her schwingen. Im Inneren des mit einer Plexiglasscheibe abgedeckten Raumes befindet sich eine Luftdüse. Durch sie kann Preßluft in den Raum strömen. Jeder wird nun meinen, daß dadurch die bewegliche Tür aufspringen wird. Aber die Beobachtung zeigt, daß auch hier die Tür hin und her pendelt, obwohl die Luft mit 8 bar heftig auf sie zuströmt. Was ist das Geheimnis dieses Türklappperns?

## Das knoff-hoff:

Schnell strömende Luft – oder jedes schnell strömende Medium – erzeugt einen Unterdruck. Das ist schon morgens beim Duschen zu bemerken. Wenn die Duschkabine von einem Duschvorhang umgeben ist und man das Wasser andreht, so reißt das nach unten strömende Wasser auch die umgebende Luft mit. Die Luftströmung, die sich dadurch bildet, erzeugt einen Unterdruck, der den Duschvorhang nach innen zieht. Wer hat nicht schon unter diesen Bedingungen mit einem Duschvorhang gekämpft? Messen kann man die Druckabnahme mit einer Röhrenanordnung. Durch diese Röhre kann ein Gas oder eine Flüssigkeit strömen. In der Mitte ist die Röhre verengt. Hier müssen die Teilchen mit einer höheren Geschwindigkeit durch die Röhre strömen als vorher, damit sie den nachfolgenden Teilchen Platz machen. Die senkrechten Röhren sind Druckmesser. Die Flüssigkeitssäule zeigt den jeweiligen Druck an, und es ist leicht zu sehen, daß im Bereich der Röhrenverengung – der schnell strömenden Masse also – der Druck niedriger ist als im breiten Röhrenabschnitt.

Übrigens funktioniert nach diesem Prinzip auch eine Wasserstrahlpumpe, bei der schnell vorbeiströmendes Wasser etwas senkrecht zu der Strömungsrichtung ansaugen kann. Oder eine Spraydose.

Die schnell über die Flüssigkeitsöffnung strömende Luft reißt durch den Unterdruck Teilchen nach oben, die als Spraywolke die Umgebung besprühen. Bei unserem Kunststück mit der Tür zeigt sich im Verlaufe der Strömung auch eine Verengung, und zwar da, wo die Luft aus dem Türschlitz herausströmen kann. In diesem Bereich ist die Strömungsgeschwindigkeit der Luft höher als in

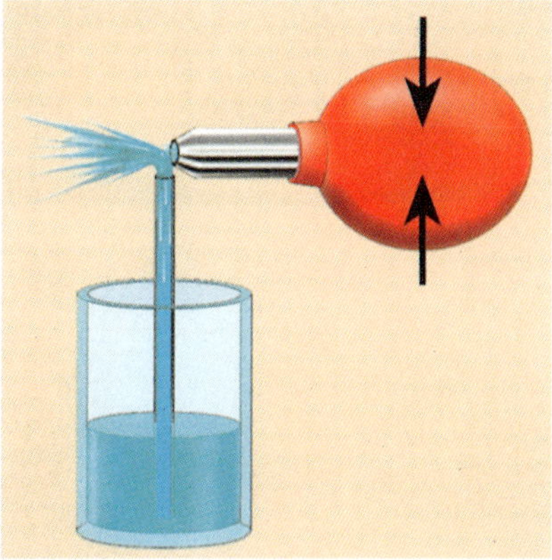

der Umgebung, und deshalb gibt es hier einen Unterdruck. Die Tür hat also die Tendenz zuzuschlagen. Schließt sich die Tür jedoch vollständig, so wird der Luftstrom durch den Türspalt plötzlich unterbrochen. Über die Düse strömt aber immer mehr Luft in die abgeschlossene Modellstube, und der drückt die Tür wieder auf.

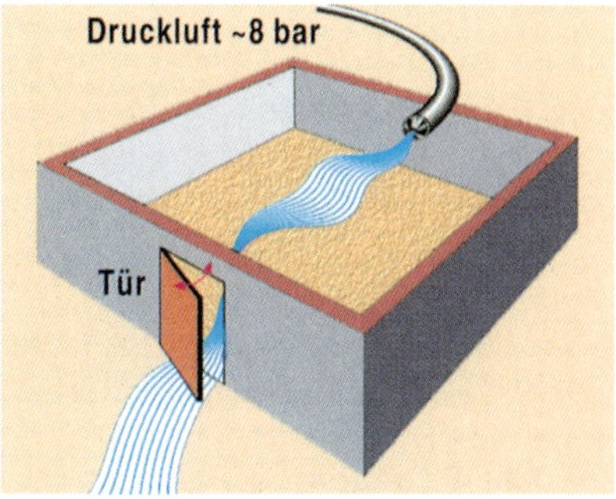


Das ganze Spiel beginnt von vorne, und so kommt es in dieser Situation zu der hin und her schlagenden Tür.

## *Tricks und Tips:*

Dieser Unterdruck, der mit schnell strömender Luft verbunden ist, wird in der Technik auf vielfältige Weise genutzt. Flugzeugflügel heben sich ja deshalb in die Höhe, weil durch die

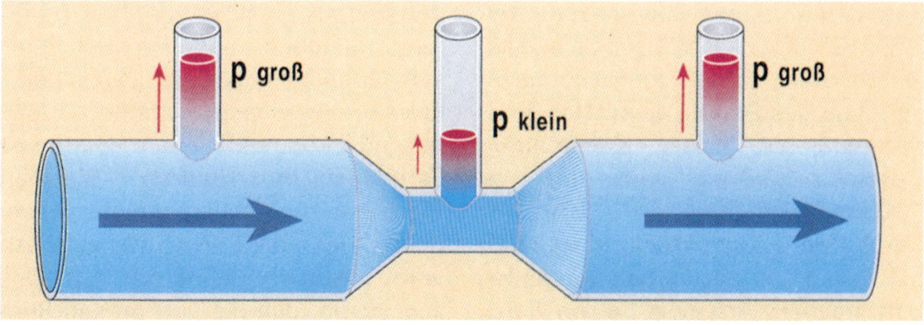

spezielle Flügelform die Luft im oberen Bereich schneller am Flügel vorbeiströmen muß als an der Unterseite. Hier ist ein wagemutiger Ultra-light-Flieger zu sehen. Ein französischer Erfinder benutzt nun eine solche Flügelform, um ein „Segelboot" vorwärtszutreiben. Der Flügel ist so ausgerichtet, daß der Unterdruck der vorbeiströmenden Luft eine Kraftkomponente in die Bewegungsrichtung liefert. Die Ausrichtung des „Segelflügels" ist elektronisch gesteuert, so daß immer der optimale Anstellwinkel erreicht wird. Außerdem wird das Boot – ein Katamaran – bei einer bestimmten Geschwindigkeit leicht aus dem Wasser gehoben, so daß der Reibungswiderstand des Bootes sinkt. Der Erfinder will mit dieser Konstruktion Geschwindigkeiten von bis zu 100 km/h erreichen.

Verblüffende Kunststücke lassen sich mit Bällen und der vorbeiströmenden Luft machen. Auf zwei Säulen liegen zwei Bälle. Eine Scheibe mit zwei Luftdüsen ist drehbar auf dem Tisch befestigt. Wird sie über den eingebauten Elektromotor angetrieben, so wer-

den die beiden Bälle von ihrer Halterung gehoben und, in der Luft schwebend, mitgeführt. Das ist eine Erweiterung eines Kunststückes, das fast jeder kennt. Mit einem Haarfön ist es einfach, im Luftstrom z. B. einen Tischtennisball schweben zu lassen. Selbst wenn der Fön schräg gehalten wird, bleibt der Ball in der Luft. Das liegt daran, daß die Luft an den Run-

dungen des Balles vorbeiströmt. Hier bewegen sich die Luftteilchen schneller als in der Umgebung, weil sie ja die Rundung – und damit einen längeren Weg – zu umströmen haben. Der Unterdruck liefert eine Kraftkomponente, die bis zu einem bestimmten Neigungswinkel des Föns die nach unten ziehende Schwerkraft ausgleichen kann. Bei unserem Kunststück wird dieser Effekt ausgenutzt. Die langsam rotierenden Düsen nehmen die beiden Bälle mit auf ihren Weg.

Überall sind solche Auswirkungen schnell strömender Luft zu beobachten. Wenn die Leinen am Segel oder Fahnenmast heftig hin und her schlagen, hat das auch seinen Urprung im Unterdruck der schnell vorbeiströmenden Luft. Ein Bumerang besitzt eine spezielle Flügelform, die ihm Auftrieb verleiht und ihn auch zum Werfer – wenn er geschickt ist – zurückbringt. Und dieser Erfinder hat sich ein Fahrrad gebaut, das über einen Ventilator angetrieben wird. Bei Gegenwind erzeugt die an den Propellern vorbeiströmende Luft einen Unterdruck; denn ein Propeller ist ja genauso geformt wie ein Flugzeugflügel, nur daß er senkrecht steht. Dieser Unterdruck treibt den Ventilator an, und ein Getriebe sorgt dafür, daß das Fahrrad dadurch nach vorne getrieben wird.

Manche Zauberer geben ja vor, Personen auf Luft schweben lassen zu können. Wie in ungefähr so etwas gemacht wird, zeigt hier Babette – ein Tuch verdeckt geschickt die waagerecht gehaltenen Stelzen.

# 89

# *Linien mit Informationen*

### *Das Kunststück:*

Auf die beigelegte Folie sind schwarze Linien gedruckt. Legen Sie die Folie auf die nächsten Seiten und schieben sie hin und her, so bewegen sich plötzlich die Räder des Fahrrads. Auf dem abgebildeten Rücken sehen Sie durch die Folie Kreise an den Schultern und auf dem runden Hinterteil. Wie kommen diese kreisförmigen Figuren zustande, wenn doch die Ausgangsfigur aus geraden Strichen bestehen?

### *Das knoff-hoff:*

Die Figuren, die Sie gerade beobachten, heißen „Moiré-Muster". Früher haben die Franzosen die Feinheit der China-Seide durch das Übereinanderlegen von zwei Seidenbahnen geprüft. Aus den entstehenden Figuren konnten sie auf die mehr oder weniger feine Webstruktur der Stoffe schließen. Wenn Sie feine Gardinenstoffe vor dem Fenster haben, können Sie direkt Moiré-Muster beobachten. Die Linien der Stoffe überlagern sich dabei, wie bei unserer Folie.

In unserer Abbildung sind die Linien der gezeichneten Figuren nicht gerade. Sie wurden auf eine Wölbung projiziert und dann abgedruckt. Damit simulieren wir bei der Abbildung des

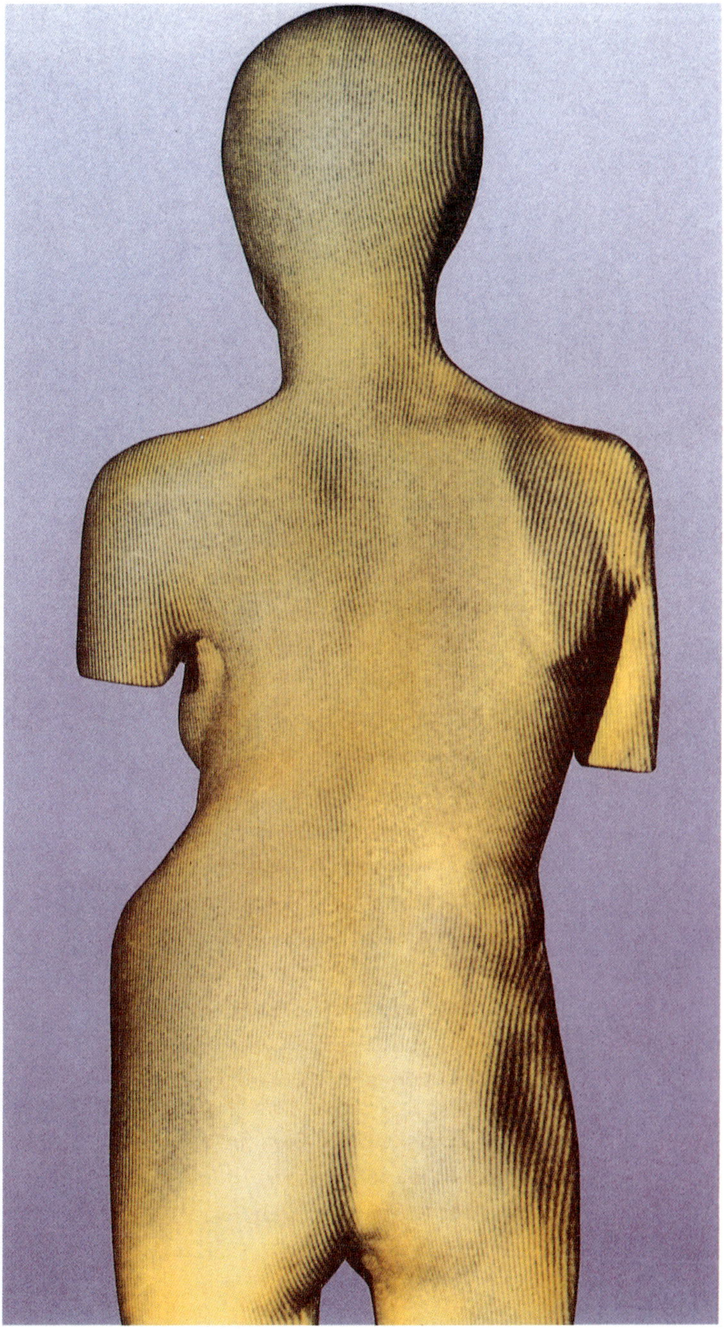

***Durch die Folie betrachtet, scheint sich – durch leichtes Verschieben der Folie – das Fahrrad zu bewegen.***

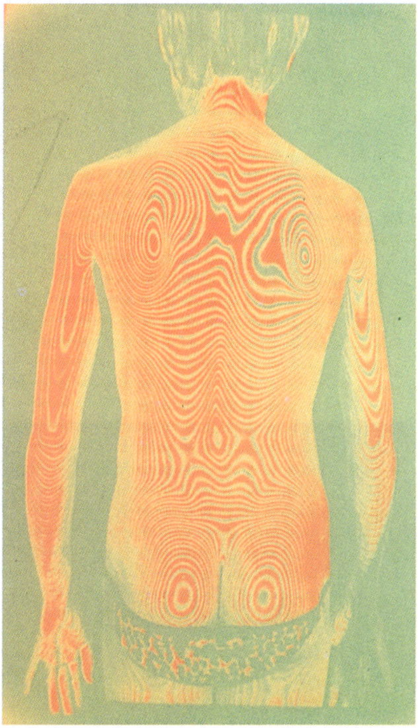

*Moiré-Linien machen den „schiefen" Rücken sichtbar.*

*Die Verformungen eines schwingenden Geigenkörpers werden durch die Moiré-Linien sichtbar.*

Rückens den Linienverlauf, der entsteht, wenn ein feines Gitter auf einen echten Rücken projiziert wird. Die leicht verschobenen Linien überlagern sich mit den geraden Linien auf der Folie. Einige Bereiche füllen sich dadurch vollständig mit Schwarz aus, andere lassen Lücken und zeigen Weiß. Aus dem Verlauf dieser Muster kann man rechnerisch auf Erhöhungen und Vertiefungen schließen.

## Tricks und Tips:

Wichtig sind die Ausmessungen dieser „Höhenlinien" in der Medizin. Sind die Moiré-Muster nicht symmetrisch, so ist die Körperhaltung nicht in Ordnung. Aus dem Muster kann man den Grad der Schiefstellung bestimmen. Auch die Form von Fußsohlen oder Zähnen ist mit Moiré-Figuren darstellbar.

Zur Materialprüfung kann man die Moiré-Linien ausnutzen. Dabei werden z. B. Kanister aus einer bestimmten Höhe fallen gelassen. Auf das Objekt wird ein Gitter projiziert und mit einem zweiten geraden Referenzgitter überdeckt. Mit den entstehenden Moiré-Figuren werden die Verformungen sichtbar. Bezirke starker Belastung sind so zu registrieren.

Bei all diesen Aufnahmen reicht es aus, das Gitter auf das zu untersuchende Objekt seitlich versetzt zu projizieren. Die entstehenden Schattenlinien werden in der Durchsicht mit den realen Linien des Gitters überlagert, so daß dadurch die Moiré-Figuren sichtbar werden.

# 90

## *Blitze aus der Maschine*

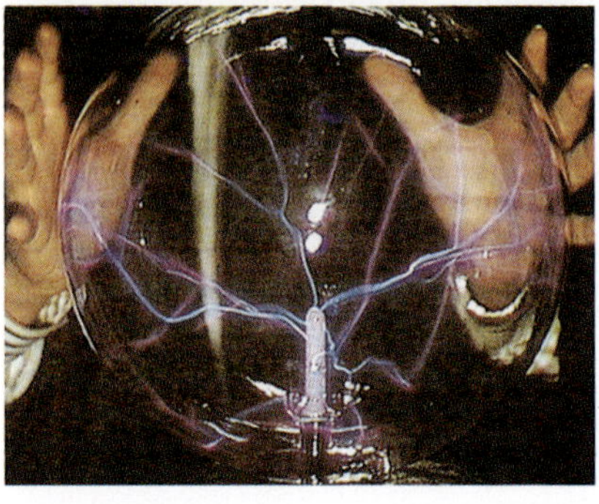

### Das Kunststück:

Hochfrequente Wechselströme erlauben erstaunliche Blitzkunststücke. Dazu braucht man einen Teslatransformator – dann eine Kupferspulenanordnung, die eine hohe Wechselspannung liefert. Diese Spannung schwankt jedoch so schnell, daß die geringen Ströme, die fließen, auf der Hautoberfläche bleiben. Diese Funkenstrecken kann man sehr leicht beeinflussen. Die Hände an die Glaskugel gelegt, verändern das elektrische Feld, so daß die Funkenstrecken hin- und herwandern. Das Innere der Glaskugel ist mit einer elektrisch leitenden, aber durchsichtigen Schicht belegt. Deshalb enden die Entladungskanäle auf der Innenseite der Kugel. Ein mit einem Teslatransformator erzeugter Blitz erreicht bei weitem nicht die Stromstärken eines richtigen Blitzes (da fließen Hunderttausende von Ampere bei einigen hundert Megavolt Spannung). Aber man sieht sehr gut den Weg, den die Entladungsstrecken nehmen.

Das Männchen in unserem Versuch wird z. B. durch den Baum nicht vor dem Blitz geschützt. Soll man nun die Buchen bei Gewitter suchen?

## *Das knoff-hoff:*

Blitze entstehen durch Ausgleich von positiven und negativen Ladungsträgern. Die Erdoberfläche besitzt ein bestimmtes elektrisches Potential. Auf ihr befindet sich eine bestimmte Anzahl von Elektronen. Durch Aufwinde werden an Wassertröpfchen gebundene Ladungsträger in die Atmosphäre getragen – Wolken entstehen. Zwischen den stark negativ geladenen Wolken und der Erdoberfläche entsteht – wie bei einem Kondensator – ein elektrisches Feld. Der Ladungsausgleich wird dort zuerst stattfinden, wo sich die Feldlinien konzentrieren – und das ist z. B. an Spitzen der Fall. Bäume sind aus diesem Grund ein beliebtes Ziel der Blitze. Und dabei ist es egal, ob es eine Buche oder Eiche ist. Bei Blitzen soll man vor allen Bäumen „flitzen". Auf ebenem Gelände ist es wichtig, keine Spitze zu bilden. Erdkuhlen sind dann der richtige Aufenthaltsort. Das Männchen unter dem Baum bildet auch eine Spitze, an der sich die Feldlinien konzentrieren. Der in den Baum einschlagende Blitz löst sich deshalb vom Baumstamm und schlägt in das Metallmännchen ein.

## *Tricks und Tips:*

Ein Metallgeflecht – ein sogenannter Faradayscher Käfig – ist der sicherste Unterschlupf bei einem Gewitter. Die Feldlinien enden auf der Metalloberfläche. Deshalb werden die Elektronen auf der äußeren Metallschicht abgeführt – das Innere eines solchen Metallkäfigs bleibt von Blitzen verschont. Es ist feld- und ladungsfrei. Ein Auto ist ein Faradayscher Käfig. Deshalb ist

es richtig, sich während eines Gewitters im Auto sicher zu fühlen. Die Ladungen werden auf der Metallaußenhaut abgeführt.
Blitze zersplittern Bäume. Der elektrische Strom, der beim Blitzeinschlag durch den Stamm fließt, erwärmt das Wasser im Baumstamm. Das verdampft bei diesen riesigen Stromstärken, und der Dampf zerreißt mit seinem Überdruck den Baumstamm.
Ein Blitz leuchtet, weil die Elektronen beim Aufprall auf die Luftmoleküle diese zum Leuchten anregen. Der Blitz verästelt sich, da die Elektronen den Weg des geringsten Widerstandes suchen. Ein „eingefrorener" Blitz zeigt sich in dem Plexiglaswürfel. Zunächst hat man das Plexiglas mit beschleunigten Elektronen beschossen. Teile im Plexiglas haben sich elektrisch aufgeladen, indem die Elektronen in dem hochisolierenden Material einfach steckenblieben. Mit einem geerdeten Bohrer wurde dann in den Block gebohrt, bis es zu einer Entladung kam. Die sichtbare Verästelung zeigt die Wege, die die Elektronen genommen haben. In diesen Kanälen gab es für sie den geringsten Widerstand.

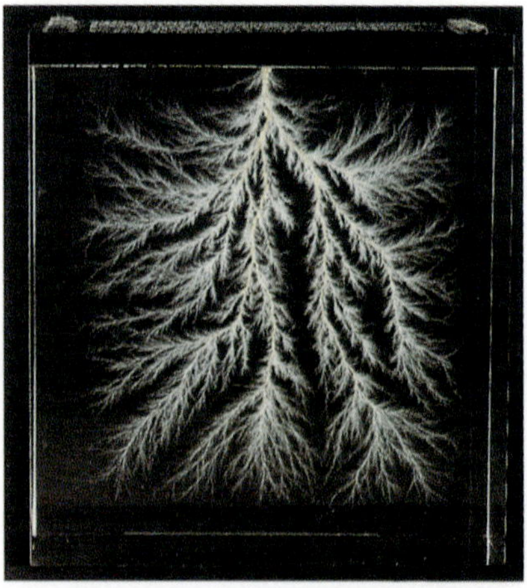

# 91

## *Der perfekte Mord*

### *Das Kunststück:*

Es geht nicht etwa um einen echten Mord. Vielmehr soll die Phantasie der Kriminalschriftsteller angeregt werden, die ja dieses Geschäft nur rein theoretisch betreiben. Mit diesem Hammer kann man einen Nagel in das Holz schlagen. Das gelingt auch recht gut, denn das Metall ist extrem hart. Hat man dieses Werk vollendet, so wirft man den Hammer und die restlichen Nägel ins Wasser. Es braust auf,

und der Hammer und die Nägel lösen sich auf. Aus dieser Legierung kann man auch ein Messer oder eine Pistole formen, so daß nach einem – rein theoretischen und literarischen Mord – die Waffen sich einfach im Wasser auflösen.

### *Das knoff-hoff:*

Diese Metall-Legierung besteht aus Aluminium und Zink. Sie werden in einer Art Nebel feinster Tröpfchen versprüht, so daß beide Metalle gut durchgemischt fast in atomaren Dimensionen dicht nebeneinander liegen. Beim Kontakt mit Wasser läuft der elektrochemische Prozeß ab, in dem Elektronen vom „unedleren" Aluminium zum in der elektrischen Spannungsreihe „höher" stehenden Zink fließen. Das Aluminium geht

dabei in Lösung. Dadurch wird die Metallstruktur zerstört, und übrig bleibt nur ein Häufchen Metalloxid. Selbstverständlich wurde diese Legierung nicht dazu entwickelt, um Mordwaffen aufzulösen. Es gibt viele technische Probleme, bei deren Lösung diese speziellen Legierungen hilfreich sind. Hier ist z. B. eine Konstruktion zu sehen, in der ein Rohr in einem anderen steckt. Keile aus unserer Legierung zentrieren das innere Rohr und stützen es ab. Sind die Schweißarbeiten erledigt, so kann man Wasser durch das Rohr strömen lassen, das die Hilfsstützen auflöst. Legierungen mit speziellen Eigenschaften hat man schon immer zu entwickeln versucht. Dieser Löffel schmilzt im 60 Grad heißen Wasser und wird dabei völlig flüssig. Er besteht aus einer Legierung von Wismut, Blei, Cadmium und Zinn. Sein Nachteil gegenüber der neuen Legierung ist, daß er auch im kalten Zustand schon äußerst weich ist.

## *Tricks und Tips:*

Mit neuen Materialien lassen sich wahre Wunder vollbringen. So ist es möglich, Metall herzustellen, das schwimmen kann. Dies ist eine Tablette aus kompaktem Metall-Aluminium. Erhitzt man sie auf 600 Grad, so beginnt es plötzlich wie ein Hefeteig aufzutreiben. Und tatsächlich hat man das Metall mit einem Treibmittel (z. B. $TiH_2$) – ähnlich einem Backpulver – versetzt, das bei einer bestimmten Temperatur Gase freisetzt, die das Metall aufschäumen. Denn bei dieser Temperatur beginnt auch das Metall zu schmelzen, und die Masse treibt durch die Gasblasen auf. Es entsteht

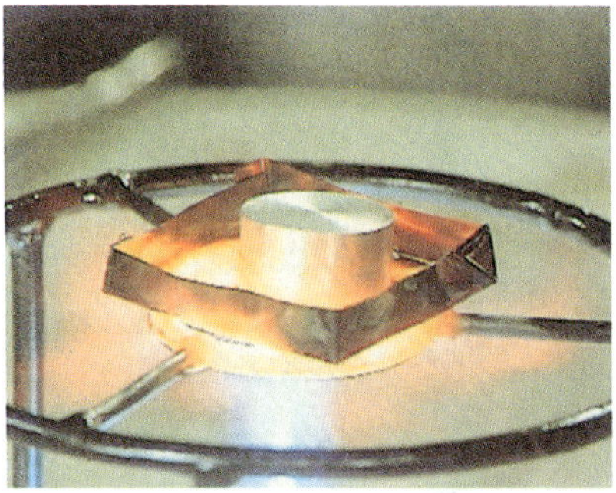

ein Schaummetall, das durch die dramatische Dichteänderung auf dem Wasser schwimmt. Diesen Werkstoff könnte man auch in der Leichtbauweise einsetzen, ist er doch äußerst stabil. Denkbar ist außerdem die Ausrüstung der Front- und Seitenteile von Autos mit dem Schaummetall. Bei einem Unfall kann so ein Teil der Aufprallenergie gut absorbiert werden.

Materialien paßt man ja oft den vorgegebenen Einsatzzielen an. Durch diese Glasscheibe kann man unbeschadet mit dem Motorrad fahren. Dies ist zum Beispiel wichtig für spannende Verfolgungsjagden in Filmen. Das Glas besteht aus einem Kunststoff, der zwar so aussieht wie Glas, jedoch grundverschiedene Brucheigenschaften besitzt. Er bricht sehr schnell in kleine,

stumpfe Körner. Außerdem löst sich dieses „Spezialglas" in klarem Styrol auf – ein Nachweis für seine Kunststoffnatur.

# 92

## *Zauberei mit Spiegeln*

### *Das Kunststück:*

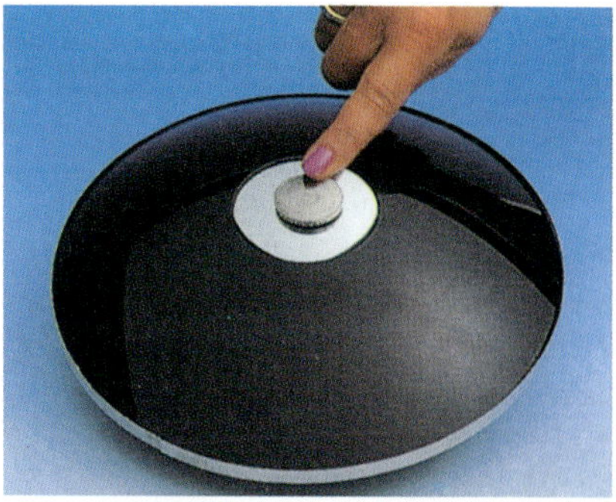

Zwei gleiche Hohlspiegel werden mit der verspiegelten Seite übereinander gelegt. In dem einen Hohlspiegel ist in der Mitte ein kreisrundes Loch ausgeschnitten. Legen wir auf den Boden des Spiegels eine Münze und decken den Spiegel mit dem Loch darüber, so scheint die Münze in dem ausgeschnittenen Loch zu schweben.

### *Das knoff-hoff:*

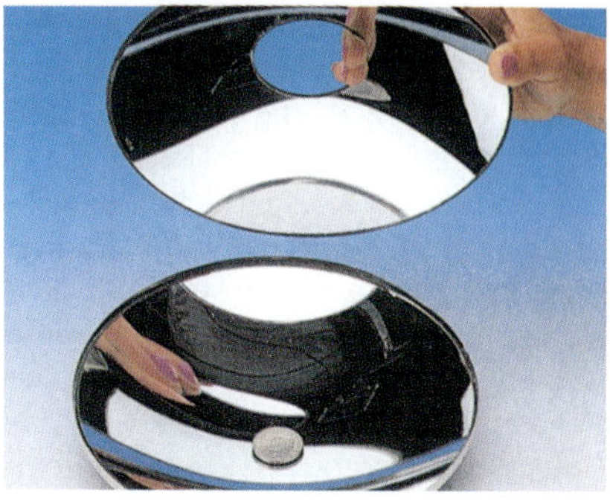

Die beiden Hohlspiegel besitzen denselben Brennpunkt. Legt man die Münze in die Mitte des einen Hohlspiegels und stülpt den anderen darüber, so befindet sich die Münze genau im Brennpunkt des oberen Spiegels. Der obere Spiegel reflektiert deshalb das Bild in parallelen Strahlen, die wiederum auf den unteren Spiegel treffen. Die parallelen Strahlen werden zurückgeworfen und konzentrieren sich in dem Brennpunkt, der genau in dem ausgeschnittenen Loch liegt.

Hier wird das Bild der Münze sichtbar, und für unser Auge scheint die Münze zu schweben. Wenn wir mit dem Fin-

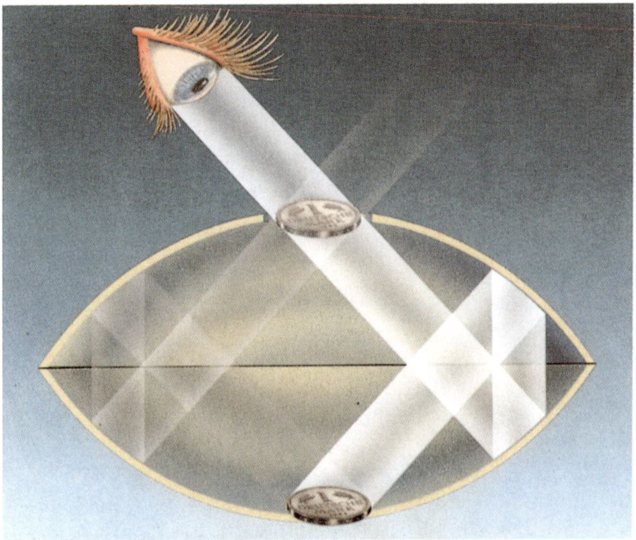

**Die Münze liegt im Brennpunkt des oberen Hohlspiegels. Der von ihr kommende Strahl wird deshalb parallel reflektiert. Er trifft auf den unteren Spiegel und wird von ihm zum Brennpunkt – im Loch des oberen Spiegels – gelenkt. Dort erscheint die Abbildung der Münze.**

ger versuchen, die Münze zu berühren, so können wir sie sogar scheinbar durchbohren – eine fast perfekte optische Illusion.

## Tricks und Tips:

Diese Tricks mit Hohlspiegeln wurden früher häufig angewendet. Zauberer haben damit z. B. die Jungfrau „zersägt", oder ließen wilde Tiere erscheinen, mit denen sie sich Scheingefechte lieferten. Dazu wurden die Gegner unter der Bühne plaziert und mit dem Hohlspiegel – ähnlich wie bei unseren Münzen – ins Publikum gespiegelt. Der Schauspieler auf der Bühne und das Spiegelbild verschmolzen miteinander.

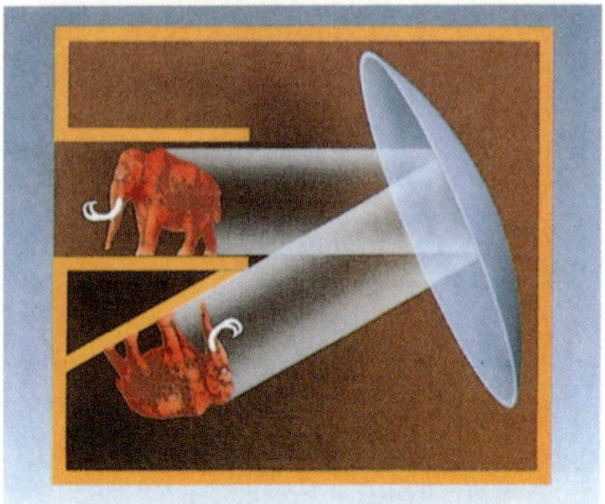

Hohlspiegel kehren das Bild um. Deshalb steht das Mammut unter der Bühne auf dem Kopf. Das ist eine Schwierigkeit für lebende Darsteller, die jedoch mit zwei Planspiegeln umgangen werden kann. Bei entsprechender Anordnung agieren so die Schauspieler unter der Bühne in aufrechter Haltung. Ein interessantes Kunststück mit der

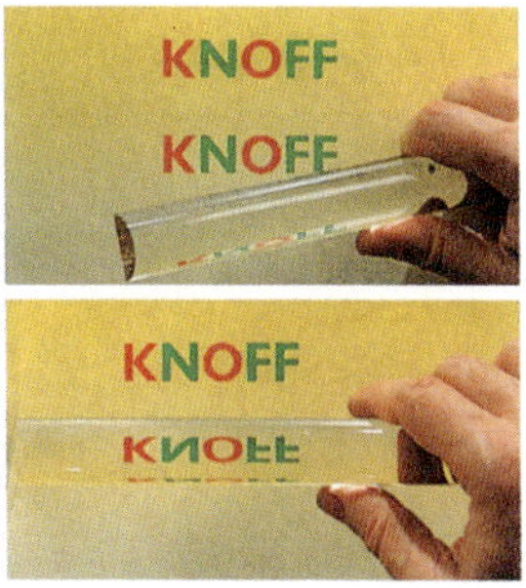


Umkehrung von Gegenständen gelingt mit dem Wort „Knoff“. Das Wort „Knoff“ ist mit grünen und roten Buchstaben geschrieben. Hält man einen Glas- oder Plexiglasstab im richtigen Abstand darüber, so scheinen sich die rot geschriebenen Buchstaben nicht umzukehren, während die grünen es tun. Kehrt sich das Bild in Abhängigkeit von der Farbe um?

Sicher haben Sie den Trick herausgefunden. Alle Buchstaben kehren sich um. Das „O“ und das „K“ sind jedoch bezüglich ihrer horizontalen Achse symmetrisch – das „N“ und das „F“ sind das nicht – deshalb der verblüffende Effekt. Viele andere Worte lassen sich finden, mit denen das Kunststück gezeigt werden kann.

Ramona scheint in der Luft zu schweben. Dabei steht sie mit einer Körperhälfte hinter dem Spiegel. Das Bild von ihr wird aus der rechten Körperhälfte und deren Spiegelbild zusammengesetzt.

# 93

## Der Hähnchentest

### *Das Kunststück:*

Bei Tiefkühlkost weiß man nie, ob nicht irgendwo auf dem Weg von der Fabrik in die Einkaufstasche die Temperaturen so hoch waren, daß z. B. ein Hähnchen für einige Zeit auf- oder angetaut gelagert wurde. Wie sollte man auch, denn so ein Hähnchen ist schnell wieder eingefroren, und äußerlich sieht man ihm nichts an. Durch eine solche Unterbrechung der Kühlkette können gesundheitliche Schäden verursacht werden, weil sich dadurch die Lebensmittel verändern. Bei etwa –18 ° Celsius liegt die kritische Temperatur, die nicht überschritten werden sollte.

*Alle drei Flüssigkeiten befinden sich außen. Die optimale Temperatur von –18 °C wurde nicht überschritten.*

Die drei Markierungsflüssigkeiten, die mit dem Hähnchen eingefroren sind, geben genau an, bei welcher höchsten Temperatur das gefrorene Lebensmittel gelagert war. Steht bei Rot die weiße Blase in der Mitte, so heißt das: Das

*Nur die rote und gelbe Flüssigkeit befinden sich außen. Das Hähnchen wurde über –18 °C, aber nicht über –12 °C gelagert.*

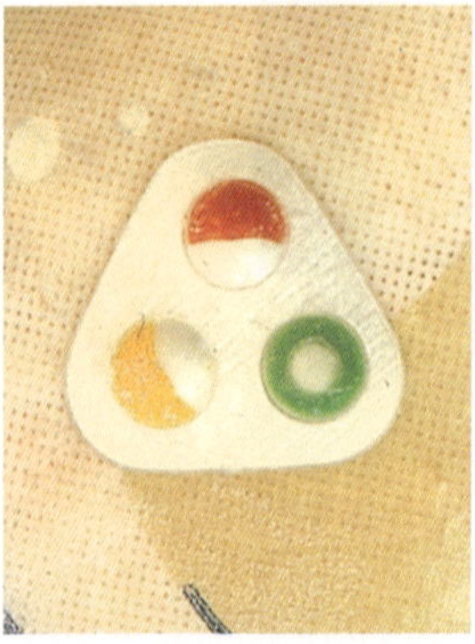

*Hier kann man nur sicher sein, daß –2 °C nicht überschritten wurden.*

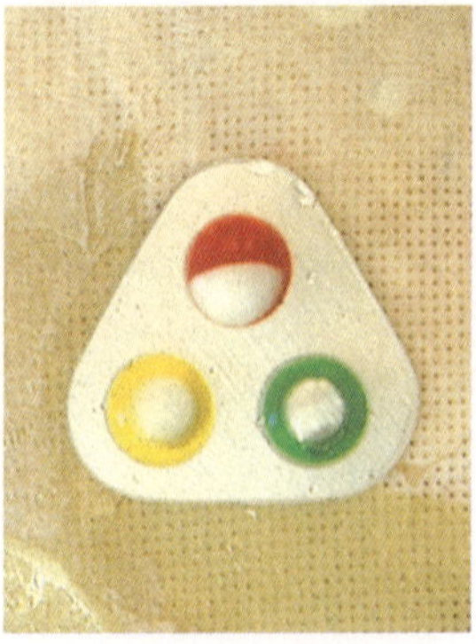

*Diese Stellung der Flüssigkeiten zeigt an, daß von Tiefgefrorenem keine Rede mehr sein kann.*

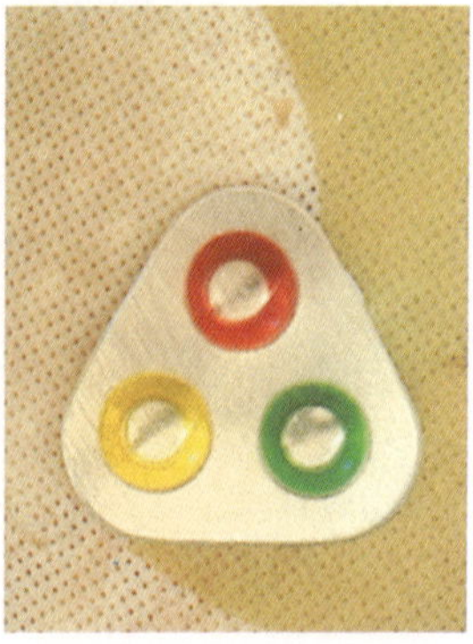

Hähnchen wurde bei einer Temperatur von über 0 ° bis −2 °C gelagert. Es ist also nicht mehr genießbar. Die gelbe Mischung bleibt bis zu −12 °C gefroren; also Vorsicht, wenn die Blase dort schon in der Mitte steht! Die grüne Mischung taut erst bei Temperaturen über −18 °C, dabei schiebt sich die Blase in die Mitte. Wie funktioniert diese Anzeige?

## *Das knoff-hoff:*

In den drei kleinen Behältern sind drei verschieden gefärbte Alkohol-Wasser-Lösungen enthalten. Der Alkoholanteil ist jeweils so gehalten, daß die verschiedenen Lösungen bei unterschiedlichen Temperaturen gefrieren. Das Plättchen mit den drei Gemischen wird auf die Achse eines kleinen Motors gesetzt. Durch die Drehung werden die Flüssigkeiten nach außen gedrückt, die leichtere Luftblase bleibt innen. Auf dem Foto ist das in einer Momentaufnahme gut zu sehen. In dieser Lage friert man die Flüssigkeiten ein. Der Motor mit den Plättchen muß also mit in die Tiefkühltruhe. Sind die Flüssigkeiten fest, so verharren sie in der ungewöhnlichen Lage – auch nach Abstellen des Motors. Das so präparierte Plättchen kann jetzt dem Gefrierhähnchen beigepackt werden. Wird das Hähnchen bei einer Temperatur von über −18 °C gelagert, so wird z. B. das grüne Alkohol-Eis flüssig. Beim Wiedergefrieren wird das Gemisch zwar fest, aber weil jetzt die Fliehkraft fehlt, friert die Luftblase in der Mitte ein. Ebenso funktioniert das in den anderen Temperaturbereichen, denn die verschiedenen Flüssigkeiten sind ja so ausgewählt, daß sie bei unterschiedlichen Temperaturen auftauen. So ist an der Lage der Luftblase jederzeit zu sehen, welche Temperatur unterschritten wurde. Eine Hilfe für Sie, den Konsumenten.

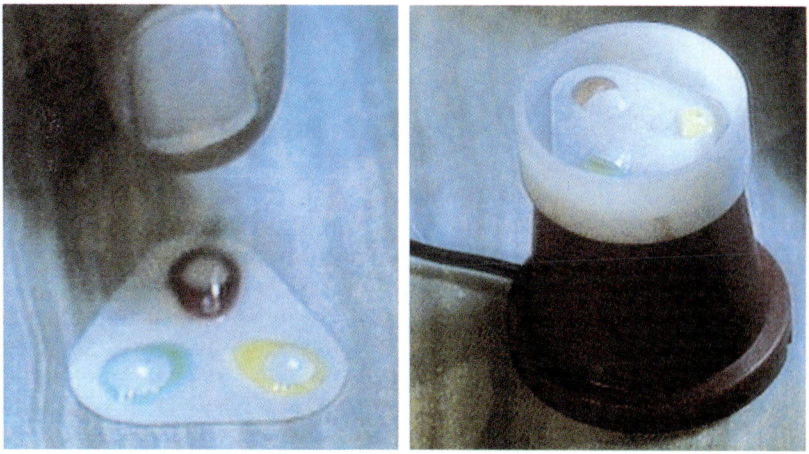

*Diese Fotos wurden unter blauem Stroboskoplicht aufgenommen. Bei Zimmertemperatur befinden sich die Luftblasen in der Mitte. Bei drehendem Motor fließt das Alkoholgemisch nach außen. In dieser Position wird die Anzeige eingefroren.*

# 94

## *Licht mit Überraschungen*

### *Das Kunststück:*

Die Möglichkeit, „sich wegzuzaubern", haben schon viele Künstler gesucht. Vielleicht hilft ihnen dieses Kunststück weiter. Unser knoff-hoff-Tester schaut durch zwei Folien. Dreht er eine Folie, so wird plötzlich alles schwarz – der Kopf scheint zu verschwinden. Dreht er die Folie wieder zurück, ist er wieder sichtbar. Eine umwälzende Idee für die Zauberkunst?

### *Das knoff-hoff:*

Licht kommt vom Gesicht des Testers – sonst könnten wir ihn nicht sehen. Licht besteht aus Wellen, die verschiedene Schwingungsebenen besitzen. In der Grafik haben wir nur zwei Ebenen dargestellt. Bei den Folien handelt es sich um Polarisationsfilter. Sie wirken wie ein Gitter, das nur eine Schwingungsebene passieren läßt. Sind die beiden Filter – oder Gitterstäbe – parallel gerichtet, lassen sie das polarisierte Licht durch. Drehen Sie das eine Filter, so blockiert es die polarisierte Welle – das Gesicht verschwindet – überhaupt kein Licht dringt mehr durch, die Fläche erscheint schwarz.

Ausprobieren können Sie das mit Polarisationsfiltern, wie sie für Fotoapparate benutzt werden.

Oder Sie nehmen zwei Plastikbrillen, die mit ihren Polarisationsfiltern als Sonnenbrillen dienen. Kreuzen Sie die Brillen, so können Sie dadurch das Licht blockieren. Warum solche Polarisationsfilter als Sonnenbrillen benutzt werden können, liegt an der Eigenschaft des Lichtes, auch bei Reflexion zu polarisieren. Bevorzugt im reflektierten Anteil ist jetzt nur eine Schwingungsebene des Lichtes – die Polarisationsfilter in der Brille lassen deshalb weniger Licht durch. Das können Sie mit einer solchen Brille an einer spiegelnden Fläche, z. B. einem See, überprüfen.

*Zwei gegeneinander verdrehte Polarisationsfilter in den beiden Sonnenbrillen lassen das Licht nicht durch.*

Der reflektierte Anteil ist hauptsächlich horizontal polarisiert – deshalb ist das Polfilter der Sonnenbrille mit senkrechten „Gitterstäben" versehen. Bei Reflexion an Metallflächen wird übrigens das Licht nicht polarisiert.

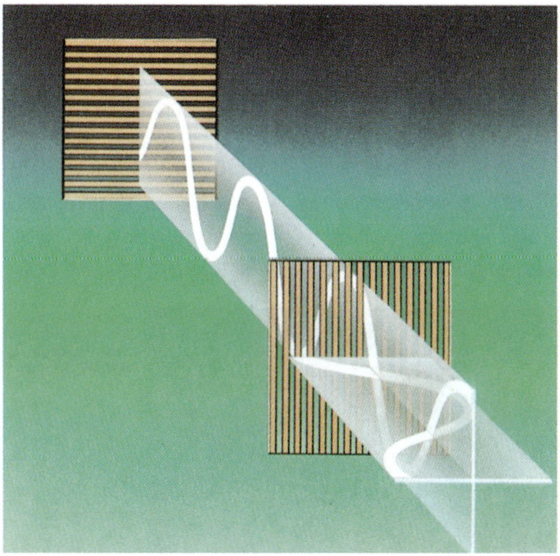

*Die Polarisationsfilter wirken wie Gitter, die nur eine Schwingungsebene des Lichts durchlassen. Wird das zweite Filter um 90° gedreht, sperrt es auch diese Welle.*

*Die Seeoberfläche reflektiert das Sonnenlicht und polarisiert es dabei. Diesen Effekt nutzen Sonnenbrillen mit Polarisationsfiltern aus.*

## Tricks und Tips:

Mit unseren Augen ist nicht zu erkennen, ob Licht polarisiert ist oder nicht. Wüstenameisen oder z. B. Bienen können das jedoch und sie orientieren sich danach. Ist der Himmel wolkenlos, strahlend und gleichmäßig blau, so sieht er durch Polarisationsfilter betrachtet ganz anders aus. Am Himmel erscheint ein schwarzer breiter Streifen, der mit dem Sonnenstand wandert. Das Sonnenlicht wird an den Teilchen in der Luft gestreut und dabei polarisiert. Nur mit einem Filter ist die-

*Der Himmel durch ein Polarisationsfilter betrachtet. Bei entsprechender Drehung ist der dunkle Polarisationsstreifen zu erkennen.*

ser Bereich zu entdecken. Mit dem veränderten Sonnenstand verschiebt sich dieser Streifen und die Bienen und Wüstenameisen orientieren sich nach dieser Verschiebung. Sie benutzen dazu keine Polarisationsfilter, vielmehr finden sich in ihren Augen lichtempfindliche Substanzen, die mit einem Trick die verschiedenen Schwingungsebenen des Lichtes unterscheiden können. Diese lichtempfindlichen Moleküle sind alle gleich ausgerichtet. Das Licht, das parallel zu ihrer Längsachse schwingt, wird bevorzugt registriert. Dreht sich die Ameise, wird weniger Licht aufgenommen. Dieser Unterschied ermöglicht die Orientierung. Im menschlichen Auge sind diese lichtempfindlichen Substanzen ungeordnet – das Erkennen des polarisierten Lichts gelingt nicht, weil jedes Molekül gleichviel Licht der beliebigen Schwingungsebenen registriert.

Woher weiß man aber, daß Ameisen polarisiertes Licht erkennen können? Die Ameisen müssen immer wieder zu ihrem Bau zurückfinden. Wissenschaftler arbeiten mit einem fahrbaren Polarisationsfilter, das sie über die laufenden Ameisen halten. Das Filter bevorzugt eine Schwingungsebene des Lichtes und simuliert eine veränderte Situation am Himmel. Die Ameisen unter dem Filter vermuten deshalb ihr Nest in einer anderen Richtung – und das läßt sich beobachten.

Verschiedene Substanzen drehen die Schwingungsebene des Lichtes. Lassen wir Licht durch ein Polarisationsfilter dringen, so wird nur eine Ebene durchgelassen – ein gekreuztes Filter erscheint deshalb in der Durchsicht schwarz. Kleben wir auf eine Glasscheibe einen durchsichtigen Klebestreifen, so ist er im normalen Licht kaum zu entdecken. Zwischen die gekreuzten Polfilter gebracht – hebt er sich dunkel ab. Beim Durchdringen des Klebestreifens wird die Schwingungsebene des Lichtes gedreht, so daß das zweite Polfilter das Licht aus diesem Bereich nicht mehr abblockt. An dieser Stelle wird die beklebte Glasscheibe durchscheinend.

Auch Flüssigkeiten drehen die Polarisationsebene des Lichtes – eine Zuckerlösung z. B., oder die Körperflüssigkeit eines Fisches.

***Ohne Polfilter sind die Klebestreifen auf der Glasplatte durchsichtig. Weil sie die Schwingungsebene des Lichts drehen, erscheinen sie zwischen den Filtern hell oder dunkel.***

***Wasser dreht die Schwingungsebene des Lichts nicht. Aber die Körperflüssigkeit des durchsichtigen Fisches tut das. Deshalb hebt er sich zwischen den gekreuzten Polfiltern vom Wasser ab.***

*Beim Ameisenauge sind die lichtempfindlichen Moleküle alle gleich ausgerichtet. Das polarisierte Licht wird registriert. Beim menschlichen Auge sind diese Moleküle zufällig orientiert. Es findet sich immer ein Molekül, das die Schwingungsebene des Lichts aufnimmt.*

*Dreht sich die Ameise, so kann sie das polarisierte Licht nicht mehr aufnehmen. Alle lichtempfindlichen Moleküle sind ja gleich ausgerichtet. Damit kann die Ameise eine Richtung unterscheiden. Beim menschlichen Auge findet sich auch nach einer Drehung ein Molekül, das das Licht registriert. Eine Unterscheidung der Drehrichtung ist deshalb möglich.*

Das erste Filter läßt nur eine Schwingungsebene des Lichtes durch. Das Material zwischen den Filtern dreht diese Ebene, so daß es das um 90° gedrehte zweite Filter passieren kann.

Dieser Fisch ist durchsichtig. Die gekreuzten Polarisationsfilter lassen kein Licht durch. Das den Fisch umgebende Wasser dreht die Schwingungsebene des Lichtes nicht – aber die Körperflüssigkeit des Fisches tut das. Deshalb ist er im Schwarzen sichtbar – der Fisch scheint zu schweben.

Dieses Glas ist im natürlichen Licht gelblich und auch ein Magnet verändert diese Eigenschaft nicht. Zwischen zwei gekreuzten Polarisationsfiltern betrachtet, sieht alles ganz anders aus. Der Magnet kann plötzlich Bereiche hell oder dunkel machen. An diesen Stellen beeinflußt der Magnet das Material so, daß es die Schwingungsebene des Lichtes dreht oder nicht. Auf das Glas gedampfte Substanzen ermöglichen diesen Effekt. Denkbar ist der Einsatz dieses Materials als Lichtventil in der Elektronik. Punktweise als Matrix angeordnet, kann man die einzelnen Bereiche so ansteuern, daß sie das Licht durchlassen oder blockieren. Der Bau eines Druckers oder Digitalspeichers ist damit denkbar.

Das beschichtete Glas läßt sich offenbar nicht von einem Magneten in seinen optischen Eigenschaften beeinflussen.

Erst zwischen den gekreuzten Polfiltern wird sichtbar, daß der Magnet die Scheibe durchsichtig oder undurchsichtig machen kann.

# 95

## Der Trick mit den engen Röhren

### Das Kunststück:

Wenn Sie in zwei Glasgefäße Bierdekkel legen, Wasser dazugießen und sich auf die Bierdeckel stellen, so werden Sie nach einigen Minuten langsam nach oben gehoben. Mit einem Gewicht können Sie dieses Kunststück im kleinen Maßstab ausprobieren. Das emporgedrückte Gewicht zeigt die Kraft, die offensichtlich in den Bierdekkeln steckt.

### Das knoff-hoff:

Die Bierdeckel saugen bei diesem Kunststück das Wasser auf und drükken dadurch das Gewicht nach oben. Warum das Wasser nach oben steigt, ist leicht einzusehen. Im Bierfilz befinden sich mikroskopisch kleine Röhrchen. Simuliert werden kann diese Situation mit Röhrchen aus Glas. Wenn Sie ein solches Röhrchen ins Wasser halten, so steigt das Wasser nach oben. Ist der Durchmesser der Röhre klein, so steigt die Wassersäule höher als in einer Röhre mit großem Querschnitt. Hält man jedoch die Röhrchen in flüssiges Quecksilber, so sinkt das Quecksilber im dünnsten Röhrchen am weitesten nach unten. Welche besonderen Kräfte lassen die Flüssigkeiten sinken oder steigen?
In Flüssigkeiten ziehen sich die kleinen Teilchen, aus denen sie zusammengesetzt sind, gegenseitig an. Deshalb bil-

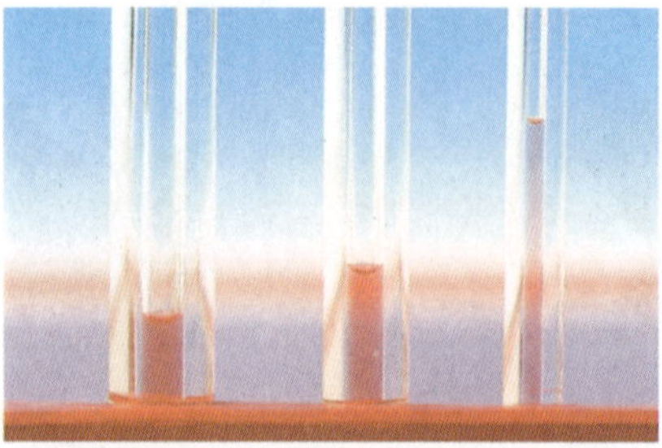

**Im Röhrchen mit dem kleinsten Durchmesser steigt das Wasser am höchsten.**

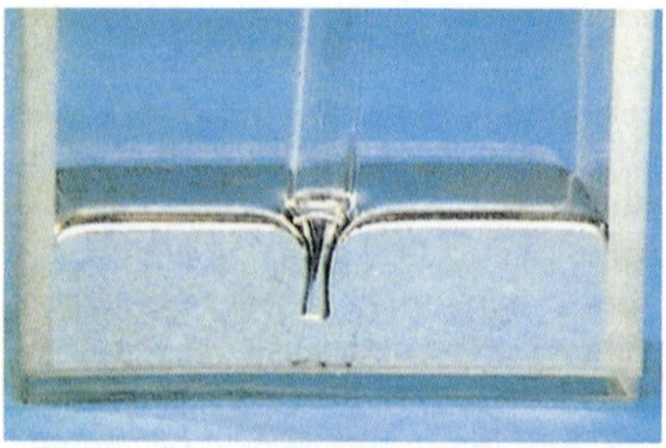

**Quecksilber „zieht" sich in einer Glasröhre nach unten.**

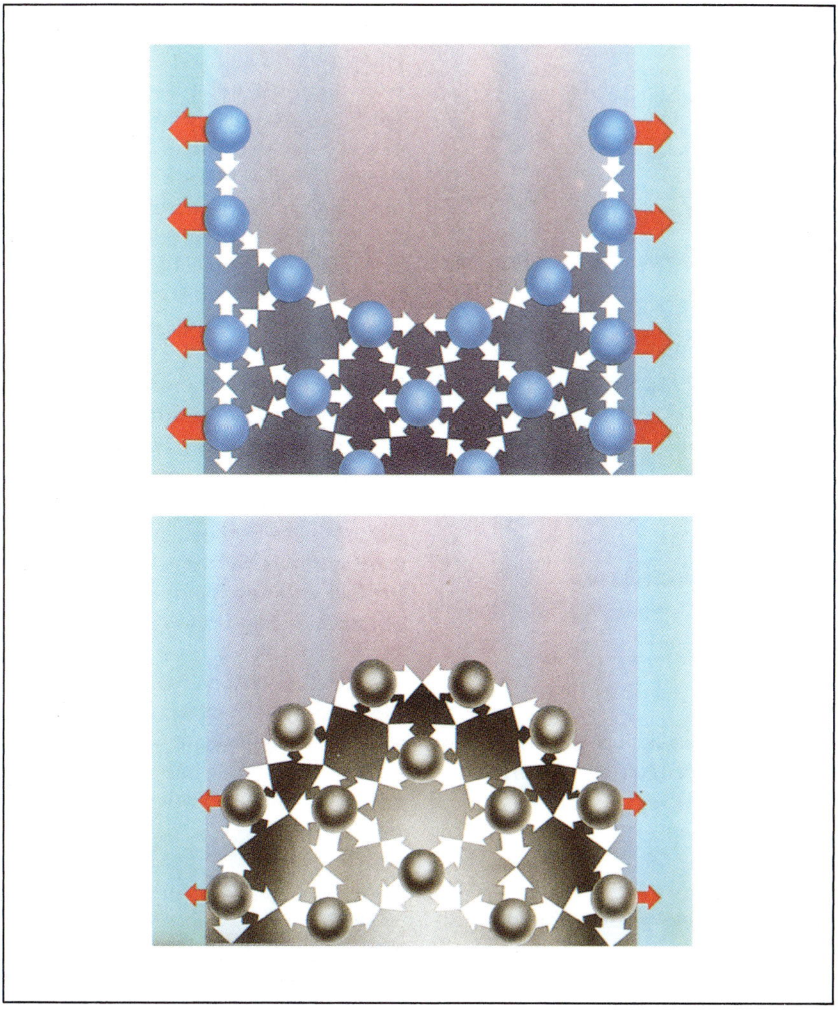

den sich z. B. Tropfen (siehe Kap. 15). Aber auch die Gefäßwände, zwischen denen sich die Flüssigkeit befindet, sind wichtig – auch sie ziehen die Teilchen an. Ist diese Kraft stärker als der Zusammenhalt der Teilchen untereinander, so drängen sehr viele Teilchen zur Gefäßwand und drücken sich so gegenseitig nach oben. Je enger der Röhrenquerschnitt, um so stärker wirkt sich dieser Effekt aus.

Ist die Anziehung der Teilchen untereinander jedoch stärker als die Wechselwirkung mit der Wand, so krümmt sich die Oberfläche nach unten, und die Flüssigkeit, wie z. B. das Quecksilber, wird nach unten gezogen.
Über solche Kapillarkräfte z. B. funktioniert der Nachschub an flüssigem Wachs bei einer brennenden Kerze. Es steigt durch die „Röhrchen“ im Docht nach oben. Diese Kräfte treten nicht

***Die beiden Glasplatten laufen keilförmig zusammen. An der engsten Stelle steigt das Wasser am höchsten.***

nur in Röhrchen auf – auch zwischen engen Flächen können Flüssigkeiten nach oben steigen.

## *Tricks und Tips:*

Überall sind Kapillarkräfte zu beobachten, durch die das Wasser nach oben steigt. In Pflanzen hilft dieser Effekt, das Wasser nach oben zu treiben. Ein Kienapfel nimmt durch feine Röhrchen das Wasser auf und schließt sich dadurch. Mit dem Austrocknen breitet er sich aus und gibt die Samen frei. Selbst im Boden funktioniert der Wassertransport mit Hilfe der Kapillarkräfte. Das Wasser steigt durch „Kapillarröhrchen" nach oben – der Boden trocknet so langsam aus.
Ein Grund, warum das Umpflügen wichtig ist. Dadurch werden die feinen Kapillarröhrchen zerstört und das Austrocknen des Bodens funktioniert nicht mehr so gut. Mit dem aufsteigenden Wasser gelangen auch die im Wasser gelösten Salze an die Oberfläche. Fehlt der Regen, der die Salze auswäscht, kann der Boden versalzen. Im Niltal z. B. steigt durch Bewässerungssysteme der Grundwasserspiegel in der Nähe des Ufers. Die starke Sonneneinstrahlung läßt die Feuchtigkeit an der

***Wasser und Salzteilchen steigen nach oben.***

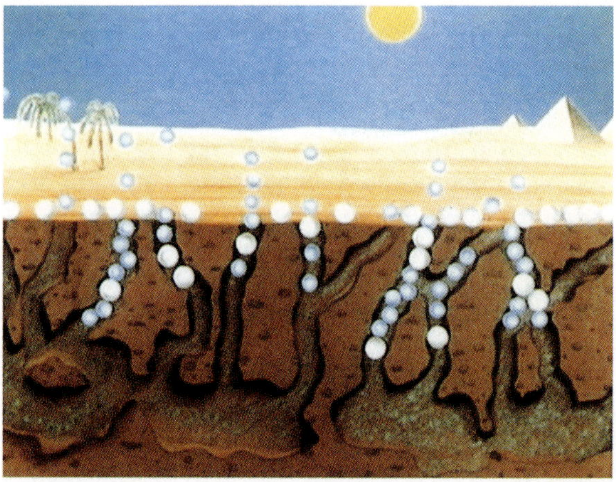

*Ausgetrockneter Boden.*

*Versalzter Boden im Niltal.*

Oberfläche verdunsten – immer neues Wasser mit darin enthaltenen gelösten Salzen steigt kapillar nach oben. Das Wasser verdunstet und läßt die Salze an der Oberfläche zurück. In diesen trockenen Breiten mangelt es an Regen, der die Salze wegspülen könnte. Der Boden stirbt. Vor dem Bau des Assuanstaudamms – der heute den Wasserlauf des Nils regelt – gab es alljährlich Überschwemmungen, die den Boden auswuschen und damit entsalzten.

Der durch die intensive Bewässerung angehobene Grundwasserspiegel bringt auch die berühmten Bauwerke im Niltal in Gefahr. Die Mauern des Tempels von Karnak ziehen durch feine Kanäle im Stein das Wasser kapillar nach oben. Der Sandstein droht zu zerfallen.

*Wasser steigt in den Tempelmauern nach oben.*

*Die Salzteilchen bleiben auf dem Boden zurück.*

# 96

# *Durchsichtiges wird farbig*

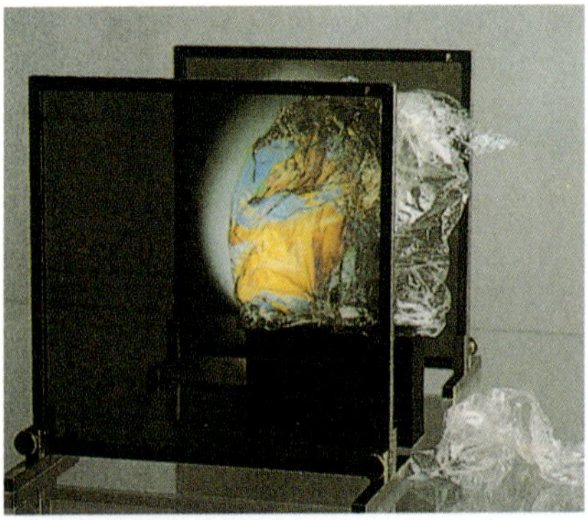

## *Das Kunststück:*

Viele Geschenke sind heute in Klarsichtfolien eingepackt. Diese Folien sind – wie der Name ja auch sagt – durchsichtig wie Fensterglas. Zerknüllen Sie z. B. Zellophan und halten es zwischen zwei gekreuzte Polarisationsfilter, so erscheint das durchsichtige Zellophan plötzlich in schillernden Farben. Auch wenn Sie einen Becher aus durchsichtigem Kunststoff zwischen die Polfilter halten, ist er plötzlich farbig. Die Welt würde – durch Polfilter betrachtet – manche Überraschungen bieten.

## *Das knoff-hoff:*

Weißes Licht besteht aus einem Gemisch elektromagnetischer Wellen, die jeweils verschiedene Farbeindrücke im Auge-Gehirn-System hervorrufen. Das erste Polfilter läßt diese Wellen nur mit der Schwingungsebene passieren, die parallel zu den „Gitterstäben" des Polfilters liegen.

Die Folie und der Kunststoffbecher drehen diese Schwingungsebene leicht, so daß sie jetzt auch das zweite Polfilter passieren können. Jedoch werden nicht alle Wellen gleichberechtigt an den verschiedenen Zentren in der Folie behandelt. Wie stark sie gedreht werden, ist von der Wellenlänge – also von der Farbe – abhängig. Deshalb können nur bestimmte Farben, nämlich die, deren Schwingungsebene durch die Folie parallel zum gekreuzten Polfilter gedreht wurden, passieren. Vorher durchsichtige Kunststoffe erscheinen deshalb farbig.

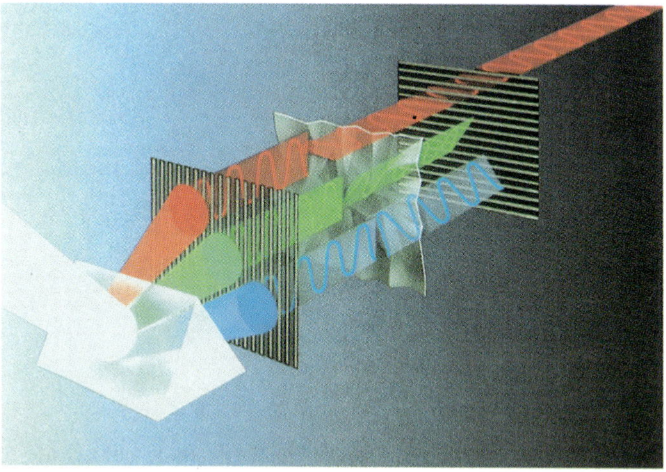

*Weißes Licht besteht aus drei Grundfarben, die durch entsprechende Wellen verursacht werden. Zellophan „dreht" die Schwingungsebenen der Wellen in Abhängigkeit von ihrer Wellenlänge. Deshalb können nicht alle Wellenlängen das um 90° gedrehte zweite Polfilter passieren und sich wieder zum weißen Licht mischen. Hier erscheint das Zellophan rot.*

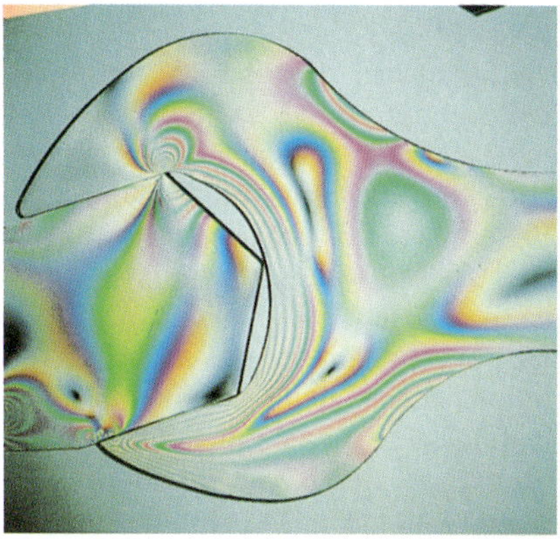

## Tricks und Tips:

Die Zentren, die die Schwingungsebenen des Lichtes drehen, können auch durch mechanische Spannungen erzeugt werden. Deshalb werden die Spannungen, die beim Anziehen einer Schraube auf das Werkzeug wirken, zwischen zwei gekreuzten Polarisationsfiltern sichtbar.

Besonders eindrucksvoll ist es, wenn man den Plastikbecher betrachtet. Er wird von hinten mit polarisiertem Licht angeleuchtet und sieht normal durchsichtig aus. Der schwarze Vordergrund, auf dem der Becher steht, reflektiert das Bild – und da erscheint der Becher plötzlich farbig. Zauberei? Das reflektierte Licht wird ja polarisiert (K 97). Der Untergrund wirkt wie ein zweites Polarisationsfilter, das – in Abhängigkeit von der Wellenlänge – das polarisierte Licht durchläßt.

*Der durchsichtige Becher wird am schwarzen Untergrund reflektiert. Er erscheint farbig, weil er mit weißem polarisierten Licht durchstrahlt wird und der Untergrund wie ein zweites Polfilter wirkt.*

# 97

# Allzu Dünnes schillert

## Das Kunststück:

Seifenblasen sind bunt – das wissen alle. Wenn Sie eine Seifenblase näher betrachten, so sehen Sie, daß die Farben wechseln können. Was macht nun die Seifenblasen bunt – wenn doch die Lösung farblos durchsichtig ist und das Sonnenlicht weiß erscheint?

## Das knoff-hoff:

Weißes Licht ist ja aus verschiedenen Farben zusammengesetzt. Sie werden durch elektromagnetische Wellen verschiedener Wellenlänge im Auge-Gehirn-System erzeugt. Den Farbeindruck Rot ruft eine Welle mit größerer Wellenlänge hervor als die Welle, die uns Blau sehen läßt. Die Seifenblasenhaut besteht aus einem dünnen Film. Trifft weißes Licht auf die Haut, so wird ein Teil des Lichtes auf der äußeren Seite der Haut reflektiert – ein anderer Teil auf der Innenseite. Beim Reflektieren überlagern sich die beiden Lichtwellen – und da geschehen die merkwürdigsten Sachen. Setzen wir zunächst eine konstante Hautdicke der Seifenblase voraus, so ist es möglich, daß die Wellenlänge Rot an der Innenseite der Haut so reflektiert wird, daß sich ein Wellenberg des zurückgeworfenen Anteils mit dem Wellental der an der äußeren Seite reflektierten Welle überlagert. Beide heben sich auf – sie werden ausgelöscht – Rot existiert im reflektierten Teil nicht mehr. Übrig bleiben die kürzeren Wellenlängen des weißen Lichtes, die uns ja blaugrün erscheinen. Die Seifenblase ist in diesem Bereich blaugrün. Wird die Seifenhaut dünner, so kann diese Bedingung plötzlich für die Wellenlänge Blau auftreten. Dann löschen sich diese Anteile aus und die Seifenblase ist rot. Dieses Spiel kann man auch mit allen anderen Farben durchspielen. Selbstverständlich bleibt die Hautdicke nicht konstant, so daß sich die geschilderten Bedingungen ständig ändern – die Seifenblase „schillert" in allen Farben.

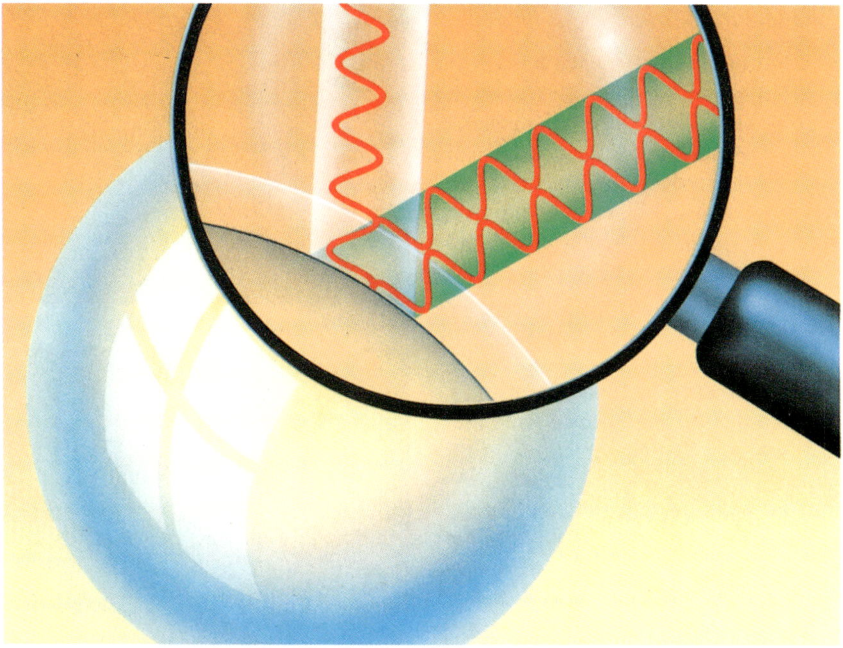

*Die „rote Welle" wird an der Innen- und Außenhaut so reflektiert, daß ein Wellental und ein Wellenberg zusammentreffen. Die Wellen löschen sich aus. Die Seifenblase erscheint beim Fehlen von Rot blaugrün.*

*Bei dieser Dicke der Seifenblasenhaut überlagern sich die Wellenberge der beiden – an der Innen- und Außenseite reflektierten – Wellen. Die Farbe Blau verstärkt sich.*

## *Tricks und Tips:*

Ein Ölfleck, der auf Wasser schwimmt, schillert bunt. Auch hier entstehen die Farben so wie auf der dünnen Seifenhaut. Wenn eine blanke Kupferplatte erhitzt wird, erscheint sie plötzlich farbig. Im Feuer oxidiert das Kupfer und bildet eine dünne Schicht, deren Dicke in den Dimensionen der Wellenlänge des Lichtes liegt. Deshalb können sich die Farben des weißen Lichtes gegenseitig verstärken oder auslöschen – je nach der Dicke der Oxidschicht.
Seit einigen Jahren gibt es Folien, die auf Temperaturunterschiede mit Farbveränderungen reagieren. Dabei handelt es sich um sogenannte „flüssige Kristalle“, die in der Folie eingekapselt sind. Diese Substanz zeigt eine gewisse Ordnung in ihrer Struktur – obwohl sie flüssig ist. Sie besitzt wohldefinierte Ebenen, an denen – wie bei der

Ein schillernder Ölfleck.

Oxidationsschichten beim erhitzten Kupfer.

Viele Käfer schillern durch die Reflexion an den „dünnen Schichten“.

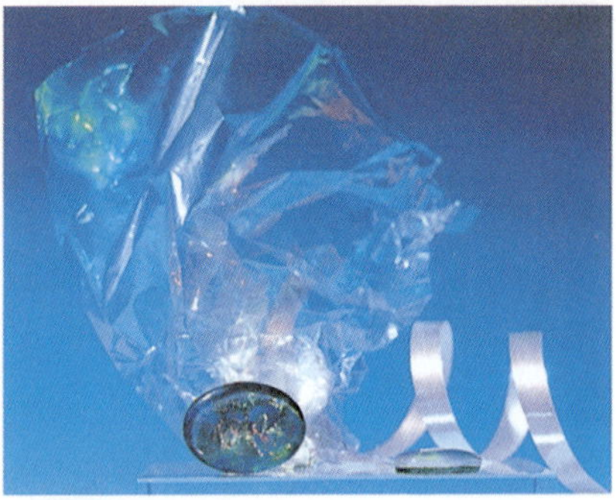

Geschenkpapier ist beschichtet, damit es wie eine bunte Seifenblase schillert. Auch ein Opal erzeugt seine Farben in der obersten dünnen Schicht. Deshalb verkauft man ihn auch scheibchenweise als „Triplett“.

Seifenblasenhaut – die Lichtwellen reflektiert werden und sich durch Überlagerung Wellen – das heißt Farben – verstärken oder auslöschen. Durch Temperaturverschiebungen verändert sich der Abstand dieser Ebenen – deshalb wird jeweils eine andere Farbe verstärkt oder ausgelöscht. Diese Veränderung kann zur Temperaturmessung benutzt werden.

# 98

# *Wenn das Gewicht täuscht*

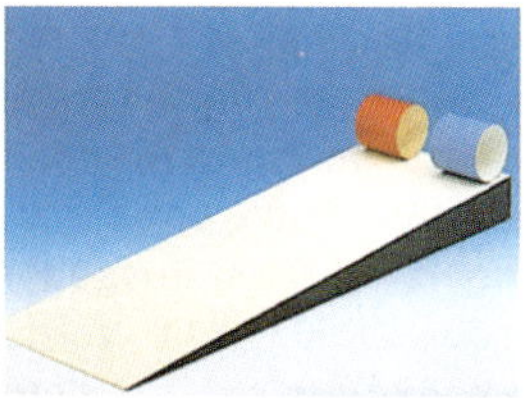
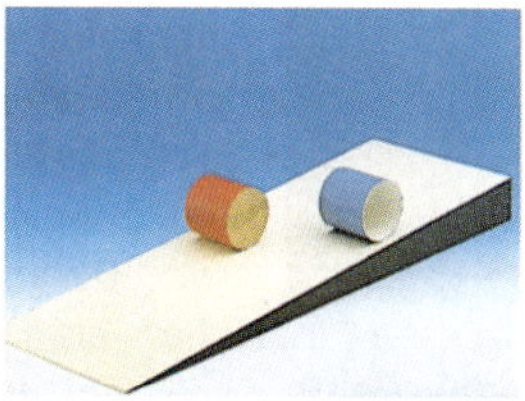
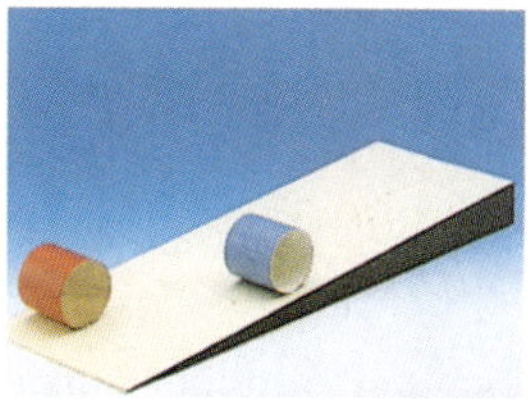

## *Das Kunststück:*

Wettrennen bringen immer wieder Überraschungen – deshalb machen sie ja auch Spaß. Für dieses Kunststück brauchen Sie zwei Walzen mit gleichen Abmessungen. Wichtig ist, daß die Walzen dasselbe Gewicht besitzen. Die eine Walze ist jedoch aus Blei gefertigt und hat ihre Masse außen ringförmig konzentriert – sie ist also mehr eine Bleiröhre. Die andere Walze ist komplett aus Holz gemacht.

Beide Walzen wiegen gleich viel, besitzen die gleiche äußere Form – der Unterschied liegt nur in der Massenverteilung. Läßt man nun die beiden Walzen eine schräge Bahn hinunterrollen, so erreichen sie nicht etwa gleichzeitig ihr Ziel. Die kompakte Holzwalze ist schneller als die hohle Bleiwalze – und das bei gleichem Gewicht!

## *Das knoff-hoff:*

Beim Rollen sind offenbar noch andere Dinge wichtig. Beim Start befinden sich beide Walzen auf gleicher Höhe und besitzen deshalb dieselbe Energie, die sie in Bewegungsenergie umsetzen können. Die Bleiwalze hat fast alle Masseteilchen außen konzentriert – weit entfernt vom Mittelpunkt. Diese müssen in Drehung versetzt werden – das ist bei großem Abstand vom Mittelpunkt schwieriger als bei kleinem. Die hohle Bleiwalze rollt langsamer an. Bei der kompakten Holzwalze sind die Masseteilchen gleichmäßig verteilt – sie besitzt einen großen Teil ihrer Masse in der Nähe des Mittelpunktes. Sie kann schneller anrollen, weil weitaus weniger Teilchen weit außen beschleunigt werden müssen.

Plausibel wird dieses Kunststück beim Betrachten eines Saltospringers. Hat

sich der Springer ausgestreckt, befinden sich viele Masseteilchen weit entfernt vom Mittelpunkt. Er dreht sich langsam. Zieht der Springer die Arme und Beine an – konzentriert er also die Masse nahe der Achse, wird die Rotation viel schneller.

## Tricks und Tips:

Gegenstände mit demselben Gewicht verhalten sich auch in anderer Situation ganz unterschiedlich. Ein Kilogramm Federn ist genauso schwer wie ein Kilogramm Blei. Das muß nicht extra festgestellt werden. Nun kann man dieses Kilogramm mit einer Balkenwaage auswiegen. Zum Beispiel ein Gewicht aus Blei auf der einen – und eine Kugel aus Schaumstoff auf der anderen Seite. Bei waagrechtem Balken ist das Gewicht der beiden Körper gleich. Wie geht dieses Experiment aus, wenn Astronauten diese Balkenwaage mit auf den Mond nehmen?

*Ein großes Volumen verursacht im „Luftmeer" einen größeren Auftrieb.*

Klar, ein Kilogramm ist auf dem Mond nicht das Kilogramm, das wir auf der Erde kennen; denn die Anziehungskraft des Mondes ist geringer. Aber die Balkenwaage müßte auch unter diesen Bedingungen wieder ausgeglichen sein. In der Wirklichkeit würde sich bei diesem Experiment auf dem Mond die Balkenwaage stark zu der großen Schaumstoffkugel neigen. Schon erstaunlich, was da passiert.

Auf dem Mond gibt es keine Atmosphäre. Diesen Zustand können wir auf der Erde mit einer Vakuumpumpe simulieren. In der Luft zeigt die Balkenwaage ihre waagrechte Stellung – im Vakuum neigt sich die Waage zugunsten der Schaumstoffkugel. Das Geheimnis liegt im Auftrieb der Luft. Ähnliche Verhältnisse herrschen ja im Wasser. Genauso wie im Wasser etwas schwimmt oder schwebt, geschieht das im „Luftmeer". Im Wasser schwimmt etwas um so besser, je mehr Wasser es verdrängt. In der Luft gilt das auch, nur können wir häufig diesen kleinen Auftriebseffekt vernachlässigen. Ein mit Helium gefüllter Ballon steigt jedoch in der Luft aus dem gleichen Grund nach oben wie ein Stück Holz im Wasser. Er

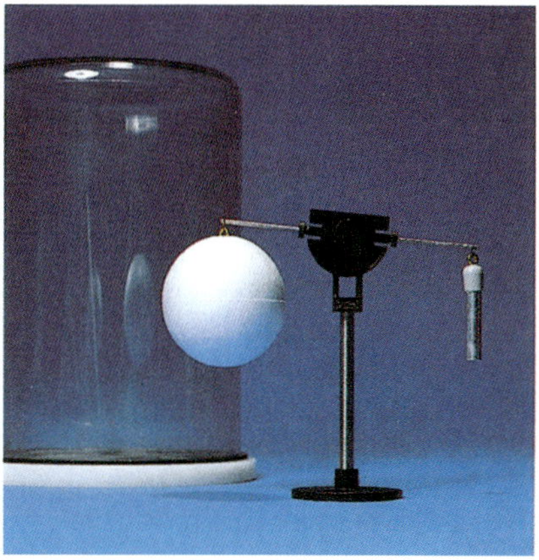

*In der Luft ist die Balkenwaage ausgeglichen.*

*Im Vakuum zeigt sich, daß der Auftrieb beim Gewicht eine Rolle spielt.*

verdrängt ein bestimmtes Volumen an Luft. Ist diese Menge schwerer als sein Inhalt, so steigt der Ballon nach oben. Ist sie leichter, so sinkt er: Das Archimedische Prinzip – im Luftmeer angewendet.

Und bei unserer Balkenwaage verdrängt eben die Schaumstoffkugel mehr Luft als das kompakte Bleigewicht. Im Vakuum – ohne den Auftrieb der Luft – macht sich dieser Unterschied bemerkbar.

*Ohne Atmosphäre zeigen auf dem Mond einige Experimente andere Ergebnisse als auf der Erde.*

# 99

## *Kochen mit Wellen*

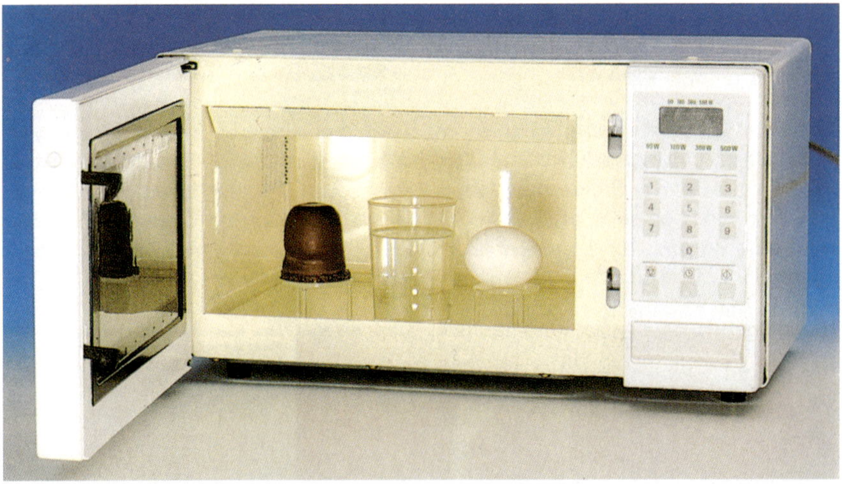

### *Das Kunststück:*

Für viele ist ein Mikrowellenherd nichts neues. Sie schwören auf ihn und versprechen sich von der kurzen Garzeit eine Energieersparnis. Wenn Sie einen Topf Wasser unter optimalen Bedingungen in einem Mikrowellenherd zum Kochen bringen und das auf einer elektrischen Kochplatte tun – wo kocht das Wasser eher? Welche Methode verbraucht weniger Energie?

### *Das knoff-hoff:*

Kochen mit einer Kochplatte funktioniert so, daß die Wärme von der heißen Kochplatte über den Topfboden in das Wasser fließt. Im Wasser wird diese Wärme verteilt und dadurch erhöht sich allmählich die Temperatur des Wassers. Beim Kochen mit Mikrowellen liefern elektromagnetische Wellen die Energie zum Erhitzen. Mikrowellen sind elektromagnetische Wellen, die auch zum Übertragen von Nachrichten auf Richtfunkstrecken benutzt werden. Der Nachteil ist, daß bei Regen und Nebel diese Art von Nachrichtenübertragung nicht mehr gut funktioniert, weil Wasser die Wellen gut absorbiert. Dieser Nachteil bei der Nachrichtenübertragung wandelt sich zum Vorteil

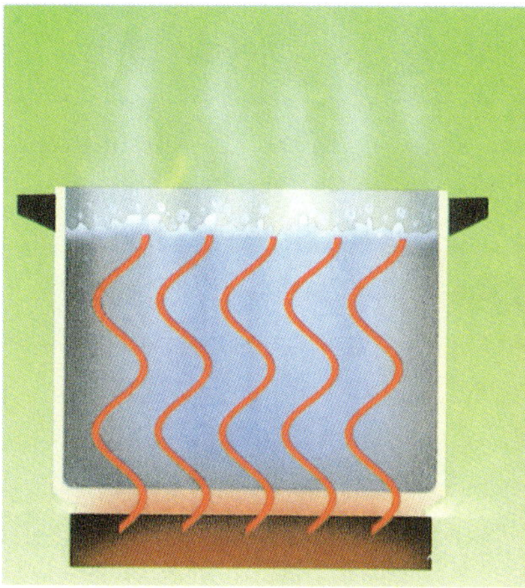

*Bei einer Kochplatte wird das Wasser durch Wärmeleitung erhitzt. Hilfreich dabei ist, daß das erwärmte Wasser nach oben steigt.*

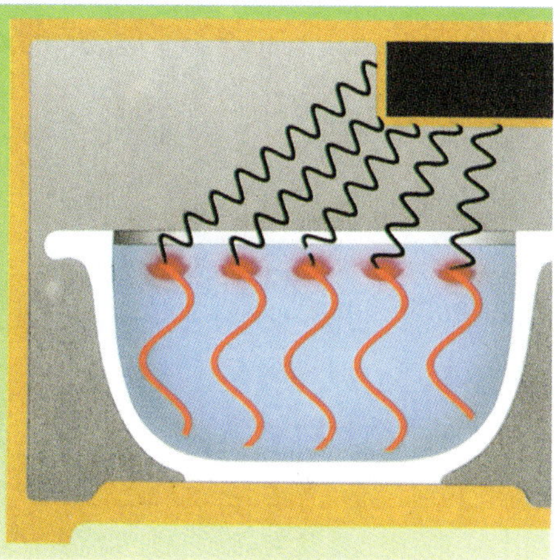

*Mikrowellen dringen nicht sehr tief in das Wasser ein. Nur die äußeren Schichten des Wassers werden erhitzt – der Rest erwärmt sich durch Wärmeleitung.*

beim Kochen. Absorption heißt ja, daß die Wellen von den Wasserteilchen verschluckt werden. Durch die aufgenommene Energie „zappeln" die Wasserteilchen heftiger hin und her und diese schnellere Bewegung der Wassermoleküle registrieren wir als Erwärmung. Die Mikrowellen dringen nur wenige Zentimeter tief in das Wasser ein. Die dünne Oberflächenschicht wird deshalb rasend schnell erhitzt – der untere Bereich kann sich nur auf konventionelle Art, wie bei der Kochplatte – durch Wärmeleitung – erwärmen. Aus der Tabelle sehen Sie, daß die Menge dafür ausschlaggebend ist, ob die Kochplatte oder die Mikrowelle weniger Energie braucht, um das Wasser zum Kochen zu bringen. Bei kleineren Mengen Wasser ist sicher die Mikrowelle im Vorteil. Die Tabelle der Vorderseite zeigt Ergebnisse einiger Experimente. Viele vergessen ja bei der Kalkulation der verbrauchten Energie, daß bei der Umwandlung von elektrischem Strom in Mikrowellen über 50 % der Energie durch Wärmeverluste verlorengehen. Diese Umwandlung erfolgt über eine „Radioröhre" – dem Magnetron – im Mikrowellenofen. Die kürzere Kochzeit gegenüber der Herdplatte täuscht deshalb über den großen Energieverbrauch hinweg. Die Hersteller geben die Daten gerne so an, daß sie die Energie der Mikrowellen herausstellen und nicht die des verbrauchten elektrischen Stroms. In der Kochplatte hingegen wird der elektrische Strom fast vollständig zum Erhitzen durch Wärmeleitung benutzt.

## Tricks und Tips:

Wasser absorbiert sehr gut die Mikrowellen. Das liegt daran, daß die Wassermoleküle elektrisch geladene Dipole sind, die auf das elektromagnetische Wechselfeld der Mikrowellen reagieren. Das merkt man besonders, wenn man ein rohes Ei im Mikrowellenherd erhitzt. Die Wellen durchdringen die Kalkschale – das Wasser im Ei wird schnell erhitzt und verdampft. Der Dampf reißt das Ei regelrecht ausein-

| | Menge | Zeit (Min.) | | Energie (Wh) | |
|---|---|---|---|---|---|
| Kartoffeln | | Mikro | Kochplatte | Mikro | Kochplatte |
| | 200 g | 7,5 | 20,8 | 114 | 143 |
| | 400 g | 13 | 21,5 | 215 | 165 |
| Wasser | 250 g | 4,5 | 4,5 | 92 | 112 |
| | 500 g | 8 | 6 | 164 | 151 |
| | 1000 g | 15 | 9 | 310 | 221 |

Aus: Hauswirtsch. Wissen 28/1980/2

ander – es explodiert. Erwärmen Sie einen „Negerkuß" bei niedriger Leistung im Mikrowellenofen, so „pumpt" er. Das liegt daran, daß die niedrige Leistung durch An- und Abstellen der Mikrowellen erreicht wird. Die Luft in den Poren des „Negerkusses" dehnt sich also aus oder zieht sich zusammen.

Verschiedene Materialien absorbieren die Mikrowellen unterschiedlich stark, andere reflektieren sie. Metall im Mikrowellenofen läßt die Klebstoffe zerschmelzen, die das Gerät zusammenhalten. Die Mikrowellen werden vom Metall hin und her reflektiert und nur die Bindematerialien der Ofenkonstruktion absorbieren sie. Keramik ist für Mikrowellen durchlässig – das ist nicht besonders gut für die Bräunung von Fleisch. Erst spezielle Beschichtungen machen die Unterlage dann zum Bräunungsinstrument. Die Beschichtung absorbiert die Mikrowellen – erhitzt die darunterliegende Keramik – und die Bräunung funktioniert ganz konventionell über Wärmeleitung. Das ist energetisch sehr aufwendig, weil ja die Erzeugung der Mikrowellen schon mit 50 %igem Energieverlust stattfindet.

Wasser ist immer noch das ideale Absorptionsmaterial, und weil viele Lebensmittel Wasser enthalten, funktioniert das Erhitzen mit Mikrowellen recht gut. Will man Speisen nur aufwärmen, so besitzt das Mikrowellengerät einige Vorteile gegenüber der Kochplatte. Oft ist die Wasserverteilung im Lebensmittel jedoch nicht optimal, z. B. bei tiefgefrorenem Spinat. Beim Einfrieren haben sich „Wasserinseln" gebildet. Die Erwärmung im Mikrowellenofen ist in diesen Bereichen sehr stark – in anderen wasserärmeren Bereichen funktioniert das nicht so gut. Der Spinat erwärmt sich deshalb ungleichmäßig. An wasserreichen Stellen zerkocht er – an anderen ist er noch nicht gar. Man muß also genau überlegen, wann man den Mikrowellenofen einsetzt. Abschirmen kann man die Mikrowellen wie Radiowellen – mit einem Metallgitter z. B.. Das ist auch an der Ofentür aus Glas deutlich zu sehen.

# 100

# *Sichtbares unsichtbar machen*

## *Das Kunststück:*

Spielkarten kann man auf höchst elegante Weise verschwinden lassen. Meistens ist ja die Schnelligkeit des Magiers das ganze Geheimnis – aber es gibt auch Kunststücke mit Pfiff. Diese Spielkarte befindet sich in einem Schieberahmen. Taucht man die Karte ins Wasser, so wird sie unter Wasser plötzlich unsichtbar. Beim Herausziehen wird sie in der Luft wieder sicht-

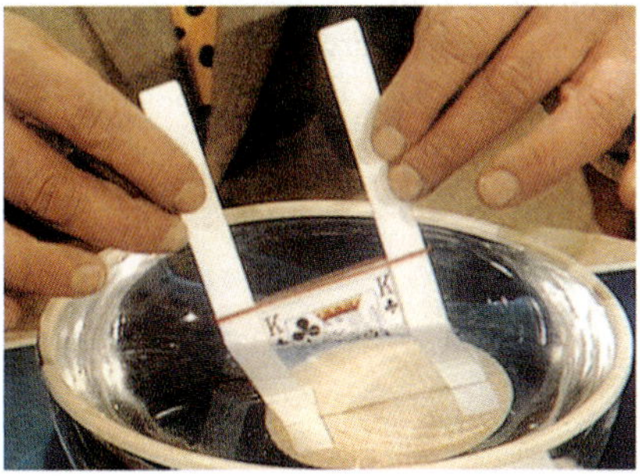

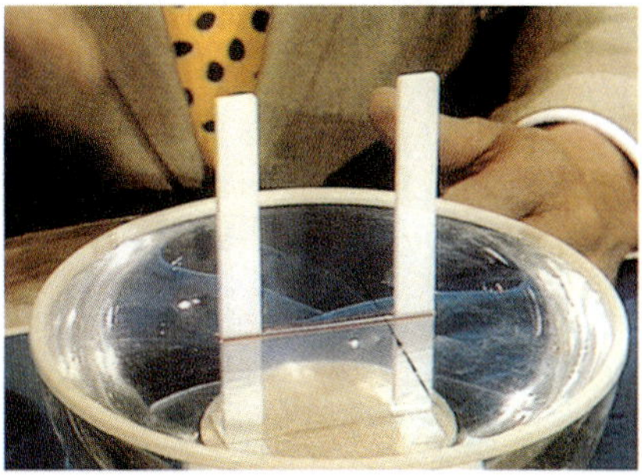

bar. Sie können dieses Kunststück ohne große Vorbereitung zwar nicht perfekt, aber dennoch eindrucksvoll – in einem Glas mit Wasser vorführen. Dazu nehmen Sie eine Zahnbürste, die ja heute fast immer in einem Kästchen aus Zellophan verkauft wird. Tauchen Sie dieses Kästchen in das Wasser und betrachten den eingetauchten Teil unter einem bestimmten Winkel, so ist er verschwunden. Zauberei?

## *Das knoff-hoff:*

Das Kunststück hat etwas mit Spiegelung zu tun. Anstelle der Zahnbürste oder der Spielkarte in der Folie sehen wir ein Spiegelbild der davorliegenden Wasserfläche. Der Vordergrund muß so geschickt ausgewählt werden, daß er wie der Hintergrund aussieht. Warum spiegelt sich die Umgebung so perfekt – gerade unter Wasser?

Das Experiment mit der Lampe unter Wasser zeigt, daß die Lichtstrahlen an der Grenzfläche zwischen Wasser und Luft besonders gut gespiegelt werden. Vor allem gelingt das unter einem bestimmten Winkel perfekt. Diese Erscheinung nennt man dann Totalreflexion. In unserem Kästchen mit der Spielkarte oder Zahnbürste befindet sich ja auch Luft. Die besten Bedingungen also für eine ideale Spiegelung an der Grenzfläche zwischen den beiden Medien Luft und Wasser.

## *Tricks und Tips:*

Diese Totalreflexion an der Grenzfläche zwischen einem optisch dichten Medium (z. B. Wasser) und einem optisch dünneren (z. B. Luft) ist häufig zu beobachten. Wenn im Sommer die Straße an einigen Stellen wie ein Spiegel erscheint, so ist es auf die Totalre-

*Die Zahnbürste in der Zellophanpackung . . .*

*. . . „verschwindet" unter Wasser.*

*Zwei verschieden „optisch dichte" Materialien bilden das Ausgangsmaterial für die dünnen Glasfasern.*

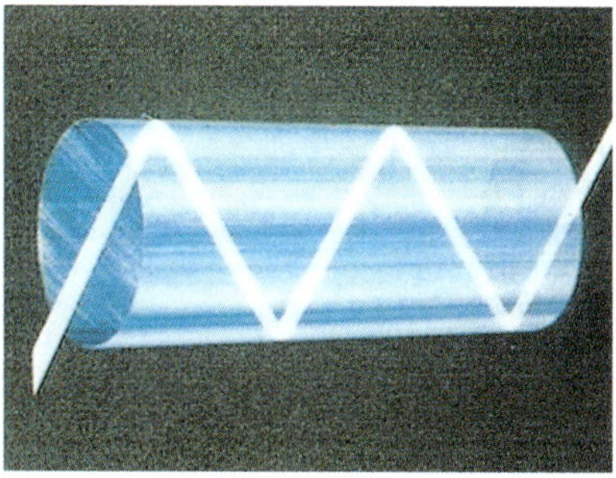

*Nach dem Ausziehen wird das Licht an der „optisch dünneren" Glasschicht reflektiert.*

flexion zurückzuführen. Durch die Sonnenstrahlung erwärmt sich eine Luftschicht dicht über der Straßen-

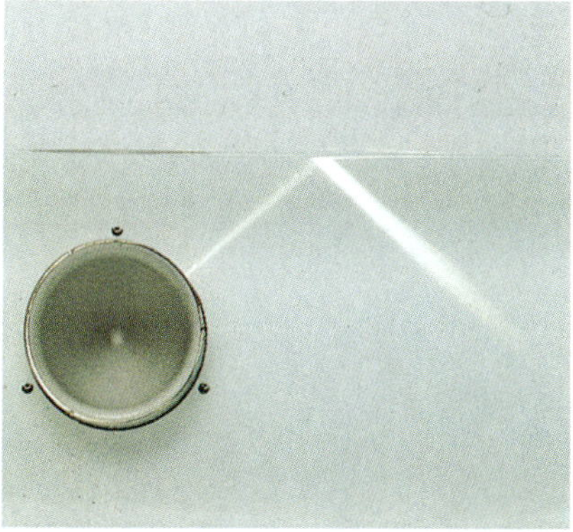

*Ein Lichtstrahl wird unter einem bestimmten Winkel an der Grenzfläche Wasser/Luft reflektiert.*

oberfläche und ist damit optisch dünner als die darüberliegende kältere Luft. An der Grenzschicht wird das Licht reflektiert und es kommt zu der geschilderten optischen Illusion. Befindet sich in der Luft noch eine weitere Schichtung, z. B. warme Luft über der kühleren, so erfolgt eine zweite Spiegelung – eine Fata Morgana kann so entstehen.

Auch die Glasfaserlichtleiter in der Technik arbeiten mit der Totalreflexion. Glas verschiedener optischer Dichte wird als Stab zusammengebracht. Diesen Stab schmilzt man und zieht ihn bis auf Haaresdurchmesser auseinander. Erstaunlich ist, daß beim „Ausziehen" des Glasstabes das Größenverhältnis zwischen den beiden Glassorten erhalten bleibt. Ein Lichtstrahl, in die dünne Glasfaser eingekoppelt, wird an der optisch dünneren äußeren Schicht hin und her reflektiert. Nachrichtenübertragung mit Hilfe von Laserlicht durch dünne Glasfaserkugeln ist damit möglich. Der Vorteil: Eine Faser besitzt die Kapazität von mehreren Tausend Telefonleitungen.

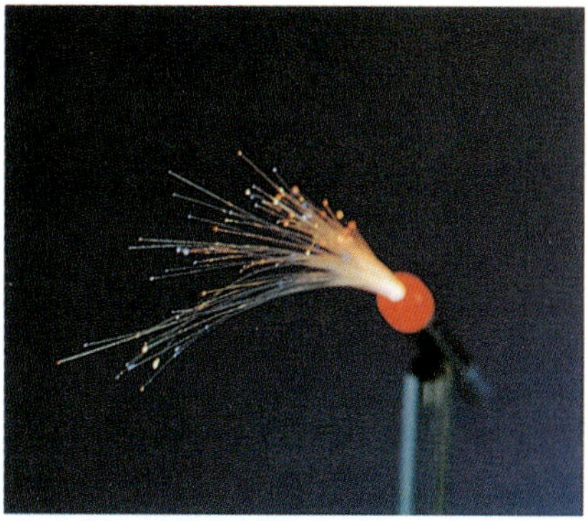

*Dünne Glasfasern leiten das Licht.*

## Bildnachweis

Zahlreiche Fotos aus der ganzen Welt wurden für dieses Buch zusammengetragen, darunter Bilder von staatlichen Stellen, von Industriefirmen und von Forschungsinstituten. Auf Actionaufnahmen aus den knoff-hoff-Sendungen sollte nicht verzichtet werden; deren technische Qualität erreicht nicht immer den Höchststandard, wofür wir um Verständnis bitten.

Die Abbildungen in den Kapiteln 13, 16, 20, 21, 25, 26, 27, 30, 31, 35, 39, 42, 45, 48, 53, 54, 57, 60, 64, 67, 71, 74, 78, 81, 87, 90, 93 stammen aus „Das knoff-hoff-Buch“ (1987).

Die Abbildungen in den Kapiteln 14, 18, 29, 32, 34, 37, 41, 44, 47, 51, 56, 59, 62, 63, 66, 69, 73, 77, 80, 83, 86, 89, 92, 94, 95, 96, 97, 98, 99, 100 aus „Das neue knoff-hoff-Buch“ (1988).

Die Abbildungen in den Kapiteln 15, 17, 19, 22, 23, 24, 28, 33, 36, 38, 40, 43, 49, 52, 55, 58, 61, 65, 68, 72, 75, 76, 79, 82, 85, 88, 91 aus „Das neue knoff-hoff-Buch“ (1993).

Die Grafiken in diesen Kapiteln sind von Wolfgang Struwe, München.

Die Abbildungen in den Kapiteln

5 Vulkan/Sakurajima: Photo- und Presseagentur GmbH FOCUS, Hamburg;
Erdrutsch: Bayerisches Landesamt für Wasserwirtschaft, München;
Pelikan: Bildarchiv Paysans, Stuttgart;

9 NASA, Lyndon B. Johnson Space Center, Houston, Texas 77058;

10 Popcorn: The Image Bank Bildarchiv GmbH, München.

Die Grafiken in den Kapiteln 2, 3, 4, 7, 8, 9, 10, 12, 46, 50 sind von Johannes Fleischer, München. Die Studioaufnahmen sind von Peter Frese, München.

Alle übrigen Abbildungen sind MAZ-Abzüge von der knoff-hoff-Show, ZDF.

Der Verlag dankt dem knoff-hoff-Redaktionsteam im ZDF für seine Unterstützung und Frau Margit Bandlow für ihre Mitarbeit bei der Fotoproduktion.